기호

a_{ij} = 행렬 **A**의 i행 j열 원소
A = 면적, L^2
A_{ij} = 행렬원소 a_{ij}의 여인수(cofactor)
a, b, c = 임의의 상수
a, b, c = 벡터 (진한 글씨)
A, B, C = 행렬 (진한 글씨)
b = 행렬방정식에서 상수항 벡터 (진한 글씨)
B = 용적계수(formation volume factor)
D = 행렬식(determinant)
E = 기댓값(expectation)
$f(x)$ = 주어진 함수
$f(z)$ = 확률밀도함수(pdf)
$F(z)$ = 누적확률분포(CDF)
$g(x)$ = 독립변수 x에 대한 함수
h = 두께, L
I = 함수의 적분값
I = 단위행렬(unit matrix)
i, j, k = 순서를 나타내기 위해 사용된 첨자
J( ) = 야코비안(Jacobian) 행렬
L = 하삼각행렬(lower triangular matrix)
L_2 = 유클리디안(Euclidean) 정규
$L(x)$ = 라그랑주 보간함수
L_m = 벡터의 크기를 정의하는 m정규(norm)
m = 승수(multiplier)
n = 개수 (구체적으로 표본의 크기, 수식의 개수, 반복계산 횟수 등)
N = 개수 (구체적으로 모집단의 크기, 수식의 개수 등)
$O(\ )$ = 유한차분식의 오차항
p = 확률
P = 압력, M/t^2L
$P_n(x)$ = 함수의 n차 보간근사식

P_{ref} = 기준 압력
Q_1 = 제1사분위수
Q_2 = 제2사분위수(= 중앙값)
Q_3 = 제3사분위수

$\mathbf{r}$ = 잔차 벡터(residual vector)
R = 수렴반경
R^2 = 결정계수
Rn = 난수(random number)
s = 표본의 표준편차
S = 대칭행렬(symmetric matrix)
S_r = 오차의 제곱합
S_t = 총편차 제곱합
$S_{y/x}$ = 추정값의 표준오차
t = 시간
T = 온도
T = 반대칭행렬(skew-symmetric matrix)
$u(i, j)$ = 격자점 i, j에서 u의 값
$u(x, y)$ = 격자위치 x, y에서 u의 값
U = 상삼각행렬(upper triangular matrix)
V = 부피, L^3
x = 독립변수 또는 방정식의 해
$\mathbf{x}$ = 방정식의 해벡터 (진한 글씨)
y = 종속변수 또는 주어진 함수
$\mathbf{y}$ = 방정식의 해벡터 (진한 글씨)
$\bar{y}$ = y 의 산술평균값
$\hat{y}$ = 최적근사함숫값
z = 확률변수 또는 확률변숫값
Z_g = 가스의 압축인자

α = 확산계수(diffusivity coefficient) 또는 상수
β = 냉각속도 또는 온도감소율
λ = 가중치 또는 고유값(eigen value)

δ_{ij} = 크로네커 델타(Kronecker delta)

ε = 오차

$\boldsymbol{\epsilon}$ = 오차벡터(error vector) (진한 글씨)

μ = 모집단 평균

μ_g = 가스의 점성도

σ = 모집단 표준편차

$\emptyset$ = 공집합

ω = 가중치 또는 완화인자(relaxation factor)

ΔE = 목적함수의 변화량

Δt = 시간간격

Δx = x 방향 격자간격

Δy = y 방향 격자간격

상첨자

$^{-1}$ = 역행렬(inverse matrix)

^{m} = 반복계산의 단계

^{n} = 현재시간

$^{n+1}$ = Δt 시간 이후의 미래시간

$^{n-1}$ = Δt 시간 이전의 과거시간

$^{(n)}$ = 함수의 n 차 도함수

^{T} = 전치(transpose)

$^{\alpha}$ = 수렴차수

* = 연산결과 새로 계산된 값(여러 번 갱신한 것도 포함함)

$'$ = 1차 도함수

$''$ = 2차 도함수

하첨자

$_0$ = 초기조건 또는 초기상태

$_{(2)}$ = 이진법으로 나타냄

$_g$ = gas

$_i$ = i 번째 격자 또는 순서

$_{ij}$ = (격자번호 또는 행렬원소) i 및 j

max	= maximum
o	= oil
p	= probability
sc	= 표준상태(standard conditions)
t	= 참값(true) 또는 t에 대한 편미분
x	= x에 대한 변수 또는 x에 대한 편미분
y	= y에 대한 변수 또는 y에 대한 편미분
y/x	= 특정한 값 x에 대응하는 y의 오차
ε	= 오차

약어

CDF	= cumulative distribution functions
erf	= error function
GA	= genetic algorithm
M	= thousand(=10^3)
MM	= million(=10^6)
pdf	= probability density function
SA	= simulated annealing
SGS	= sequential Gauss simulation
STB	= stock tank barrel

수치해석

Numerical Analysis

최종근 지음

TEXTBOOKS
텍스트북스

▸▸ 저자소개

1965년 12월생

1988년 2월 서울대학교 자원공학과 수석졸업(학사)
서울대학교 최우등졸업

1990년 2월 서울대학교 대학원 자원공학과 졸업(석사)

1995년 5월 Texas A & M 대학 석유공학 박사(국비유학)

1995년 6월 ~1998년 8월 Texas A & M 대학 연구원/방문교수

1998년 9월 ~ 현재 서울대학교 에너지자원공학과 교수
서울대학교 에너지시스템공학부 겸임

Marquis Who'sWho 국제인명사전에 수록

수상:

국제 4개 학회(SPE, TMS, ISS, SME) 공동선정 최우수논문상(2000년 3월)

서울공대 우수강의교수상(2000년 10월, 2007년 10월)

과학기술인총연합회 우수논문상(2002년 4월)

늘푸른에너지공학상(2004년 11월)

공과대학 신양학술상(2006년 11월)

주 연구분야: 석유가스공학/환경공학/지구통계학/최적화

홈페이지: http://petro.snu.ac.kr/~jchoe

이메일: johnchoe@snu.ac.kr

수치해석
Numerical Analysis

1판 1쇄 발행 : 2010. 9. 1
지은이 : 최종근
발행인 : 이한성
발행처 : 텍스트북스
주　소 : 서울시 마포구 서교동 461-3
전　화 : (02)333~5725
팩　스 : (02)333~5724
홈페이지 : www.textbooks.co.kr
등록번호 : 제313-2004-00146호

ISBN 978-89-93543-18-6 93410

값 25,000원

머리말

수치해석(numerical analysis)은 컴퓨터를 이용하여 주어진 문제를 수치적으로 해결하는 기법을 연구하는 응용과학의 한 분야이다. 수치해석은 비선형방정식이나 행렬방정식의 해를 빠르고 효율적으로 제시할 뿐만 아니라 대단위 계산이나 미분방정식의 풀이에도 적용된다. 또한 각 전공분야에서 지배방정식에 따른 관심 시스템의 거동을 예측하고 불확실성을 모델링하는 데 이용할 수 있다. 학업과 연구 중에 만나는 다양한 문제들을 각자가 해결하기 위해서는 대학교육과정에서 수치해석에 대한 교육이 이루어져야 한다.

비록 수치해석 교재들이 이미 존재하지만 대부분 특정 소프트웨어를 사용하는 방법에 초점이 맞춰져 있거나 단순 번역본이 많아 수치해석의 원리와 개념을 이해하기에는 한계가 있다. 일부 교재는 수학적 이론에 치우쳐 각 수치기법을 구체적으로 적용하고 쉽게 실습할 수 있는 '도구'를 제공하지 못하는 실정이다. 이에 수치해석에 대한 체계적 이해를 돕고 수치기법을 효율적으로 적용하기 위한 교재의 필요성을 절감하게 되어 다년간의 강의를 바탕으로 이 책을 저술하였다.

이 교재에서는 각 수치해법의 이름, 개념, 계산과정, 특징과 한계 등을 명확히 하였다. 특히 한 번의 계산과정을 구체적으로 제시함으로써 누구나 그 개념과 원리를 이해할 수 있도록 배려하였다. 전문용어는 가능한 한 의미 중심의 한글명칭을 사용하였으며 각 장에서 처음으로 사용될 때 영어명칭을 함께 표기하였다. 모든 계산은 Microsoft™ Excel과 VBA를 이용하여 수행하고 프로그래밍하므로 별도의 프로그램 언어를 구매할 필요가 없다.

이 책은 다음과 같이 구성되어 있다. 1장에서는 수치해석의 정의와 장단점 그리고 적용절차에 대하여 설명한다. 2장에서는 오직 숫자만을 다루는 컴퓨터의 수체계(number system)와 오차 그리고 좋은 프로그래밍을 위한 조언을 제시하여 수치해석에 대한 이해를 돕고자 한다. 3장에서는 행렬방정식의 풀이에 대하여 학습한다. 행렬방정식은 미지수와 조건식으로 표현되는 최종 관계식으로 모든 수치해석의 기본이 된다.

4장부터 8장까지는 수치해석의 각 기법을 자세히 소개한다. 수치해석의 전형적인 예가 비선형방정식의 해법이다. 다양한 반복계산 기법과 수렴조건에 대하여 4장에서 설명한다. 이산적인 자료를 바탕으로 보간법과 최적근사를 이용하여 함숫값을 예측하는 기법을 5장에서 다룬다. 이론적으로 적분이 불가능하거나 계산량이 많을 때 수치적으로 적분값을 계산하는 방법과 수치 미분법에 대하여 6장에서 공부한다. 공학과 자연과학 분야에서 수치해석의 핵심은 유한차분법으로 계산되는 미분방정식의 풀이이다. 상미분 및 편미분 방정식의 풀이에 대한 자세한 소개와 계산예가 7장에 주어진다. 수치해석의 독특한 장점은 불확실성의 모델링이며 이는 추계학적 기법의 적용으로 가능하며 8장에서 소개된다.

이 교재는 별도의 선행 이수과목 수강 없이 대학 3, 4학년의 교재로 사용할 수 있도록 구성하였다. 구체적인 예제와 그림을 통하여 이해를 돕고 개인학습도 가능하게 하였다. 각 단원에서 설명하고자 하는 중요 내용과 필요한 기법들을 요약식으로 먼저 정리하여 소개함으로써 강의와 학습에 효율을 높일 수 있도록 배려하였다.

학부과정에서 한 학기의 강의범위로는 1장에서 6장까지가 적절하다. 3장은 행렬에 대한 기본적인 내용을 포함하고 있고 분량이 많으므로 필요한 부분만 선택적으로 활용하면 된다. 대학원 수업을 위해서는 1장에서 3장까지를 간단히 소개하고 4장에서 8장까지 강의할 수 있다. 미분방정식의 풀이(7장)와 추계학적 기법(8장)을 심도 있게 다룰 경우 두 학기로 나누어 수업할 수 있다. 연구문제는 심화학습과 과제물을 위해 제시하였으며 이는 건너뛰어도 내용전개상 아무런 어려움이 없다. 또한 구체적 계산과 프로그램을 필요로 하는 연구문제를 두어 프로그래밍을 할 수 있게 하였다.

이 책의 내용이 구성되도록 함께 공부한 학부수강생, 같이 연구하며 동행하는 대학원생, 그리고 출판에 도움을 준 텍스트북스와 학부교재 저술을 지원한 지식경제부 자원개발 특성화 프로그램에 감사드린다. 끝으로 이 책이 수치해석에 대한 바른 이해를 돕고 각 분야에서 각자가 직접 프로그래밍하고 수치기법이 효과적으로 사용되는 데 초석이 되기를 희망한다.

2010년 8월
관악 연구실에서 저자

차례

부록

참고문헌

최종근, 2006, "땅속의 보물 석유와 석유탐사," 대한토목학회지 자연과 문명의 조화, Vol. 54, No. 11, p. 56-62.

최종근, 2006, "땅속의 보물 석유자원의 개발과 활용," 대한토목학회지 자연과 문명의 조화, Vol. 54, No. 12, p. 56-60.

최종근, 2007, 『지구통계학』, (주)시그마프레스, 서울.

최종근, 2009, 수치해석 강의노트, 서울대학교 에너지자원공학과.

Chapra, 2008, *Applied Numerical Methods with MATLAB for Engineers and Scientists*, 2nd ed., MaGraw-Hill International Edition.

Cheney, W. and D. Kincaid, 2008, *Numerical Mathematics and Computing*, 6th edition, Thomson Books/Cole.

Kreyszig, E., 2006, *Advanced Engineering Mathematics*, 9th edition, John Wiley & Sons, Inc.

Mattax, C.C. and R.L. Dalton, 1990, *Reservoir Simulation*, SPE Monograph Vol. 13, Society of Petroleum Engineers, Richardson, TX.

Metropolis, N., A. Rosenbluth, M. Rosenbluth, A. Teller, and E. Teller, 1953, "Equation of State Calculations by Fast Computing Machines," J. of Chemical Physics 21, p. 1087-1092.

Zill, D.G. and M.R. Cullen, 2000, *Advanced Engineering Mathematics*, 2nd edition, Jones and Bartlett Publishers.

CHAPTER 1 서론

수치해석은 컴퓨터 또는 계산기를 이용하여 수학적인 연산을 함으로써 주어진 문제를 근사적으로 해결하는 방법을 연구하는 학문이다. 수치해석은 주어진 문제의 해를 가장 효율적으로 얻을 수 있는 대표적인 기법으로 다양한 장점과 적용분야를 가진다. 수치해석은 공학과 자연과학 분야뿐만 아니라 거의 모든 학문분야에 적용되며 그 활용이 컴퓨터의 발전과 함께 확장되고 있다.

이 단원에서는 수치해석의 필요성과 장단점 그리고 적용과정과 예에 대하여 설명하며 기본 구성은 다음과 같다.

수의 계산은 연산에 사용되는 도구(tool)가 필수적이며 이러한 도구들의 발달에 따라 점차 규모가 크고 복잡한 계산을 할 수 있게 된다. 독자들은 어린시절에 처음으로 수를 계산할 때 손가락을 사용한 경험이 있을 것이다. 손가락을 이용하여 작은 수들의 덧셈이나 뺄셈을 계산하였고, 손가락이 모자라면 십, 백 단위로 묶여 있는 수막대를 활용하여 더 큰 수를 계산했을 것이다. 하지만 이와 같은 계산으로는 수천, 수만 단위의 수를 효율적으로 다룰 수 없는 한계가 있다.

우리는 수학적 개념과 논리를 바탕으로 두뇌라는 '도구'를 사용하여 다양한 계산을 수행한다. 인간의 두뇌는 뛰어난 인지능력을 갖고 있으며 패턴인식이 가능하지만 많은 계산이나 복잡한 계산을 위해서는 다른 도구를 사용하는 것이 효과적일 수 있다. 20세기 이후 막대한 기억용량과 빠른 연산속도를 가진 컴퓨터가 개발되면서 복잡한 계산문제, 비행체의 응력계산, 탄성파탐사 자료처리, 석유저류층거동 모델링, 최적화 계산 등을 수행할 수 있게 되었다.

컴퓨터라는 도구를 이용하여 주어진 문제의 해를 구하기 위해서는 수치해석적 기법과 컴퓨터 프로그램 지식이 필요하며 이를 통해 더욱 빠르고 정확한 결과를 얻을 수 있다. 이 책은 이러한 수치해석적인 기법에 대한 설명과 구체적 예제를 통해 독자들이 다양한 문제를 해결하는 데 도움을 주고자 한다.

1.1 ▶ 수치해석의 개요 및 장점

1.1.1 문제해결의 접근법

우리가 필요로 하는 결과를 얻기 위해 공학적인 계산을 수행하거나 자연적인 현상을 예측할 때 사용할 수 있는 방법들은 크게 다음의 세 가지 부류이다.

- 해석적 방법(analytical method)
- 실험적 방법(experimental method)
- 수치해석적 방법(numerical method)

해석적 방법은 주어진 문제를 수학적 수식[이를 대부분 지배방정식(governing equation)이라 함]으로 표현하고 이를 풀어서 해를 구하는 방법이다. 예를 들어 자유낙하하는 물체의 속도는 식 (1.1)과 같으며 t초 동안 낙하한 거리는 식 (1.2)와 같다.

$$v(t)=gt+v_0 \tag{1.1}$$

$$L(t)=\frac{1}{2}gt^2+v_ot+L_o \tag{1.2}$$

여기서 $v(t)$는 속도, g는 중력가속도, t는 시간, $L(t)$는 이동거리, 그리고 하첨자 0은 초기상태를 의미한다. 초기 속도와 위치를 안다면 이들 수식을 이용하여 자유낙하하는 공의 시간에 따른 속도와 이동거리를 쉽게 계산할 수 있다. 하지만 위의 수식은 공기저항이 없고, 중력 이외의 다른 외력이 없다는 가정을 바탕으로 한다.

해석적 방법은 주어진 문제와 조건(즉 앞으로 공부하게 될 초깃값이나 경곗값)들이 해석적인 해를 줄 만큼 간단하거나 이론해가 주어진 경우에 활용할 수 있다. 이 방법은 문제에 대한 가정과 지배방정식이 정확한 경우, 가장 쉽게 해를 얻을 수 있는 장점이 있다. 하지만 고려해야 하는 변수가 많거나 시간에 따라 변화하는 경계조건이 주어지는 경우 또는 적용대상이 불규칙한 형상을 가진 경우에 그 복잡성과 비선형성으로 인하여 이론해를 얻기 어려워 적용에 한계가 있다.

실험적 방법은 대상 문제와 유사한 조건을 설정하여 실제적으로 일어나는 현상을 관찰하는 방법이다. 실험이 잘 계획되어 수행된다면 결과의 신뢰도가 높은 방법으로 많은 분야에서 사용된다. 특히 주어진 문제에 대한 배경지식의 부족으로 그 거동을 전혀 예측할 수 없는 경우에도 실제 현상을 관찰하고 분석할 수 있는 매우 유용한 방법이다. 하지만 주어진 문제가 가지고 있는 변인이 많은 경우, 완벽한 변인통제가 이루어지기 어렵기 때문에 실험결과의 신뢰도가 떨어질 수 있다. 실험적 방법은 실험대상에게 주어진 환경을 100% 동일하게 구현하기 어렵기 때문에 여러 번의 수행을 통하여 신뢰성을 확보한다.

여러 인자 중에서 한 인자만을 변화시키면서 결과의 변화양상을 파악하는 것을 민감도분석(sensitivity analysis)이라 한다. 민감도분석은 결과의 변화경향뿐만 아니라 중요한 인자의 파악에도 활용된다. 고온과 고압의 지하상태에서 나타나는 유체거동의 조사나 입자가속기와 같이 실험에 많은 비용이 요구되는 경우에는 다양한 조건에서의 실험이나 민감도분석이 어려운 단점이 있다.

수치해석은 주어진 문제를 컴퓨터 또는 계산기를 이용하여 수학적인 연산을 통하여 근사적으로 해결하는 방법을 연구하는 학문이다. 수치해석은 그 방법에 역점을 두어 수치해법 또는 수치해석기법으로 불리며 일반적으로 같은 의미로 통용된다. 수치해석의 원리와 기법을 이용하는 수치해석적 접근법은 매우 강력하고 유용하여 컴퓨터의 발달과 함께 빠르게 발전하고 있다. 수치해석은 규모가 큰 행렬방정식의 풀이, 비선형방정식의 해 찾기, 미분 및 적분 방정식의 풀이, 최적화 문제와 같이 복잡한 계산을 요구하거나 비슷한 일련의 과정을 반복적으로 수행하는 다양한 분야에서 폭넓게 사용되고 있다.

수치해석에 관계된 다양한 요소들은 다음과 같으며 이들에 따라 수치해석기법의 우수성이 결정된다. 알고리즘(algorithm)은 문제를 해결하기 위한 절차나 방법으로 수치해법의 우수성을 결정하는 핵심요소이다.

- 시간과 비용
- 작업 용량
- 정확도 또는 오차
- 수치해석적 안정성
- 프로그램 구조의 효율성

동일한 문제를 푸는 데 있어 계산이 빠르고 컴퓨터의 용량이 적게 소요되어 경제적인 것이 좋은 수치해석기법이다. 물론 계산결과는 정확해야 되고 계산오차는 작아야 한다. 무엇보다도 수치해석기법은 초기 입력자료의 변화에도 수렴해를 제공하는 안정성이 있어야 한다. 이러한 조건들을 만족시키는 것을 잘 구성된 프로그램이라 하며 컴퓨터언어로 짜여진 코드(이를 source code 라 함)도 논리적이고 읽기 쉬워서 향후 수정이나 확장에 유리하다.

1.1.2 수치해석의 필요성 및 장단점

수치해석은 다양한 선형 및 비선형 방정식의 해를 구하는 수학적 용도뿐만 아니라 비행체의 응력계산, 자료처리, 전산 시뮬레이션 같은 다양한 문제에 사용된다. 탄성파 자료처리, 검층자료 해석, 저류층 시뮬레이션, 생산시나리오 분석, 자료통합을 통한 저류층 특성화 등은 석유공학분야에서 수치해석이 활용되는 대표적인 예들이다. 이렇게 다양한 분야에서 수치해석이 사용되는 이유는 다음과 같은 장점들 때문이다.

- 경제성
- 결과의 신뢰성
- 의사결정의 도구
- 활용성
- 다양한 모델링
- 의사소통 수단

수치해석은 주로 컴퓨터를 이용하여 주어진 문제를 해결하는 것이기 때문에 실험을 준비하고 측정하는 실험적 방법에 비해 큰 비용을 필요로 하지 않는다. 계산속도가 빠르고 필요한 때에 언제든지 다시 수행할 수 있다. 주어진 문제의 조건이 변하는 경우, 이를 반영하는 데 비용과 시간이 많이 필요한 실험적인 접근방법과 달리 조건변화에 대한 반영이 쉬워 각 인자의 변화에 따른 민감도분석이 용이하다.

만약 여러 인자들에 대하여 각 인자를 변화시키며 실험적으로 결과를 얻는다고 가정해 보면 그 경제성을 쉽게 예상할 수 있다. 이와 같은 민감도분석을 통하여 위험요소를 분석하고 최적화된 관리 또는 생산계획을 수립함으로써 경제성을 높일 수 있다. 석유, 가스, 광물자원 같은 자원개발이나 대형구조물의 설계와 같이 관련 실험비용이 클수록 그 경제적 이윤은 더 커진다.

수치해석은 수학적으로 확립된 수식과 논리적이고 정확성이 증명된 알고리즘을 이용하여 분석을 수행하기 때문에 분석결과의 신뢰성이 보장된다. 검증이 완료된 프로그램을 사용하는 경우, 주어진 자료에 대하여 타당한 결과를 제시한다. 따라서 자료를 변화시켜 가며 결과의 변화경향을 파악할 수 있다.

입력자료를 사용하는 모든 기법들과 마찬가지로 입력자료의 정확성에 따라서 그 결과의 신뢰도가 결정된다. 자료가 주어진 문제에 대한 대표성을 나타내지 못할 때, 수치해석은 계산오차가 작음에도 불구하고 실제 현상을 모사하지 못하는 결과를 제공한다. 따라서 양질의 자료는 수치해석 결과의 신뢰성을 보장하기 위한 필수조건이다. 비록 주어진 자료가 관심대상을 정확히 대표하지 못하는 경우에도, 입력자료의 변화에 따른 결과의 변화경향에 대한 정보를 얻을 수 있으므로 관심대상의 거동을 파악할 수 있다.

다양한 산업분야에서 사용되는 수치해석은 의사결정의 도구로서 매우 중요하다. 석유나 광물자원의 생산계획, 신기술개발의 비용과 경제적 파급효과, 생산설비의 최적화와 같이 의사결정을 필요로 하는 경우에 수치해석은 각 대안에 따른 결과를 정량적으로 예측함으로써 효과적인 의사결정을 가능하게 한다. 다양한 시나리오를 만들고 각 경우에 대한 결과를 수치값으로 제시함으로써 최적의 계획을 수립할 수 있다.

복잡한 기하학적 문제나 비선형문제, 불확실성을 가진 변수 또는 해석적 방법으로는 해를 구할 수 없는 경우에 대하여 수치해석은 확률론적인 결과를 제시할 수 있다. 이러한 확률론적인 결과와 다수의 시나리오 분석을 적은 비용과 시간으로 얻을 수 있다. 이와 같은 장점으로 개인이나 기업의 의사결정에 수치해석이 많이 사용되고 있다.

사람들은 자동차를 탈 때, 엔진은 어떤 원리로 작동하는지, 연료가 어떻게 주입되는지, 기어가 어떻게 바뀌는지에 대해서 고민하지 않는다. 안전하게 원하는 목적지까지 가기 위한 운전법과 운전에 필요한 기기 조작법만 알면 된다. 즉 자동차를 구성하는 부품 자체와 원리에 대한 지식이 없더라도 운전법을 알면 자동차라는 유용한 수단을 사용할 수 있다.

이와 마찬가지로 주어진 문제를 해결하기 위해 이미 개발된 서브루틴이나 상용소프트웨어를 손쉽게 활용할 수 있다. 거의 모든 학문분야에서 다양한 적용성을 가진 상용프로그램들이 전문적으로 제공되고 유지, 보수되므로 요즘에는 이들 프로그램 활용 자체가 전문기술화되고 있다. 비록 상용프로그램이 주어진 문제에 대하여 직접적인 답을 제공하지 못하는 경우에도 추가적인 설정 및 부분적인 프로그래밍 작업만을 수행함으로써 보다 효과적으로 문제를 해결할 수 있다.

수치해석은 물리적으로 또는 현재 기술수준으로는 실험이 불가능한 문제의 가상 시뮬레이션을 수행할 수 있다. 핵실험과 같이 환경적 또는 사회적인 문제를 야기하는 경우, 빛의 속도로 물체를 가속시키는 경우, 다양한 온도와 압력하에서 물질의 상태 시뮬레이션 등을 모델링할 수 있다. 또한 시간에 따라 변화하는 시스템의 거동을 예측하고 실제 결과와 비교할 수 있다. 주어진 운영조건에서 원유의 실제 생산량이 예측과 다른 경우, 잠재적인 문제점을 미리 감지할 수도 있어 시스템의 모니터링에도 활용된다. 안전조건이나 환경문제, 그리고 정부규제와 같이 필수적인 항목을 미리 운영조건에 항상 고려되도록 프로그램하여 작업지연이나 부수적인 문제의 발생을 줄일 수 있다.

잘 개발된 프로그램은 다양한 부류의 사람들에 의해 활용된다. 이용 가능한 프로그램을 잘 활용하므로 효과적인 인력의 사용과 의사소통이 가능하게 된다. 공학자는 프로그램을 이용하여 빠르고 정확한 체계적 분석이 가능하다. 경영자의 경우는 비록 프로그램의 세부적인 내용을 다 이해하지는 못하여도 원하는 경우를 분석하고 이를 바탕으로 여러 대안들을 비교하여 의사결정에 활용할 수 있다. 비전문가나 제3자의 경우에도 프로그램을 통하여 해당 분야의 이해도를 높일 수 있다.

현재 이용 가능한 대부분의 상용프로그램들은 탁월한 사용자 편의성과 시각화 기능을 가지고 있어 전문가뿐만 아니라 비전문가의 교육에 사용될 수 있다. 가상현실 시뮬레이터, 항공기 훈련 시뮬레이터, 석유시추 분야의 유정제어 훈련용 프로그램은 그 좋은 예이다.

1.2 ▶ 수치해석의 과정

시간에 따라 진행되는 보편적인 수치해석 과정은 그림 1.1과 같다. 문제의 중요도나 시간과 비용의 한계로 일부 과정만 선택적으로 수행될 수 있다.

- 문제정의
- 자료 확인 및 수집
- 수치해석기법 선택
- 모형화
- 수치해석적 인자설정
- 프로그래밍
- 프로그램 디버깅 및 검증
- 결과해석
- 결과정리

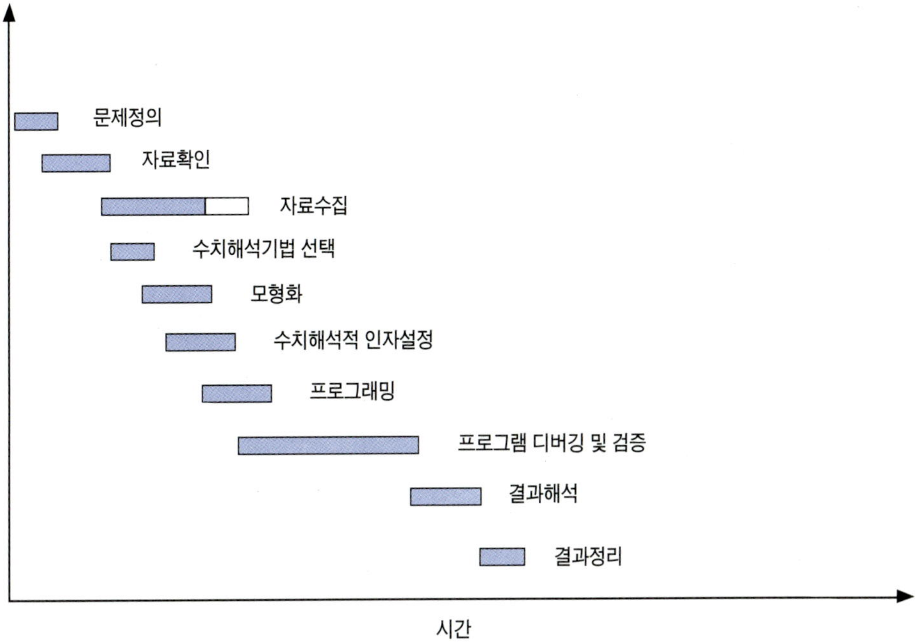

그림 1.1 수치해석의 보편적인 과정

그림 1.2와 같이 4개의 점이 있고 z_1, z_2, z_3의 자료값이 각각 5, 10, 15이며 상대적 위치가 다음과 같을 때, z_0의 값을 예측하는 문제에 대하여 위의 수치해석 과정을 적용하여 설명해 보자.

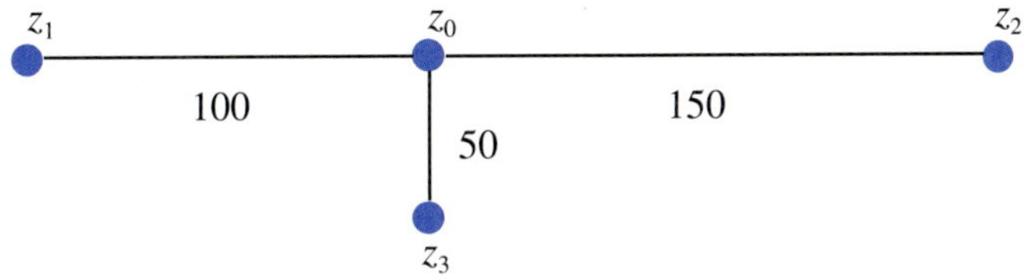

그림 1.2 샘플자료와 예측지점의 위치분포

(1) 문제정의

문제정의 단계에서는 주어진 문제를 구체화하고 얻고자 하는 결과의 종류를 결정한다. 구체적인 질문은 다음과 같다: 방정식이나 수치적인 해를 구하는 것인가? 주어진 현상의 미래를 예측하는 것인가? 결과가 하나의 해로 나타나는가? 확률적으로 다양한 결과가 제시되는가? 이와 같은 질문을 통해 문제를 구체화한다. 문제를 명확하고 분명히 정의함으로써 앞으로 해야 할 일의 내용과 범위가 정해진다. 위의 문제에서는 '3개의 샘플자료를 이용하여 대상지점에 대한 예측값의 계산'으로 정의할 수 있으며 얻고자 하는 결과는 z_0 값이다.

(2) 자료 확인 및 수집

자료 확인 및 수집 단계에서는 제기되고 정의된 문제를 해결하기 위한 자료의 종류, 수량을 결정한다. 자료확인의 범위와 정확도는 주어진 문제의 중요성, 시간, 비용의 상호관계에 의해 결정된다. 현재 가지고 있는 자료를 점검하고 필요한 자료를 선택하고 시뮬레이션에 사용하기 위해 정리한다. 기존 자료의 정리와 분석은 문제해결의 기본이 된다. 이 과정을 통해 알지 못했던 사실을 발견함으로써 현장에서 발생하는 문제점을 해결할 수도 있다.

만약 이들 자료가 부족한 경우 추가적인 자료를 확보하여야 하며 그 중요도에 따라 우선순위를 정한다. 자료가 주어진 대상의 특징을 잘 나타내지 못할 경우, 수치해석적 방법을 통한 시뮬레이션 결과는 실제 현상과 매우 다르게 나타날 수 있다. 컴퓨터 프로그램은 오직 수치만을 다루기 때문에 입력자료의 중요성은 아무리 강조해도 지나치지 않다. 주어진 문제의 경우 샘플자료 3개의 자료값과 위치를 알고 있다.

(3) 수치해석기법 선택

자료확인이 끝나면 수치해석기법을 선택하여야 한다. 간단한 문제의 경우 처음부터 새로운 프로그램을 작성할 수도 있지만 복잡한 문제의 경우 시간과 비용 그리고 인력에 한계가 있어 기존의 프로그램을 활용해야 한다. 따라서 기존 프로그램의 존재여부와 추가적인 수정과 보완에 필요한 일의 정도에 따라 수치해석기법이 결정된다. 분석해야 하는 일의 양, 시간과 예산, 인력과 보조재원도 수치해석기법 선택의 고려요인이다.

사용할 기법을 선택하고 나면 필요한 추가적인 자료를 수집하고 모형화에 필요한 수학적 지식 등을 습득한다. 주어진 문제의 특성에 따라서 시계열자료가 필요한 경우도 있으므로 이 과정은 이후의 작업단계와 병행하여 수행될 수도 있다. 주어진 예의 경우 z_0의 값을 추정하는 다양한 방법이 있겠지만 여기에서는 주위 값들의 가중선형조합법을 이용하고 가중치는 거리에 반비례한다고 가정한다.

(4) 모형화

모형화 단계는 주어진 문제를 어떻게 풀지에 대하여 결정하는 과정이다. 대상 문제에 대하여 최종적으로 풀어야 하는 수식을 정립하는 단계로 주어진 조건을 연립방정식으로 나타내거나 앞으로 공부하게 될 유한차분식 형태로 정리한 것이 모형화의 대표적인 예이다. 모형화도 문제의 복잡성, 시간과 예산, 그리고 요구되는 결과의 정확도에 영향을 받는다. 일부 독자들은 수치해석이라 하면 유용하게 사용할 수 있는 프로그램 기교나 팁(tip)을 먼저 떠올리게 된다. 그러나 수치해석은 주어진 문제를 풀기 위한 수식화이며 프로그램은 도구로서 사용된다.

그림 1.2의 예제에서 선형조합의 가중치는 거리에 반비례한다고 가정했기 때문에 각 지점에 대한 가중치를 계산하면 표 1.1과 같다. 각 가중치를 가중치의 전체합으로 나누어 정규화한 가중치를 계산할 수 있으며 이 값들의 합은 1이 된다. 이렇게 계산된 정규 가중치와 각 지점의 자료값을 곱하여 식 (1.3)과 같이 z_0에서의 자료값을 예측할 수 있다.

표 1.1 각 지점에서의 가중치와 정규화

	자료값	거리	가중치	정규화 가중치
z_1	5	100	0.01	0.2727
z_2	10	150	0.006667	0.1818
z_3	15	50	0.02	0.5454
합계			0.03667	1.000

$$z_0 = \sum_{i=1}^{3} \lambda_i z_i \tag{1.3}$$

여기서 λ는 정규화된 가중치, z는 자료값이다.

(5) 수치해석적 인자설정

간단한 경우에는 시뮬레이션에 필요한 세부적인 수치해석적 인자를 결정할 필요가 없다. 그러나 결과에 영향을 주는 변수들이 많고 여러 번의 반복계산을 통하여 해를 얻게 되는 최적화 문제의 경우, 어느 정도까지 오차를 허용할 것인가, 통계적인 기법으로 문제에 접근하는 경우 몇 번의 시뮬레이션을 수행할 것인가, 어떠한 알고리즘을 사용할 것인가 등에 대한 수치해석적 인자설정 단계가 필요하다. 개인적 선호도에 따라 이 단계를 모형화 단계에 포함시킬 수 있다.

(6) 프로그래밍

수치해석 과정에서 지금까지 결정한 내용들을 바탕으로 프로그래밍을 수행한다. 프로그래밍 작업은 물리적 현상과 조건들을 컴퓨터가 이해할 수 있는 언어로 표현하는 과정이다. 기존의 프로그램을 수정할 경우에는 선언된 변수의 종류와 범위, 입출력자료의 양식과 양에 특별한 주의를 기울여야 한다. FORTRAN, Visual Basic, Visual C+ 와 같은 프로그램언어나 프로그램 기능을 제공하는 상용소프트웨어를 사용할 수 있다. 각자가 선호하는 프로그램언어를 사용하여 직접 프로그램을 작성하거나 엑셀(Excel)과 VBA(Visual Basic for Applications)를 이용하면 대학과정의 수업에서 만나는 대부분의 수치해석 문제를 풀 수 있다.

문제해결에 필요한 상당수의 기능들이 프로그램언어 자체에 내장함수로 포함되어 있는 경우가 많기 때문에 이를 적절하게 활용하는 것이 매우 중요하다. 주어진 예제의 경우 프로그램 작성을 위해서는 다음과 같은 흐름을 따른다. 문제가 복잡한 경우 흐름도(flow chart)를 이용하면 효율성을 향상시킬 수 있다.

① 입력변수와 출력변수의 선언
② 자료값과 위치정보를 읽어들임
③ 예측값을 계산
④ 결과를 출력

(7) 프로그램 디버깅 및 검증

프로그램에 존재하는 오류를 버그(bug)라고 하는데 이들을 찾고 수정하는 과정이 디버깅(debugging)이다. 프로그램의 오류는 다음과 같이 매우 다양하다.

① 오타오류
② 프로그램언어오류
③ 계산오류
④ 논리오류

오타오류(syntax error)는 정의된 프로그램언어나 선언된 변수이름을 잘못 사용한 경우에 발생한다. 또한 가감승제 연산표기가 틀린 경우도 오타오류이다. 예를 들면 반복적으로 수행되는 반복문을 사용하는 경우, Visual Basic은 For j = 1 to n ~ Next j 양식을 갖는 반면에 FORTRAN의 경우 Do I = 1, n ~ End Do 형식을 사용한다. 많은 프로그램들은 실시간으로 오타오류를 체크하여 보여주므로 과거에 비해 디버깅이 쉬워졌다.

난수를 호출하는 함수도 엑셀 워크시트의 경우 rand()로, VBA의 경우 rnd()로 되어 있어 그에 맞는 언어(이를 문법이라 함)를 사용해야 한다. 만약 그렇지 않으면 프로그램은 "오타오류" 또는 "정의되지 않은 함수"라는 오류메시지를 보여 준다. 이들 오류를 완전히 해결하기 전에는 프로그램을 수행할 수 없다.

오타오류와 프로그램언어오류는 명백한 오류로 비교적 수정하기 쉽고 이들을 해결하면 프로그램은 일단 구동된다. 하지만 대부분의 프로그램은 끝까지 수행되지 못하고 중간에 자동적으로 끝나거나 엉뚱한 결과를 제시한다. 그 이유는 변수를 잘못 사용한 경우, 연산이 틀린 경우, 사칙연산의 산술식이 의도한 경우와 다른 경우, 계산을 위한 알고리즘이 틀린 경우, 입력자료가 잘못된 경우 등 매우 다양하다.

이와 같은 오류를 수정하는 것이 프로그램 작업의 중요한 부분이며 이는 디버깅 경험과 프로그램언어에 대한 지식을 필요로 한다. 독자들은 디버깅 과정을 통하여 프로그램에 대하여 많은 것을 배우게 됨을 명심하여야 한다. 실용적이고 효율적인 디버깅 방법은 프로그램이 제공하는 디버깅 기능을 이용하는 것이다. 프로그램의 일정 지점까지 수행하고 중간결과를 보거나, 개별 프로그램 각 라인을 순차적으로 수행하며 변숫값이 맞게 계산되고 있는지를 확인할 수 있다.

비록 언급한 오류를 모두 수정한 경우에도 일부의 결과는 맞고 일부의 결과는 틀린 경우가 있다. 이는 수행해야 하는 연산을 각 경우에 따라 선택하는 논리에 오류가 있는 경우에 발생한다. 행렬방정식의 각 원소의 계산과 배치가 틀린 경우, 일정하게 증감하는 변수의 초깃값이나 마지막 값이 잘못 사용된 경우 등도 논리오류의 좋은 예이다. Do ~ While, Do ~ Until 구문도 초보자들이 실수하는 예이다.

모든 오류가 수정되면 프로그램을 검증하여야 한다. 프로그램의 검증에 가장 전형적인 방법은 동일한 문제에 대하여 이미 검증된 다른 프로그램의 결과와 비교하는 것이다. 간단한 경우뿐만 아니라 다양한 조건에서 비교하여 철저히 검증함으로써 디버깅 과정에서 간과되었던 계산오류나 논리오류를 찾게 된다. 만약 검증된 프로그램을 사용하기 힘든 경우에는 계산결과를 알고 있는 다양한 문제에 대하여 프로그램 결과와 비교하여 검증하기도 한다.

(8) 결과해석

프로그램의 디버깅 및 검증 작업이 끝나면 프로그래밍 작업이 완료된 것이며 시간을 많이 필요로 하는 주 작업이 완료되었다고 할 수 있다. 대상 문제에 대하여 적용할 수 있는 프로그램이 준비되었으므로 시뮬레이션을 수행하고 도출된 결과를 해석한다. 만약 예상하지 못한 결과를 얻었다면 프로그램 오류인지 새로운 결과인지 분석하고 프로그램 오류인 경우 디버깅을 다시 실시한다. 독자들은 '다시' 라는 단어를 한 번 생각해 보기 바란다.

(9) 결과정리

프로그램의 수정과 결과해석이 끝나면 수치해석을 이용하여 이루고자 하였던 목적에 맞게 결과를 정리하고 보고서를 작성한다. 도표나 그림, 결과의 요약, 또는 시각화 프로그램을 활용할 수 있다.

수치해석을 이용하여 주어진 문제를 해결하기 위해서는 그림 1.1과 같은 과정을 거치는 것이 일반적이다. 따라서 수치해석기법을 잘 활용하기 위해서는 기본적인 수학적 지식과 논리력 그리고 프로그램언어를 사용할 줄 아는 능력이 필요하다. 또한 컴퓨터의 수체계, 연산과정 등에서 발생할 수 있는 여러 가지 오차에 대한 원인과 해결방법을 아는 것도 큰 도움이 될 수 있다. 컴퓨터를 이용한 연산 시 발생하는 오차의 종류들과 이를 줄일 수 있는 방법을 2장에 정리하였다.

1.3 ▶ 수치해석의 적용예

수치해석은 거의 모든 학문분야에서 사용되며 그 적용범위가 확장되고 있다. 공학과 자연과학 분야 대학과정에서 수치해석기법으로 풀 수 있는 대표적인 예는 다음과 같다.

- 행렬방정식의 풀이
- 방정식의 해 찾기
- 보간법
- 수치 적분 및 미분
- 미분방정식 풀이
- 불확실성 모델링
- 최적화 문제

주어진 문제에 대한 여러 변수들이 존재하며 각 변수들 사이의 수학적인 관계는 연립방정식으로 표현된다. 행렬방정식은 변수들 사이의 상관관계에 따라 주어진 방정식을 $\mathbf{Ax}=\mathbf{b}$로 간단히 표현한 것으로 수치해석의 가장 중요한 적용예가 된다. 연립방정식이 주어진 경우 그 풀이방법을 생각해 보자. 만약 두 개의 미지수를 갖는 1차 관계식, 즉 이원1차 연립방정식이라면 행렬방정식의 해법을 사용하지 않더라도 대입법이나 소거법을 사용하여 쉽게 풀 수 있다.

식 (1.4)의 삼원1차 연립방정식의 경우에도 대입법으로 풀 수 있으나 그 과정이 복잡하여 소거법으로 풀게 된다. 미지수의 개수가 수십 개 이상 된다면 현실적으로 대입법은 적용하기 어렵고 체계적인 소거법이나 반복법을 이용하여 해를 계산하여야 한다. 행렬방정식의 해를 직접 계산하는 방법을 직접법이라 하고 반복적인 계산을 통해 근사해를 얻는 방법을 반복법이라 한다. 다양한 행렬방정식 해법을 3장에 소개하였다.

$$\begin{aligned} 6x_1+3x_2+7x_3&=38 \\ 3x_1+5x_2+4x_3&=11 \\ 7x_2+3x_3&=-6 \end{aligned} \tag{1.4}$$

수치해석기법이 적용되는 가장 흔한 예 중의 하나가 그림 1.3과 같이 $f(x)=0$의 근(root 또는 solution)을 구하는 것이다. 1차 또는 2차 방정식의 경우 그 해를 바로 계산할 수 있지만 3차 이상의 함수나 초월함수의 경우 반복법을 사용하여 근사해를 구해야 한다. 비선형방정식의 해를 구하기 위한 다양한 반복법과 수렴조건에 대하여 4장에 설명하였다.

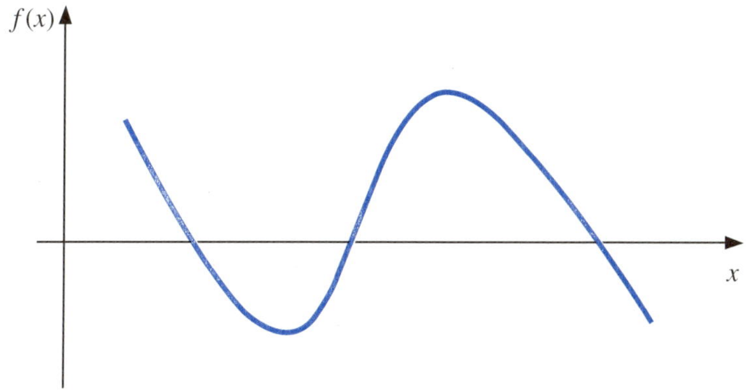

그림 1.3 함수 $f(x)=0$의 해

보간법은 알고 있는 자료값을 이용하여 자료값이 없는 구간의 값을 예측하는 것이다. 크게 선형보간법과 비선형보간법으로 나눌 수 있으며 선형보간법은 가장 간단한 형태의 보간으로 두 점을 직선으로 연결하여 해당 x 좌표에서의 함숫값을 예측하는 것이다(그림 1.4). 비선형보간법은 두 점 이상의 자료를 이용하여 자료점을 부드러운 곡선의 형태로 연결한다. 다양한 보간법의 원리와 특성 그리고 구체적 방법에 대하여 5장에서 다룬다.

주어진 구간에 대하여 함수 $f(x)$의 적분값을 구하고자 할 때 $f(x)$의 이론적 적분함수 $F(x)$가 알려져 있지 않을 경우에는 해석적인 방법으로 적분값을 얻을 수 없다. 이 경우 적분의 기하학적 의미인 $f(x)$와 x축으로 이루어진 부분의 면적을 이용하여 적분값을 계산할 수 있다. 그림 1.5와 같이 주어진 구간 $[a, b]$를 세부구간으로 나누고 각 구간별 면

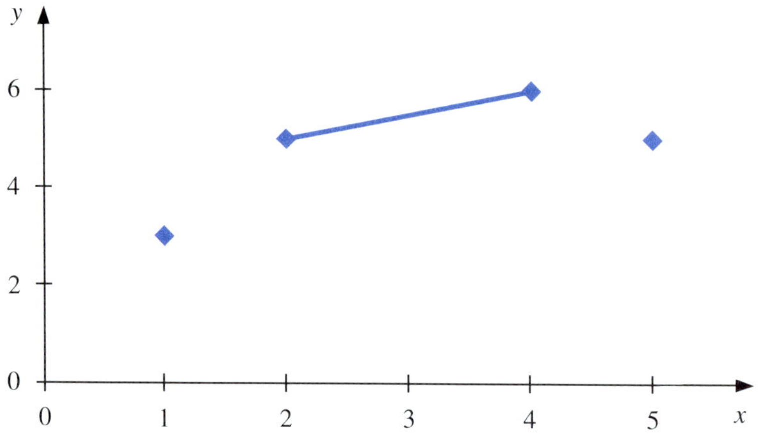

그림 1.4 이산자료를 이용한 보간법: 선형보간 예

적을 합하여 근삿값을 얻는다.

함수의 미분값은 적분에 비하여 계산이 쉬우며 함수 $f(x)$가 주어진 경우에는 미분함수 $f'(x)$를 계산한다. 미분함수 $f'(x)$가 복잡한 경우에는 그 값을 수치적으로 계산할 수 있다. 그림 1.4와 같이 이산자료가 주어진 경우에는 보간법을 사용하여 얻은 함수의 미분값을 사용할 수 있다. 원리가 간단한 사다리꼴 적분법과 비교적 정확한 결과를 제공하는 심프슨(Simpson)법 같은 수치적분법과 수치미분법이 6장에 소개되어 있다.

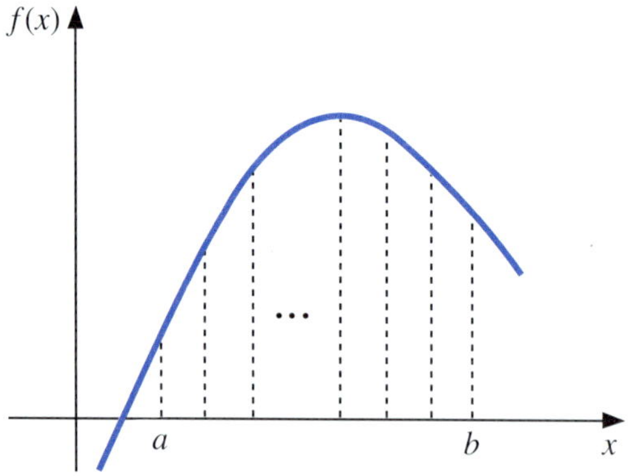

그림 1.5 수치적분

미분방정식과 유한차분식의 풀이는 학부 수준에서도 중요하지만 대학원 수준에서 활용되는 수치해석의 핵심이라 할 수 있다. 공학문제에서는 다수의 변수들이 존재하고 변수들의 물리적인 관계가 대부분 미분방정식으로 표현된다. 미분방정식을 수치적으로 풀기 위해서는 주어진 구역을 여러 개의 격자로 나누고 인접한 격자에서의 값의 변화율로 미분을 근사화하기 때문에 차분식(difference equation)의 형태가 된다.

지하수나 누출된 오염원의 유동, 물체 내에서의 온도분포 등의 시뮬레이션을 수행하는 경우를 생각해 보자. 이 경우 유체나 열의 유동이 일어나는 영역을 그림 1.6a와 같이 여러 개의 격자로 이루어진 격자시스템으로 나타낼 수 있다. 각 격자 내로 유입된 양과 유출된 양의 차이는 격자 내에 집적된 양이라는 원리를 이용하면 이웃 격자와의 관계식을 얻게 된다(그림 1.6b). 모든 격자에 대하여 동일하게 적용하고 정리하면 전형적인 행렬방정식으로 표현된다. 미분방정식의 의미와 분류, 유한차분식의 유도, 수치해석기법에 대하여 7장에서 배운다.

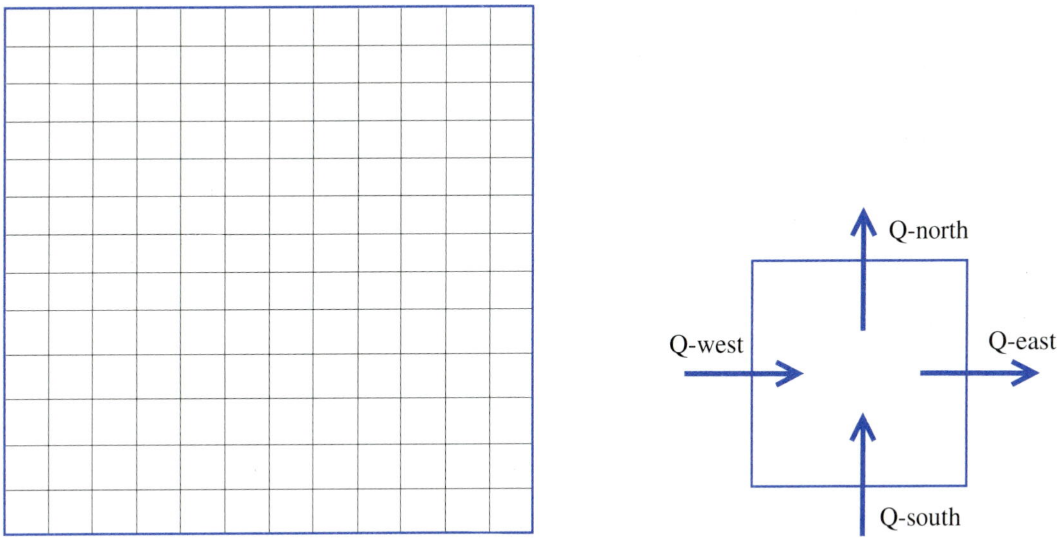

(a) 전체 격자 (b) 임의의 단일 격자

그림 1.6 격자 내 유동으로 표현된 유동시스템

계산을 위해 사용하는 변숫값이 상수나 명확한 관계식으로 주어지면 유일한 결과를 얻는다. 하지만 그 정보가 부족하여 단일 값이 존재하지 않는 경우에는 결과값을 단정적으로 예측할 수 없다. 또한 동일한 입력자료를 사용하여도 계산된 결과는 매번 달라질 수 있다. 이와 같이 변수가 가지는 불확실성을 수치적으로 모델링하는 방법이 추계학적 기법이다. 추계학적 기법은 각 변수가 가지는 불확실성을 확률분포로 나타내고 여러 번의 반복계산을 통하여 결과값을 정량화하는 기법이다. 그 응용분야는 확률변숫값의 생성, 몬테카를로 시뮬레이션, 석유매장량 평가, 추계학적 최적화 등 매우 다양하다.

최적화기법은 주어진 정보를 이용하여 원하는 결과(최대 또는 최소)를 만족시키는 조건들을 찾아내는 것이다. 석유저류층에서 원유를 생산하는 경우에 생산량이 많으면 판매수익은 증가한다. 그러나 많은 생산을 위해서는 큰 생산시설이 필요하므로 초기투자비와 운영비가 증가한다. 일일 생산량이 저류층의 크기에 비하여 과도한 경우 저류층압력의 급격한 감소로 회수율은 감소하게 된다. 생산량이 작은 경우에는 안정적으로 장기간 생산할 수 있지만 초기투자비용의 회수가 늦고 현금의 이자율을 고려할 때 순이익은 더 감소하게 된다. 이와 같은 경우 이익을 최대화하는 일일생산량과 생산기간을 찾는 것이 최적화 문제의 좋은 예이다.

최적화 문제의 목적함수가 그림 1.7과 같은 양상을 가진 경우, a 지점을 지역적 최솟값(local minimum), b 지점을 광역적 최솟값(global minimum)이라 한다. 목적함수가 하나의 최솟값만을 가지는 경우, 미분을 통하여 그 지점을 쉽게 구할 수 있지만 2개 이상일 경우에는 시뮬레이션 결과가 지역적 최솟값으로 결정되는 문제가 발생할 수 있다. 이러한 문제를 해결하기 위하여 적절한 알고리즘을 사용하여 프로그램을 구성하는 것이 필요하다.

최적화에는 목적과 필요한 정보의 종류와 양에 따라 다양한 기법이 있다(최종근, 2007). 크게 변화율기반 방법과 비변화율기반 방법으로 나눌 수 있다. 변화율기반 방법은 입력변수(x)의 증가에 따른 목적함수(y)의 변화를 이용하여 최적해를 찾는다. 이 방법은 속도가 빠르고 적은 시뮬레이션 횟수로 최적해를 얻을 수 있다는 장점이 있다. 하지만 그림 1.7의 경우에, 초기입력변수가 a 지점 주변의 값을 가진다면 지역적 최솟값에 수렴하는 한계를 가진다. 비변화율기반 방법은 다수의 지역적 최솟값을 가지는 최적화 문제에 효과적으로 사용된다. 몬테카를로 시뮬레이션과 같이 불확실성을 모델링하는 기법과 최적화기법은 8장에서 다룬다.

이 교재에서는 실제 계산은 엑셀 워크시트나 VBA를 사용하고 수치계산의 결과는 유효숫자를 네 자리까지 표기하였다. 따라서 네 자리 유효숫자만을 이용하여 계산하는 경우 중간결과는 다를 수 있지만 사용된 유효숫자 범위 내에서 동일한 결과를 얻을 수 있다. 각 장에서 설명한 수치기법을 적용하고 또 이해하는 데 도움이 되도록 연구문제를 두었고 실제 프로그래밍이 필요한 문제도 수록하였다. 프로그램을 사용한 수치적 결과는 이론적인 결과와 다를 수 있으므로 프로그램 작업을 통해 실제로 확인하는 것이 필요하다.

프로그램에 익숙하지 않은 독자들에게 도움을 주기 위하여 각 수치기법의 적용을 위한 유사코드(pseudo-code)를 제공하였다. 특히 유사코드는 특정 컴퓨터언어와는 상관없이 각 단계에서 해야 할 일을 명시하므로 프로그램 구성과 흐름을 알 수 있게 한다. 실제

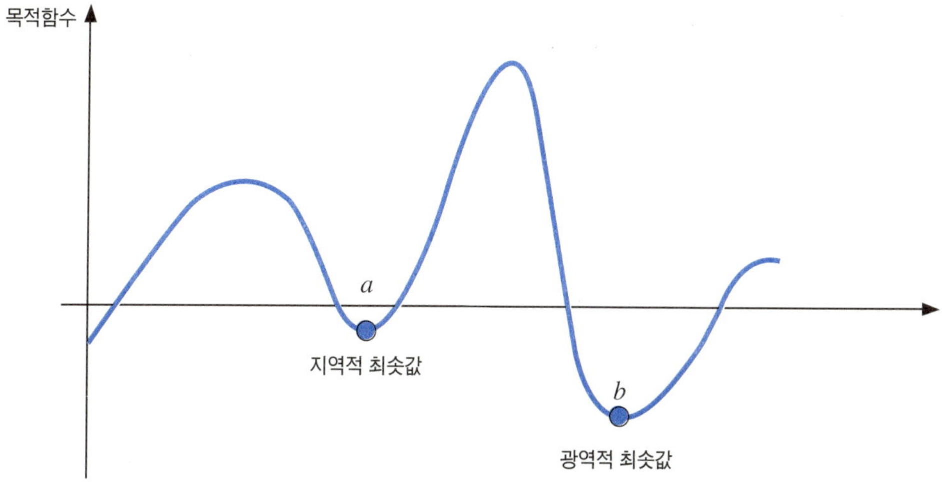

그림 1.7 최적화 문제의 목적함수 그래프와 지역적 및 광역적 최솟값

프로그래밍은 유사코드를 컴퓨터가 이해할 수 있는 특정 언어로 바꾸는 과정이다.

연구문제

1.1 여러 학문분야 중에서 여러분이 관심을 가지는 한 분야를 선택하여 수치해석이 어떻게 적용되는지 조사하라. 전공지식을 요구하는 이론적인 부분을 제외하고 구체적인 적용예를 2개 이상 보이라.

1.2 여러분이 관심을 가지는 분야에서 사용되고 있는 상용프로그램의 종류와 활용영역을 조사하라.

1.3 다음과 같은 수치해석 또는 프로그램언어 관련 용어를 설명하라.

(1) 모델링(modeling)
(2) 루프(loop)와 무한루프(infinite loop)
(3) 버그(bug)와 디버깅(debugging)
(4) 부프로그램(sub-program)
(5) 시뮬레이션(simulation)
(6) 알고리즘(algorithm)

(7) 유사코드(pseudo-code)
(8) 최적화(optimization)
(9) 흐름도(flow chart)

1.4 식 (1.4)를 다음의 방법으로 풀어 해를 구하고 그 계산량을 개략적으로 비교하라.
(1) 대입법
(2) 소거법

1.5 수치해석의 단점이나 한계는 무엇인가?

1.6 다음과 같은 출력을 만드는 프로그램을 작성하라. 필요한 정보를 입력자료로 읽어 들일 필요 없이 결과를 바로 출력하며 동일한 모양이 되도록 하라.

```
Homework #1
-----------------------------------------------------
My name is (여러분 이름 여기에)
Student's ID is (여러분 학번 여기에)
Used program is (사용한 프로그램 명칭 여기에)
Date: (과제물 제출일 명시)
-----------------------------------------------------
```

CHAPTER 2

수치해석을 위한 기본 지식

수치해석은 컴퓨터를 이용하여 수학적인 연산을 통해 문제를 근사적으로 해결하는 것이기 때문에 계산결과로 주어지는 해는 컴퓨터의 수체계와 연산 관련 한계에 따른 오차를 가진다. 컴퓨터는 수를 표현함에 있어서 그 크기와 정밀도에 한계를 가지고 있어 수치해석으로 얻은 해는 근본적으로 오차를 가지게 된다. 이 장에서는 컴퓨터의 수체계와 다양한 오차의 종류와 원인, 이러한 오차를 줄이는 방법에 대하여 알아보며 기본 구성은 다음과 같다.

2.1 ▶ 컴퓨터에서 사용하는 수

우리는 수를 표현하고 연산함에 있어 0부터 9까지의 10개의 숫자를 사용하는 십진법을 사용한다. 컴퓨터는 수의 저장과 연산에서 전기적 또는 자기적인 신호의 '온(on)', '오프(off)' 상태로 구분하는 이진법을 사용한다. 신호의 온, 오프에 각각 1과 0을 대응시켜 저장하는 가장 작은 단위를 비트(bit)라고 하며 이는 **bi**nary digi**t**의 약어이다. 1비트는 0 또는 1의 정보를 저장할 수 있다. 컴퓨터는 8개의 비트가 합쳐진 바이트(byte)를 기본저장단위로 사용한다. 즉 1바이트는 $xxxxxxxx_{(2)}$로 표기되는 수들을 표현할 수 있다. 만약 4바이트를 사용하여 저장과 연산을 수행한다면 32비트 컴퓨터가 된다.

VBA(Visual Basic for Applications)나 C+와 같은 프로그램언어를 사용해 본 독자들은 변수를 선언할 때, 정수형 또는 실수형과 같은 변수선언을 해야 하는 것을 알고 있을 것이다. 사용하려는 변수를 미리 정한 후 연산을 수행해야 하는 이유는 각 형태에 따라 컴퓨터의 저장방식이 다르기 때문이다. 이 절에서는 컴퓨터가 정수와 실수를 어떻게 저장하는지 알아본다.

2.1.1 정수의 표현

이미 언급한 대로 컴퓨터는 수의 저장과 연산에 1과 0으로 모든 숫자를 표현하는 이진법을 사용한다. 대부분의 독자들은 십진법을 이진법으로 또는 이진법을 십진법으로 변환하는 방법을 알고 있을 것이다. 그렇다면 컴퓨터는 이러한 수를 어떻게 저장할까? 정수가 저장되는 원리를 간단히 설명하기 위해 그림 2.1a와 같이 4개의 비트로 이루어져 있는 저장공간을 가정하자. 왼쪽에서부터 첫째 자리는 정수의 양 또는 음의 부호를 표현하기 위해 사용되고 나머지 부분은 수치를 나타내는 데 사용된다. 부호를 표시하기 위해 음의 정수인 경우에는 1, 그 외에는 0이 첫째 자리에 들어가게 된다. 따라서 양의 정수는 $0000_{(2)}$부터 $0111_{(2)}$까지, 즉 0부터 7까지의 정수를 표현할 수 있다.

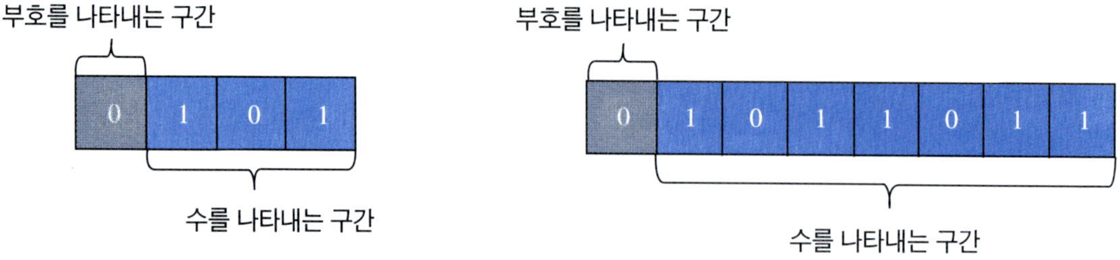

(a) 4비트의 예　　(b) 8비트의 예

그림 2.1 컴퓨터의 정수 저장방식

실제 연산이 이루어지는 관점에서 보면, 컴퓨터는 덧셈밖에 할 수 없기 때문에 음수를 저장하거나 연산할 때는 보수(complement)를 사용한다. 보수란 더하여 해당 자리가 영(0)이 되어 자리올림이 생기는 수이다. 십진법에서 3의 보수는 7이 된다. 이진법에서는 '1의보수법'과 '2의보수법'이 존재한다. 1의보수법에서 보수는 각 자릿수를 더하여 1이 되어야 하므로, 이진법으로 표현된 각 자리의 값 0은 1로, 1은 0으로 바꾸면 된다. 이진수 [0101 1101]의 보수는 [1010 0010]이다. 여기서 [ ]는 컴퓨터에서 수가 이진법으로 저장되는 모습을 표현한 것이며 읽기 쉽도록 네 자리씩 표기하였다.

그림 2.1b와 같이 8자리의 0 또는 1이 할당되는 공간이 존재하는 경우, 부호를 나타내기 위하여 첫 번째 비트를 사용하기 때문에 표현할 수 있는 가장 큰 양수는 127이다. 따라서 음수는 −0에서 −127까지 저장할 수 있다. 이 방법을 1의보수법이라 하며 '0' [0000 0000]과 '−0' [1111 1111]이 같은 값인데 다르게 표현되어 메모리의 중복으로 효율성이 떨어진다.

현대 컴퓨터에서는 이러한 중복을 피한 2의보수법을 사용한다. 2의보수법의 표현은 1의보수법에서 얻은 값에 1을 더한 것이다. 예를 들어 그림 2.1a와 같은 4비트 예에서 2는 [0010]으로 표현되며 1의보수로 바꾸면 [1101]이 되며 2의보수는 [1110]이 된다. 음의 정수인 −2를 이진법으로 표현하면 $-0010_{(2)}$이며 그대로 저장한다면 −[0010]이다. 1의보수를 이용하여 양수로 표현하면 [1101]이며 2의보수법으로 나타내면 [1110]이 된다. 결과적으로 컴퓨터는 −2라는 음의 정수를 [1110]으로 표현한다.

2의보수법은 +0, −0의 중복을 피하기 때문에 1의보수법보다 효율적이다. 구체적으로 8비트의 경우 부호를 표시하는 1개의 비트와 정수값을 저장하는 7개의 공간이 있기 때문에 표현할 수 있는 가장 큰 양의 정수는 [0111 1111]로 저장되는 127이다. 가장 작은 음의 정수는 2의보수법으로 저장되는 [1000 0000]인 −128이다. 요약하면 8비트의 경우 −128에서 127까지 정수를 저장할 수 있고 그 범위를 벗어나면 수치오류가 발생한다.

예제 2.1 8비트 연산에서 −15를 2의보수법을 이용하여 표현하라.

8비트 연산이기 때문에 컴퓨터는 8자리의 저장공간을 가진다. 따라서 −15는 이진수 $-00001111_{(2)}$와 같이 표현되고 1의보수법으로 나타내면 [1111 0000]이다. 2의보수법으로 나타내면 [1111 0001]이다. 8비트를 이용한 컴퓨터 상에서 −15는 [1111 0001]로 저장된다.

2.1.2 실수의 표현

실수를 표현하는 방식은 크게 고정소수점방식(fixed-point system)과 부동소수점방식(floating-point system)으로 나눌 수 있다. 고정소수점방식은 소수점 이하 자릿수를 일정하게 유지하는 표현방식이다. 부동소수점방식은 소수점의 위치를 고정하지 않고 동일한 유효숫자 개수를 사용하여 지수형태로 표현하는 방식이다. 표 2.1은 주어진 참값을 이 두 방법으로 표현한 결과이다.

고정소수점방식은 사용하기 쉽고 덧셈이나 뺄셈이 용이하다. 하지만 큰 수를 표현함에 있어 그 자릿수만큼 메모리를 많이 필요로 한다. 예를 들어 2.0×10^{30}으로 표현되는 수를 표현하기 위해 2000...0으로 0을 30개 써야 한다. 또한 작은 수는 정확히 표현되지 않고 유효숫자가 줄어들어 곱셈과 나눗셈에서 큰 오차를 유발한다. 컴퓨터는 수의 표현에 한정된 메모리를 가지고 있으므로 고정소수점방식을 사용할 경우 표현할 수 있는 수의 범위가 매우 작아지게 된다. 따라서 컴퓨터는 부동소수점방식을 사용한다.

표 2.1 고정소수점방식과 부동소수점방식

True value	Fixed-point system	Floating-point system
57.29578	57.296	0.573×10^{2}
1.41421	1.414	0.141×10^{1}
0.01745	0.017	0.174×10^{-1}
0.00029	0.000	0.290×10^{-3}

컴퓨터에서 사용되는 모든 실수는 부동소수점방식으로 식 (2.1)과 같이 표현할 수 있다. 예를 들어 0.000345를 이 방법으로 나타내면 $+0.345\times10^{-3}$이 되며 0.345E-03으로 표현할 수 있다. 식 (2.1)과 비교하여 $a=0.345$, $n=-3$이다.

$$\pm a\times10^{n}=\pm a\mathrm{E}n \tag{2.1}$$

여기서 a는 가수(mantissa) 또는 유효숫자, n은 지수(exponent)로 정수이다. 가수 a의 크기는 0.1보다 크거나 같고 1보다 작은 경우($0.1\le a<1$)가 표준표기이다. 소수점 왼쪽에 0이 위치하는 것을 선호하지 않을 경우 가수의 크기를 1보다 크거나 같고 10보다 작게($1\le a<10$) 표현할 수 있다.

이진법을 사용하는 컴퓨터의 경우, 식 (2.1)은 식 (2.2)와 같이 표현할 수 있다. 이진법으로 표현된 수는 0 또는 1로 구성되기 때문에 부동소수점방식으로 나타내는 경우, 항상 $1.\mathrm{XXX}\times2^{n}$과 같은 형태로 표현할 수 있다. 따라서 첫째 가수부분 자릿수는 저장할 필요가 없게 된다. 예를 들어 $11.01_{(2)}$은 표준표현으로 $1.101 \times 2^{+1}$이 되어 4개의 유효숫자를 가져야 하지만 실제로는 처음 1을 제외한 3개만 저장하여도 모든 정보를 갖게 된다.

$$\pm(1+a)\times 2^{n} \tag{2.2}$$

32비트 단정밀도(single precision)에서의 수 표현방식을 그림 2.2와 같이 나타낼 수 있다. 첫 번째 비트는 부호를 나타내며, 2~9번째 비트는 지수, 10~32번째 비트는 가수를 나타낸다. 이때 지수를 나타내는 비트 중 첫 번째는 지수의 부호를 나타내는 비트로 사용된다.

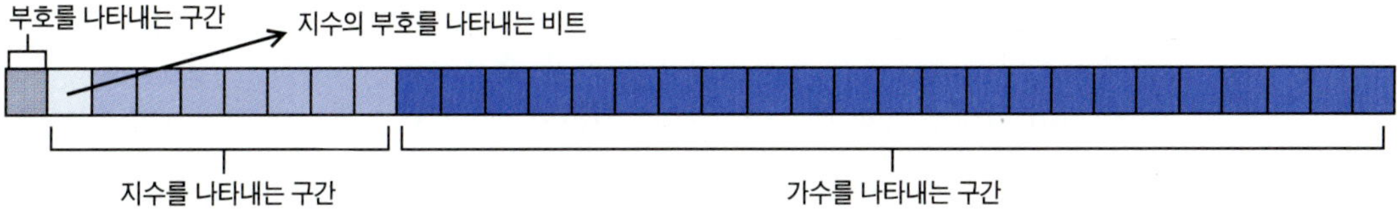

그림 2.2 실수 표현체계: 32비트 IEEE 규격 기준
(IEEE=Institute of Electrical and Electronics Engineers)

예제 2.2 실수 123.453125를 그림 2.2에 주어진 저장방식을 사용하여 표현하라.

123.453125를 이진법으로 변환하면 $1111011.011101_{(2)}$이 되고 표준표기로 $1.111011011101\times 2^{6}$이 된다. 부호를 나타내는 1번 비트는 양수이므로 0의 값이 저장되며 가수부분은 $1.111011011101_{(2)}$이 된다. 처음에 1은 정규화에 의해 저장할 필요가 없이 나머지 12개의 유효숫자를 가수비트에 저장하게 된다. 지수부분은 6이므로 [0000 0110]이 된다. 따라서 컴퓨터는 그림 2.3과 같이 주어진 수를 저장한다.

그림 2.3 단정밀도 체계에서의 실수 123.453125의 표현(32비트)

2.1.3 수의 표현범위

컴퓨터는 제한된 저장공간을 이용하여 수를 표현하기 때문에 저장할 수 있는 크기에 한계가 있다. 계산기를 사용해 보면 알 수 있지만 2의 거듭제곱을 계속해 나가면 어느 크기

이상부터 계산을 하지 못하게 된다. 그렇다면 컴퓨터는 어느 크기의 수까지를 표현할 수 있을까? 32비트의 경우(그림 2.2), 표현할 수 있는 가장 큰 양수는 부호부분을 제외하고 지수부분의 모든 값이 1이면서 23개의 가수부분이 모두 1인 경우일 것이다. 이를 구체적으로 계산하면 다음과 같다.

$$\text{지수} = 01111111_{(2)} = 64+32+16+8+4+2+1 = 127$$

$$\text{가수} = \frac{1}{2}+\frac{1}{2^2}+\frac{1}{2^3}+\frac{1}{2^4}+\cdots+\frac{1}{2^{24}} = 1-2^{-24}$$

따라서 계산된 가수값에 지수값을 곱하면 $1.701411733 \times 10^{38}$이 되고, 이 값이 32비트로 표현할 수 있는 가장 큰 실수가 된다. 만약 연산도중에 이보다 큰 계산값이 발생하게 되면 컴퓨터는 계산을 제대로 수행할 수 없고 '오버플로(overflow)' 오류가 발생하게 된다. 예를 들어 최대로 표현할 수 있는 수가 9라고 할 때 3+8을 계산하게 되면 저장할 수 있는 한계를 초과하므로 계산할 수 없다. 이 경우 컴퓨터 프로그램은 수행을 멈춘다.

가장 작은 양의 실수는 위의 경우와 반대로 지수와 가수 모두 가장 작은 경우이므로 지수는 -128, 가수는 2^{-1}인 경우이다. 따라서 이때의 계산값은 $2^{-129} = 1.469367939 \times 10^{-39}$이다. 입력값이나 계산된 값의 절댓값이 이 값보다 작으면 컴퓨터가 수를 관리하지 못하고 '언더플로(underflow)' 오류를 발생시킨다. 언더플로는 수가 음수로 작은 값, 즉 음수의 절댓값이 큰 값이 아니다.

언더플로오류의 경우 프로그램에 따라 0으로 처리하고 다음 계산을 계속하거나 오류메시지와 함께 프로그램의 수행이 중단된다. 표 2.2는 컴퓨터에서 사용하는 자료형에 따른 수의 범위를 보여 준다. 정수형 이외에는 지수의 범위를 표시하였다. 프로그램의 이동성을 높이기 위하여 저장값의 범위를 명시적으로 선언하는 경우 표 2.2의 값과 다른 수의 범위를 가질 수 있다. 현대의 컴퓨터와 프로그램은 배정밀도(double precision)가

표 2.2 자료형에 따른 수의 표현범위

자료형	메모리 크기	수의 범위(by IEEE)	Visual Basic
Integer	2 bytes	−32,768 ~ 32,767	−32,768 ~ 32,767
Long	4 bytes	−2,147,483,648 ~ 2,147,483,647	−2,147,483,648 ~ 2,147,483,647
Single precision	4 bytes	$-38 < n < 38$	$-45 < n < 38$
Double precision	8 bytes	$-125 < n < 125$	$-324 < n < 308$
String	10 bytes		2^{31} characters
Variant	16 bytes		Same as Double for value
	22 bytes		2^{31} characters

기본사항이기 때문에 수의 범위에 대한 어려움 없이 수치해법을 사용할 수 있다고 판단한다. 하지만 프로그램의 효율성을 위해 2바이트 크기의 정수로 선언된 변수의 경우 그 최댓값이 32,767이므로 오버플로오류가 발생하지 않도록 유의하여야 한다.

2.1.4 반올림

컴퓨터에 입력되고 계산된 결과값은 유한한 자릿수를 가지고 저장되기 때문에 저장한계를 넘어서는 자릿수(이를 '잉여자리' 라 하자)를 처리할 필요가 있다. 대부분의 경우 숫자 표현의 정확성을 높이기 위해 유효숫자의 마지막 단위 다음에서 반올림(round-off)하며 반올림을 끝처리라고도 한다. 반올림은 잉여자리를 무조건 올리는 올림(round-up)이나 버리는 버림(round-down 또는 chopping)보다 오차를 반으로 줄인다.

반올림법은 잉여자리의 첫 값이 5보다 크면 올림을 하고 5보다 작으면 버림을 한다. 그러면 잉여자리 첫 값이 5인 경우에는 어떻게 처리하는가? 일부 독자들은 이 경우 올림으로 처리하였을 것이다. 수치해석에서 계산결과의 정확성 향상은 매우 중요한 요소 중 하나이다. 따라서 반올림으로 인한 오차를 줄이기 위해 잉여자리의 첫 값이 5인 경우에는 유효숫자의 마지막 자리가 짝수가 되도록 반올림한다. 즉 유효숫자의 끝자리가 짝수이면 잉여숫자를 버리고 홀수이면 올려서 짝수가 되도록 한다. 표 2.3은 주어진 실수를 유효숫자 4자리로 표현한 반올림의 예이다.

표 2.3 반올림의 예

실제 값	반올림 값
0.5772156649	0.5772
1.7320508076	1.732
2.7182818284	2.718
3.1415926536	3.142
57.2957795130	57.30
453.6	453.6

연구문제

2.1 다음에 주어진 숫자를 이진법으로 나타내라.

(1) 정수 13, 31, 56

(2) 실수 13.625, 31.40625, 56.09375

(3) 실수 0.1, 0.2, 0.3

(4) 실수 0.1을 이진법으로 변환하면서 알게 된 것은 무엇인가?

2.2 $A=13$, $B=31$이라고 할 때, 다음의 계산과정을 2의보수법을 사용하여 구체적으로 보이라.

(1) $A+B$

(2) $A-B$

(3) $(-A)+B$

(4) $(-A)+(-B)$

2.3 표 2.1에 주어진 참값과 각 소수점방식으로 얻은 값과의 절대오차와 상대오차를 비교하라. 다음의 각 경우에 대하여 계산하라.

(1) 주어진 네 값을 모두 더한 경우와 곱한 경우

(2) 최댓값과 최솟값의 두 값만 더한 경우와 곱한 경우

2.4 표 2.2에서 정수형 자료의 표현범위를 자신의 언어로 설명하라.

2.5 음이 아닌 실수 x가 이진법 $x=0.abc\times2^{\pm n}$으로 표현된다고 가정하자. 여기서 a, b, c, n은 0 또는 1의 값을 가질 수 있다.

(1) 위의 이진법으로 표현할 수 있는 실수 중 0이 아닌 최솟값과 최댓값을 구하라.

(2) 위와 같은 실수의 저장시스템을 갖는다면 언더플로와 오버플로를 유발하는 양의 실수의 경곗값을 구하라.

(3) x가 가질 수 있는 모든 실수를 구하고 이를 수직선에 나타내라.

2.2 ▶ 수치해석의 오차

수치해석오차는 참값과 근삿값의 차이로 정의된다. 참값과 근삿값의 차를 절대오차라고 하며, 절대오차를 참값으로 나눈 값을 상대오차라고 한다. 이러한 오차들은 정확도(accuracy)와 정밀도(precision)에 의해 특징지어질 수 있다. 정확도는 계산결과와 참값의 가까운 정도를 의미하며, 정밀도는 여러 번 반복하여 계산할 때 이들 계산값이 얼마나 가까운지를 의미한다. 수치해석을 통한 결과는 높은 정확도와 정밀도를 가져야 한다. 낮은 정확도를 가지는 결과는 참값과 동떨어진 결과를 의미하기 때문에 사용할 수 없으며, 낮은 정밀도는 계산결과가 한 값에 수렴하지 않고 매 계산마다 다른 결과를 준다는 것을 의미하기 때문에 신뢰하기 어렵다.

프로그램의 모든 오류를 수정하고 검증을 마친 후에 수치모델링을 수행한다 하더라도 때로는 그 결과가 실제 현상과 일치하지 않는 문제점이 발생한다. 이것은 프로그램의 오류가 아니라 다음과 같은 다양한 이유에 의하여 발생한다.

- 반올림오차(round off error)
- 절단오차(truncation error)
- 수학적 모델에 따른 오차(model error)
- 자료에 의한 오류(measurement error)
- 수치해석적 특성에 의한 오차

2.2.1 반올림오차

반올림오차는 컴퓨터가 수를 정확하게 표현하지 못하기 때문에 발생하며 마무리오차라고도 한다. 반올림오차의 쉬운 예는 무한소수로 표현되는 분수의 덧셈이다. 만약 1/3을 두 번 더하면 이론적으로 2/3가 되고 유효숫자 4자리로 표현하면 0.6667이다. 그러나 컴퓨터는 1/3을 먼저 0.3333으로 저장하고 이를 2번 더하므로 0.6666이 되어 0.0001의 오차가 발생한다.

그림 2.2와 같은 32비트로 이루어진 컴퓨터 저장체계의 경우, 매우 작은 실수를 표현하고자 할 때 가능한 가장 작은 변화는 가수부분의 마지막 비트만 변할 때를 말한다. 그 값은 2^{-24}이며 이를 기계엡실론(machine epsilon)이라 한다. 따라서 기계엡실론 단위로 수를 불연속적으로 저장하게 되면 이보다 작은 수의 변화를 컴퓨터는 다루지 못한다.

예를 들면 3의 제곱근은 순환하지 않는 무한소수이다. 엑셀의 sqrt(3) 명령어를 이용하여 계산하면, sqrt(3)=1.73205080756888을 얻는다. 주어진 값의 마지막 자리가 8이므로 이를 다시 제곱하면 3.0이 되지 않음을 알 수 있다. 대부분의 경우에 유효숫자로 나타내면 동일한 결과를 얻지만 수치적으로 오차가 발생한다. 많은 계산이 이루어지면 수치오차는 무시할 수 없을 정도로 증가하는 경우도 많다.

반올림오차는 이러한 컴퓨터 시스템에 의해 발생할 뿐만 아니라 산술적 연산과정에서도 발생한다. 예를 들어 12.56과 0.0748의 덧셈을 수행할 때 사용되는 컴퓨터가 4자리의 가수와 십진법을 사용한다고 가정하자. 컴퓨터는 지수를 동일하게 하고 가수를 계산하는 방식으로 연산을 수행한다. 따라서 $12.56+0.0748$은 $0.1256\times10^2+0.000748\times10^2$으로 변환하여 결과는 0.126348×10^2로 나타난다. 하지만 컴퓨터가 다룰 수 있는 가수가 4자리이기 때문에 최종결과는 0.1263×10^2으로 0.000048은 버려진다.

반올림오차를 줄이기 위해 다음과 같은 방법을 사용할 수 있다.

- 크기가 유사한 두 수의 뺄셈연산을 피한다.
- 작은 수로 나누는 것을 피한다.
- 연산횟수를 줄인다.
- 여러 개의 수를 더할 때에는 작은 숫자부터 오름차순으로 더한다.

컴퓨터 저장시스템의 한계로 반올림오차를 완전히 제거할 수는 없다. 반올림오차를 줄이는 방법으로 단정밀도가 기본사양인 과거에는 배정밀도 변수를 사용하여 해결하였다. 컴퓨터의 저장용량을 증가시키지 않으면서도 반올림오차를 줄이고 오차의 누적을 방지하는 좋은 방법이 위에 언급한 항목들이다. 값의 변화가 다양한 숫자를 더할 때 오름차순으로 정리하여 작은 수부터 더하면 반올림오차를 줄일 수 있다.

2.2.2 절단오차

절단오차는 수학적인 모형을 수치해석적으로 근사화할 때 발생하는 오차이다. 예를 들어 식 (2.3)의 e^x를 근사화하는 테일러급수의 경우 우변의 몇 번째 항까지를 근삿값으로 결정하여 계산을 수행하는가에 따라 그 결과가 달라지게 된다.

$$e^x=1+x+\frac{x^2}{2!}+\frac{x^3}{3!}+\frac{x^4}{4!}+\cdots \tag{2.3}$$

식 (2.3)에서 $x=3$인 경우에 대하여 근사화하는 항의 수에 따라 계산하고, 엑셀에서 얻은 값과[exp(3)=20.085537]의 차이를 정리하면 표 2.4와 같다. 비교를 위해 소수점 이하 유효숫자 6자리까지 나타내었다.

이와 같이 수치해석 과정에서 사용하는 수학식의 근사정도에 따라 절단오차가 발생한다. 만약 결과의 정확도를 증가시켜야 할 경우, 좀더 많은 항을 이용한 근사식을 사용함으로써 절단오차를 줄일 수 있다. 하지만 계산시간이 길어지고 필요한 메모리용량이 늘어나는 단점이 있다. 현대 컴퓨터와 프로그램은 절단오차에 대하여 충분한 정확도를 제공한다고 가정하여도 무방하다.

표 2.4 테일러급수의 근사항 수에 따른 e^x의 근삿값과 오차

근사항 수	e^x 근삿값(x=3)	절대오차	상대오차, %
1	1	19.085537	95.02
2	4	16.085537	80.09
3	8.5	11.585537	57.68
4	13	7.085537	35.28
5	16.375	3.710537	18.47
6	18.4	1.685537	8.39
7	19.4125	0.673037	3.35
8	19.846429	0.239109	1.19
9	20.009152	0.076385	0.38
10	20.063393	0.022144	0.11

2.2.3 수학적 모델에 따른 오차

주어진 문제에 대하여 어떠한 수학적인 모델을 사용하는가에 따라서 결과가 달라질 수 있다. 한 가지 현상에 대하여 여러 수학적인 모델이 가능한 경우에 수치해석을 수행하는 사람의 주관적인 판단이 개입되거나 전공지식의 차이에 따라 다른 해석이 가능하다. 다음과 같은 예를 통해 이와 같은 수학적 모델에 따른 결과 차이를 알아보자.

그림 2.4의 산점도는 석유개발 필드에서 생산되는 원유의 월평균생산량 그래프이다. 이 자료들의 추세선을 그려 이후의 생산이 어떻게 진행될 것인지를 알아보고자 한다. 파란색 곡선은 석유생산량자료의 추세선을 2차함수로 표현한 것이고, 검은색 선은 지수함수로 표현한 것이다. 두 결과 모두 결정계수(R^2)값이 각각 0.9431, 0.8548로 오일생산량의 추이를 비교적 잘 나타내고 있으며 시각적으로 판단해도 타당해 보인다. 이를 토대로 1년 후인 72개월 때의 생산량값을 예측해 보면 다음과 같다.

2차함수의 추세선 사용: 1698배럴/월
지수함수의 추세선 사용: 672.5배럴/월

2차함수의 추세선을 사용한 경우, 비록 주어진 자료에 대하여 결정계수값이 더 높지만 72개월 후의 월평균생산량은 1698배럴(barrel)로 생산량이 오히려 증가할 것이라고

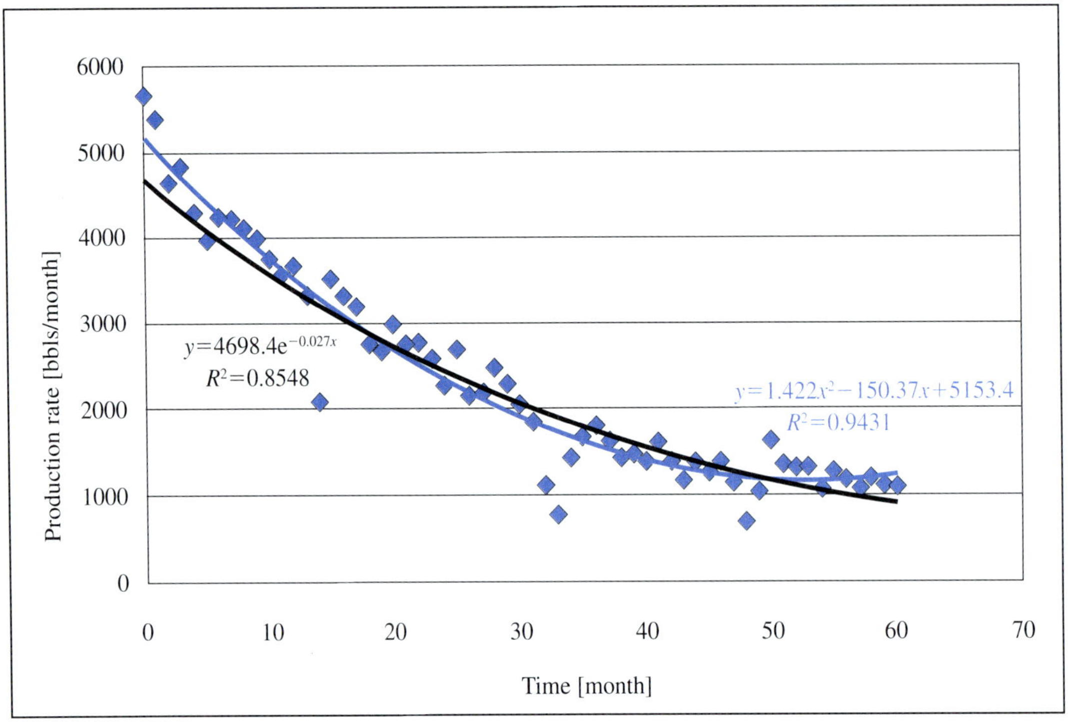

그림 2.4 생산시간에 따른 석유생산량 그래프

예측된다. 지수함수의 추세선을 사용한 경우는 672.5배럴로 계속적인 생산량 감소경향을 보인다.

생산량을 늘리기 위한 인위적인 작업을 하지 않으면 원유생산이 진행되면서 원유를 함유하고 있는 저류층의 압력이 낮아지기 때문에 시간에 따라 일반적으로 생산량이 감소한다. 그림 2.4에서도 일부 변동이 있지만 전체적으로는 생산량이 감소하는 경향을 나타낸다. 결과적으로 2차함수를 이용한 예측은 주어진 구간의 자료를 더 잘 표현하지만 향후 예측은 실제 현상을 잘 모델링하지 못한다.

지배방정식이나 연립방정식으로 표현되는 수학적인 모델은 주어진 문제나 현상을 표현한 것이다. 따라서 수치오차를 줄이고 타당한 결과를 얻기 위해서는 수학적으로 타당하고, 대상문제에 대한 적용성이 검증되어 있는 모델을 사용하여야 한다. 여러 가지 신뢰성 있는 모델들을 사용하여 이들이 도출한 유사한 결과값을 비교하고 분석하여 최적의 결과를 선택하는 것도 한 방법이 될 수 있다. 그림 2.4의 예에서 볼 수 있듯이 수치기법을 사용할 때에는 대상문제에 대한 전문지식이 필요하고 또 중요하다.

2.2.4 자료에 의한 오차

컴퓨터의 연산과정이나 수학적 모델에 따른 오차 외에도 사용한 자료에 의하여 수치해석 결과에 오차가 발생할 수 있다. 모델링을 수행하기 위하여 필요한 자료들 자체에도 오차가 있다. 특히 실험을 통해서 얻게 된 자료의 경우, 실험과정 중에 존재하는 다양한 오차 원인으로 인하여 편향되거나 정밀도가 낮은 결과를 얻을 수 있다.

이를 줄이기 위해서는 모집단을 잘 대표하는 자료를 수집하여야 한다. 획득하여 사용하는 자료에 문제가 있다면 아무리 뛰어난 수치해법을 사용하더라도 신뢰할 수 있는 결과를 얻을 수 없다. 이를 흔히 GIGO(garbage in garbage out)라 하며 수치해석에서 유의하여야 할 사항 중 하나이다. 컴퓨터를 이용하여 또는 수치적으로 얻은 값이라는 이유로 결과를 맹목적으로 신뢰하는 잘못을 범해서는 안 된다.

2.2.5 수치해석적 특성에 의한 오차

추세선을 구하거나 미래의 어떤 현상을 예측하고 계산을 수행하는 경우, 수치해석을 이용하여 문제를 해결할 때에는 '부드럽고 연속적인', 즉 미분 가능한 형태로 모델링하는 경향이 있다. 하지만 실제 현상은 그렇지 않은 경우도 있기 때문에 잘못된 모델링으로 인해 오차가 발생한다. 이는 주어진 현상을 그대로 모델링하지 못하고 합리적인 가정을 통한 모델링의 한계를 드러낸다. 그림 2.4에서 실제 석유생산량은 다양한 운영조건과 저류층 상황으로 인하여 변동하고 있지만 이를 근사화한 추세선은 부드러운 곡선의 형태를 가지는 것을 알 수 있다.

실책오차는 수치해석을 사용하는 전과정에 대하여 발생할 수 있다. 과거에는 컴퓨터 자체의 문제가 주된 원인 중 하나였다. 하지만 요즘에는 주로 사용자의 수치해석적인 지식의 부족, 프로그램 디버깅 과정에서 감지되지 못한 실수가 대다수를 차지한다. 이러한 실책오차를 줄이기 위해서 사용자는 정확한 수치해석적, 수학적 지식을 가져야 한다. 실제 프로그래밍 과정에서는 잘 짜여진 구조의 코딩이 되도록 좋은 프로그래밍 습관을 길러야 한다.

연구문제

2.6 반올림, 올림, 버림에 의해 계산된 다음 값들의 참값의 범위와 오차한계(unit error bound)를 명시하라.

값: 2, 2.0, 3.01, 3.14, 5.615

2.7 다음과 같이 동일한 문제에 대하여 두 가지 결과 x, y가 주어졌을 때 절대오차와 상대오차를 계산하라. 값 x를 참값으로 가정하라.

(1) $x=3.14$, $y=3.15$

(2) $x=0.001$, $y=0.002$

2.8 엑셀 VBA를 기준으로, 수식이나 내장함수를 사용하여 계산된 결과를 정수변수(예: DIM a_value AS INTEGER), 단정밀도 변수(예: DIM b_value AS SINGLE), 선언하지 않은 변수(예: c_value)에 저장한다고 할 때 실제로 저장되는 값은 얼마인가?

(1) INT(3.14), FIX(3.14)

(2) INT(−3.14), FIX(−3.14)

(3) 2/3, 2.0/3, 2.0/3.0

(4) 여러분이 예상한 값과 실제 프로그램에서 계산된 결과가 다르다면 그 이유는 무엇인가?

2.9 실수 3의 제곱근을 제곱하여 3을 얻기 위하여 동일한 유효숫자를 사용한다고 할 때

(1) 필요한 최소한의 유효숫자 자릿수를 계산하라.

(2) 1.0E−6 이하의 정확도를 얻기 위해 필요한 자릿수를 계산하라.

2.10 다음에 주어진 함수의 두 가지 표현에 대하여 유효숫자 5자리까지 이용하여 계산하고 차이를 비교하라.

$$f(x)=3+12x-8x^2+x^3$$
$$g(x)=3+x[12-x(8-x)]$$

(1) $x=7.5$일 때

(2) $x=0.75$일 때

(3) $x=0.075$일 때

(4) $x=0.0075$일 때

(5) 중첩형(nested form) 계산이란 무엇이며 어떤 특징이 있는가?

2.11 다음에 주어진 x에 대하여 식 (2.3)으로 주어진 지수함수의 근사식을 이용하여 근사항의 수에 따른 e^x의 근삿값과 오차를 계산하라.

(1) $x=0.01, 0.1, 1, 10$

(2) 식 (2.3)은 $x=0$을 중심으로 나타낸 테일러급수이다. 예측값 x가 그 중심에서 멀어질수록 나타나는 근사식의 문제점은 무엇인가?

2.12 식 (2.3)으로 주어진 지수함수의 정확도를 상대오차 0.1% 이내로 얻기 위하여 다음에 주어진 각 x에 대하여 필요한 근사항의 수를 구하라.

(1) $x=0.1, 0.5$일 때

(2) $x=1, 5$일 때

(3) $x=10, 50$일 때

2.13 연구문제 2.12를 다음에 주어진 음수 x에 대하여 반복하라.

(1) $x=-0.1,\ -0.5$일 때

(2) $x=-1,\ -5$일 때

(3) x가 음인 경우, $e^x=1/e^{-x}$이므로 이 관계를 이용하여 (1), (2)를 다시 계산하라.

2.14 식 (2.3)으로 주어진 지수함수의 10번째 항까지 근사식을 이용하여 $e^{0.5}$를 계산하고자 한다. 유효숫자 6자리까지 사용하라.

(1) 각 항의 값을 오름차순으로 더하여 값을 계산하고 절대 및 상대오차를 계산하라.

(2) 각 항의 값을 내림차순으로 더하여 값을 계산하고 절대 및 상대오차를 계산하라.

2.15 숫자 0.00002를 5만 번 더하는 연산을 수행할 때, 다음의 각 경우를 컴퓨터 프로그램을 이용하여 값을 구하고 각 결과를 비교하라.

(1) 숫자 0.00002를 5만 번 더하라.

(2) 숫자 0.00002를 500번 더하고 그 합을 100번 더하라.

(3) 숫자 0.00002를 50번 더하고 그 합을 10번 더하고 또 그 합을 10번 더하는 과정을 5만 번이 될 때까지 반복하라.

2.16 다음 오차는 어떠한 오차인지 조사하고 자신의 전공분야의 한 예를 들어 설명하라. [대학원 수준]

(1) 수치분산오차(numerical dispersion error)

(2) 격자방향성오차(grid orientation error)

(3) 수치불안정성오차(numerical instability error)

(4) 물질평형오차(material balance error)

2.3 ▶ 오차의 전파

2.3.1 오차의 전파

산술연산 과정에서 발생하는 오차는 계산이 거듭되면서 다음 단계의 계산에 영향을 줄 수 있다. 만약 오차가 누적된다면 처음에는 작은 오차라 하더라도 많은 계산을 거쳐 그 크기가 결과의 정확도 및 정밀도에 영향을 줄 수 있다. 따라서 오차가 계속 누적되어 전파되는지 일정한 수준으로 유지되는지 아는 것은 중요하다. 수치해석오차는 절대오차, 상대오차, 그리고 상대오차의 절댓값인 절대상대오차로 나눌 수 있다. 사칙연산으로 인한 오차의 전파양상을 살펴보자.

(1) 덧셈과 뺄셈에 의한 오차전파

참값 x_t는 식 (2.4)와 같이 근삿값 x와 오차 ε으로 구성된다. 두 값을 더하거나 빼는 경우, 수치해석적으로 얻은 근삿값은 참값과 오차를 가지고 있으며 식 (2.5)로 표현할 수 있다. 식 (2.6)으로부터 알 수 있는 것은 덧셈의 경우 절대오차가 각 값의 오차와 동일한 차수 내에 있다는 것이다.

$$x_t = x + \varepsilon \tag{2.4}$$

$$x_t \pm y_t = (x \pm y) + (\varepsilon_x \pm \varepsilon_y) \tag{2.5}$$

$$\left|\varepsilon_{x \pm y}\right| \le \left|\varepsilon_x\right| + \left|\varepsilon_y\right| \tag{2.6}$$

여기서 x, y는 근삿값, ε은 오차이다. 하첨자 t는 참값을 의미한다.

뺄셈의 경우에도 동일한 이유로 오차누적이 문제되지 않는다. 그러나 유사한 크기를 가지는 값들의 뺄셈은 피해야 한다. 예를 들어 크기가 비슷한 8자리의 정밀도를 가진 두 수의 합과 차를 계산한 다음의 결과를 보자.

$$x = 1.7320508$$
$$y = 1.7320136$$
$$x + y = 3.4640644$$
$$x - y = 0.0000372$$

계산에 사용된 x와 y는 8자리의 유효숫자를 가지고 있고 덧셈의 경우에 동일한 유효숫자를 갖는다. 그러나 뺄셈의 결과는 단지 3자리의 유효숫자만 갖게 되어 정밀도의 감소를 유발한다. 이를 유효수상실(loss of significance) 또는 뺄셈의 무효화(subtractive cancellation)라 한다. 유효수상실이 발생하게 되면 상대오차가 증가하게 되고 이어지는 계산에서 정확도가 감소하므로 결국 절대오차도 증가할 수 있다.

(2) 곱셈과 나눗셈에 의한 오차전파

두 값 x, y의 곱으로 인한 오차는 식 (2.7)과 같이 나타낼 수 있다. 곱셈의 경우 x와 y가 임의의 값을 가질 수 있기 때문에 그 절대오차의 크기를 바로 파악하기가 어렵다. 식 (2.7)에 주어진 절대오차를 xy로 나눈 상대오차의 경우 각 상대오차의 합으로 표시되고 오차의 곱은 무시할 수 있다. 따라서 곱셈에 의한 오차전파는 상대오차가 동일 차수 내에 있다고 할 수 있어 오차누적이 큰 문제가 되지 않는다. 나눗셈의 경우에도 같은 원리로 상대오차가 동일 차수 내에 있다.

$$\varepsilon=(x+\varepsilon_x)(y+\varepsilon_y)-xy=x\varepsilon_y+y\varepsilon_x+\varepsilon_x\varepsilon_y \tag{2.7}$$

2.3.2 수치해석의 안정도

계산과정을 반복하면서 오차가 확대되는 경우, 신뢰성 있는 수치해석 결과를 얻기 힘들다. 수치해석에서 초깃값의 작은 변화에 대응하는 최종결과가 작게 변화하는 것을 안정하다(stable)고 하며 그렇지 않은 경우를 불안정하다(unstable)고 한다. 그림 2.5는 계산과정에 따른 안정성을 개념적으로 나타낸 것이다. 그림 2.5의 곡면 위에 위치하는 것을 공(ball)이라 가정하자. 불안정한 경우, 현재는 평형을 이루고 있지만 공이 움직일 만한 작은 힘만 가하여도 공은 곡면을 따라 이동하여 큰 위치변화를 가져온다. 안정한 경우는 이와는 반대로 힘을 가하여 공을 움직일지라도 일정 구간 진동한 후에 현재 위치로 돌아와 위치변화가 아주 작게 된다.

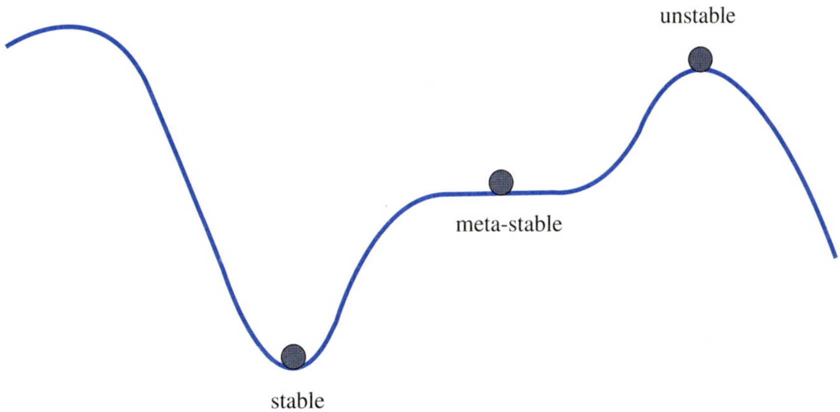

그림 2.5 수치기법의 안정, 중간안정, 불안정 개념

안정한 경우는 주어진 문제에 대한 해를 구하기 위해 초기예측값을 바꾸어도 동일한 결과를 나타낸다. 중간안정(meta-stable)의 경우는 비교적 동일한 결과를 나타낼 수 있지만 일정한 값 이상 오차가 발생한 경우 그 결과값이 변할 수 있다. 불안정한 경우는 작은 입력자료 오차에 대해서도 결과값이 크게 달라질 수 있다. 불안정성은 사용한 알고리즘이 잘못되었거나 불안정하여 발생할 수 있으며 이를 수치해석적 불안정성이라 한다. 수학적 불안정성은 유일해가 없거나 수학적인 관계식에 문제가 있는 경우에 유발된다.

2.3.3 좋은 프로그래밍을 위한 조언

수치해법은 컴퓨터 프로그램을 이용하여 수치해를 얻는 것이기 때문에 좋은 프로그램을 작성하는 것은 중요하다. 잘 작성된 프로그램이란 적은 계산시간과 저장용량을 사용하면서도 정확한 결과를 내는 프로그램이다. 잘 작성된 프로그램을 짜는 탁월한 프로그래머가 되기 위하여 항상 기억해야 하는 것은 다음과 같다.

- 기록의 중요성
- 주의 깊은 프로그래밍
- 변수의 선언
- 긴 변수명 사용
- 프로그램 유틸리티 이용

(1) 기록의 중요성

기록의 중요성은 아무리 강조해도 지나치지 않다. 수치해석을 배우고 활용해 보면 더 절실히 느끼는 것이 기록의 중요성이다. 실험연구를 하는 사람들이 실험노트를 작성하듯이 프로그래밍을 하는 사람은 '수치해석노트'를 작성하여야 한다. 수치해석은 한 마디로 '수식의 기록'이라 할 수 있다. 즉 주어진 문제를 해결하기 위하여 어떠한 수식을 사용할 것인가를 결정하고 자신이 이해할 수 있도록 수식화하는 것이다. 잘 작성된 수식화는 프로그래밍의 효율을 향상시키고 발생 가능한 오류를 최소화한다. 프로그래밍은 이들 수식을 단순히 컴퓨터가 이해할 수 있는 언어로 작성하는 과정이다. 프로그래밍을 하기 이전에 필요한 모든 수식이 확보되고 또 스스로가 이해하고 있어야 한다.

사용할 수식에 대한 기록뿐만 아니라 프로그램 흐름도와 파일명칭에 대한 기록도 필요하다. 프로그램의 과정, 사용한 각 변수의 내용과 용도, 그리고 함수와 부(sub)프로그램들의 이름과 목적도 같이 기록해 두는 것이 중요하다. 프로그래밍의 시작일자와 최근 수정일자 그리고 수정된 내용과 이유까지도 기록한다. 이때 프로그램 소스코드와 수치해석노트에 동시에 기록할 것을 권장한다. 소스코드에서는 주로 코멘트(comment) 라인으로 설명이 추가되며 VBA의 경우 작은따옴표(')는 코멘트 라인의 시작을 의미한다. 기록은 프로그램 작성과정에서뿐만 아니라 결과를 분석하고 정리하는 데 있어서도 필수적이다.

간단한 프로그램인 경우에는 여러분의 기억에 의존할 수 있고 또 기억할 수 없더라도 짧은 시간에 원하는 내용을 찾아낼 수 있다. 그러나 프로그램이 복잡하고 길어지면 기억에 의존한 프로그램의 작성과 수정은 거의 불가능하다. 프로그래밍은 가능한 한 집중하여 짧은 시간에 마치는 것이 좋다. 하지만 여러 이유로 프로그래밍 작업을 잠시 멈추게 된 경우, 프로그램에 대한 기록이 없으면 다시 프로그램을 읽고 이해하고 시작하기까지 많은 시간이 소모된다. 긴 프로그램을 작성해 본 경험이 있는 독자는 그 의미와 중요성을 잘 이해하리라 생각한다.

실제 프로그램 작업에 앞서 프로그램의 전체 흐름도를 작성하는 것이 필요하다. 이를 블록다이어그램(block diagram) 또는 유사코드(pseudo-code) 형태로 작성할 수 있다. 블록다이어그램은 각 과정에서 수행되는 내용(이를 task라 함)을 중심으로 기술한 반면에 유사코드는 좀더 구체적인 절차를 포함한다. 특히 유사코드는 프로그램 작업을 중심으로 작성한 것으로 실제 프로그램의 기초가 된다. 즉 코딩(coding)으로 알려진 프로그래밍은 유사코드를 컴퓨터가 이해할 수 있는 특정 프로그램언어로 표현한 것이다.

(2) 주의 깊은 프로그래밍

프로그래밍에서는 잘 계획된 흐름도에 따라 처음부터 주의 깊게 작성하는 것이 필요하다. 프로그램이 길어지고 복잡해질수록 입력, 사전계산, 주요계산, 출력 부분으로 나누어 각 부분을 부프로그램으로 작성한다. 각 부프로그램은 매개변수나 광역변수를 사용하여 정보교환이 이루어지므로 상수값이 아닌 변숫값을 사용한 일반화가 필요하다. 모든 단위 프로그램에서는 약간의 일반화가 필요하며 이는 프로그램 작성을 쉽게 하면서 활용성을 높여 준다. 주(main)프로그램에서는 함수와 부프로그램을 호출하여 원하는 결과를 계산하도록 한다. 프로그램을 추가로 수정하거나 확장할 필요가 있을 때에는 해당 부프로그램만 수정하면 된다. 이것이 잘 구성된 프로그램의 장점이다.

(3) 변수의 선언

프로그램언어를 사용하여 실제 프로그래밍을 할 때 사용되는 변수는 선언할 수 있고 또 선언하지 않을 수도 있다. 배열(array)로 사용되는 변수는 미리 정의하여야 하지만 그 외 변수는 반드시 정의하지 않아도 된다. 변수를 정의하지 않는 것이 내가 원할 때 변수명을 정하고 사용할 수 있어서 매우 편리한 것 같지만 추천하지 않는다. 왜냐하면 변수명에 오타가 있을 경우 컴퓨터는 그 변수를 새로운 변수로 인지하여 다른 값이 배정되기 이전에는 변숫값으로 주로 0을 가진다. 이 경우 프로그램은 정상적으로 수행되었는데 그 결과가 다르게 나오게 된다. 만약 큰 차이가 나면 오히려 오류를 찾기 쉬운데, 조건에 따라 때로는 크게 때로는 미세한 차이를 보여 프로그램 수정을 정말 어렵게 한다.

모든 변수를 반드시 선언한 후에 사용하게 하는 명령어가 대부분의 프로그램에 있으며 VBA의 경우 Option Explicit이다. 이 경우에는 내가 의도한 변수명에 오타가 있는 경우, 선언되지 않은 변수라는 오류메시지를 보여주므로 프로그램 과정에서 오류를 줄인다. 변수의 선언은 프로그램에서 필요로 하는 메모리용량을 줄이는 효과가 있다. 변수를 선언하고 사용하는 것이 처음에는 좀 불편해 보여도 시간이 지날수록 충분한 보상을 받게 될 것이다. 절대 다수의 상용프로그램들은 모든 변수를 선언하고 사용하고 있으므로 저자도 독자들이 좋은 프로그래밍 습관을 들이기를 강력히 추천한다.

변수의 선언과 함께 변수명을 잘 사용하는 것도 중요하다. 과거에는 컴퓨터의 사양이 낮아 컴퓨터는 대부분 4~6개의 문자만 인지하였다. 따라서 긴 변수명보다 간단한 이름을 사용하였다. 하지만 요즘은 컴퓨터가 긴 이름의 변수를 인지하므로 이를 사용하는 것이 유익하다. 예를 들어 파이프의 내경과 외경 자료를 위한 변수를 선언한다고 할 때 과거에는 주로 IDP(inner diameter of pipe), ODP(outer diameter of pipe) 또는 PID, POD를 사용하였다. 더 간단하게 ID, OD로 사용하였다.

이 경우 프로그래밍을 하는 자신은 현재 잘 이해하고 있지만 이후에 본인이나 다른 사람이 프로그램을 수정하고자 할 때 많은 어려움이 있다. 아무런 기록도 없는 상태라면 PID, POD가 무엇인지 상상하기 어렵다. 하지만 pipe_inner_diameter, pipe_inner_Dia, pipe_innerDiameter, pipe_ID 등으로 긴 이름을 사용하였다면 그 변수의 용도를 쉽게 알 수 있다.

변수명을 정할 때 숫자 0은 영문자 o와 혼동될 가능성이 있으므로 피하는 것이 좋다. 숫자 1과 영문자 l도 같은 이유로 피해야 한다. 일부 프로그램들은 대문자와 소문자를 구별하므로 이를 변수명에 활용하여 소문자 l 대신 대문자 L을 사용할 수 있다. 반드시 2개의 변수를 같은 이름으로 선언해야 하는 경우에도 변수1, 변수2가 아니라 변수, 변수2로 정의할 수 있다. 또한 광역적 변수, 지역적 변수, 정수, 상수, 문자, 그리고 텍스트(text)나 레이블(label) 등에 따라 적절한 접두어를 사용하는 것도 매우 유익한 방법 중 하나이다.

(4) 프로그램 유틸리티 이용

VBA를 포함한 많은 프로그램들은 도움말과 디버깅 유틸리티를 제공한다. 도움말에는 프로그램언어에 대한 설명과 구체적인 예시까지 나와 있기 때문에 이를 잘 이용하는 것이 필요하다. 요즘은 인터넷에 '당신의 모든 질문에 대한 답이 있다!' 고 할 정도로 많은 정보와 완성되어 제공되는 소스코드가 있기 때문에 이를 잘 활용하면 유익하다. 특히 이미 완성되어 제공되는 프로그램들은 대부분 검증되고 또 최적화되어 있는 프로그램이기 때문에 프로그램의 목적과 사용되는 변수를 명확히 파악한 후에 사용하면 매우 효율적이다.

프로그램에 오류가 있을 때에는 디버깅 과정에 어려움이 있는 것이 사실이지만 이를 통해 더 많은 것을 배우게 됨을 기억하기 바란다(이것이 "Programming skills cannot be taught. They should be learned!"의 의미이다). 디버깅을 위해 프로그램의 특정 부분까지 수행하고 그 계산결과를 체크할 수 있다. 프로그램의 다음 라인이나 특정 부분 또는 부프로그램만 수행할 수 있어 이들을 잘 활용하면 효과적이다. 이들 유틸리티 옵션들은 시도해 보지 않으면 영원히 어려워 보인다. 누구나 사용할 수 있도록 쉽게 구성되어 있으니 용기를 내어 한 번 사용해 보기 바란다.

(5) 추가 조언

프로그램을 위한 추가적인 조언은 다음과 같다. 원주율같이 반복적으로 사용되는 상수는 상수변수로 선언하여 사용하면 숫자의 입력과정에서 나타날 수 있는 오류를 줄인다. 복잡한 계산은 각 부분으로 나누어 간단한 계산의 조합으로 하면 프로그램과 디버깅이 쉬워진다. 각 계산이 이루어지는 단위별로 들여쓰기를 하면 보기에도 좋고 프로그램 관리가 쉬워진다. 만약 프로그램이 30분 (또는 개인의 선호도에 따라 10분) 이상 수행된다면 반드시 중간결과를 컴퓨터 화면으로 출력하도록 하여야 한다. 이런 경우에 현재 계산시간이나 반복횟수 그리고 각 단계에서의 최종결과만 제시하여도 충분하다.

프로그램 작업이 완료되면 사용에 도움이 될 수 있도록 부수적인 작업을 할 수 있으며 결과를 그래프로 나타낼 수 있다. 이 경우에 프로그램 개발자가 아닌 사용자의 입장에서 사용자가 필요로 하는 것과 그것을 얻기 위하여 어떤 행동을 할 것인가를 생각해 보면 좋은 아이디어를 얻을 수 있다. 모든 프로그램 작업이 완료되면 관련 분야 동료들에게 프로그램을 수행하게 하고 그들의 의견을 수렴하는 것도 중요하다. 각 분야에서 많이 사용되고 있는 상용프로그램들도 다 이와 같은 과정을 거쳐 현재의 위치에 선 것이다.

연구문제

2.17 다음에 주어진 이원1차 연립방정식의 해를 제시한 유효숫자 자릿수를 이용하여 구하라. 수식의 계수와 각 계산단계에서 나온 결과값을 주어진 유효숫자 자릿수로 반올림하여 다음 계산을 진행하라.

$$0.26318x+0.21031y=7.4824$$
$$0.59457x+0.47275y=0.87367$$

(1) 유효숫자 3자리

(2) 유효숫자 4자리

(3) 유효숫자 5자리

(4) 배정밀도에서 해를 구하고 각 경우의 오차를 비교하라.

2.18 다음의 2차 방정식 해를 근의 공식을 이용하여 계산하라. 매 계산에서 유효숫자 4자리까지 이용할 경우 그 결과가 정확하다고 생각하는가? 만약 그렇지 않다면 동일한 유효숫자 조건에서 더 정확한 해를 얻기 위한 방법을 제시하고 그 결과를 비교하라.

(1) $x^2-10x+0.2=0$

(2) $x^2+60x+3=0$

2.19 실수변수 x를 -1.0에서 1.0까지 0.0001씩 증가시키며 $x=0.0$이 되는 경우를 찾고자 한다. VBA나 여러분에게 익숙한 프로그램을 선택하여 프로그램을 작성하라.

(1) IF $x=0.0$ THEN 구문을 사용하여 조건이 충족되는 경우 "0을 찾음"이라고 출력하게 하라.

(2) (1)의 경우, 원하는 결과를 얻지 못하였다면 이유는 무엇인가? 이 문제를 해결할 수 있는 방법과 그 결과를 제시하라.

2.20 다음에 주어진 두 수식의 관계를 설명하고 주어진 x 값에 대하여 유효숫자 4자리를 이용하여 각 함숫값을 계산하라.

(1) $f(x)=e^x-e^{-x}, \quad g(x)=e^{-x}\left[2x+\dfrac{(2x)^2}{2!}+\dfrac{(2x)^3}{3!}+\dfrac{(2x)^4}{4!}+\cdots\right]$

$x=0.0001,\ 0.2,\ 1$

(2) $f(x)=\sqrt{x^2+1}-1, \quad g(x)=x^2/(\sqrt{x^2+1}+1)$

$x=0.0001,\ 0.2,\ 1$

(3) 배정밀도를 이용하여 위의 계산을 반복하라.

2.21 VBA를 사용하여 프로그램을 작성하고자 할 때, 좋은 프로그래밍을 위한 팁을 찾아 발표하라.

2.22 다음과 같은 출력을 만드는 프로그램을 작성하라. 출력할 정보를 입력자료로 읽어 들여 동일한 모양이 되도록 출력하라.

Homework #2

My name is (여러분 이름 여기에)
Student's ID is (여러분 학번 여기에)
Used program is (사용한 프로그램 명칭 여기에)
Date: (과제물 제출일 명시)

CHAPTER 3

행렬방정식의 해법

행렬방정식은 미지수 상호간의 관계를 나타내는 연립방정식을 **Ax**=**b**의 형태로 간단히 표현한 것으로 수치해석의 기본이 된다. 행렬방정식은 간결하면서도 연립방정식의 모든 핵심정보를 가지고 있다. 이 장에서는 행렬에 대한 기본적인 내용과 용어 그리고 해의 존재성과 유일성을 판별하는 방법을 공부한다. 또한 행렬방정식의 해를 구하기 위한 다양한 직접법과 반복법에 대하여 설명하며 기본 구성은 다음과 같다.

행렬방정식은 연립방정식을 간단히 표현한 것으로 다양한 수치해석의 가장 기본이 되는 항목 중 하나이다. 연립방정식은 미지수 상호간의 관계(예: 지배방정식, 상관식 등)와 주어진 조건을 고려한 최종 관계식이며 이 수식을 풀어 미지값을 계산한다. 연립방정식의 간단한 형태는 다음과 같은 두 개의 미지수를 갖는 1차 관계식, 즉 이원1차 연립방정식이다.

$$2x_1-7x_2=-3$$
$$-x_1+4x_2=2$$

연립방정식의 형태는 지금까지 많이 다루어 보았을 것이며 굳이 행렬방정식의 해법을 사용하지 않더라도 쉽게 풀 수 있다. 하지만 공학적으로 의미 있는 문제들은 대부분 많은 미지수를 갖기 때문에 이원1차 연립방정식의 풀이에 사용한 단순한 대입법이나 소거법으로 해를 구하는 데 한계가 있다. 그렇다면 주어진 연립방정식을 풀기 위해 행렬방정식의 해법을 사용하면 어떠한 이점이 있을까?

식 (3.1)은 n개의 미지수를 갖는 m개의 수식을 연립방정식의 형태로 표현한 것이다. 주어진 m개의 연립방정식을 식 (3.2a)와 같이 $\mathbf{Ax}=\mathbf{b}$ 형태의 행렬방정식으로 표현한다면 m개의 연립방정식을 보다 간단한 형태로 나타낼 수 있다. 그 결과, 식 (3.2b)와 같이 간결하게 표현되지만 행렬 $\mathbf{A}$와 벡터 $\mathbf{b}$가 연립방정식의 모든 핵심정보를 가지고 있다. 또한 행렬풀이에 관한 많은 이론이 정립되어 있어 활용성이 큰 이점이 있으며 수치해법을 적용하기에 유리하다. $\mathbf{Ax}=\mathbf{b}$ 형태로 변형된 행렬방정식의 해를 구하기에 앞서 행렬의 기본내용에 대해 간략히 소개한다.

$$\begin{aligned} a_{11}x_1+a_{12}x_2+\cdots+a_{1n}x_n&=b_1 \\ a_{21}x_1+a_{22}x_2+\cdots+a_{2n}x_n&=b_2 \\ \vdots \quad\quad \vdots \quad\quad \vdots \quad\quad & \vdots \\ a_{m1}x_1+a_{m2}x_2+\cdots+a_{mn}x_n&=b_m \end{aligned} \tag{3.1}$$

$$\underbrace{\begin{bmatrix} a_{11} & a_{12} & \cdots & a_{1n} \\ a_{21} & a_{22} & \cdots & a_{2n} \\ \vdots & \vdots & \ddots & \vdots \\ a_{m1} & a_{m2} & \cdots & a_{mn} \end{bmatrix}}_{\mathbf{A}} \underbrace{\begin{bmatrix} x_1 \\ x_2 \\ \vdots \\ x_n \end{bmatrix}}_{\mathbf{x}} = \underbrace{\begin{bmatrix} b_1 \\ b_2 \\ \vdots \\ b_m \end{bmatrix}}_{\mathbf{b}} \tag{3.2a}$$

$$\mathbf{Ax}=\mathbf{b} \tag{3.2b}$$

여기서 $\mathbf{A}$는 연립방정식의 계수로 구성된 행렬, $\mathbf{x}$는 미지수 벡터, 그리고 $\mathbf{b}$는 상수항 벡터이다. 이 교재에서 행렬은 진한 대문자, 벡터는 진한 소문자, 각 원소나 변수는 소문자로 표기하였다.

3.1 ▶ 행렬의 기본내용

3.1.1 행렬의 정의

행렬이란 괄호 속에 수나 식을 (콤마 없이) 사각형 형태로 배열한 것을 말하며 식 (3.3)과 같이 일반적인 형태로 표현할 수 있다. 나열된 각 항을 요소(entry) 또는 원소(element)라 하고 가로로 나열된 원소들의 집합을 행(row)이라고 하며 세로로 나열된 원소들의 집합을 열(column)이라고 한다. 행렬은 식 (3.3)과 같이 하나의 기호 **A**나 각 원소의 나열 또는 괄호와 첨자를 사용한 $[a_{ij}]$ 형태로 나타낼 수 있다. 원소 a_{ij}는 행렬 **A**의 i번째 행과 j번째 열에 있는 요소를 말한다.

$$\mathbf{A} = \begin{bmatrix} a_{11} & a_{12} & \cdots & a_{1n} \\ a_{21} & a_{22} & \cdots & a_{2n} \\ \vdots & \vdots & \ddots & \vdots \\ a_{m1} & a_{m2} & \cdots & a_{mn} \end{bmatrix} = [a_{ij}] \tag{3.3}$$

여기서 m은 행의 개수, n은 열의 개수이며 행렬 **A**를 $m \times n$ 행렬이라 한다. 식 (3.3)에서 행렬 **A**의 크기는 $m \times n$이다.

행렬크기의 의미를 살펴보면, m은 방정식의 개수이고 n은 미지수의 개수이다. 특히 $m=n$인 행렬을 정방행렬(square matrix)이라 하며, 그렇지 않은 행렬을 (직)사각행렬이라 한다. 정방행렬에서 행과 열이 같은 a_{ii}를 행렬 **A**의 주대각원소 또는 간단히 대각원소라고 한다. 이 교재에서는 방정식의 수와 미지수의 수가 같은 정방행렬을 주로 다루게 될 것이다.

식 (3.3)의 행렬 **A**의 각 행과 열을 식 (3.4)와 식 (3.5)로 나타낼 수 있다.

$$\mathbf{a}_i = [a_i] = [a_{i1} \quad a_{i2} \quad \cdots \quad a_{in}] \tag{3.4}$$

$$\mathbf{a}_j = [a_j] = \begin{bmatrix} a_{1j} \\ a_{2j} \\ \vdots \\ a_{mj} \end{bmatrix} \tag{3.5}$$

여기서 $\mathbf{a}_i$와 $\mathbf{a}_j$는 각각 i번째 행을 원소로 가지는 n차원 행벡터와 j번째 열을 원소로 가지는 m차원 열벡터를 의미하며 하첨자로 원소들을 나타낸다. 벡터를 표현하는 진한 소문자와 각 원소를 의미하는 일반 소문자를 구별하기 바란다.

3.1.2 행렬의 종류 및 용어

특정한 형태 또는 특정한 성질을 갖는 행렬을 표현하는 용어에는 다음과 같은 것들이 있다.

- 전치행렬(transpose matrix)
- 대칭행렬(symmetric matrix)
- 반대칭행렬(skew-symmetric matrix)
- 삼각행렬(triangular matrix)
- 대각우위행렬(diagonally dominant matrix)
- 대각행렬(diagonal matrix)
- 스칼라행렬(scalar matrix)
- 단위행렬(unit matrix)
- 역행렬(inverse matrix)
- 특이행렬(singular matrix)

이러한 용어들의 정의와 상호관계에 대한 지식은 행렬방정식의 해법을 공부하는 데 반드시 필요하다. 행렬방정식 $\mathbf{Ax}=\mathbf{b}$의 풀이에 있어 행렬 $\mathbf{A}$가 어떤 행렬인지에 따라 해가 존재하지 않을 수도 있고 또 해를 구하기 위한 방법의 적용 가능성도 달라진다.

전치행렬 $\mathbf{A}^T$는, $m\times n$ 행렬 $\mathbf{A}=[a_{ij}]$가 주어졌을 때, $[a_{ji}]$를 원소로 가지는 $n\times m$ 행렬이다. 구체적으로 행렬 $\mathbf{A}$의 i번째 행과 j번째 열의 원소를 j번째 행과 i번째 열의 원소로 바꾼 것이 전치행렬($\mathbf{A}^T$)이다. 전치행렬은 행의 수 m과 열의 수 n이 바뀌기 때문에 행렬의 크기가 달라진다. 이러한 전치행렬을 이용하여 대칭행렬과 반대칭행렬을 정의할 수 있다.

대칭행렬이란 $\mathbf{A}^T=\mathbf{A}$를 만족하는 행렬을 말한다. 두 행렬이 같다는 것은 각 행과 열의 모든 원소가 같은 것으로 정의하기 때문에 대칭행렬이 되기 위해서 행렬 $\mathbf{A}$는 반드시 정방행렬이어야 한다. 즉 행렬의 행과 열의 수가 다르면 절대로 대칭행렬이 될 수 없다. 정방행렬 $\mathbf{A}$의 a_{ij}와 a_{ji}가 같으면 대칭행렬이 되므로 이를 수식으로 나타내면 $a_{ij}=a_{ji}$이다.

반대칭행렬이란 $\mathbf{A}^T=-\mathbf{A}$를 만족하는 정방행렬을 말한다. 반대칭행렬의 경우 a_{ij}의 원소가 a_{ji}의 원소와 절댓값의 크기는 같고 부호는 반대이다. 따라서 반대칭행렬의 대각원소 a_{ii}는 모두 영(zero)의 값을 갖는다. 이를 수식으로 나타내면 $a_{ij}=-a_{ji}$이고 $a_{ii}=0$이다.

임의의 정방행렬 $\mathbf{A}$에 대하여 대칭행렬과 반대칭행렬을 만들 수 있으며 식 (3.6)과 같이 이들의 합으로 행렬 $\mathbf{A}$를 나타낼 수 있다. 두 행렬의 합이나 차는 동일한 위치에 존재하는 각 원소의 합이나 차를 구하는 것으로 반드시 두 행렬의 크기는 같아야 한다.

$$\mathbf{A}=\mathbf{S}+\mathbf{T} \tag{3.6}$$
$$\mathbf{S}=1/2(\mathbf{A}+\mathbf{A}^T),\ \mathbf{T}=1/2(\mathbf{A}-\mathbf{A}^T)$$

여기서 **S**는 대칭행렬, **T**는 반대칭행렬이다.

예제 3.1

다음 행렬 **A**를 대칭행렬 **S**와 반대칭행렬 **T**의 합으로 나타낼 때 **S**와 **T**를 구하라.

$$\mathbf{A}=\begin{bmatrix}6&3&7\\3&5&4\\0&7&3\end{bmatrix}$$

대칭행렬 **S**와 반대칭행렬 **T**를 계산하기 위해서는 먼저 주어진 행렬 **A**로부터 전치행렬 $\mathbf{A}^T$를 구하여야 한다. 전치행렬을 다음과 같이 계산하고 식 (3.6)을 이용하여 **S**와 **T**를 구한다. 아래의 계산결과를 이용하여 대칭행렬 **S**와 반대칭행렬 **T**를 합하면 **A**가 됨을 확인할 수 있다.

$$\text{전치행렬, } \mathbf{A}^T=\begin{bmatrix}6&3&0\\3&5&7\\7&4&3\end{bmatrix}$$

$$2\mathbf{S}=\mathbf{A}+\mathbf{A}^T=\begin{bmatrix}6&3&7\\3&5&4\\0&7&3\end{bmatrix}+\begin{bmatrix}6&3&0\\3&5&7\\7&4&3\end{bmatrix}$$

$$\mathbf{S}=\begin{bmatrix}6&3&7/2\\3&5&11/2\\7/2&11/2&3\end{bmatrix}$$

$$2\mathbf{T}=\mathbf{A}-\mathbf{A}^T=\begin{bmatrix}6&3&7\\3&5&4\\0&7&3\end{bmatrix}-\begin{bmatrix}6&3&0\\3&5&7\\7&4&3\end{bmatrix}$$

$$\mathbf{T}=\begin{bmatrix}0&0&7/2\\0&0&-3/2\\-7/2&3/2&0\end{bmatrix}$$

삼각행렬에는 상삼각행렬(upper triangular matrix)과 하삼각행렬(lower triangular matrix)이 있다. 상삼각행렬은 대각원소 a_{ii} 아래쪽의 모든 원소가 0인 정방행렬이다. 이를 수학적으로 정의하면 $a_{ij}=0$, if $i>j$이다. 하삼각행렬은 대각원소 a_{ii} 위쪽의 모든 원소가 0인 정방행렬로, $a_{ij}=0$, if $i<j$로 정의된다.

행렬에 대하여 어느 정도 지식을 갖고 있는 독자라도 대각우위행렬의 정의를 물어보면 정확히 대답하지 못하는 경우가 있다. 때로는 대각원소가 해당 행의 다른 원소들보다 큰 것으로 생각하기도 한다. 대각우위행렬은 각 행에서 주대각원소의 절댓값이 이를 제외한 나머지 원소들의 절댓값 합보다 큰 행렬이다. 대각우위행렬은 대각우세행렬이라고도 하며 이는 식 (3.7)로 정의되고 이 경우를 완전대각우위행렬(strictly diagonally dominant matrix)이라 한다. 대각우세행렬은 반복법을 사용하여 행렬방정식의 해를 구할 때 해의 안정성과 수렴에 큰 영향을 미친다. 해가 존재하는 경우 대각우세가 강할수록 반복법의 수렴속도가 빨라진다.

$$|a_{ii}| > \sum_{j=1,\, j\neq i}^{n} |a_{ij}| \tag{3.7}$$

대각행렬은 정방행렬 중 주대각원소 a_{ii}를 제외한 모든 원소가 0인 경우를 말한다. 수학적으로 표현하면 $a_{ij}=0$, if $i \neq j$이다. 대각행렬에서 대각원소가 모두 동일한 상수일 때 이를 스칼라행렬이라 하고 특히 그 상수가 1인 경우를 단위행렬이라 하며 $\mathbf{I}$로 나타낸다. 역행렬은 단위행렬을 통해 정의할 수 있다. 정방행렬 $\mathbf{A}$에 대해 $\mathbf{AX}=\mathbf{XA}=\mathbf{I}$를 만족하는 정방행렬 $\mathbf{X}$를 행렬 $\mathbf{A}$의 역행렬이라 하고 $\mathbf{A}^{-1}$로 표시한다. 역행렬이 존재하는 행렬 $\mathbf{A}$를 정칙행렬(non-singular matrix)이라 하고 역행렬이 존재하지 않는 행렬을 특이행렬이라 한다.

3.1.3 행렬식

행렬식(determinant)의 정의는 무엇인가? 독자들은 2×2 행렬의 행렬식을 구하는 공식을 알고 있을 것이며 아마도 3×3 행렬의 행렬식 공식도 알고 있을 것이다. 그러나 행렬식의 정의를 명확히 알고 있지 않으면 1×1 행렬의 행렬식과 4×4 행렬의 행렬식을 구하는 데 어려움이 있다.

$n\times n$ 행렬의 n차 행렬식은 식 (3.8)로 표시되며 식 (3.9)로 정의되는 스칼라 값이다. n차 행렬식은 $(n-1)$차 행렬식에 의해 정의되고 $(n-1)$차 행렬식은 $(n-2)$차 행렬식에 의해 정의된다. 이와 같은 방법으로 식 (3.9a)의 1차 행렬식을 이용하여 n차 행렬식을 계산할 수 있다. n차 행렬식을 간단히 행렬 $\mathbf{A}$의 행렬식 또는 행렬식이라 한다. 식 (3.9b)는 i번째 행을 기준으로 행렬식을 계산한 것이고 식 (3.9c)는 j번째 열을 기준으로 행렬식을 계산한 것이다. 행렬식은 임의의 행이나 열을 선택하여 계산하여도 그 값이 동일한 정의

의 명확성이 있다.

$$D=\det(\mathbf{A})=\begin{vmatrix} a_{11} & a_{12} & \cdots & a_{1n} \\ a_{21} & a_{22} & \cdots & a_{2n} \\ \vdots & \vdots & \ddots & \vdots \\ a_{n1} & a_{n2} & \cdots & a_{nn} \end{vmatrix} \tag{3.8}$$

$$\text{If } n=1,\ D=a_{11} \tag{3.9a}$$

$$\text{If } n \geq 2,$$

$$D=\sum_{j=1}^{n} a_{ij} A_{ij},\ \text{ for any } i \tag{3.9b}$$

$$\text{or}$$

$$D=\sum_{i=1}^{n} a_{ij} A_{ij},\ \text{ for any } j \tag{3.9c}$$

where, $A_{ij}=(-1)^{i+j} M_{ij}$

여기서 M_{ij}는 a_{ij}가 속한 i번째 행과 j번째 열을 제외한 $(n-1)$차 행렬식이다.

A_{ij}는 여인수(cofactor)라 하며 a_{ij}의 위치에 따라 부호가 변함에 유의하여야 한다. 여인수의 부호는 체크판 양식처럼 '+'와 '−'가 교대로 나타난다. 그림 3.1은 3×3 행렬에서 a_{23}이 속한 2행과 3열을 제외한 부분행렬과 여인수 계산예를 보여 준다. a_{23}의 여인수 A_{23}을 구한다고 하면 a_{23}을 포함하는 2행과 3열의 원소를 제외한 나머지 4개의 원소들(a_{11}, a_{12}, a_{31}, a_{32})로 행렬식을 구한다(그림 3.1). 이 행렬식에 여인수의 부호 $(-1)^{2+3}=-1$을 곱해 주면 여인수 A_{23}이 결정된다.

행렬의 행렬식을 계산하여 보자. 먼저 1×1 행렬 $[a_{11}]$은 식 (3.9a)의 정의에 의해 a_{11}이다. 2×2 행렬의 경우 식 (3.9b)에 따라 1행을 기준으로 계산하면 친숙한 식 (3.10a)를 얻는다. 3×3 행렬의 경우에도 식 (3.9b)를 이용하여 계산할 수 있으며 정리하면 식 (3.10b)와 같다. 행렬식에 대한 정의를 알고 있으므로 임의의 n차 행렬식을 계산할 수 있지만 빠른 계산을 위해 3차 이하의 행렬식을 구하는 공식은 암기해 두기 바란다.

$$\det(\mathbf{A})=\begin{vmatrix} a_{11} & a_{12} \\ a_{21} & a_{22} \end{vmatrix}=a_{11}a_{22}-a_{12}a_{21} \tag{3.10a}$$

$$\det(\mathbf{A})=\begin{vmatrix} a_{11} & a_{12} & a_{13} \\ a_{21} & a_{22} & a_{23} \\ a_{31} & a_{32} & a_{33} \end{vmatrix}$$

$$=a_{11}a_{22}a_{33}+a_{12}a_{23}a_{31}+a_{13}a_{32}a_{21}-a_{13}a_{22}a_{31}-a_{23}a_{32}a_{11}-a_{33}a_{21}a_{12} \tag{3.10b}$$

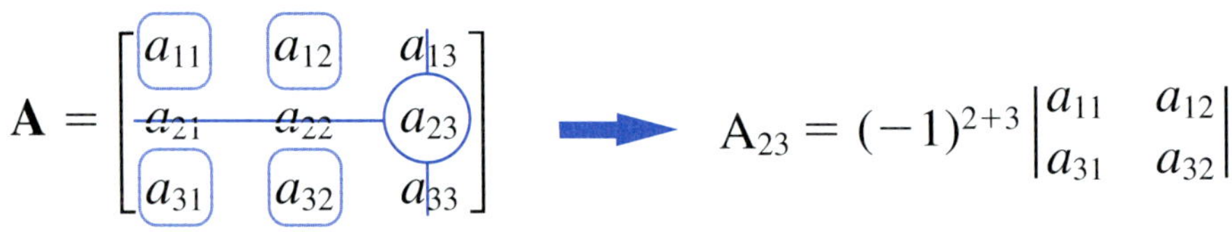

그림 3.1 행렬원소 a_{23}의 여인수 A_{23} 구하기

3.1.4 역행렬

행렬 $\mathbf{A}$의 역행렬은 그 행렬식이 0이 아닌 경우에만 존재하며 행렬식과 여인수를 이용하여 식 (3.11)로 계산된다. 역행렬을 구하는 식이 전치행렬로 표시되어 있는 점에 유의하여야 한다.

$$\mathbf{A}^{-1} = \frac{1}{\det(\mathbf{A})}\left[A_{ij}\right]^T = \frac{1}{\det(\mathbf{A})}\begin{bmatrix} A_{11} & A_{12} & \cdots & A_{1n} \\ A_{21} & A_{22} & \cdots & A_{2n} \\ \vdots & \vdots & \ddots & \vdots \\ A_{n1} & A_{n2} & \cdots & A_{nn} \end{bmatrix}^T, \quad n \geq 2 \tag{3.11}$$

1×1 행렬의 경우 역행렬은 정의에 의해 식 (3.12a)와 같다. 2×2 행렬의 경우에 식 (3.11)의 정의에 따라 계산한 후 정리하면 친숙한 식 (3.12b)가 된다. 3×3 행렬의 경우 다소 복잡하지만 식 (3.12c)를 이용하여 구할 수 있다. 그림 3.1과 같이 여인수 A_{23}은 역행렬 $\mathbf{A}^{-1}$의 2행 3열 원소가 아닌 3행 2열 원소가 된다. 4×4 이상의 행렬은 공식을 이용하여 역행렬을 구하기에는 계산량이 너무 많아 3장 후반부에서 소개하는 가우스-요르단(Gauss-Jordan) 기법으로 얻는다.

1×1 행렬 $\mathbf{A}$

$$\mathbf{A}^{-1} = \left[\frac{1}{a_{11}}\right] \tag{3.12a}$$

2×2 행렬 $\mathbf{A}$

$$\mathbf{A}^{-1} = \frac{1}{a_{11}a_{22} - a_{12}a_{21}}\begin{bmatrix} a_{22} & -a_{12} \\ -a_{21} & a_{11} \end{bmatrix} \tag{3.12b}$$

3×3 행렬 $\mathbf{A}$

$$\mathbf{A}^{-1} = \frac{1}{\det(\mathbf{A})}\left[A_{ij}\right]^T = \frac{1}{\det(\mathbf{A})}\begin{bmatrix} A_{11} & A_{21} & A_{31} \\ A_{12} & A_{22} & A_{32} \\ A_{13} & A_{23} & A_{33} \end{bmatrix} \tag{3.12c}$$

여기서 A_{ij}는 행렬원소 a_{ij}의 여인수이다.

행렬연산 중 틀리기 쉬운 내용을 정리하면 다음과 같다.

- $\mathbf{AB} \neq \mathbf{BA}$ (단, $\mathbf{A}=\mathbf{B}^{-1}$일 때는 성립)
- $(\mathbf{A}+\mathbf{B})^T=\mathbf{A}^T+\mathbf{B}^T$
- $(\mathbf{AB})^T=\mathbf{B}^T\mathbf{A}^T$
- $(c\mathbf{A})^{-1}=1/c\ \mathbf{A}^{-1}$
- $(c\mathbf{A})^T=c\mathbf{A}^T$

행렬의 경우 합의 교환법칙은 성립하지만, 곱셈의 교환법칙은 일반적으로 성립하지 않는다. 행렬이 곱해지기 위해서는 앞 행렬의 열과 곱해지는 뒤 행렬의 행의 수가 같아야 한다. 따라서 같은 크기의 정방행렬이 아닌 경우에는 $\mathbf{AB}$는 성립하더라도 $\mathbf{BA}$가 정의되지 않을 수도 있다. 행렬 $\mathbf{A}$가 행렬 $\mathbf{B}$의 역행렬일 때는 $\mathbf{AB}$와 $\mathbf{BA}$ 모두 단위행렬로 같아지므로 곱셈의 교환법칙이 항상 성립한다. 두 행렬 $\mathbf{A}$, $\mathbf{B}$의 합의 전치행렬은 각 행렬의 전치행렬의 합과 같다. 두 행렬 $\mathbf{A}$, $\mathbf{B}$의 곱의 전치행렬은 각 행렬의 전치행렬을 순서를 바꾸어 곱한 것과 같다.

행렬 $\mathbf{A}$를 상수배 한 $c\mathbf{A}$ 행렬은 행렬의 각 원소를 c배 한 것을 원소로 갖는다. 따라서 그 역행렬은 역행렬 $\mathbf{A}^{-1}$에 상수 c의 역수를 곱한 결과와 같다. $c\mathbf{A}$ 행렬의 전치행렬은 행과 열을 바꾼 것으로 전치행렬 $\mathbf{A}^T$에 상수 c를 곱한 결과와 같다.

예제 3.2 다음 행렬 $\mathbf{A}$의 역행렬을 구하라.

$$\mathbf{A}=\begin{bmatrix} 6 & 3 & 7 \\ 3 & 5 & 4 \\ 0 & 7 & 3 \end{bmatrix}$$

역행렬을 구하기 위해서는 먼저 행렬 $\mathbf{A}$의 역행렬이 존재하는지 확인하여야 한다. 주어진 행렬의 행렬식을 구하면 42로 0이 아니므로 행렬 $\mathbf{A}$의 역행렬이 존재한다. 식 (3.12c)를 이용하여 각 원소에 대응하는 여인수를 구하면 아래와 같이 3×3 행렬의 역행렬을 계산할 수 있다.

$$\mathbf{A}^{-1}=\frac{1}{\det(\mathbf{A})}\left[A_{ij}\right]^T=\frac{1}{\det(\mathbf{A})}\begin{bmatrix} A_{11} & A_{21} & A_{31} \\ A_{12} & A_{22} & A_{32} \\ A_{13} & A_{23} & A_{33} \end{bmatrix}$$

$$\det(\mathbf{A})=6(15-28)-3(9)+7(21)=42$$

$$A_{11}=\begin{vmatrix}5 & 4\\7 & 3\end{vmatrix}=-13,\quad A_{21}=-\begin{vmatrix}3 & 7\\7 & 3\end{vmatrix}=40,\quad A_{31}=\begin{vmatrix}3 & 7\\5 & 4\end{vmatrix}=-23,$$

$$A_{12}=-\begin{vmatrix}3 & 4\\0 & 3\end{vmatrix}=-9,\quad A_{22}=\begin{vmatrix}6 & 7\\0 & 3\end{vmatrix}=18,\quad A_{32}=-\begin{vmatrix}6 & 7\\3 & 4\end{vmatrix}=-3,$$

$$A_{13}=\begin{vmatrix}3 & 5\\0 & 7\end{vmatrix}=21,\quad A_{23}=-\begin{vmatrix}6 & 3\\0 & 7\end{vmatrix}=-42,\quad A_{33}=\begin{vmatrix}6 & 3\\3 & 5\end{vmatrix}=21$$

$$\mathbf{A}^{-1}=\frac{1}{42}\begin{bmatrix}-13 & 40 & -23\\-9 & 18 & -3\\21 & -42 & 21\end{bmatrix}$$

연구문제

3.1 주어진 행렬 **A**와 **B**를 사용하여 다음을 계산하라.

$$\mathbf{A}=\begin{bmatrix}3 & 7\\2 & -1\end{bmatrix},\quad \mathbf{B}=\begin{bmatrix}1 & 0\\-4 & 3\end{bmatrix}$$

(1) $3\mathbf{A}$, $\mathbf{A}+3$, $\mathbf{A}+\mathbf{B}$

(2) $(\mathbf{A}+\mathbf{B})^T$, $(\mathbf{AB})^T$, $\mathbf{A}^T\mathbf{B}^T$, $\mathbf{B}^T\mathbf{A}^T$

(3) $\mathbf{A}^{-1}$, $(3\mathbf{A})^{-1}$

(4) $\mathbf{B}^{-1}$, $(\mathbf{AB})^{-1}$

3.2 연구문제 3.1에 주어진 행렬 **A**와 **B**의 행렬식을 구하고 그 곱을 계산하라. 계산된 값을 행렬 (**AB**)나 (**BA**)의 행렬식과 비교하라. $\det(\mathbf{AB})=\det(\mathbf{A})\times\det(\mathbf{B})$가 항상 성립하는가?

3.3 주어진 이원1차 연립방정식에 대하여

$$3x_1-4x_2=2$$
$$-x_1+3x_2=5$$

(1) 연립방정식의 해를 구하라.

(2) 행렬방정식 $\mathbf{Ax}=\mathbf{b}$로 바꾼 후, 행렬 $\mathbf{A}$의 역행렬을 이용하여 해를 구하라.

3.4 다음 행렬 $\mathbf{A}$에 대하여

$$\mathbf{A}=\begin{bmatrix} 7 & 3 & -2 \\ 3 & -1 & 5 \\ 4 & 0 & -3 \end{bmatrix}$$

(1) 행렬 $\mathbf{A}$를 대칭행렬과 비대칭행렬의 합으로 표시하라.

(2) 행렬 $\mathbf{A}$의 행렬식을 구하라.

(3) 행렬 $\mathbf{A}$의 3행이나 3열을 기준으로 계산하여도 동일한 행렬식을 얻음을 보이라.

(4) 행렬 $\mathbf{A}$의 역행렬을 구하라.

3.5 주어진 행렬들 중에서 대칭행렬, 특이행렬, 완전대각우위행렬을 찾으라.

$$\mathbf{A}=\begin{bmatrix} 3 & 2 \\ 2 & -1 \end{bmatrix}, \mathbf{B}=\begin{bmatrix} 6 & 3 \\ 2 & 1 \end{bmatrix}, \mathbf{C}=\begin{bmatrix} 6 & -3 \\ -3 & -5 \end{bmatrix}, \mathbf{D}=\begin{bmatrix} 5 & 3 & 0 \\ -5 & -3 & 0 \\ 1 & 0 & -2 \end{bmatrix}, \mathbf{E}=\begin{bmatrix} 7 & 0 & -3 \\ 0 & 3 & 2 \\ -3 & 2 & -4 \end{bmatrix}$$

3.6 다음 행렬 $\mathbf{A}$, $\mathbf{B}$의 행렬식을 계산하라.

$$\mathbf{A}=\begin{bmatrix} 1 & 2 & 0 & 0 \\ 2 & 4 & 2 & 0 \\ 0 & 2 & 9 & 2 \\ 0 & 0 & 2 & 16 \end{bmatrix}, \quad \mathbf{B}=\begin{bmatrix} 1 & -2 & 1 & 0 \\ 2 & 0 & -2 & 4 \\ -1 & 2 & 0 & 1 \\ 0 & 4 & 1 & 0 \end{bmatrix}$$

3.7 행렬 $\mathbf{A}$, $\mathbf{B}$, $\mathbf{C}$가 $n\times n$ 행렬이라고 할 때

(1) $\mathbf{AB}=\mathbf{AC}$가 성립할 때, $\mathbf{B}=\mathbf{C}$일 조건은 무엇인가?

(2) $\mathbf{AB}=\mathbf{BA}$가 성립하는 2×2 행렬의 예를 보이라.

(3) $\mathbf{A}$, $\mathbf{B}$가 영행렬이 아닌 경우에 $\mathbf{AB}=\mathbf{0}$인 2×2 행렬의 예를 보이라.

3.8 행렬 $\mathbf{A}$를 하삼각행렬 $\mathbf{L}$, 단위행렬 $\mathbf{I}$, 상삼각행렬 $\mathbf{U}$의 합, 즉 $\mathbf{A}=\mathbf{L}+\mathbf{I}+\mathbf{U}$로 표현하라.

$$\mathbf{A}=\begin{bmatrix} -1 & 3 & 2 \\ 5 & -2 & 4 \\ 2 & 1 & -4 \end{bmatrix}$$

3.9 다음과 같이 격자의 각 중앙에 하나의 대푯값을 가정하고 격자에 주어진 숫자를 미지수 번호로 가정하자. 즉 격자에 주어진 번호를 따라 x_1에서 x_{12}까지 배정한다. 각 격자에서 미지수는 면을 서로 접하고 있는 좌우 및 전후 격자의 미지수와의 관계식으로 표현된다고 가정하자. 연립방정식을 **Ax**=**b**의 행렬방정식으로 나타낼 때, 행렬 **A**의 원소가 0이 아닌 경우만 기호 ×로 표시하라. 여기서 ×는 연립방정식의 각 계수가 0이 아님을 간단히 표현한 것이다.

(1) 가로로 번호를 매긴 경우

1	2	3	4
5	6	7	8
9	10	11	12

(2) 세로로 번호를 매긴 경우

1	4	7	10
2	5	8	11
3	6	9	12

3.10 다음에 주어진 격자에 대하여 연구문제 3.9를 반복하라.

(1) 가로로 번호를 매긴 경우

1	2	3	4	5
6	7	8	9	10

(2) 세로로 번호를 매긴 경우

1	3	5	7	9
2	4	6	8	10

3.2 ▶ 해의 존재성과 유일성

행렬방정식 $\mathbf{Ax}=\mathbf{b}$의 해법을 적용하기에 앞서 다음과 같은 매우 중요한 두 가지 물음에 대한 답을 할 수 있어야 한다.

- 해가 존재하는가?
- 해를 어떻게 찾을 것인가?

만약 주어진 행렬방정식 $\mathbf{Ax}=\mathbf{b}$가 유일해를 갖지 않는다면, 해가 없거나 다수일 것이다. 해가 없는 경우는 주어진 문제가 물리적 또는 수학적으로 성립하지 않는다는 의미이다. 다수의 해를 갖는 경우는 미지수보다 제약조건이 적어 구하고자 하는 변수들의 관계식으로 해를 얻게 된다. 이 경우에는 추가적인 제약조건을 이용하여 유일해를 결정할 수 있다. 행렬방정식이 유일해를 갖는지 확인하기 위해서는 행렬 $\mathbf{A}$의 계수(rank) 또는 행렬식을 이용한다. 결과적으로 $n\times n$ 행렬 $\mathbf{A}$의 계수가 n이 될 때, 또는 행렬식이 0이 아닐 때 유일해를 갖는다.

먼저 행렬계수를 통해 유일해를 갖는지 판단하는 기준에 대해 알아보자. 계수란 행렬 $\mathbf{A}$의 1차독립인 행벡터 또는 열벡터의 최대수를 말한다. 정의에 따라 $n\times n$ 행렬 $\mathbf{A}$의 계수는 0에서 n까지의 값을 가질 수 있다. 행렬의 계수는 행렬 $\mathbf{A}$를 사다리꼴 모양(echelon form)으로 변형하여 구할 수 있다. 행렬방정식 $\mathbf{Ax}=\mathbf{b}$를 기본행연산(elementary row operation)을 통해 식 (3.13a)와 같이 변형한 것이 사다리꼴 모양이다. 상첨자 *는 관련연산으로 얻게 되는 새로운 값을 의미한다. 이 교재에서는 연산이 계속되면서 또 값이 바뀌는 경우에도, 추가적인 상첨자나 새로운 변수를 사용하지 않고, 갱신된 새로운 값이란 의미로 상첨자 *를 사용하였다.

기본행연산의 원리는 다음과 같으며 기본행연산을 반복하여 시행하여도 그 해는 변하지 않는다. 만약 기본행연산으로 동일한 형태의 행렬방정식으로 만들 수 있으면 두 행렬방정식의 해는 같고 행동치(row equivalent) 관계에 있다고 한다.

- 임의의 두 행을 바꿀 수 있다.
- 임의의 행에 영이 아닌 상수를 곱할 수 있다.
- 임의의 행에 상수배를 한 후 다른 행에 더할 수 있다.

행동치 관계를 유지하기 위하여 행렬 $\mathbf{A}$뿐 아니라 열벡터 $\mathbf{b}$의 원소들도 기본행연산을 같이 수행해야 한다. 이를 확실히 하기 위해 식 (3.13b)와 같이 행렬 $\mathbf{A}$와 열벡터 $\mathbf{b}$를 결합한 확대행렬(augmented matrix) $[\mathbf{A} \mid \mathbf{b}]$를 사용하는 것이 유리하다. 확대행렬은 확장행렬이라고도 한다. 기본행연산을 통하여 사다리꼴 모양으로 변형하였을 때 행벡터의 모든 원소가 0이 아닌 행의 최대수가 행렬 **A**의 계수이다. 식 (3.13a)의 경우 행렬의 계수는 r이며 이를 rank(**A**)$=r$로 표현한다.

$m \times n$ 행렬방정식을 기본행연산을 통하여 식 (3.13a)의 사다리꼴 모양으로 변형하면 해의 존재여부를 파악할 수 있다. 만약 $r < m$이고 $b^*_{r+1}, ..., b^*_m$ 중 하나라도 0이 아니면 해가 존재하지 않는다. 왜냐하면 행렬 $\mathbf{A}^*$에서 $(r+1)$행 이후의 원소가 모두 0으로 해벡터 **x**와 곱하면 0이 되므로 $b^*_{r+1}, ..., b^*_m$ 중 0이 아닌 상수가 있으면 모순이 되기 때문이다. $r=n$인 경우에는 r번째 행에서 행렬 $\mathbf{A}^*$는 a^*_{nn}을 제외한 모든 원소가 0이므로 $b^*_{r+1}, ..., b^*_m$이 모두 0이면 하나의 해가 존재한다. 만약 $r < n$이면 r번째 행에서 행렬 $\mathbf{A}^*$의 원소 중 a^*_{rn} 외에도 0이 아닌 원소가 남기 때문에 $b^*_{r+1}, ..., b^*_m$이 모두 0이면 무수히 많은 해가 존재한다.

요약하면, 식 (3.13a)로 정리된 행렬방정식이 하나라도 해를 갖기 위해서 반드시 $b^*_{r+1}, ..., b^*_m$는 모두 0이어야 한다. 이 경우 $r=n$이면 유일해를 갖는다. 만약 $r < n$이면 r번째 행이 방정식으로 주어지므로 무수히 많은 해를 갖는다. 유일해를 갖는 경우 행렬의 계수가 n이 된다.

$$\underbrace{\begin{bmatrix} a_{11} & a_{12} & \cdots & a_{1n-1} & a_{1n} \\ 0 & a^*_{22} & \cdots & a^*_{2n-1} & a^*_{2n} \\ \vdots & \vdots & \ddots & \vdots & \vdots \\ 0 & 0 & a^*_{rr} & \cdots & a^*_{rn} \\ 0 & 0 & \cdots & 0 & 0 \\ \vdots & \vdots & \ddots & \vdots & \vdots \\ 0 & 0 & \cdots & 0 & 0 \end{bmatrix}}_{\mathbf{A}^*} \underbrace{\begin{bmatrix} x_1 \\ x_2 \\ \vdots \\ x_n \end{bmatrix}}_{\mathbf{x}} = \underbrace{\begin{bmatrix} b_1 \\ b^*_2 \\ \vdots \\ b^*_r \\ b^*_{r+1} \\ \vdots \\ b^*_m \end{bmatrix}}_{\mathbf{b}^*} \tag{3.13a}$$

$$[\mathbf{A} \mid \mathbf{b}] = \left[\begin{array}{cccc|c} a_{11} & a_{12} & \cdots & a_{1n} & b_1 \\ a_{21} & a_{22} & \cdots & a_{2n} & b_2 \\ \vdots & \vdots & \ddots & \vdots & \vdots \\ a_{m1} & a_{m2} & \cdots & a_{mn} & b_m \end{array}\right] \tag{3.13b}$$

3장에서 앞으로 다루게 될 연립방정식은 식 (3.14a)와 같이 미지수의 수와 방정식의 수가 같은 경우이며 이를 간단히 행렬방정식으로 표현하면 식 (3.14b)와 같다. 이때 행렬 **A**는 $n \times n$ 정방행렬이 되며 계수가 n이 되어야 유일해를 갖는다. 식 (3.13a)와 비교하여 만약 $a^*_{nn}=0$이고 $b^*_n \neq 0$일 때는 해가 없고, $b^*_n=0$일 때는 해가 무수히 많다. 이 경우 행렬방정식에 수치해석법을 적용하면 x_n을 구할 때 0으로 나누게 되어 "0으로 나눔"과 같은 오류메시지가 출력되고 프로그램은 멈추게 된다.

$$\begin{aligned} a_{11}x_1+a_{12}x_2+\cdots+a_{1n}x_n&=b_1 \\ a_{21}x_1+a_{22}x_2+\cdots+a_{2n}x_n&=b_2 \\ \vdots \qquad \vdots \qquad \vdots \qquad \vdots \quad &\vdots \\ a_{n1}x_1+a_{n2}x_2+\cdots+a_{nn}x_n&=b_n \end{aligned} \tag{3.14a}$$

$$\mathbf{Ax}=\mathbf{b} \tag{3.14b}$$

유일해를 갖는지 판단하는 두번째 방법은 행렬식을 이용하는 것이다. 행렬방정식 $\mathbf{Ax}=\mathbf{b}$에서 정방행렬 $\mathbf{A}$가 역행렬을 가져야 해를 구할 수 있다. 역행렬을 구하는 데 있어 행렬식이 분모에 사용되므로 $\det(\mathbf{A}) \neq 0$이어야 역행렬을 갖게 된다. 따라서 $\det(\mathbf{A}) \neq 0$이면 행렬방정식은 유일해를 갖게 된다. 행렬식이 0이 아니라는 것과 행렬 $\mathbf{A}$의 역행렬이 존재한다는 것은 필요충분관계이다.

예제 3.3

식 (3.15)로 주어진 연립방정식을 $\mathbf{Ax}=\mathbf{b}$의 행렬방정식으로 나타내고 행렬 $\mathbf{A}$의 계수를 구하라.

$$\begin{aligned} 6x_1+3x_2+7x_3&=38 \\ 3x_1+5x_2+4x_3&=11 \\ 7x_2+3x_3&=-6 \end{aligned} \tag{3.15}$$

행렬의 계수를 구하기 위해 행렬방정식의 행렬 $\mathbf{A}$를 구하면 다음과 같다.

$$\mathbf{A}=\begin{bmatrix} 6 & 3 & 7 \\ 3 & 5 & 4 \\ 0 & 7 & 3 \end{bmatrix}$$

기본행연산을 이용하여 a_{21}, a_{31}, a_{32}를 0으로 만들어 사다리꼴 모양을 얻으면 계수를 구할 수 있다. 먼저 $a_{21}=3$을 소거하기 위해서는 아래와 같이 첫 행에 $1/2(=\frac{a_{21}}{a_{11}})$를 곱한 후, 둘째 행에서 빼 준다.

$$\begin{aligned} \boldsymbol{a}_2^*=\boldsymbol{a}_2-\frac{a_{21}}{a_{11}}\times\boldsymbol{a}_1&=[3\ \ 5\ \ 4]-0.5[6\ \ 3\ \ 7] \\ &=[0\ \ 7/2\ \ 1/2] \end{aligned}$$

$$\mathbf{A}^*=\begin{bmatrix} 6 & 3 & 7 \\ 0 & 7/2 & 1/2 \\ 0 & 7 & 3 \end{bmatrix}$$

a_{31}의 경우 이미 0이므로 a_{32}에 대해 같은 방법으로 기본행연산으로 소거한다. 이

때는 첫 번째 행(여기서는 1행이라 간단히 표기함)을 이용하는 것이 아니라 2행을 이용하여야 이미 0으로 변환된 a_{31}를 0으로 유지할 수 있다. 일반적으로 a_{ij} 원소를 제거하기 위하여 j번째 행을 이용한다. 이때 j번째 행의 대각원소 이전의 모든 원소는 이미 수행된 기본행연산으로 인해 0의 값을 가진다. 앞에서 언급한 대로 상첨자 *는 계속하여 갱신되는 값을 의미한다.

$$\boldsymbol{a}_3^* = \boldsymbol{a}_3 - \frac{a_{32}}{a_{22}} \times \boldsymbol{a}_2^* = [0\ \ 7\ \ 3] - 2[0\ \ 7/2\ \ 1/2]$$
$$= [0\ \ 0\ \ 2]$$
$$\mathbf{A}^* = \begin{bmatrix} 6 & 3 & 7 \\ 0 & 7/2 & 1/2 \\ 0 & 0 & 2 \end{bmatrix}$$

최종적인 사다리꼴 모양에서 계수는 3이 되며 식 (3.15)는 유일해를 갖는다. 계수가 3이라는 것은 그 정의에 의해 서로 독립인 행 또는 열벡터의 최대수가 3이라는 의미이다. 독립인 3개의 행벡터를 구하면 식 (3.16)과 같고 행렬 **A**의 모든 행은 이들의 선형조합으로 나타낼 수 있다. 3개의 독립인 열벡터를 사용해도 이와 동일하게 행렬 **A**의 모든 열을 선형조합으로 표현할 수 있다.

$$\begin{aligned} \boldsymbol{a}_1 &= [6\ \ 3\ \ 7] \\ \boldsymbol{a}_2^* &= [0\ \ 7/2\ \ 1/2] \\ \boldsymbol{a}_3^* &= [0\ \ 0\ \ 2] \end{aligned} \tag{3.16}$$

유일해를 갖는 것이 확인되었으면 행렬방정식의 해법을 결정해야 한다. 행렬방정식의 해법에는 직접법과 반복법이 있으며 이는 표 3.1과 같이 비교할 수 있다. 시뮬레이션 비용의 80~90%가 행렬방정식의 풀이에 사용되므로 소요시간과 데이터 저장공간의 최적화가 필요하다. 이때 수치해석기법의 질을 결정하는 요소 중 하나인 소요시간은 행렬방정식 풀이에 필요한 연산횟수에 비례한다.

직접법은 행렬방정식으로 주어진 행렬 **A**를 이용하여 직접 해를 계산하는 것으로 컴퓨터가 가진 유효숫자 범위 내에서 참해(exact solution)를 제공한다. 방정식의 계수를 행렬의 원소로 저장하여야 하므로 큰 저장용량을 필요로 하여 미지수가 적은 경우에 적절하다. 또 행렬연산을 통하여 답을 계산하므로 필요한 연산횟수와 소요시간을 예측할 수 있다. 반복법은 초깃값에서 시작하여 반복계산으로 수렴해(converging solution)를 얻는 기법이며 방정식의 계수를 행렬로 저장하지 않는다. 따라서 비교적 작은 저장용량을 필요로 하여 미지수가 많은 계산에 적용할 수 있는 장점이 있다.

표 3.1 행렬방정식의 해법 비교

	직접법	반복법
해 형태	직접해	수렴해
소요시간	각 단계마다 계산시간 예측 가능	조건에 따라 수행속도가 달라 계산시간 예측 불가능
저장공간	상대적으로 많이 필요	상대적으로 적게 필요
적용	2D(1000격자 이하)	2D(3000격자 이상) 또는 3D
종류	Gauss elimination LU decomposition Gauss-Jordan method Cramer's rule	Gauss-Seidel method Jacobi method Successive relaxation method Conjugate gradient method

연구문제

3.11 다음 행렬방정식 $\mathbf{Ax}=\mathbf{b}$가 유일해를 가지는지 판단하고 그 근거를 제시하라.

(1) $\mathbf{A}=\begin{bmatrix} 1 & -1 \\ 5 & -3 \end{bmatrix}, \mathbf{b}=\begin{bmatrix} 3 \\ 5 \end{bmatrix}$

(2) $\mathbf{A}=\begin{bmatrix} 2 & 1 & -1 \\ 7 & -2 & 3 \\ 4 & 1 & 0 \end{bmatrix}, \mathbf{b}=\begin{bmatrix} 5 \\ 13 \\ 10 \end{bmatrix}$

3.12 다음 연립방정식의 해의 조건에 대한 질문에 답하라.

$$-kx_1+2x_2=2$$
$$9x_1-2kx_2=2$$

(1) 해가 없을 조건

(2) 해가 무수히 많을 조건

(3) 유일해를 가질 조건

(4) 유일해를 가지는 경우 그 해를 계산하라.

3.13 다음 두 행렬 **A**, **B**에 대하여

$$\mathbf{A}=\begin{bmatrix}1 & 1 & 5\\ 0 & -1 & 2\\ 2 & 4 & 11\end{bmatrix},\ \mathbf{B}=\begin{bmatrix}0 & 3 & 4\\ -3 & 0 & -5\\ 4 & -5 & 0\end{bmatrix}$$

(1) 행렬 **A**, **B**의 계수를 계산하라.

(2) 행렬 **A**의 1행 벡터를 상호독립인 행벡터의 가중선형조합으로 표현하라.

(3) 행렬 **B**의 1열 벡터를 상호독립인 열벡터의 가중선형조합으로 표현하라.

3.3 ▶ 직접법

3.3.1 가우스 소거법

행렬방정식 $\mathbf{Ax}=\mathbf{b}$가 식 (3.14a)와 같은 연립방정식이라고 하자. 가우스 소거법(Gauss elimination)은 행렬방정식 풀이의 가장 기본이 되는 것으로 그 개념이 분명하고 방법이 간단하다. 가우스 소거법은 전진소거(forward elimination)와 후진대입(backward substitution)의 순서로 진행된다. 전진소거는 후진대입을 위한 준비과정으로 행렬 $\mathbf{A}$를 상삼각행렬로 변형한다.

(1) 전진소거

전진소거는 기본행연산을 통해 진행된다. 주어진 행렬방정식 $\mathbf{Ax}=\mathbf{b}$는 기본행연산으로 얻은 $\mathbf{A}^*\mathbf{x}=\mathbf{b}^*$와 행동치 관계에 있으며 같은 해를 갖는다. 이때 행렬의 계수는 같지만 행렬식은 다른 값을 갖는다. 혹자는 기본행연산을 수행하면 행렬의 원소들이 바뀌는데 같은 해를 가질 수 있는 지 의심할 수 있다. 행렬방정식이 연립방정식으로부터 만들어졌다는 것을 생각해 보면 기본행연산을 통한 행동치 관계에 있는 행렬방정식의 해가 같다는 것을 이해할 수 있다.

전진소거는 임의의 i번째 행에서 $a_{i1}, a_{i2}, \ldots, a_{ii-1}$까지의 원소를 모두 0으로 변환시키는 과정이다. 하지만 실제 계산에서는 계산효율을 증가시키기 위해 행원소 중심으로 계산하지 않고 열원소 중심으로 계산한다. 따라서 먼저 1행을 이용하여 $a_{21}, a_{31}, a_{41}, \ldots, a_{n1}$을 차례로 소거한다. 이는 두 개의 방정식(예를 들면 행벡터 $\mathbf{a}_1$과 $\mathbf{a}_2$)을 이용하여 하나의 미지수를 없애는 연립방정식의 원리와 동일하다.

전진소거는 사다리꼴 모양을 만드는 것과 동일한 원리로 진행되며 수식으로 나타내면 식 (3.17a)와 같다. 구체적으로 a_{21}을 소거하기 위하여 1행에 (a_{21}/a_{11})을 곱하여 2행에서 뺀다. 이때 곱해지는 수가 승수이며 각 계수가 간단한 경우는 승수의 계산이 쉽고 직관적이지만 컴퓨터 프로그램을 위해서는 체계적인 방법이 필요하다. 유의할 것은 벡터 $\mathbf{b}$에 대해서도 기본행연산을 수행하여야 행동치 관계가 유지된다는 것이다. 임의의 a_{k1}의 소거는 식 (3.17b)와 같다.

전진소거를 수행하기 앞서 고려해야 할 사항이 있다. k번째 행과 i번째 열의 원소인 a_{ki}를 소거하고자 할 때 전진소거에 사용되는 행은 i번째 행이다. 이미 수행된 전진소거에 의해 i번째 행은 대각원소 a_{ii} 이전의 모든 원소가 0의 값을 가진다. 각 i번째 행(단, $i < k \le n$)에 곱해지는 승수 $m_{ki}=\frac{a_{ki}}{a_{ii}}$가 1보다 작아야 수치오차를 줄일 수 있고, a_{ii}는 분모에 들어가므로 반드시 0이 아니어야 한다. 이러한 조건을 만족시키기 위해 축화(pivoting)를 수행한다. 축화는 i행을 이용하여 전진소거를 시행하기 이전에 i행 대각원

소(a_{ii})의 절댓값이 가장 큰 값이 되도록 두 행의 위치를 바꾸는 것으로, 이를 통해 언급한 두 가지 목적을 달성한다.

축화를 포함한 전진소거의 과정은 다음과 같다. 전진소거가 시작되기 전에 1열의 원소를 비교하여 1행에 절댓값이 가장 큰 원소가 오도록 두 행의 위치를 바꾼다. 식 (3.17b)를 이용한 전진소거로 a_{11}을 제외한 모든 1열의 원소를 소거한다. 다음 전진소거 이전에 a_{22}부터 a_{n2}까지의 값을 비교하여 절댓값이 가장 큰 값이 2행에 오도록 두 행의 위치를 서로 바꾸어 축화를 수행한다. 2열의 전진소거를 진행하여 a_{22} 아래에 위치하는 $a_{32}, a_{42}, \ldots, a_{n2}$를 차례로 소거한다. a_{k2} 원소를 제거하기 위한 식은 식 (3.17c)와 같다.

전진소거는 대각원소 a_{ii}가 포함된 i번째 행을 이용하여 대각행렬의 아래의 열원소인 a_{i+1i}에서 a_{ni}까지 이루어짐을 유의하여야 한다. 임의의 원소 a_{kj}를 소거하기 위한 일반식은 식 (3.17d)로 표현된다. 매 단계마다 축화를 수행하고 이런 절차를 $(n-1)$열까지 반복하면 전진소거가 완료되며 식 (3.18a)와 같은 상삼각행렬을 얻는다.

$$\mathbf{a}_2^* = \mathbf{a}_2 - \frac{a_{21}}{a_{11}} \times \mathbf{a}_1 = \mathbf{a}_2 - m_{21} \times \mathbf{a}_1$$

$$b_2^* = b_2 - \frac{a_{21}}{a_{11}} \times b_1 = b_2 - m_{21} \times b_1 \tag{3.17a}$$

$$m_{21} = \frac{a_{21}}{a_{11}}$$

$$\mathbf{a}_k^* = \mathbf{a}_k - \frac{a_{k1}}{a_{11}} \times \mathbf{a}_1 = \mathbf{a}_k - m_{k1} \times \mathbf{a}_1$$

$$b_k^* = b_k - \frac{a_{k1}}{a_{11}} \times b_1 = b_k - m_{k1} \times b_1 \tag{3.17b}$$

$$m_{k1} = \frac{a_{k1}}{a_{11}}$$

$$\mathbf{a}_k^* = \mathbf{a}_k^* - \frac{a_{k2}^*}{a_{22}^*} \times \mathbf{a}_2^* = \mathbf{a}_k^* - m_{k2} \times \mathbf{a}_2^*$$

$$b_k^* = b_k^* - \frac{a_{k2}^*}{a_{22}^*} \times b_2^* = b_k^* - m_{k2} \times b_2^* \tag{3.17c}$$

$$m_{k2} = \frac{a_{k2}^*}{a_{22}^*}, \;\; k > 2$$

$$\mathbf{a}_k^* = \mathbf{a}_k^* - \frac{a_{kj}^*}{a_{jj}^*} \times \mathbf{a}_j^* = \mathbf{a}_k^* - m_{kj} \times \mathbf{a}_j^*$$

$$b_k^* = b_k^* - \frac{a_{kj}^*}{a_{jj}^*} \times b_j^* = b_k^* - m_{kj} \times b_j^* \qquad (3.17d)$$

$$m_{kj} = \frac{a_{kj}^*}{a_{jj}^*}, \ k > j$$

여기서 $\mathbf{a}_i$는 i번째 행벡터를 의미하며 m_{kj}를 승수라고 한다. 상첨자 *는 각 연산의 결과로 갱신된 값을 의미하며 여러 번 갱신된 경우도 포함한다.

(2) 후진대입

전진소거가 된 $\mathbf{A}^*\mathbf{x} = \mathbf{b}^*$ 행렬방정식은 후진대입을 통해 해를 바로 구한다. 식 (3.18b)로 주어진 행렬방정식에서 n번째 행으로 표시된 방정식은 오직 하나의 미지수만 갖는다. 따라서 미지수 x_n을 바로 얻을 수 있다[식 (3.19a)]. $(n-1)$번째 행으로 표시된 방정식은 두 개의 미지수 x_n, x_{n-1}을 갖지만 x_n은 이미 구했으므로 x_{n-1}만 미지수로 남는다. 따라서 x_{n-1}은 식 (3.19b)로 계산한다. 동일한 원리로 임의의 x_i에 대해서도 식 (3.19c)와 같이 계산할 수 있다.

$$[\mathbf{A}^* \mid \mathbf{b}^*] = \left[\begin{array}{cccc|c} a_{11} & a_{12} & \cdots & a_{1n} & b_1 \\ 0 & a_{22}^* & \cdots & a_{2n}^* & b_2^* \\ \vdots & \vdots & \ddots & \vdots & \vdots \\ 0 & 0 & \cdots & a_{nn}^* & b_n^* \end{array}\right] \qquad (3.18a)$$

$$\mathbf{A}^*\mathbf{x} = \begin{bmatrix} a_{11} & a_{12} & \cdots & a_{1n} \\ 0 & a_{22}^* & \cdots & a_{2n}^* \\ \vdots & \vdots & \ddots & \vdots \\ 0 & 0 & \cdots & a_{nn}^* \end{bmatrix} \begin{bmatrix} x_1 \\ x_2 \\ \vdots \\ x_n \end{bmatrix} = \begin{bmatrix} b_1 \\ b_2^* \\ \vdots \\ b_n^* \end{bmatrix} = \mathbf{b}^* \qquad (3.18b)$$

$$x_n = \frac{b_n^*}{a_{nn}^*} \qquad (3.19a)$$

$$x_{n-1} = \frac{b_{n-1}^* - a_{n-1n}^* x_n}{a_{n-1n-1}^*} \qquad (3.19b)$$

$$x_i = \frac{b_i^* - \sum_{j=i+1}^{n} (a_{ij}^* x_j)}{a_{ii}^*}, \qquad i = n-1, 1 \qquad (3.19c)$$

여기서 $i=n-1, 1$은 변수 i가 $(n-1)$부터 1까지 1씩 변화됨(이 경우는 감소함)을 의미하며 이 교재에서 사용하고 있는 표기방식이다. 이처럼 첫 열부터 소거가 진행되므로 전진소거, 마지막 행부터 미지수가 구해져 다음 미지수를 구하는 데 이용되므로 후진대입이라 한다.

가우스 소거법을 진행하는 데 필요한 연산횟수는 식 (3.20)과 같다. 가우스 소거법의 소스코드를 VBA에 바로 사용할 수 있는 부프로그램으로 작성하여 부록 IV에 첨부하였다. 전진소거에서 For~Next 반복구문이 총 3개가 중첩되어 사용된 것에 유의하기 바란다.

$$\text{전진소거 연산횟수} = \frac{1}{2}n(n-1) + \frac{2}{3}n(n^2-1) \tag{3.20}$$

$$\text{후진대입 연산횟수} = n^2$$

가우스 소거법을 통해 행렬방정식을 푸는 프로그램을 만들었다면 아래와 같은 방법으로 유효성을 검증할 수 있다.

- 계산된 해 $\mathbf{x}$를 대입하여 $\mathbf{Ax}-\mathbf{b}=\mathbf{0}$인지 확인
- $b_i=\sum_{j=1}^{n} a_{ij}$라 하고 해가 모두 1로 계산되는지 확인
- 기존 프로그램 결과와 비교

예제 3.4 예제 3.3에 주어진 식 (3.15)를 가우스 소거법을 이용하여 풀라.

전진소거 시 벡터 $\mathbf{b}$의 기본행연산을 동시에 수행하기 위해, 행렬 $\mathbf{A}$와 벡터 $\mathbf{b}$를 아래와 같이 확대행렬로 나타내었다.

$$[\mathbf{A} \mid \mathbf{b}] = \left[\begin{array}{ccc|c} 6 & 3 & 7 & 38 \\ 3 & 5 & 4 & 11 \\ 0 & 7 & 3 & -6 \end{array}\right]$$

1열의 원소를 비교하면 a_{11} 원소가 가장 크기 때문에 축화가 필요 없다. 2행 1열의 원소 $a_{21}=3$의 전진소거를 위해, 행벡터 $\mathbf{a}_1$에 승수 $m_{21}=a_{21}/a_{11}=1/2$를 곱하여 행벡터 $\mathbf{a}_2$에서 뺀다. 실제 수치계산에서 a_{21}은 항상 0이 될 것이므로 나머지 항에 대한 연산만 수행한다.

$$\begin{aligned} \mathbf{a}_2 - \frac{a_{21}}{a_{11}} \times \mathbf{a}_1 &= [3 \ \ 5 \ \ 4 \mid 11] - 0.5[6 \ \ 3 \ \ 7 \mid 38] \\ &= [0 \ \ 7/2 \ \ 1/2 \mid -8] \end{aligned}$$

a_{31}의 경우 이미 0이므로 별도의 소거과정이 필요 없으며 a_{11}을 제외한 모든 1열의 원소를 소거하였다.

$$\therefore [\mathbf{A}^* \mid \mathbf{b}^*] = \left[\begin{array}{ccc|c} 6 & 3 & 7 & 38 \\ 0 & 7/2 & 1/2 & -8 \\ 0 & 7 & 3 & -6 \end{array}\right]$$

2열의 전진소거를 위해 같은 방법을 통해 $a_{32}=7$을 소거한다. a_{32}의 소거에 앞서 $[\mathbf{A}^* \mid \mathbf{b}^*]$에서 $a_{22}^*=7/2$보다 $a_{32}^*=7$이 더 큰 값이므로 아래와 같이 축화를 통해 2행 벡터와 3행 벡터의 위치를 바꾼다. 이때 벡터 $\mathbf{b}$의 원소도 포함하여 위치를 바꿔 준다.

$$[\mathbf{A}^* \mid \mathbf{b}^*] = \left[\begin{array}{ccc|c} 6 & 3 & 7 & 38 \\ 0 & 7 & 3 & -6 \\ 0 & 7/2 & 1/2 & -8 \end{array}\right]$$

축화 결과 얻어진 $[\mathbf{A}^* \mid \mathbf{b}^*]$에서 $\mathbf{a}_3 - 1/2 \times \mathbf{a}_2$를 이용하여 a_{32}를 소거한다. 축화를 포함하여 기본행연산으로 구한 상삼각행렬 $[\mathbf{A}^* \mid \mathbf{b}^*]$와 축화 없이 기본행연산만을 수행하여 상삼각행렬을 만든 예제 3.3의 모양이 다름을 알 수 있다.

$$\therefore [\mathbf{A}^* \mid \mathbf{b}^*] = \left[\begin{array}{ccc|c} 6 & 3 & 7 & 38 \\ 0 & 7 & 3 & -6 \\ 0 & 0 & -1 & -5 \end{array}\right]$$

위에서 얻은 전진소거의 결과로부터 식 (3.19c)를 이용하거나 행렬의 곱을 이용한 연립방정식으로부터 해를 구할 수 있다. 셋째 행으로부터 $x_3=5$를 얻는다.

$$\therefore x_3 = 5$$

둘째 행을 간단히 수식으로 나타내면 다음과 같고, x_3는 알고 있으므로 $x_2=-3$을 얻는다.

$$7x_2 + 3x_3 = -6$$
$$\therefore x_2 = -3$$

동일한 원리로 x_1을 계산하면 2를 얻으며 식 (3.19c)를 이용해도 결과는 같다.

$$6x_1 + 3x_2 + 7x_3 = 38$$
$$\therefore x_1 = 2$$
$$\therefore \mathbf{x} = \begin{bmatrix} 2 \\ -3 \\ 5 \end{bmatrix}$$

3.3.2 LU 분해법

가우스 소거법에서 행렬 **A**를 수정하면 연산횟수를 크게 줄일 수 있다. **LU** 분해법은 가우스 소거법의 변형된 형태로서 행렬 **A**를 하삼각행렬 **L**과 상삼각행렬 **U**의 곱으로 나타낸다. 행렬분해법을 통해 행렬 **L**과 **U**를 얻고 나면 행렬방정식의 해를 구하기 위한 계산이 거의 완료되었다고 할 수 있다. 구체적으로 주어진 행렬방정식 $\mathbf{Ax}=\mathbf{b}$가 $\mathbf{LUx}=\mathbf{b}$로 변형된다. $\mathbf{Ux}=\mathbf{y}$라 하면 행렬방정식 $\mathbf{Ly}=\mathbf{b}$를 얻고 **L**은 하삼각행렬이므로 전진대입으로 y_1부터 y_n까지 순차적으로 구한다. **y**를 얻었으므로 행렬방정식 $\mathbf{Ux}=\mathbf{y}$에 대입해서 **x**를 구한다. 행렬방정식에서 행렬을 분해하는 방법에 따라 Doolittle 분해법과 Cholesky 분해법으로 구분된다.

(1) Doolittle 분해법

행렬방정식 $\mathbf{Ax}=\mathbf{b}$의 행렬 **A**는 **LU**의 곱으로 식 (3.21a)와 같이 하삼각행렬 **L**과 상삼각행렬 **U**로 분해할 수 있다. 두 행렬이 같다는 것은 먼저 크기가 같고 행렬의 원소들이 모두 같음을 의미한다. 행렬 **A**의 모든 원소가 주어져 있으므로 행렬 **L**과 **U**의 모든 원소를 구할 수 있을 것이다. 식 (3.21a)에서 수식의 개수는 행렬 **A**의 원소의 개수와 같은 $n\times n$개이고 미지수의 개수는 $n(n+1)$로 미지수의 개수가 n개 더 많다. 따라서 행렬 **L**의 주대각원소 n개를 모두 1로 두고 푼다. 행렬 **U**의 주대각원소를 모두 1로 두고 풀어도 계산원리는 동일하다.

$$\begin{bmatrix} a_{11} & a_{12} & \cdots & a_{1n} \\ a_{21} & a_{22} & \cdots & a_{2n} \\ \vdots & \vdots & \ddots & \vdots \\ a_{n1} & a_{n2} & \cdots & a_{nn} \end{bmatrix} = \begin{bmatrix} l_{11} & 0 & \cdots & 0 \\ l_{21} & l_{22} & \cdots & 0 \\ \vdots & \vdots & \ddots & \vdots \\ l_{n1} & l_{n2} & \cdots & l_{nn} \end{bmatrix} \begin{bmatrix} u_{11} & u_{12} & \cdots & u_{1n} \\ 0 & u_{22} & \cdots & u_{2n} \\ \vdots & \vdots & \ddots & \vdots \\ 0 & 0 & \cdots & u_{nn} \end{bmatrix} \tag{3.21a}$$

주어진 행렬방정식 $\mathbf{Ax}=\mathbf{b}$는 식 (3.21b)와 같이 쓸 수 있고 (3.21c)의 두 관계식으로 나눌 수 있다. 행렬 **L**은 주대각원소가 1인 하삼각행렬이고 행렬 **U**는 주대각원소를 포함한 윗부분이 0이 아닌 원소를 갖는다. 식 (3.21d)를 이용하여 전진대입으로 벡터 **y**를 계산할 수 있다. 벡터 **y**를 이용하면 식 (3.21e)로부터 해벡터 **x**를 후진대입으로 구할 수 있다. 식 (3.21)은 Doolittle 분해법뿐만 아니라 Cholesky 분해법에서도 사용되는 **LU** 분해법의 기본식이다. 단지 각 해법은 행렬 **A**를 행렬 **L**과 **U**로 분해하는 데에서 차이가 있을 뿐, 해를 구하는 원리는 동일하다.

$$\mathbf{LUx}=\mathbf{b} \tag{3.21b}$$

$$\mathbf{Ly}=\mathbf{b} \ \ \& \ \ \mathbf{Ux}=\mathbf{y} \tag{3.21c}$$

$$\begin{bmatrix} 1 & 0 & \cdots & 0 \\ l_{21} & 1 & \cdots & 0 \\ \vdots & \vdots & \ddots & \vdots \\ l_{n1} & l_{n2} & \cdots & 1 \end{bmatrix} \begin{bmatrix} y_1 \\ y_2 \\ \vdots \\ y_n \end{bmatrix} = \begin{bmatrix} b_1 \\ b_2 \\ \vdots \\ b_n \end{bmatrix} \tag{3.21d}$$

$$\begin{bmatrix} u_{11} & u_{12} & \cdots & u_{1n} \\ 0 & u_{22} & \cdots & u_{2n} \\ \vdots & \vdots & \ddots & \vdots \\ 0 & 0 & \cdots & u_{nn} \end{bmatrix} \begin{bmatrix} x_1 \\ x_2 \\ \vdots \\ x_n \end{bmatrix} = \begin{bmatrix} y_1 \\ y_2 \\ \vdots \\ y_n \end{bmatrix} \tag{3.21e}$$

Doolittle 분해법에서 행렬 **L**과 **U**는 그림 3.2에 명시된 순서에 따라 구한다. 이 순서를 따를 경우 행렬의 원소계산을 위한 연립방정식의 계산 없이 1차식 풀이만으로 행렬 **L**과 **U**의 모든 원소를 순차적으로 구할 수 있다.

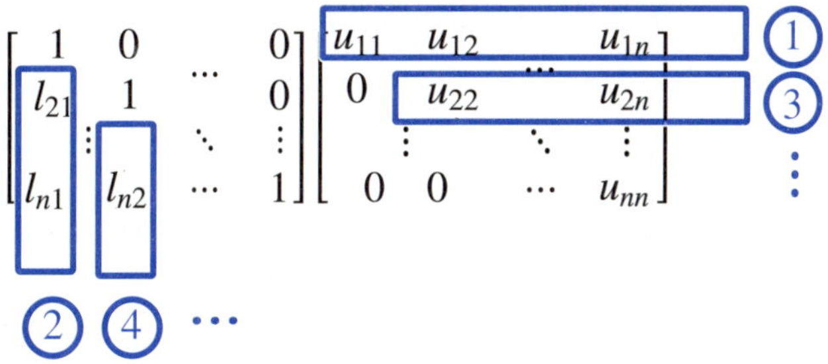

그림 3.2 Doolittle 해법의 분해순서

위의 과정을 일반식으로 표현하면 식 (3.22)와 같이 된다. 행렬의 분해법은 주어진 일반식을 암기하는 것보다 그 원리를 정확히 이해하는 것이 중요하다. 원리를 이해하는 가장 좋은 방법 중 하나는 스스로 일반식을 유도해 보거나 실제 계산을 수행해 보는 것이다. 예제 3.5는 독자들의 이해를 높이기 위해 구체적인 과정을 보여 준다.

$$\begin{aligned} & u_{1k} = a_{1k} && k=1,\ n \\ & l_{i1} = \frac{a_{i1}}{u_{11}} && i=2,\ n \\ & u_{ik} = a_{ik} - \sum_{s=1}^{i-1} l_{is} \cdot u_{sk} && k=i,\ n; \quad i \ge 2 \\ & l_{ik} = \frac{1}{u_{kk}} \left[a_{ik} - \sum_{s=1}^{k-1} l_{is} \cdot u_{sk} \right] && i=k+1,\ n; \quad k \ge 2 \end{aligned} \tag{3.22}$$

예제 3.5 예제 3.3의 식 (3.15)에 대해 Doolittle 분해법으로 행렬 **L**과 **U**를 구하고 해를 계산하라.

주어진 연립방정식의 계수를 행렬 **A**로 나타내면 다음과 같고 이를 행렬 **L**과 **U**의 곱으로 나타내고자 한다.

$$\mathbf{A}=\begin{bmatrix}6&3&7\\3&5&4\\0&7&3\end{bmatrix}=\begin{bmatrix}1&0&0\\l_{21}&1&0\\l_{31}&l_{32}&1\end{bmatrix}\begin{bmatrix}u_{11}&u_{12}&u_{13}\\0&u_{22}&u_{23}\\0&0&u_{33}\end{bmatrix}$$

각 행렬의 원소가 같은 것을 쉽게 비교하기 위하여 위 식의 우변을 전개하면 다음과 같다.

$$\begin{bmatrix}6&3&7\\3&5&4\\0&7&3\end{bmatrix}=\begin{bmatrix}u_{11}&u_{12}&u_{13}\\l_{21}u_{11}&l_{21}u_{12}+u_{22}&l_{21}u_{13}+u_{23}\\l_{31}u_{11}&l_{31}u_{12}+l_{32}u_{22}&l_{31}u_{13}+l_{32}u_{23}+u_{33}\end{bmatrix}$$

두 행렬의 1행을 비교함으로써 행렬 **U**의 1행 원소를 바로 얻을 수 있다.

$$a_{11}=6=u_{11}$$
$$a_{12}=3=u_{12}$$
$$a_{13}=7=u_{13}$$

다음으로 1열의 원소를 서로 비교하면, 이미 계산된 u_{11}을 이용하여 행렬 **L**의 1열 원소를 얻을 수 있다.

$$a_{21}=3=l_{21}u_{11} \qquad \therefore\ l_{21}=1/2$$
$$a_{31}=0=l_{31}u_{11} \qquad \therefore\ l_{31}=0$$

그림 3.2의 순서에 따라 두 행렬의 2행과 2열 그리고 3행을 순차적으로 비교하여 다음과 같이 행렬 **L**과 **U**의 나머지 원소들을 구한다.

$$a_{22}=5=l_{21}u_{12}+u_{22} \qquad \therefore\ u_{22}=7/2$$
$$a_{23}=4=l_{21}u_{13}+u_{23} \qquad \therefore\ u_{23}=1/2$$
$$a_{32}=7=l_{31}u_{12}+l_{32}u_{22} \qquad \therefore\ l_{32}=2$$
$$a_{33}=3=l_{31}u_{13}+l_{32}u_{23}+u_{33} \qquad \therefore\ u_{33}=2$$

$$\therefore \mathbf{L}=\begin{bmatrix} 1 & 0 & 0 \\ 1/2 & 1 & 0 \\ 0 & 2 & 1 \end{bmatrix}$$

$$\therefore \mathbf{U}=\begin{bmatrix} 6 & 3 & 7 \\ 0 & 7/2 & 1/2 \\ 0 & 0 & 2 \end{bmatrix}$$

행렬방정식 $\mathbf{Ly}=\mathbf{b}$에서 아래와 같이 전진대입으로 y_1부터 y_3까지 순차적으로 구한다.

$$\begin{bmatrix} 1 & 0 & 0 \\ 1/2 & 1 & 0 \\ 0 & 2 & 1 \end{bmatrix}\begin{bmatrix} y_1 \\ y_2 \\ y_3 \end{bmatrix}=\begin{bmatrix} 38 \\ 11 \\ -6 \end{bmatrix}$$

$$\therefore \mathbf{y}=\begin{bmatrix} 38 \\ -8 \\ 10 \end{bmatrix}$$

$\mathbf{y}$를 얻었으므로 $\mathbf{Ux}=\mathbf{y}$에 대입하여 가우스 소거법의 후진대입과 같이 x_3부터 x_1까지 역순으로 해벡터 $\mathbf{x}$를 계산한다. 최종해는 예제 3.4의 가우스 소거법 결과와 일치한다.

$$\begin{bmatrix} 6 & 3 & 7 \\ 0 & 7/2 & 1/2 \\ 0 & 0 & 2 \end{bmatrix}\begin{bmatrix} x_1 \\ x_2 \\ x_3 \end{bmatrix}=\begin{bmatrix} 38 \\ -8 \\ 10 \end{bmatrix}$$

$$\therefore \mathbf{x}=\begin{bmatrix} 2 \\ -3 \\ 5 \end{bmatrix}$$

(2) Cholesky 분해법

행렬 $\mathbf{A}$가 대칭행렬이고 영벡터($\mathbf{0}$)가 아닌 $\mathbf{x}$에 대해 $\mathbf{x}^T\mathbf{A}\mathbf{x} > 0$인 경우 양의정부호(positive definite)를 만족한다고 정의한다. 이 경우, Doolittle 분해법에서 사용된 행렬 $\mathbf{U}$ 대신 행렬 $\mathbf{L}^T$를 사용하여 $\mathbf{A}=\mathbf{LL}^T$로 분해하는 방법을 Cholesky 분해법이라 한다. 식 (3.23)은 행렬 $\mathbf{A}$를 $\mathbf{LL}^T$로 표현한 것이다. Cholesky 분해법은 Doolittle 분해법과 달리 하삼각행렬 $\mathbf{L}$의 대각원소가 1이 되어야 하는 강제조건이 없다.

$$\begin{bmatrix} a_{11} & a_{12} & \cdots & a_{1n} \\ a_{21} & a_{22} & \cdots & a_{2n} \\ \vdots & \vdots & \ddots & \vdots \\ a_{n1} & a_{n2} & \cdots & a_{nn} \end{bmatrix} = \begin{bmatrix} l_{11} & 0 & \cdots & 0 \\ l_{21} & l_{22} & \cdots & 0 \\ \vdots & \vdots & \ddots & \vdots \\ l_{n1} & l_{n2} & \cdots & l_{nn} \end{bmatrix} \begin{bmatrix} l_{11} & l_{21} & \cdots & l_{n1} \\ 0 & l_{22} & \cdots & l_{n2} \\ \vdots & \vdots & \ddots & \vdots \\ 0 & 0 & \cdots & l_{nn} \end{bmatrix} \tag{3.23}$$

Cholesky 분해법에서 하삼각행렬 $\mathbf{L}=[l_{ij}]$를 구하는 일반식은 식 (3.24)와 같으며 관례적으로 제곱근은 양수를 취한다. 주어진 수식은 복잡해 보여도 그 원리는 식 (3.23)의 등식으로 주어진 행렬의 각 원소가 같아야 한다는 것이다. 1행 1열의 원소를 비교하면 l_{11}을 바로 얻는다. l_{11}을 계산하였으므로 1열의 원소를 서로 비교하면 하삼각행렬의 원소 l_{21}부터 l_{n1}까지 얻을 수 있다. 대칭행렬이므로 하삼각행렬의 1열을 얻는다는 것은 상삼각행렬의 1행을 얻는다는 것을 의미한다.

행렬 $\mathbf{L}$의 1열과 행렬 $\mathbf{U}$의 1행의 모든 값이 알려졌으므로 a_{22}를 이용하면 l_{22}를 계산할 수 있다. 계산된 l_{22}를 이용하여 2열의 모든 원소를 계산한다. 같은 방법으로 3행의 대각원소를 먼저 계산하고 계산된 대각원소를 이용하여 대각원소 아래쪽으로 위치한 모든 원소를 순차적으로 계산한다. 행의 번호가 증가하면서 곱해지는 원소수가 많아지지만 미지수가 하나이므로 쉽게 계산된다. 예제 3.6은 Cholesky 분해법의 구체적인 계산과정을 잘 보여 준다.

$$\begin{aligned} l_{11} &= \sqrt{a_{11}} \\ l_{i1} &= \frac{a_{i1}}{l_{11}}, & i&=2, n \\ l_{ii} &= \sqrt{a_{ii} - \sum_{k=1}^{i-1} l_{ik}^2}, & i&=2, n \\ l_{ij} &= \frac{1}{l_{jj}}\left(a_{ij} - \sum_{k=1}^{j-1} l_{ik}\, l_{jk}\right), & i&=j+1,\ n;\ j \geq 2 \end{aligned} \tag{3.24}$$

예제 3.6 다음의 행렬방정식 $\mathbf{Ax}=\mathbf{b}$를 Cholesky 분해법을 이용하여 풀라.

$$\begin{bmatrix} 4 & 2 & 6 \\ 2 & 10 & -9 \\ 6 & -9 & 74 \end{bmatrix} \begin{bmatrix} x_1 \\ x_2 \\ x_3 \end{bmatrix} = \begin{bmatrix} 14 \\ -23 \\ 110 \end{bmatrix}$$

Cholesky 분해법을 적용하기 위하여 행렬 $\mathbf{A}$를 다음과 같이 $\mathbf{LL}^T$로 나타내자. 주어진 행렬을 분해하기 위하여 식 (3.24)를 사용하여도 되고 그 식의 근거가 되는 Cholesky 분해법의 원리에 따라 구하여도 된다.

$$\mathbf{A}=\begin{bmatrix}4 & 2 & 6\\ 2 & 10 & -9\\ 6 & -9 & 74\end{bmatrix}=\mathbf{LL}^T=\begin{bmatrix}l_{11} & 0 & 0\\ l_{21} & l_{22} & 0\\ l_{31} & l_{32} & l_{33}\end{bmatrix}\begin{bmatrix}l_{11} & l_{21} & l_{31}\\ 0 & l_{22} & l_{32}\\ 0 & 0 & l_{33}\end{bmatrix}$$

a_{11} 을 이용하여 l_{11} 을 구하고, 행렬 **A**의 1열의 원소를 이용하여 행렬 **L**의 1열을 다음과 같이 얻는다.

$$l_{11}=\sqrt{a_{11}}=2$$

$$l_{21}=\frac{a_{21}}{l_{11}}=1$$

$$l_{31}=\frac{a_{31}}{l_{11}}=3$$

동일한 원리로 a_{22} 를 이용하여 먼저 대각원소인 l_{22} 를 구한다. 행렬 **A**의 2열 원소를 이용하여 행렬 **L**의 2열을 다음과 같이 얻는다. 마지막으로 a_{33} 와 비교하여 l_{33} 를 얻으면 행렬의 분해가 완료된다.

$$l_{22}=\sqrt{a_{22}-l_{21}^2}=3$$

$$l_{32}=\frac{1}{l_{22}}(a_{32}-l_{31}l_{21})=-4$$

$$l_{33}=\sqrt{a_{33}-l_{31}^2-l_{32}^2}=7$$

$$\therefore\ \mathbf{L}=\begin{bmatrix}2 & 0 & 0\\ 1 & 3 & 0\\ 3 & -4 & 7\end{bmatrix}$$

$$\mathbf{L}^T=\begin{bmatrix}2 & 1 & 3\\ 0 & 3 & -4\\ 0 & 0 & 7\end{bmatrix}$$

Doolittle 분해법과 동일한 원리로 $\mathbf{Ux}=\mathbf{y}$ 라 하면 행렬방정식 $\mathbf{Ly}=\mathbf{b}$ 를 얻는다. 전진대입으로 **y**를 계산하고 이를 이용하여 후진대입으로 **x**를 얻는다.

$$\begin{bmatrix}2 & 0 & 0\\ 1 & 3 & 0\\ 3 & -4 & 7\end{bmatrix}\begin{bmatrix}y_1\\ y_2\\ y_3\end{bmatrix}=\begin{bmatrix}14\\ -23\\ 110\end{bmatrix}$$

$$\therefore \mathbf{y}=\begin{bmatrix} 7 \\ -10 \\ 7 \end{bmatrix}$$

$$\begin{bmatrix} 2 & 1 & 3 \\ 0 & 3 & -4 \\ 0 & 0 & 7 \end{bmatrix}\begin{bmatrix} x_1 \\ x_2 \\ x_3 \end{bmatrix}=\begin{bmatrix} 7 \\ -10 \\ 7 \end{bmatrix}$$

$$\therefore \mathbf{x}=\begin{bmatrix} 3 \\ -2 \\ 1 \end{bmatrix}$$

3.3.3 가우스-요르단 해법

가우스-요르단(Gauss-Jordan) 해법은 계산횟수가 가우스 소거법보다 많아 비효율적이므로 행렬방정식의 해를 구하는 데에 직접적으로 사용되지는 않지만 역행렬 계산에 유용하다. 행렬방정식 $\mathbf{AX}=\mathbf{I}$에서 행렬 $\mathbf{A}$의 역행렬 $\mathbf{X}$를 구하기 위해서는 양변에 $\mathbf{A}^{-1}$을 곱해주어야 하는데 이는 좌변의 $\mathbf{A}$를 단위행렬 $\mathbf{I}$로 만들어 주는 것과 같다. 가우스-요르단 해법은 이 원리를 이용하여 역행렬을 구하는 방법이다. 계산의 편의를 위해 행렬 $\mathbf{A}$와 단위행렬 $\mathbf{I}$를 확대행렬 $[\mathbf{A} \mid \mathbf{I}]$로 식 (3.25a)와 같이 구성한다.

$$\left[\begin{array}{cccc|cccc} a_{11} & a_{12} & \cdots & a_{1n} & 1 & 0 & \cdots & 0 \\ a_{21} & a_{22} & \cdots & a_{2n} & 0 & 1 & \cdots & 0 \\ \vdots & \vdots & \ddots & \vdots & \vdots & \vdots & \ddots & \vdots \\ a_{n1} & a_{n2} & \cdots & a_{nn} & 0 & 0 & \cdots & 1 \end{array}\right] \tag{3.25a}$$

확대행렬 $[\mathbf{A} \mid \mathbf{I}]$의 행렬 $\mathbf{A}$ 부분을 기본행연산으로 상삼각행렬 $\mathbf{U}$로 만든다. 이 과정을 마치면 오른쪽 부분의 단위행렬은 식 (3.25b)와 같이 0이 아닌 원소를 가진 새로운 형태의 행렬이 된다.

$$\left[\begin{array}{cccc|cccc} u_{11} & u_{12} & \cdots & u_{1n} & b_{11} & b_{12} & \cdots & b_{1n} \\ 0 & u_{22} & \cdots & u_{2n} & b_{21} & b_{22} & \cdots & b_{2n} \\ \vdots & \vdots & \ddots & \vdots & \vdots & \vdots & \ddots & \vdots \\ 0 & 0 & \cdots & u_{nn} & b_{n1} & b_{n2} & \cdots & b_{nn} \end{array}\right] \tag{3.25b}$$

식 (3.25b)의 왼쪽 부분 상삼각행렬을 마지막 행부터 기본행연산을 통해 단위행렬로 만든다. 구체적인 과정은 다음과 같다. 단위행렬을 만드는 과정이기도 한데, 승수의 계산을 쉽게 하기 위하여 먼저 각 대각원소로 나누어 주대각원소를 모두 1로 만든다. n행을 이용해 $(n-1)$행 u^*_{n-1n} 원소를 소거한다. 대각원소가 1이기 때문에 승수는 소거하고자 하는 각 원소값이 된다. n행과 각 행의 연산을 통해 n열의 나머지 원소들을 소거한다.

위의 연산으로 대각원소를 제외한 n열의 모든 원소가 소거되었다. $(n-1)$행을 이용하여 이와 동일한 방법으로 대각원소를 제외한 $(n-1)$열의 원소를 소거한다. 이 과정을 2열까지 반복하면 오른쪽 부분의 행렬은 다시 식 (3.25c)와 같은 형태로 변환된다. 이 과정을 통해 구한 오른쪽 부분의 행렬 **C**가 행렬 **A**의 역행렬이 된다. 행렬의 크기가 큰 경우에도 같은 원리로 역행렬을 효율적으로 구할 수 있다.

$$\left[\begin{array}{cccc|cccc} 1 & 0 & \cdots & 0 & c_{11} & c_{12} & \cdots & c_{1n} \\ 0 & 1 & \cdots & 0 & c_{21} & c_{22} & \cdots & c_{2n} \\ \vdots & \vdots & \ddots & \vdots & \vdots & \vdots & \ddots & \vdots \\ 0 & 0 & \cdots & 1 & c_{n1} & c_{n2} & \cdots & c_{nn} \end{array}\right] \tag{3.25c}$$

예제 3.7 가우스-요르단 해법을 이용하여 행렬 **A**의 역행렬을 구하라.

$$\mathbf{A}=\begin{bmatrix} 6 & 3 & 7 \\ 3 & 5 & 4 \\ 0 & 7 & 3 \end{bmatrix}$$

가장 먼저 주어진 행렬 **A**가 역행렬을 갖는지 확인해야 한다. 행렬 **A**의 행렬식이 0이 아니므로 역행렬이 존재한다. 주어진 행렬과 단위행렬을 확대행렬 [**A** | **I**]로 나타내면 다음과 같다.

$$\left[\begin{array}{ccc|ccc} 6 & 3 & 7 & 1 & 0 & 0 \\ 3 & 5 & 4 & 0 & 1 & 0 \\ 0 & 7 & 3 & 0 & 0 & 1 \end{array}\right]$$

다음으로 행렬 **A**를 전진소거하는 과정이 필요하다. a_{21}의 소거를 위해 1행에 1/2를 곱하여 2행에서 뺀다. a_{31}은 이미 0이므로 계산할 필요가 없고 a_{32}를 소거하기 위해 새로 계산된 2행에 2를 곱하여 3행에서 빼 준다.

a_{21} 소거: 2행 $-$1행 $\times$1/2

$$\left[\begin{array}{ccc|ccc} 6 & 3 & 7 & 1 & 0 & 0 \\ 0 & 7/2 & 1/2 & -1/2 & 1 & 0 \\ 0 & 7 & 3 & 0 & 0 & 1 \end{array}\right]$$

a_{32} 소거: 3행 − 2행 × 2

$$\left[\begin{array}{ccc|ccc} 6 & 3 & 7 & 1 & 0 & 0 \\ 0 & 7/2 & 1/2 & -1/2 & 1 & 0 \\ 0 & 0 & 2 & 1 & -2 & 1 \end{array}\right]$$

전진소거가 완료되었으므로 계산의 효율성을 위해 각 대각원소로 각 행을 나누어 주대각원소가 1이 되게 한다. 행렬 **A**를 단위행렬로 변환하기 위해 다음과 같은 과정에 따라 1, 2행의 3열 원소를 먼저 0으로 만들고 1행 2열 원소를 0으로 만들어 준다.

주대각원소를 1로 만듦: 1행 × 1/6, 2행 × 2/7, 3행 × 1/2

$$\left[\begin{array}{ccc|ccc} 1 & 1/2 & 7/6 & 1/6 & 0 & 0 \\ 0 & 1 & 1/7 & -1/7 & 2/7 & 0 \\ 0 & 0 & 1 & 1/2 & -1 & 1/2 \end{array}\right]$$

a_{13}, a_{23} 소거: 1행 − 3행 × 7/6, 2행 − 3행 × 1/7

$$\left[\begin{array}{ccc|ccc} 1 & 1/2 & 0 & -5/12 & 7/6 & -7/12 \\ 0 & 1 & 0 & -3/14 & 3/7 & -1/14 \\ 0 & 0 & 1 & 1/2 & -1 & 1/2 \end{array}\right]$$

a_{12} 소거: 1행 − 2행 × 1/2

$$\left[\begin{array}{ccc|ccc} 1 & 0 & 0 & -13/42 & 20/21 & -23/42 \\ 0 & 1 & 0 & -3/14 & 3/7 & -1/14 \\ 0 & 0 & 1 & 1/2 & -1 & 1/2 \end{array}\right]$$

최종적으로 얻은 행렬 **A**의 역행렬 $\mathbf{A}^{-1}$은 다음과 같다.

$$\mathbf{A}^{-1} = \begin{bmatrix} -13/42 & 20/21 & -23/42 \\ -3/14 & 3/7 & -1/14 \\ 1/2 & -1 & 1/2 \end{bmatrix}$$

3.3.4 크래머 공식

크래머(Cramer) 공식은 행렬식을 이용하여 행렬방정식의 해를 얻는 기법으로 그 표기와 원리가 매우 간단하다. 식 (3.14a)의 연립방정식은 식 (3.14c)의 행렬방정식으로 나타낼 수 있다.

$$\begin{aligned} a_{11}x_1+a_{12}x_2+\cdots+a_{1n}x_n&=b_1 \\ a_{21}x_1+a_{22}x_2+\cdots+a_{2n}x_n&=b_2 \\ \vdots \quad\quad \vdots \quad\quad \vdots \quad\quad \vdots \quad &\quad \vdots \\ a_{n1}x_1+a_{n2}x_2+\cdots+a_{nn}x_n&=b_n \end{aligned} \tag{3.14a}$$

$$\begin{bmatrix} a_{11} & a_{12} & \cdots & a_{1n} \\ a_{21} & a_{22} & \cdots & a_{2n} \\ \vdots & \vdots & \ddots & \vdots \\ a_{n1} & a_{n2} & \cdots & a_{nn} \end{bmatrix} \begin{bmatrix} x_1 \\ x_2 \\ \vdots \\ x_n \end{bmatrix} = \begin{bmatrix} b_1 \\ b_2 \\ \vdots \\ b_n \end{bmatrix} \tag{3.14c}$$

행렬방정식 (3.14c)에서 $n \times n$ 행렬 $\mathbf{A}$의 행렬식이 0이 아니면, 방정식은 오직 하나의 해를 갖고 그 해는 식 (3.26)으로 구할 수 있다. 이를 크래머 공식이라 한다.

$$\begin{aligned} x_1&=\frac{D_1}{D} \\ x_2&=\frac{D_2}{D} \\ &\vdots \\ x_n&=\frac{D_n}{D} \end{aligned} \tag{3.26}$$

여기서 D는 행렬 $\mathbf{A}$의 행렬식이고 D_j는 행렬 $\mathbf{A}$의 j번째 열을 벡터 $\mathbf{b}$, 즉 $[b_1\ b_2\ \cdots\ b_n]^T$로 치환하여 얻은 행렬의 행렬식이다.

행렬의 열벡터를 사용하여 행렬 $\mathbf{A}$의 행렬식과 D_j를 표현하면 각각 식 (3.27a) 및 식 (3.27b)와 같다. D_j는 이미 언급한 대로 행렬 $\mathbf{A}$의 j번째 열의 모든 원소가 벡터 $\mathbf{b}$로 바뀐 형태이다.

$$D=|\mathbf{a}_1\ \ \mathbf{a}_2\ \ \cdots\ \ \mathbf{a}_{j-1}\ \ \mathbf{a}_j\ \ \mathbf{a}_{j+1}\ \ \cdots\ \ \mathbf{a}_n| \tag{3.27a}$$

$$D_j=|\mathbf{a}_1\ \ \mathbf{a}_2\ \ \cdots\ \ \mathbf{a}_{j-1}\ \ \mathbf{b}\ \ \mathbf{a}_{j+1}\ \ \cdots\ \ \mathbf{a}_n| \tag{3.27b}$$

여기서 $\mathbf{a}_j$는 j번째 열벡터 $[a_{1j}\ \ a_{2j}\ \ a_{3j}\ \ \cdots\ \ a_{nj}]^T$이고 a_{kj}는 j번째 열의 k번째 원소(결국 k번째 행의 j번째 원소)이다.

크래머 공식은 다음과 같이 유도할 수 있다. 식 (3.9c)에 주어진 행렬식의 정의에 따라 j번째 열을 기준으로 행렬식을 구하면 식 (3.28a)와 같다. 만약 식 (3.27a)로 표시된 행렬식에서 j번째 열 대신에 $k(k \neq j)$번째 열의 원소를 사용하고, 그 j번째 열을 기준으로 하여 행렬식 D^*를 계산하면 식 (3.28b)가 된다. 두 식 (3.28a)와 (3.28b)를 비교해 보면 오직 여인수 A_{ij}에 곱해진 원소만 다르다. 하나의 행이나 열이 다른 행이나 열의 상수배가 되는 경우 행렬식은 항상 0이 되므로 식 (3.28b)의 값은 0이 된다.

$$D= \det(\mathbf{A})=a_{1j}A_{1j}+a_{2j}A_{2j}+\cdots+a_{nj}\mathrm{A}_{nj} \tag{3.28a}$$

$$D^*=\det(\mathbf{A}^*)=a_{1k}A_{1j}+a_{2k}A_{2j}+\cdots+a_{nk}\mathrm{A}_{nj}=0 \tag{3.28b}$$

여기서 A_{ij}는 원소 a_{ij}의 여인수이다.

식 (3.14a)의 첫 번째 방정식에 A_{1j}, 두 번째 방정식에 A_{2j}, 이와 같이 n번째 방정식에 A_{nj}를 곱하여 이를 모두 더하면 식 (3.29)를 얻는다.

$$A_{1j}(a_{11}x_1+\cdots+a_{1n}x_n)+\cdots+A_{nj}(a_{n1}x_1+\cdots+a_{nn}x_n)=b_1A_{1j}+\cdots+b_nA_{nj} \tag{3.29}$$

식 (3.29)의 좌변을 동류항에 대해 정리하면 식 (3.30a)와 같고 임의의 x_j에 대한 계수는 식 (3.30b)와 같다. 식 (3.30b)는 식 (3.28a)와 같은 형태로 행렬 $\mathbf{A}$의 행렬식이다. x_k의 계수는 식 (3.30c)로 정리되며 k와 j가 다른 경우에 식 (3.28b)에 의해 모두 0이다.

$$(a_{11}A_{1j}+a_{21}A_{2j}+\cdots+a_{n1}A_{nj})x_1+\cdots+(a_{1n}A_{1j}+a_{2n}A_{2j}+\cdots+a_{nn}A_{nj})x_n \tag{3.30a}$$

$$(a_{1j}A_{1j}+a_{2j}A_{2j}+\cdots+a_{nj}A_{nj}) \tag{3.30b}$$

$$(a_{1k}A_{1j}+a_{2k}A_{2j}+\cdots+a_{nk}A_{nj}) \tag{3.30c}$$

식 (3.29)의 우변은 행렬 $\mathbf{A}$에서 j번째 열의 원소를 $[b_1\ b_2\ \cdots\ b_n]^T$로 치환하여 얻는 행렬식이다. 따라서 식 (3.29)는 식 (3.31)과 같이 간단히 정리되어 크래머 공식으로 구한 해가 된다.

$$x_j=\frac{D_j}{D} \tag{3.31}$$

크래머 공식은 행렬식을 이용하여 해를 구하는 방법으로 특히 연립방정식의 계수에 실수가 아닌 문자나 미지의 상수가 포함되어 있을 때 해를 구하기에 유용하다. 하지만 행렬의 크기가 증가하면 행렬식의 계산에 많은 시간이 소요되므로 3×3 행렬보다 큰 경우 사용하기 어려운 단점이 있다.

예제 3.8 예제 3.3에 주어진 식 (3.15)의 해를 크래머 공식을 이용하여 구하라.

$$\begin{aligned} 6x_1+3x_2+7x_3&=38 \\ 3x_1+5x_2+4x_3&=11 \\ 7x_2+3x_3&=-6 \end{aligned} \tag{3.15}$$

식 (3.26)의 크래머 공식을 이용하기 위해 행렬 **A**와 행렬 **A**의 각 열을 **b**로 치환한 행렬의 행렬식을 다음과 같이 계산한다.

$$D=\begin{vmatrix} 6 & 3 & 7 \\ 3 & 5 & 4 \\ 0 & 7 & 3 \end{vmatrix}=6\cdot(5\cdot3-4\cdot7)-3\cdot(3\cdot3-4\cdot0)+7\cdot(3\cdot7-5\cdot0)=42$$

$$D_1=\begin{vmatrix} 38 & 3 & 7 \\ 11 & 5 & 4 \\ -6 & 7 & 3 \end{vmatrix}=84$$

$$D_2=\begin{vmatrix} 6 & 38 & 7 \\ 3 & 11 & 4 \\ 0 & -6 & 3 \end{vmatrix}=-126$$

$$D_3=\begin{vmatrix} 6 & 3 & 38 \\ 3 & 5 & 11 \\ 0 & 7 & -6 \end{vmatrix}=210$$

크래머 공식을 이용하기 위한 모든 값이 계산되었으므로 식 (3.26)으로부터 해를 얻는다.

$$x_1=\frac{D_1}{D}=2$$

$$x_2=\frac{D_2}{D}=-3$$

$$x_3=\frac{D_3}{D}=5$$

$$\therefore \mathbf{x}=\begin{bmatrix} x_1 \\ x_2 \\ x_3 \end{bmatrix}=\begin{bmatrix} 2 \\ -3 \\ 5 \end{bmatrix}$$

연구문제

3.14 주어진 연립방정식에 대하여

$$\begin{aligned} 2x_1-3x_2+x_3+6x_4+5x_5&=-3 \\ x_2+5x_3-4x_4&=8 \\ 3x_3-3x_4+x_5&=4.7 \\ 5x_4+3x_5&=0.6 \\ 0.7x_5&=1.4 \end{aligned}$$

(1) 행렬방정식으로 표현하라.

(2) 방정식의 해를 구하라.

3.15 다음 연립방정식에 대하여

$$\begin{aligned} 5x_1&=16.5 \\ -1.5x_1+2x_2&=-10.35 \\ 2.3x_1-4x_2+3.5x_3&=44.29 \\ 5.4x_2+4x_3-3x_4&=10.52 \\ 4x_1-8x_2-3x_3+x_4+3x_5&=4.5 \end{aligned}$$

(1) 행렬방정식으로 표현하라.

(2) 방정식의 해를 구하라.

3.16 다음의 연립방정식을 가우스 소거법으로 풀라. 축화과정 없이 유효숫자 4자리를 이용하라.

(1) $\begin{bmatrix} 0.001 & 1 \\ 1 & 1 \end{bmatrix} \begin{bmatrix} x_1 \\ x_2 \end{bmatrix} = \begin{bmatrix} 1 \\ 2 \end{bmatrix}$

(2) $\begin{bmatrix} 1 & 1 \\ 0.001 & 1 \end{bmatrix} \begin{bmatrix} x_1 \\ x_2 \end{bmatrix} = \begin{bmatrix} 2 \\ 1 \end{bmatrix}$

(3) 배정밀도를 가정하고 문제 (1), (2)를 풀라.

3.17 가우스 소거법에서 총 연산횟수 식 (3.20)을 증명하라.

3.18 다음에 주어진 행렬방정식을 풀라.

(1) $$\begin{bmatrix} 1 & 0 & 0 \\ -2 & 1 & 0 \\ 4 & -3 & 1 \end{bmatrix}\begin{bmatrix} y_1 \\ y_2 \\ y_3 \end{bmatrix} = \begin{bmatrix} -2 \\ 2 \\ 1 \end{bmatrix}$$

(2) (1)에서 구한 **y**를 이용하라.

$$\begin{bmatrix} 1 & -1 & 2 \\ 0 & -1 & 3 \\ 0 & 0 & 3 \end{bmatrix}\begin{bmatrix} x_1 \\ x_2 \\ x_3 \end{bmatrix} = \begin{bmatrix} y_1 \\ y_2 \\ y_3 \end{bmatrix}$$

(3) $$\begin{bmatrix} 1 & 0 & 0 \\ -2 & 1 & 0 \\ 4 & -3 & 1 \end{bmatrix}\begin{bmatrix} 1 & -1 & 2 \\ 0 & -1 & 3 \\ 0 & 0 & 3 \end{bmatrix}\begin{bmatrix} x_1 \\ x_2 \\ x_3 \end{bmatrix} = \begin{bmatrix} -2 \\ 2 \\ 1 \end{bmatrix}$$

(4) $$\begin{bmatrix} 1 & -1 & 2 \\ -2 & 1 & -1 \\ 4 & -1 & 2 \end{bmatrix}\begin{bmatrix} x_1 \\ x_2 \\ x_3 \end{bmatrix} = \begin{bmatrix} -2 \\ 2 \\ 1 \end{bmatrix}$$

3.19 다음 연립방정식에 대한 질문에 답하라.

$$3x_1 + (2+a)x_2 = 4$$
$$-2x_1 + 7x_2 = 1 + b$$

(1) a와 b가 상수일 때, 해가 존재할 조건을 구하라.

(2) 해가 존재할 때 해를 구하라.

3.20 다음 행렬방정식을 아래의 방법으로 풀라.

$$\begin{bmatrix} 2 & -1 & 1 \\ -1 & 2 & 4 \\ 1 & 4 & 2 \end{bmatrix}\begin{bmatrix} x_1 \\ x_2 \\ x_3 \end{bmatrix} = \begin{bmatrix} 2 \\ 3 \\ 1 \end{bmatrix} \qquad \text{답: } \begin{bmatrix} x_1 \\ x_2 \\ x_3 \end{bmatrix} = \begin{bmatrix} 1/3 \\ -1/3 \\ 1 \end{bmatrix}$$

(1) 대입법

(2) 소거법

(3) 가우스 소거법

(4) Doolittle 해법

(5) Cholesky 해법

(6) 가우스-요르단 해법

(7) 크래머 공식

3.21 다음 행렬방정식을 아래에 제시한 방법으로 풀라. 만약 각 방법으로 해를 구할 수 없다면 그 이유는 무엇인지 서술하라.

$$\begin{bmatrix} 2 & 2 & -1 \\ 3 & -1 & 2 \\ 2 & -2 & 3 \end{bmatrix}\begin{bmatrix} x_1 \\ x_2 \\ x_3 \end{bmatrix}=\begin{bmatrix} 3 \\ 1 \\ 1 \end{bmatrix} \qquad \text{답: } \begin{bmatrix} x_1 \\ x_2 \\ x_3 \end{bmatrix}=\begin{bmatrix} -1/2 \\ 7/2 \\ 3 \end{bmatrix}$$

(1) 대입법

(2) 소거법

(3) 가우스 소거법

(4) Doolittle 해법

(5) Cholesky 해법

(6) 가우스-요르단 해법

(7) 크래머 공식

3.22 다음 행렬 **A**, **B** 의 역행렬을 계산하라.

$$\mathbf{A}=\begin{bmatrix} 1 & 2 & 3 & 1 \\ -1 & 0 & 2 & 1 \\ 2 & 1 & -3 & 0 \\ 1 & 1 & 2 & 1 \end{bmatrix}, \quad \mathbf{B}=\begin{bmatrix} 1 & 0 & 0 & 0 \\ 0 & 0 & 1 & 0 \\ 0 & 0 & 0 & 1 \\ 0 & 1 & 0 & 0 \end{bmatrix}$$

3.23 다음 연립방정식을 만족하는 해 $\mathbf{x}$ 를 계산하고자 한다. 여기서 $n=2, 9$ 는 n 이 2 부터 9 까지 1 씩 변화한다는 것을 의미한다(따라서 총 10 개의 연립방정식임).

$$x_1=0$$
$$-x_{n-1}+4x_n-x_{n+1}=0, \quad n=2, 9$$
$$x_{10}=1$$

(1) 이미 값을 알고 있는 x_1 과 x_{10} 을 포함하여 총 10 개의 수식을 행렬방정식으로 표현하라.

(2) 이미 값을 알고 있는 x_1과 x_{10}을 제외한 총 8개의 수식을 행렬방정식으로 표현하라.

(3) 해 **x**를 계산하라.

3.24 다음 연립방정식을 계산하라. 여기서 $n=2,\ 19$는 n이 2부터 19까지 변화한다는 것을 의미한다.

$$x_1 - x_2 = 0$$
$$-x_{n-1} + 4x_n - x_{n+1} = 0,\quad n=2,\ 19$$
$$x_{20} = 1$$

(1) 이미 값을 알고 있는 x_{20}을 포함하여 총 20개의 수식을 행렬방정식으로 표현하라.

(2) 이미 값을 알고 있는 x_{20}을 제외한 총 19개의 수식을 행렬방정식으로 표현하라.

(3) 해 **x**를 계산하라.

3.4 ▶ 반복법

가우스 소거법과 **LU** 분해법은 행렬방정식의 해를 직접 구하는 방법으로 컴퓨터의 유효숫자 범위 이내에서 참해(exact solution)를 제공한다. 반복법은 행렬방정식의 초기해에서 시작하여 여러 번의 반복계산을 통해 근사해를 찾아가는 해법으로 컴퓨터의 정밀도 내에서 참해로 수렴한다. 해를 찾기 위한 계산횟수는 같은 문제에 적용하는 동일한 기법이라 하더라도 사용된 초기해에 따라 달라질 수 있어 수렴하기까지 연산횟수를 정량화하기 어렵다. 반복법 중 개념이 간단하여 이해하기 쉽고 많이 사용되는 기법들은 다음과 같다.

- 가우스-자이델법(Gauss-Seidel method)
- 야코비법(Jacobi method)
- 축차완화법(successive over-relaxation method)
- 공액경사법(conjugate gradient method)

3.4.1 가우스-자이델법

가우스-자이델법은 가장 간단하고 직관적인 반복법 중 하나이다. 이 방법은 구하고자 하는 x_i만 미지수이고 나머지 값들은 알려진 것으로 가정한다. 식 (3.14a)와 같이 연립방정식이 주어졌을 때 오직 x_i만 미지수이므로 각 수식에서 그 값을 바로 계산할 수 있다. 구체적으로 x_1과 x_2 그리고 임의의 x_i를 계산하는 방법을 나타내면 식 (3.32)와 같다. 식 (3.32)에서 x_1을 구하기 위해서 모두 초깃값이나 이전에 계산된 값을 사용하지만 x_2를 계산할 때는 갱신된 x_1이 사용된다. 같은 논리로 x_i를 계산할 때는 x_1부터 x_{i-1}까지 갱신된 값이 사용되며 x_{i+1}부터 x_n까지는 이전 값이 사용된다.

$$\begin{aligned} a_{11}x_1+a_{12}x_2+\cdots+a_{1n}x_n&=b_1 \\ a_{21}x_1+a_{22}x_2+\cdots+a_{2n}x_n&=b_2 \\ a_{31}x_1+a_{32}x_2+\cdots+a_{3n}x_n&=b_3 \\ &\vdots \\ a_{n1}x_1+a_{n2}x_2+\cdots+a_{nn}x_n&=b_n \end{aligned} \tag{3.14a}$$

$$\begin{aligned} x_1&=[b_1-(a_{12}x_2+\cdots+a_{1n}x_n)]/a_{11} \\ x_2&=[b_2-(a_{21}x_1+a_{23}x_3+\cdots+a_{2n}x_n)]/a_{22} \\ x_i&=[b_i-(a_{i1}x_1+a_{i2}x_2+\cdots+a_{ii-1}x_{i-1}+a_{ii+1}x_{i+1}+\cdots+a_{in}x_n)]/a_{ii} \end{aligned} \tag{3.32}$$

식 (3.14a)로 주어진 연립방정식을 이용하여 설명된 가우스-자이델법은 행렬방정식을 이용하여 수학적으로 간결히 나타낼 수 있다. 먼저 주어진 연립방정식을 행렬방정식 **Ax**=**b**의 형태로 변환한다. 이때 행렬 **A**의 어떤 대각원소 a_{ii}도 0이 되지 않도록 방정식을 재배열하고 각 대각원소로 나누어 모든 대각원소를 1로 만들어 준다. 최종적으로 얻은 식 (3.33)의 행렬방정식을 **Ax**=**b**라 하자.

$$\begin{bmatrix} 1 & a_{12} & \cdots & a_{1n} \\ a_{21} & 1 & \cdots & a_{2n} \\ \vdots & \vdots & \ddots & \vdots \\ a_{n1} & a_{n2} & \cdots & 1 \end{bmatrix} \begin{bmatrix} x_1 \\ x_2 \\ \vdots \\ x_n \end{bmatrix} = \begin{bmatrix} b_1 \\ b_2 \\ \vdots \\ b_n \end{bmatrix} \tag{3.33}$$

반복계산을 위해 행렬 **A**를 다음과 같이 세 행렬의 합으로 나타낸다.

$$\mathbf{A} = \mathbf{I} + \mathbf{L} + \mathbf{U}$$

여기서 **I**는 단위행렬이고 **L**과 **U**는 각각 대각원소가 0인 하삼각행렬과 상삼각행렬이다. 행렬 **L**과 **U**를 얻기 위하여 특별한 연산을 수행하는 것이 아니고 행렬 **A**를 단위행렬과 대각하부의 하삼각행렬 그리고 상부의 상삼각행렬로 나눈 것이다. 위 식을 **Ax**=**b**에 대입하여 **x**에 대하여 정리하면 식 (3.34a)를 얻는다.

식 (3.34a)에서 m번째 반복계산 결과를 이용하여 $(m+1)$번째 반복해를 얻는 수식을 행렬방정식으로 표현하면 식 (3.34b)와 같다.

$$\mathbf{x} = \mathbf{b} - \mathbf{Lx} - \mathbf{Ux} \tag{3.34a}$$

$$\begin{bmatrix} x_1 \\ x_2 \\ \vdots \\ x_n \end{bmatrix}^{m+1} = \begin{bmatrix} b_1 \\ b_2 \\ \vdots \\ b_n \end{bmatrix} - \begin{bmatrix} 0 & 0 & \cdots & 0 \\ l_{21} & 0 & \cdots & 0 \\ \vdots & \vdots & \ddots & \vdots \\ l_{n1} & l_{n2} & \cdots & 0 \end{bmatrix} \begin{bmatrix} x_1 \\ x_2 \\ \vdots \\ x_n \end{bmatrix}^{m+1} - \begin{bmatrix} 0 & u_{12} & \cdots & u_{1n} \\ 0 & 0 & \cdots & u_{2n} \\ \vdots & \vdots & \ddots & \vdots \\ 0 & 0 & \cdots & 0 \end{bmatrix} \begin{bmatrix} x_1 \\ x_2 \\ \vdots \\ x_n \end{bmatrix}^{m} \tag{3.34b}$$

여기서 상첨자 m은 m번의 반복계산을 통해 얻은 해를 의미하며 $(m+1)$은 $(m+1)$번째 해이다.

식 (3.34b)는 매우 복잡해 보여도 실제 의미와 과정은 명확하다. 단지 $(m+1)$번째 반복계산 중 이미 갱신된 값들을 사용하게 한다는 것을 수학적으로 표현한 것이다. 먼저 m번째 $x_2, \ldots, x_n$을 대입해 $(m+1)$번째 x_1을 구한다. 다음으로 $(m+1)$번째 x_2를 구하는데 $x_1, x_3, x_4, \ldots, x_n$ 중 x_1은 새로 계산이 되었기 때문에 x_1만 $(m+1)$번째 값을 대입하고 $x_3, \ldots, x_n$은 m번째 값을 대입한다. $(m+1)$번째 x_3를 구할 때에는 x_1과 x_2가 새로 계산된 값이므로 이 두 값만 $(m+1)$번째 값을 이용한다.

이러한 과정을 반복하다가 마지막으로 $(m+1)$번째 x_n을 구할 때에는 x_n을 제외한 모든 값이 갱신되어 사용된다. 이로써 한 단계의 반복해 계산이 완료된다. 이와 같은 과정을 여러 번 반복하면 참해에 수렴하는 해벡터 $\mathbf{x}$를 얻을 수 있다.

예제 3.9

행렬방정식 $\mathbf{Ax}=\mathbf{b}$에서 행렬 $\mathbf{A}$와 벡터 $\mathbf{b}$가 다음과 같이 주어졌을 때, 가우스-자이델법을 이용하여 해벡터 $\mathbf{x}$를 구하라.

$$\mathbf{A}=\begin{bmatrix}3 & -1 & 2\\ 2 & 4 & 1\\ 0 & 2 & 5\end{bmatrix},\qquad \mathbf{b}=\begin{bmatrix}9\\ 1\\ 3\end{bmatrix}$$

반복하는 과정을 각 계산과정마다 보여 주기 위해 주어진 행렬방정식을 식 (3.35)와 같이 좌항에는 하나의 미지수만 남기고 나머지는 모두 우항에 둔다. 초깃값 $\mathbf{x}$를 가정한 후에 반복적으로 각 x_i를 계산하여 해를 찾는다. 아래에서 상첨자는 반복계산의 단계를 의미한다.

$$\begin{aligned}x_1&=(9+x_2-2x_3)/3\\ x_2&=(1-2x_1-x_3)/4\\ x_3&=(3-2x_2)/5\end{aligned}\tag{3.35}$$

초깃값을 $x_1^0=0,\ x_2^0=0,\ x_3^0=0$으로 가정하고 첫 번째 반복해를 계산하면 다음과 같다.

$$\begin{aligned}&x_1^1=(9+x_2^0-2x_3^0)/3=3.0000\\ &x_2^1=(1-2x_1^1-x_3^0)/4=-1.2500\\ &x_3^1=(3-2x_2^1)/5=1.1000\end{aligned}$$

첫 번째 단계의 계산결과를 이용하여 두 번째 단계를 계산하면 다음과 같다.

$$\begin{aligned}&x_1^2=(9+x_2^1-2x_3^1)/3=1.8500\\ &x_2^2=(1-2x_1^2-x_3^1)/4=-0.9500\\ &x_3^2=(3-2x_2^2)/5=0.9800\end{aligned}$$

가우스-자이델법으로 수렴할 때까지 반복하면 표 3.2와 같은 해를 얻는다.

표 3.2 가우스-자이델법 수렴과정

해	초깃값	1	2	3	4	…	6	7
x_1	0	3.0000	1.8500	2.0300	1.9940	…	1.9998	2.0000
x_2	0	−1.2500	−0.9500	−1.0100	−0.9980	…	−0.9999	−1.0000
x_3	0	1.1000	0.9800	1.0040	0.9992	…	1.0000	1.0000

3.4.2 반복법의 수렴판별

반복법을 사용하여 해를 구할 때에는 반복해의 수렴여부를 판정해야 한다. 이는 해를 찾는 것은 물론 반복계산의 단계를 종료하기 위해서도 중요하다. 단변수 함수 $f(x)=0$의 근을 구하는 경우 $f(x)$의 값이 주어진 수렴한계보다 작으면 해를 찾은 것으로 가정할 수 있다. 그렇다면 행렬방정식과 같이 여러 변수를 가지는 경우 어떤 변수를 기준으로 또 어떻게 수렴을 판정해야 하는가? 직관적인 생각으로는 반복해가 참해에 수렴할 때까지 반복계산을 수행하면 된다. 예제 3.9에서도 반복해가 참해인 $\mathbf{x}=[2 \quad -1 \quad 1]^T$에 수렴한 경우에 계산을 종료하였다.

행렬방정식의 오차(error)는 식 (3.36)으로 표현되는 참해 $\mathbf{x}$와 반복해 $\mathbf{x}^*$의 차이로 정의된다. 반복해의 수렴을 오차를 이용하여 판별할 경우 참해 $\mathbf{x}$가 실제 문제에서는 미지수이므로 식 (3.36)을 사용할 수 없다. 비록 참해를 알지 못하지만 행렬 $\mathbf{A}$와 참해 $\mathbf{x}$를 곱하면 $\mathbf{b}$가 된다. 이는 행렬방정식 $\mathbf{Ax}=\mathbf{b}$의 관계식으로부터 명확하다. 따라서 이와 같은 사실을 이용하여 식 (3.37)과 같이 잔차(residual)를 정의한다. 식 (3.37)은 식 (3.36)에 행렬 $\mathbf{A}$가 앞쪽에 곱해진 결과와 동일하다.

$$\boldsymbol{\epsilon}=\mathbf{x}-\mathbf{x}^* \tag{3.36}$$

$$\mathbf{r}=\mathbf{b}-\mathbf{Ax}^* \tag{3.37}$$

여기서 $\boldsymbol{\epsilon}$는 오차벡터, $\mathbf{r}$은 잔차벡터이다.

식 (3.37)의 잔차를 이용하여 수렴을 판단하는 경우에 잔차는 단일 값이 아니라 $n\times n$ 행렬의 경우 n개의 잔차값이 존재한다. 따라서 잔차벡터의 크기를 하나의 값으로 나타낼 필요가 있다. n개의 원소를 가지는 벡터 $\mathbf{a}=[a_1 \quad a_2 \quad a_3 \quad \cdots \quad a_n]$의 크기를 정의하는 방법 중 하나가 정규(norm)이며 일반식으로 나타낸 L_m 정규는 식 (3.38)로 정의된다. 구체적으로 L_1, L_2, L_∞ 정규는 식 (3.39)로 정의된다. 특히 L_2 정규를 유클리디안(Euclidean) 정규라고 하며 이는 벡터 $\mathbf{a}$의 내적(inner product)의 제곱근이 된다.

$$L_m = \sqrt[m]{\sum_{i=1}^{n} |a_i|^m} \tag{3.38}$$

$$\begin{aligned} L_1 \text{ norm} &= |a_1| + |a_2| + |a_3| + \cdots + |a_n| \\ L_2 \text{ norm} &= \sqrt{a_1^2 + a_2^2 + a_3^2 + \cdots + a_n^2} \\ L_\infty \text{ norm} &= \max_i |a_i| \end{aligned} \tag{3.39}$$

$$\text{where, vector } \mathbf{a} = [a_1 \;\; a_2 \;\; a_3 \;\; \cdots \;\; a_n]$$

반복법을 사용하여 행렬방정식의 수치해를 구할 때 임의의 L_m 정규를 사용할 수 있지만 통상적으로 L_2 나 L_∞ 정규를 사용한다. L_2 정규는 각 잔차의 부호에 상관이 없도록 제곱합을 계산하고 그 제곱근을 이용한다. L_∞ 정규를 사용하면 모든 잔차 중 절댓값이 가장 큰 값을 기준으로 수렴을 판단하게 된다.

일부 독자는 각 반복계산 단계에서 값이 더 이상 갱신되지 않을 때, 즉 반복해의 변화가 없을 때 수렴한 것으로 판단할 수도 있다. 이는 직관적이고 잔차의 정규도 계산할 필요가 없어 간단해 보인다. 이 방법은 사용 가능한 방법 중 하나이지만 계산된 수렴해가 근사해가 아닐 수 있다. 사용한 반복법의 특징이나 반복계산에 오류가 있는 경우에 반복해가 참해가 아닌 특정 값으로 수렴할 위험성이 높다. 따라서 이 방법은 쉬워 보여도 사용해서는 안 된다.

3.4.3 야코비법

가우스-자이델 해법과 달리 야코비법은 $(m+1)$번째 반복계산 단계에서 $\mathbf{x}$를 계산할 때 모두 m번째 값을 사용한다. 그 계산과정을 수학적으로 표현하면 식 (3.40a)와 같다. 행렬 $\mathbf{A}$는 대각원소가 모두 0이 아니도록 재배열한 후 각 행을 대각원소로 나누어 최종적으로 대각원소 값이 모두 1이다.

$$\mathbf{x} = \mathbf{b} + (\mathbf{I} - \mathbf{A})\mathbf{x} \tag{3.40a}$$

식 (3.40a)를 $(m+1)$번째 $\mathbf{x}$를 구하는 구체적 수식으로 표현하면 식 (3.40b)가 된다. 식 (3.40b)는 식 (3.14a)에서(대각원소가 0이 아니도록 재배열한 후) 각 대각원소로 나눈 연립방정식에서 x_i를 계산하는 식을 행렬로 표기한 것과 동일하다.

$$\begin{bmatrix} x_1 \\ x_2 \\ \vdots \\ x_n \end{bmatrix}^{m+1} = \begin{bmatrix} b_1 \\ b_2 \\ \vdots \\ b_n \end{bmatrix} + \begin{bmatrix} 0 & -a_{12} & \cdots & -a_{1n} \\ -a_{21} & 0 & \cdots & -a_{2n} \\ \vdots & \vdots & \ddots & \vdots \\ -a_{n1} & -a_{n2} & \cdots & 0 \end{bmatrix} \begin{bmatrix} x_1 \\ x_2 \\ \vdots \\ x_n \end{bmatrix}^{m} \tag{3.40b}$$

야코비법은 한 단계의 계산이 끝날 때까지 새로 계산된 $\mathbf{x}$를 사용하지 않기 때문에 가우스-자이델법에 비해 해의 수렴속도가 느리다. 컴퓨터 프로그램으로 가우스-자이델법을 사용하면 추가적인 조치를 취하지 않아도 x_i의 값을 계산할 때 같은 변수이름을 사용하므로 x_1부터 x_{i-1}까지의 값이 자동적으로 갱신된다.

야코비법은 컴퓨터 프로그래밍에서 $(m+1)$ 반복단계에서 계산된 값을 임시로 저장하는 추가적인 변수를 선언해야 한다. 또한 각 계산단계가 끝나면 저장된 임시값을 $(m+1)$ 반복단계에서 얻은 최종값으로 갱신하는 과정이 필요하다. 따라서 알고리즘의 효율성 관점에서 보면 야코비법을 사용할 이유가 없다. 만약 같은 변수이름을 사용하면, 의도하지는 않았지만 동일 변수는 컴퓨터에서 저장장소가 같으므로, 가우스-자이델법이 된다.

예제 3.10

예제 3.9에 주어진 행렬방정식에 대해 야코비법을 이용하여 해벡터 $\mathbf{x}$를 구하라.

두 방법은 반복계산 단계에서 이미 계산된 값을 갱신하는 방법만 다르기 때문에 식 (3.35)를 그대로 사용할 수 있다. 그러나 한 단계의 반복계산이 완료되기 전에는 갱신된 값을 사용하지 않는다. 구체적 계산과정은 다음과 같다.

초깃값을 $x_1^0=0,\ x_2^0=0,\ x_3^0=0$으로 가정하고 첫 번째 반복계산을 수행하면 다음과 같다.

$$x_1^1=(9+x_2^0-2x_3^0)/3=3.0000$$
$$x_2^1=(1-2x_1^0-x_3^0)/4=0.2500$$
$$x_3^1=(3-2x_2^0)/5=0.6000$$

첫 번째 계산결과를 이용하여 두 번째 반복계산을 수행하면 다음과 같다.

$$x_1^2=(9+x_2^1-2x_3^1)/3=2.6833$$
$$x_2^2=(1-2x_1^1-x_3^1)/4=-1.4000$$
$$x_3^2=(3-2x_2^1)/5=0.5000$$

이와 같은 계산과정을 수렴해를 얻을 때까지 반복하면 표 3.3과 같이 18번의 반복과정으로 해를 얻는다.

표 3.3 야코비법 수렴과정

해	초깃값	1	2	3	4	…	17	18
x_1	0	3.0000	2.6833	2.2000	1.8211	…	2.0000	2.0000
x_2	0	0.2500	−1.4000	−1.2167	−1.1400	…	−0.9999	−1.0000
x_3	0	0.6000	0.5000	1.1600	1.0867	…	1.0000	1.0000

야코비법은 이전 단계의 결과를 이용하여 새로운 단계를 계산하며 각 단계의 계산과정 중에는 갱신된 값을 사용하지 않음을 다시 한 번 유의하기 바란다. 반복계산법은 초깃값을 바탕으로 참해에 더 가까운 값을 찾아가는 과정이다. 따라서 비록 같은 $(m+1)$단계에 있을지라도 이미 갱신된 값은 참값에 더 가까운 값이 된다. 결과적으로 야코비법은 가우스-자이델법보다 수렴속도가 느리며 표 3.2와 표 3.3에서 그 차이를 알 수 있다.

반복계산을 수행하여 해벡터 $\mathbf{x}$가 참해에 가까워지는 것을 수렴한다(converge)고 한다. 행렬방정식 $\mathbf{Ax}=\mathbf{b}$의 행렬 $\mathbf{A}$가 대각우세행렬이면 가우스-자이델법과 야코비법은 임의의 초깃값에 대하여 수렴한다. 비록 대각우세행렬은 아닐지라도 대각원소 a_{ii}가 i행의 원소 중 절댓값이 가장 크면, 때로는 수렴속도가 느리지만, 수렴한다. 따라서 식 (3.14a)를 언급한 두 방법으로 구하고자 할 경우에는 행렬의 대각원소의 절댓값이 가장 큰 값이 오도록 연립방정식을 잘 배열하여야 한다.

가우스-자이델법의 수렴조건을 수학적으로 설명하면 $(m+1)$번째 반복해는 식 (3.34b)로 표현된다. 수렴조건을 알아보기 위해 식 (3.34b)를 $\mathbf{x}^{m+1}$에 대하여 정리하면 식 (3.41)이 된다.

$$\mathbf{x}^{m+1}=\mathbf{C}\mathbf{x}^{m}+(\mathbf{I}+\mathbf{L})^{-1}\mathbf{b} \qquad (3.41)$$
$$\mathbf{C}=-(\mathbf{I}+\mathbf{L})^{-1}\mathbf{U}$$

여기서 행렬 $\mathbf{C}$의 스펙트럼 반경이 1보다 작을 경우에 해는 수렴하며 그 반경이 작을수록 수렴속도가 빠르다. 야코비법의 경우 행렬 $\mathbf{C}=\mathbf{I}-\mathbf{A}$이므로 $(\mathbf{I}-\mathbf{A})$의 스펙트럼 반경이 1보다 작을 경우 해는 수렴한다. 두 방법을 사용하기 위해서는 행렬 $\mathbf{C}$를 구하고 그 스펙트럼 반경을 찾아 수렴여부를 파악하는 것이 아니라 주어진 연립방정식을 수렴하도록 잘 배열하여 반복해를 구해야 한다.

<참고>

고유값과 고유벡터, 스펙트럼 반경

식 (3.42a)의 행렬방정식에서 자명해는 벡터 $\mathbf{x}$가 $\mathbf{0}$인 경우이다. 모든 x가 0인 자명해는 큰 의미가 없으므로 영벡터가 아닌($\mathbf{x} \neq \mathbf{0}$) 해를 있게 하는 상수값 λ를 행렬 $\mathbf{A}$의 고유값(eigen value)이라 한다. 고유값 λ에 대응하는 벡터 $\mathbf{x}$를 행렬 $\mathbf{A}$의 고유벡터(eigen vector)라 한다.

$$\mathbf{Ax} = \lambda \mathbf{x} \tag{3.42a}$$

여기서 $\mathbf{A}$는 $n \times n$ 행렬, $\mathbf{x}$는 $n \times 1$ 해벡터, 그리고 λ는 상수이다.

고유값과 고유벡터는 다음과 같은 과정을 통해 구할 수 있다. 식 (3.42a)를 정리하면 식 (3.42b)와 같으며 $\mathbf{x} \neq \mathbf{0}$인 해가 존재하여야 한다. 만약 $(\mathbf{A} - \lambda \mathbf{I})$로 주어진 새로운 행렬의 역행렬이 존재한다면 식 (3.42a)를 만족하는 $\mathbf{x}$는 오직 $\mathbf{0}$이 된다. 따라서 $\mathbf{0}$이 아닌 해를 얻기 위해서는 $(\mathbf{A} - \lambda \mathbf{I})$의 행렬식이 반드시 0이 되어야 한다. 따라서 $\det(\mathbf{A} - \lambda \mathbf{I}) = 0$이라는 n차 방정식에서 λ를 얻는다.

이 n차 방정식을 풀면 n개의 해를 구할 수 있는데 이들을 행렬 $\mathbf{A}$의 고유값 $\lambda_1, \lambda_2, \lambda_3, \ldots, \lambda_n$이라 한다. 각 고유값들을 $(\mathbf{A} - \lambda \mathbf{I})\mathbf{x} = \mathbf{0}$에 대입하여 구한 벡터 $\mathbf{x}$를 행렬 $\mathbf{A}$의 고유벡터라 한다. 행렬 $\mathbf{A}$의 고유값 중 절댓값이 가장 큰 값을 스펙트럼 반경이라 한다.

$$(\mathbf{A} - \lambda \mathbf{I})\mathbf{x} = \mathbf{0} \tag{3.42b}$$

$$\begin{bmatrix} a_{11} - \lambda & a_{12} & \cdots & a_{1n} \\ a_{21} & a_{22} - \lambda & \cdots & a_{2n} \\ \vdots & \vdots & \ddots & \vdots \\ a_{n1} & a_{n2} & \cdots & a_{nn} - \lambda \end{bmatrix} \begin{bmatrix} x_1 \\ x_2 \\ \vdots \\ x_n \end{bmatrix} = \begin{bmatrix} 0 \\ 0 \\ \vdots \\ 0 \end{bmatrix} \tag{3.42c}$$

예제 3.11 다음 행렬 $\mathbf{A}$의 고유값과 고유벡터, 스펙트럼 반경을 구하라.

$$\mathbf{A} = \begin{bmatrix} 4 & 5 \\ -1 & -2 \end{bmatrix}$$

자명해가 아닌 해를 갖기 위해 $\det(\mathbf{A} - \lambda \mathbf{I}) = 0$이 되게 하는 λ를 구해야 한다. 다음과 같이 계산하면 고유값 3과 -1을 얻는다.

$$\det(\mathbf{A} - \lambda \mathbf{I}) = \begin{vmatrix} 4 - \lambda & 5 \\ -1 & -2 - \lambda \end{vmatrix} = 0$$

$$\therefore \lambda = 3, \ -1$$

$\lambda = 3$인 경우, 식 (3.42c)를 이용하면 다음과 같이 정리된다.

$$\begin{bmatrix} 1 & 5 \\ -1 & -5 \end{bmatrix}\begin{bmatrix} x_1 \\ x_2 \end{bmatrix}=\begin{bmatrix} 0 \\ 0 \end{bmatrix}$$

주어진 행렬방정식을 연립방정식으로 나타내면 두 식 모두 $x_1+5x_2=0$으로 정리된다. 이는 행렬식이 0이므로 두 연립방정식이 종속관계에 있는 당연한 결과이다. 주어진 연립방정식은 $x_1=-5x_2$인 관계에 있으므로 $x_2=-k$, $x_1=5k$이면 성립한다. k 값은 0이 아닌 임의의 값으로 결정할 수 있다. 따라서 $k=1$로 두면 고유값 $\lambda=3$일 때 고유벡터는 다음과 같다. k를 -1로 한 경우에도 고유벡터를 얻으며 이때에는 $[-5 \;\; 1]^T$이 된다.

$$\mathbf{x}=\begin{bmatrix} 5 \\ -1 \end{bmatrix}$$

$\lambda=-1$인 경우도 다음과 같은 행렬방정식으로부터 $x_1+x_2=0$을 얻는다.

$$\begin{bmatrix} 5 & 5 \\ -1 & -1 \end{bmatrix}\begin{bmatrix} x_1 \\ x_2 \end{bmatrix}=\begin{bmatrix} 0 \\ 0 \end{bmatrix}$$

동일한 원리로 간단한 정수벡터를 구하면 다음과 같은 고유벡터를 얻을 수 있다.

$$\mathbf{x}=\begin{bmatrix} 1 \\ -1 \end{bmatrix}$$

스펙트럼 반경은 고유값 중 절댓값이 가장 큰 값이므로 3이다.

3.4.4 축차완화법

축차완화법은 행렬방정식 해의 수렴속도를 조절하기 위해 가우스-자이델 해법을 변형한 방법으로서 식 (3.43)과 같이 나타낼 수 있다.

$$\begin{aligned} \mathbf{x}^{*} &= \mathbf{b}-\mathbf{L}\mathbf{x}^{m+1}-\mathbf{U}\mathbf{x}^{m} \\ \mathbf{x}^{m+1} &= \mathbf{x}^{m}+\omega(\mathbf{x}^{*}-\mathbf{x}^{m}) \end{aligned} \tag{3.43}$$

여기서 ω는 완화인자(relaxation factor) 또는 가속인자(acceleration parameter)라고 한다.

식 (3.43)은 m번째 $\mathbf{x}$와 $(m+1)$번째 $\mathbf{x}$를 가중평균하여 $(m+1)$번째 $\mathbf{x}$를 구하는 식으로 적절한 ω를 사용하여 해벡터의 수렴속도를 조절할 수 있게 한다. ω가 1일 경우에는 앞에서 설명한 가우스-자이델 해법과 같다. 완화인자 ω가 0과 1 사이의 값을 가지는 경우를 하완화법(under-relaxation)이라고 하는데 반복법으로 행렬방정식의 해를 구할 때 수렴과정이 불안정하거나 진동하게 되는 경우 사용하면 효과적이다. ω가 1과 2 사이의 값을 갖게 되면 가우스-자이델법의 풀이식보다 $(m+1)$번째 $\mathbf{x}$에 더 큰 가중치를 주게 되어 해에 수렴하는 속도를 증가시킨다. 이를 상완화법(over-relaxation)이라 하며 수렴해를 보다 빨리 구하기 위해 사용한다.

완화인자 ω의 값은 경우에 따라 다르게 결정되며 ω가 0과 2 사이의 값을 가질 때에만 해가 수렴한다는 것에 주의해야 한다. 또한 ω를 2.0에 가까운 큰 값으로 사용하면 해의 수렴을 지연시키는 계산값의 진동이 나타날 수 있으므로 1.0 주위의 값을 사용하는 것이 좋다. 축차완화법은 가우스-자이델법과 야코비법에 모두 사용할 수 있으며, 특히 대규모 행렬방정식을 풀 때에 적절한 ω의 결정을 통해 보다 빠르게 해를 구할 수 있다는 장점이 있다.

예제 3.12 다음 행렬방정식의 해를 축차완화법을 통해 구하라. 완화인자 1.05를 사용하라.

$$\begin{bmatrix} 3 & 1 & 2 \\ 3 & -2 & 0 \\ 2 & 2 & 5 \end{bmatrix}\begin{bmatrix} x_1 \\ x_2 \\ x_3 \end{bmatrix}=\begin{bmatrix} 2 \\ -7 \\ 9 \end{bmatrix}$$

주어진 행렬방정식을 아래와 같이 하나의 미지수에 대해 연립방정식으로 정리한다.

$$x_1=(2-x_2-2x_3)/3$$
$$x_2=(-7-3x_1)/(-2)$$
$$x_3=(9-2x_1-2x_2)/5$$

위 식들을 식 (3.43)에 대입하여 축차완화법의 반복계산을 위한 최종식을 유도한다.

$$x_1^{m+1}=\omega(2-x_2-2x_3)/3+(1-\omega)x_1^m$$
$$x_2^{m+1}=\omega(-7-3x_1)/(-2)+(1-\omega)x_2^m$$
$$x_3^{m+1}=\omega(9-2x_1-2x_2)/5+(1-\omega)x_3^m$$

해를 찾기 위한 구체적 반복계산은 다음과 같다.

초깃값으로 $x_1^0=0,\ x_2^0=0,\ x_3^0=0$을 가정하고 첫 번째 계산을 수행하면 다음과 같다.

$$x_1^1=\omega(2-x_2^0-2x_3^0)/3+(1-\omega)x_1^0=0.7$$
$$x_2^1=\omega(-7-3x_1^1)/(-2)+(1-\omega)x_2^0=4.7775$$

$$x_3^1 = \omega(9 - 2x_1^1 - 2x_2^1)/5 + (1-\omega)\, x_3^0 = -0.4106$$

축차완화가 이미 고려되었으므로 두 번째 계산을 수행하면 다음과 같다.

$$x_1^2 = \omega(2 - x_2^1 - 2x_3^1)/3 + (1-\omega)x_1^1 = -0.7197$$
$$x_2^2 = \omega(-7 - 3x_1^2)/(-2) + (1-\omega)x_2^1 = 2.3025$$
$$x_3^2 = \omega(9 - 2x_1^2 - 2x_2^2)/5 + (1-\omega)x_3^1 = 1.2458$$

위와 같은 과정을 수렴할 때까지 반복하면 표 3.4와 같은 해를 얻는다.

$$\begin{bmatrix} x_1 \\ x_2 \\ x_3 \end{bmatrix} = \begin{bmatrix} -0.92 \\ 2.12 \\ 1.32 \end{bmatrix}$$

표 3.4 축차완화법의 수렴과정($\omega = 1.05$)

해	초깃값	1	2	3	…	7
x_1	0	0.7000	−0.7197	−0.9419	…	−0.9200
x_2	0	4.7775	2.3025	2.0763	…	2.1200
x_3	0	−0.4106	1.2458	1.3513	…	1.3200

3.4.5 공액경사법

공액경사법은 크기가 큰 연립방정식을 푸는 반복법 중 많이 사용되는 방법이다. 공액경사법은 그 수식과 적용과정이 간단하고 $n \times n$ 행렬방정식의 경우 최대 n번의 반복계산으로 수렴해를 제공하는 장점이 있다. 공액경사법을 설명하기 위해서는 벡터와 행렬에 관련된 용어의 추가적인 정의와 설명이 필요하다. 여기서 행렬 **A**는 $n \times n$의 크기를 갖고 두 벡터 **x**, **y**는 각각 n개의 원소를 가진 열벡터이다.

두 벡터 **x**, **y**의 내적은 식 (3.44)로 정의되며 $\mathbf{x} \cdot \mathbf{y}$ 또는 $<\mathbf{x}, \mathbf{y}>$로 표현한다. 내적은 전치벡터를 이용하여 $\mathbf{x}^T\mathbf{y}$ 형태의 두 벡터의 곱으로 나타낼 수도 있다. 벡터의 내적은 그 정의에서 알 수 있듯이 교환법칙과 결합법칙이 성립한다. 내적의 합이 0인 경우 두 벡터는 상호 수직이다.

$$\mathbf{x} \cdot \mathbf{y} = <\mathbf{x}, \mathbf{y}> = \sum_{i=1}^{n} x_i\, y_i \tag{3.44}$$

행렬 **A**의 공액(**A**-conjugate)은 식 (3.45)를 만족하는 두 벡터 **x**, **y**로 정의된다. 즉

행렬 **A**에 벡터 **x**를 곱하여 얻은 새로운 벡터 **Ax**와 벡터 **y**의 내적이 0이 되게 하는 두 벡터가 행렬 **A**의 공액이다. 내적의 성질에 의해 벡터 **Ax**와 **y**는 상호 수직이며 공액을 **A**-orthogonal이라고도 한다. 여기서 공액의 개념은 켤레복소수(complex conjugate)와 같이 흔히 사용하는 켤레의 의미와 다르므로 유의해야 한다.

행렬 **A**가 영벡터가 아닌 임의의 **x**에 대하여 식 (3.46)을 만족하는 경우에 행렬 **A**는 양의정부호 또는 양확정을 만족한다고 정의한다. 공액경사법은 행렬 **A**가 대칭행렬이고 양의정부호를 만족할 때 적용할 수 있다. 만약 이 조건을 만족하지 못하면 해의 수렴속도가 느리거나 발산한다.

$$<\mathbf{Ax}, \mathbf{y}> = <\mathbf{x}, \mathbf{Ay}> = 0 \tag{3.45}$$

$$<\mathbf{Ax}, \mathbf{x}> = \mathbf{x}^T\mathbf{Ax} > 0 \tag{3.46}$$

공액경사법을 유도하기 위해 식 (3.47)과 같은 방정식을 가정하자. 식 (3.47)의 함수 $g(\mathbf{x})$는 n개의 원소를 가진 벡터 **x**를 독립변수로 갖지만 내적으로 계산된 최종 수식은 x_1부터 x_n까지 n개의 변수를 가진 단일 수식이다.

$$g(\mathbf{x}) = 1/2<\mathbf{Ax}, \mathbf{x}> - <\mathbf{b}, \mathbf{x}> + c \tag{3.47}$$

여기서 **A**는 양의정부호를 만족하는 대칭행렬이고 **x**와 **b**는 열벡터, c는 상수이다.

식 (3.47)의 $g(\mathbf{x})$를 **x**에 대하여 미분하면 $g(\mathbf{x})$의 기울기는 변수 x_i에 대한 편미분(partial differential)으로 주어진다. 구체적으로 $g'(\mathbf{x})$를 계산하고 행렬 **A**가 대칭인 것을 이용하면 식 (3.48)로 정리된다. 식 (3.47)로부터 $g(\mathbf{x})$의 최솟값을 구하는 문제는 $\mathbf{Ax}=\mathbf{b}$의 해를 찾는 문제와 같다.

$$g'(\mathbf{x}) = \mathbf{Ax} - \mathbf{b} \tag{3.48}$$

만약에 $\mathbf{p}_1, \mathbf{p}_2, \ldots, \mathbf{p}_n$이 $n \times n$ 행렬 **A**의 n개 공액이면 이들은 n차원 공간의 기저(basis)가 된다. 따라서 행렬방정식의 해 **x**를 식 (3.49)와 같이 상호독립인 이들 기저의 가중선형조합으로 나타낼 수 있다. 기저들이 공액벡터이고 상호독립임을 이용하면, 각 가중치는 식 (3.50)으로 결정된다. 만약 가정한 n개의 공액을 알고 있다면 간단한 벡터의 내적계산으로 가중치를 계산할 수 있으므로 해를 직접 구할 수 있다.

$$\mathbf{x} = \alpha_1\mathbf{p}_1 + \alpha_2\mathbf{p}_2 + \alpha_3\mathbf{p}_3 + \cdots + \alpha_n\mathbf{p}_n \tag{3.49}$$

$$\alpha_i = \frac{<\mathbf{b}_i, \mathbf{p}_i>}{<\mathbf{Ap}_i, \mathbf{p}_i>} \tag{3.50}$$

식 (3.50)을 이용하는 경우에는 모든 공액을 먼저 계산하여야 하는 어려움이 있어 실제로 적용하기 힘들다. 따라서 식 (3.48)의 기울기와 잔차의 공액을 이용한 반복법을 사용하여 해를 구한다. 먼저 임의의 초깃값(주로 모든 원소가 0인 영벡터)을 가정한다. 초기해 $\mathbf{x}^{(0)}$를 이용하여 행렬방정식으로부터 잔차를 구한다. 첫 번째 기저는 임의로 정할 수 있으므로 계산한 잔차벡터를 첫 번째 기저 $\mathbf{p}^{(1)}$로 가정한다.

일반적으로 k번째 반복계산을 위해 해 $\mathbf{x}^{(k)}$를 이전 단계의 반복해 $\mathbf{x}^{(k-1)}$에서 $\mathbf{p}^{(k)}$ 방향(이를 탐색방향이라 함)으로 α_k만큼 이동한다. $\mathbf{p}^{(k)}$ 방향은 $(k-1)$ 단계에서 이미 계산되므로 그 방향으로 이동할 크기만 정하면 된다. 크기 α_k는 잔차와 오차 벡터의 내적을 최소로 한다는 조건에서 결정한다. 공액경사법에서 새로운 잔차와 이전의 모든 탐색방향이 서로 수직관계를 가지는 특징을 이용하면 α_k가 간단한 모습이 된다. α_k가 결정되었으므로 새로운 해벡터와 잔차를 계산한다.

다음 단계의 계산을 위한 새로운 방향벡터 $\mathbf{p}^{(k+1)}$은 행렬 $\mathbf{A}$에 대하여 $\mathbf{p}^{(k)}$와 공액이 되도록, 즉 $<\mathbf{Ap}^{(k)}, \mathbf{p}^{(k+1)}>=0$이 되도록 β_k를 결정한다. 이제까지 설명한 반복법을 수식으로 정리하면 다음과 같다. 이미 언급한 대로 수식의 유도와 설명에는 수학적 지식이 필요하지만 최종적인 수식은 매우 간결하다. 공액경사법의 수렴도 일반 반복법의 수렴판정 원리와 같이 잔차벡터의 정규를 이용한다.

Assume $\mathbf{x}^{(0)}$

Residual $\mathbf{r}^{(0)}=\mathbf{b}-\mathbf{Ax}^{(0)}$

Basis $\mathbf{p}^{(1)}=\mathbf{r}^{(0)}$

For k-th iteration step ($k \geq 1$)

$$\alpha_k=\frac{<\mathbf{r}^{(k-1)}, \mathbf{r}^{(k-1)}>}{<\mathbf{p}^{(k)}, \mathbf{Ap}^{(k)}>}$$

$$\mathbf{x}^{(k)}=\mathbf{x}^{(k-1)}+\alpha_k\mathbf{p}^{(k)}$$
$$\mathbf{r}^{(k)}=\mathbf{b}-\mathbf{Ax}^{(k)}$$

$$\beta_k=\frac{<\mathbf{r}^{(k)}, \mathbf{r}^{(k)}>}{<\mathbf{r}^{(k-1)}, \mathbf{r}^{(k-1)}>}$$

$$\mathbf{p}^{(k+1)}=\mathbf{r}^{(k)}+\beta_k\mathbf{p}^{(k)}$$

여기서 $\mathbf{x}$는 해벡터, $\mathbf{r}$은 잔차벡터, $\mathbf{p}$는 공액벡터이고 상첨자(k)는 반복단계를 의미한다.

공액경사법은 행렬 $\mathbf{A}$가 대칭이고 양의정부호를 만족할 때 적용가능하다. 만약 $\mathbf{Ax}=\mathbf{b}$가 대칭행렬이 아닌 경우 행렬 $\mathbf{A}$의 전치행렬을 양변에 곱하면 식 (3.51)의 새로운 행렬방정식을 얻고 $\mathbf{A}^T\mathbf{A}$는 대칭행렬이 되어 공액경사법을 사용할 수 있다. 행렬의 크기가 매우 큰 경우 전치행렬을 곱하는 계산량이 많을 수 있으며 이 경우 적절한 행렬을 곱하는 전처리(preconditioning) 과정 후 공액경사법을 사용한다.

$$\mathbf{A}^T\mathbf{A}\mathbf{x}=\mathbf{A}^T\mathbf{b} \tag{3.51}$$

예제 3.13

다음의 행렬방정식 $\mathbf{A}\mathbf{x}=\mathbf{b}$를 공액경사법을 이용하여 풀라.

$$\begin{bmatrix} 10 & -9 \\ -9 & 10 \end{bmatrix}\begin{bmatrix} x_1 \\ x_2 \end{bmatrix}=\begin{bmatrix} 11 \\ -8 \end{bmatrix}$$

공액경사법을 이용하여 행렬방정식을 풀기 위해 $\mathbf{x}^{(0)}$을 가정하고 잔차와 방향벡터를 계산한다.

$$\mathbf{x}^{(0)}=\begin{bmatrix} 0 \\ 0 \end{bmatrix}$$

$$\mathbf{r}^{(0)}=\mathbf{b}-\mathbf{A}\mathbf{x}^{(0)}=\begin{bmatrix} 11 \\ -8 \end{bmatrix}-\begin{bmatrix} 10 & -9 \\ -9 & 10 \end{bmatrix}\begin{bmatrix} 0 \\ 0 \end{bmatrix}=\begin{bmatrix} 11 \\ -8 \end{bmatrix}$$

$$\mathbf{p}^{(1)}=\mathbf{r}^{(0)}$$

첫 번째 반복단계($k=1$)에서 α_1을 계산하고 해벡터 $\mathbf{x}^{(1)}$을 계산한다.

$$\alpha_1=\frac{<\mathbf{r}^{(0)},\mathbf{r}^{(0)}>}{<\mathbf{p}^{(1)},\mathbf{A}\mathbf{p}^{(1)}>}=\frac{\begin{bmatrix} 11 & -8 \end{bmatrix}\begin{bmatrix} 11 \\ -8 \end{bmatrix}}{\begin{bmatrix} 11 & -8 \end{bmatrix}\begin{bmatrix} 10 & -9 \\ -9 & 10 \end{bmatrix}\begin{bmatrix} 11 \\ -8 \end{bmatrix}}=0.05387$$

$$\mathbf{x}^{(1)}=\mathbf{x}^{(0)}+\alpha_1\mathbf{p}^{(1)}=\begin{bmatrix} 0 \\ 0 \end{bmatrix}+0.05387\begin{bmatrix} 11 \\ -8 \end{bmatrix}=\begin{bmatrix} 0.5926 \\ -0.4310 \end{bmatrix}$$

다음 단계인 $\mathbf{x}^{(2)}$를 구하기 위해서는 잔차 $\mathbf{r}^{(1)}$과 탐색방향 크기 β_1과 방향 $\mathbf{p}^{(2)}$를 계산한다.

$$\mathbf{r}^{(1)}=\mathbf{b}-\mathbf{A}\mathbf{x}^{(1)}=\begin{bmatrix} 11 \\ -8 \end{bmatrix}-\begin{bmatrix} 10 & -9 \\ -9 & 10 \end{bmatrix}\begin{bmatrix} 0.5926 \\ -0.4310 \end{bmatrix}=\begin{bmatrix} 1.195 \\ 1.643 \end{bmatrix}$$

$$\beta_1=\frac{<\mathbf{r}^{(1)},\mathbf{r}^{(1)}>}{<\mathbf{r}^{(0)},\mathbf{r}^{(0)}>}=\frac{\begin{bmatrix}1.195 & 1.643\end{bmatrix}\begin{bmatrix}1.195\\1.643\end{bmatrix}}{\begin{bmatrix}11 & -8\end{bmatrix}\begin{bmatrix}11\\-8\end{bmatrix}}=0.02232$$

$$\mathbf{p}^{(2)}=\mathbf{r}^{(1)}+\beta_1\mathbf{p}^{(1)}=\begin{bmatrix}1.195\\1.643\end{bmatrix}+0.02232\begin{bmatrix}11\\-8\end{bmatrix}=\begin{bmatrix}1.440\\1.465\end{bmatrix}$$

두 번째 반복단계($k=2$)인 $\mathbf{x}^{(2)}$를 계산한다.

$$\alpha_2=\frac{<\mathbf{r}^{(1)},\mathbf{r}^{(1)}>}{<\mathbf{p}^{(2)},\mathbf{A}\mathbf{p}^{(2)}>}=\frac{\begin{bmatrix}1.195 & 1.643\end{bmatrix}\begin{bmatrix}1.195\\1.643\end{bmatrix}}{\begin{bmatrix}1.440 & 1.465\end{bmatrix}\begin{bmatrix}10 & -9\\-9 & 10\end{bmatrix}\begin{bmatrix}1.440\\1.465\end{bmatrix}}=0.9770$$

$$\mathbf{x}^{(2)}=\mathbf{x}^{(1)}+\alpha_2\mathbf{p}^{(2)}=\begin{bmatrix}0.5926\\-0.4310\end{bmatrix}+0.9770\begin{bmatrix}1.440\\1.465\end{bmatrix}=\begin{bmatrix}2.000\\1.000\end{bmatrix}$$

행렬 $\mathbf{A}$가 2×2 행렬이므로, 공액경사법 적용 시 2번의 반복계산에서 해에 수렴하게 되며 잔차를 계산하면 다음과 같이 영벡터가 된다.

$$\mathbf{r}^{(2)}=\mathbf{b}-\mathbf{A}\mathbf{x}^{(2)}=\begin{bmatrix}11\\-8\end{bmatrix}-\begin{bmatrix}10 & -9\\-9 & 10\end{bmatrix}\begin{bmatrix}2.000\\1.000\end{bmatrix}=\begin{bmatrix}0.0\\0.0\end{bmatrix}$$

연구문제

3.25 다음 각 용어의 정의를 자신의 말로 설명하라.

(1) 행렬 $\mathbf{A}$

(2) 대각우세행렬

(3) 여인수

(4) 행렬식

(5) 역행렬

3.26 다음 각 경우에 대하여 양의정부호의 의미를 자신의 말로 설명하라.

(1) 실수 a

(2) 벡터 **a**

(3) 행렬 **A**

3.27 다음 연립방정식에 대하여

$$-x_1+3x_2=1$$
$$5x_1-2x_2=8$$

(1) 직접법으로 풀라.

(2) 가우스-자이델법으로 풀고 각 반복과정에 따른 잔차를 계산하라.

3.28 다음 연립방정식에 대하여

$$5x_1-4.99x_2=5$$
$$-9.99x_1+10x_2=10$$

(1) 직접법으로 풀라.

(2) 축차완화법을 사용하여 풀라. 완화인자 1.2를 사용하라.

(3) 완화인자를 1.0부터 1.8까지 0.1씩 증가시키면서 축차완화법으로 풀라. 각 완화인자에 따른 반복계산의 횟수를 그래프로 나타내라.

3.29 다음 행렬방정식을 아래의 방법으로 풀라.

$$\begin{bmatrix} 3 & 1 & 2 \\ 3 & -2 & 0 \\ 2 & 2 & 5 \end{bmatrix}\begin{bmatrix} x_1 \\ x_2 \\ x_3 \end{bmatrix}=\begin{bmatrix} 2 \\ -7 \\ 9 \end{bmatrix}$$

(1) 가우스-자이델법

(2) 야코비법

(3) 각 반복단계에서 L_∞ 정규를 이용하여 잔차의 크기를 구하고 반복과정에 따른 잔차를 그래프로 나타내라.

3.30 다음 행렬방정식을 축차완화법으로 풀고 완화인자가 각각 0.8, 1, 1.1일 때의 결과를 비교하라.

$$\begin{bmatrix} 3 & 1 & 2 \\ 3 & -2 & 0 \\ 2 & 2 & 5 \end{bmatrix}\begin{bmatrix} x_1 \\ x_2 \\ x_3 \end{bmatrix}=\begin{bmatrix} 2 \\ -7 \\ 9 \end{bmatrix}$$

3.31 다음 행렬 **A**, **B** 의 고유값, 고유벡터, 스펙트럼 반경을 구하라.

$$\mathbf{A}=\begin{bmatrix}5 & -2\\ 9 & -6\end{bmatrix},\quad \mathbf{B}=\begin{bmatrix}2 & 0\\ 0 & 2\end{bmatrix}$$

3.32 다음의 행렬방정식 $\mathbf{Ax}=\mathbf{b}$ 에 대하여

$$\begin{bmatrix}3 & 2\\ 2 & 6\end{bmatrix}\begin{bmatrix}x_1\\ x_2\end{bmatrix}=\begin{bmatrix}2\\ -8\end{bmatrix}$$

(1) $g(\mathbf{x})=1/2<\mathbf{Ax},\ \mathbf{x}>-<\mathbf{b},\ \mathbf{x}>$ 로 정의할 때, $g(\mathbf{x})$를 x_1, x_2에 대한 2차식으로 보이라.

(2) $g(\mathbf{x})=0$, 20, 40, 60 을 배정하고 x_1, x_2를 두 축으로 하여 등고선 그래프를 도시하라.

(3) $g(\mathbf{x})$의 최솟값을 구하고 문제 (2)의 등고선 그래프에 점으로 표현하라.

(4) 직접법으로 해를 구하라.

(5) $g'(\mathbf{x})=\mathbf{0}$ 의 해는 행렬방정식 $\mathbf{Ax}=\mathbf{b}$ 의 해와 같음을 보이라.

3.33 다음 수식으로 표현된 $g(\mathbf{x})$에 대하여

$$g(\mathbf{x})=1/2\begin{bmatrix}x_1 & x_2\end{bmatrix}\begin{bmatrix}a_{11} & a_{21}\\ a_{21} & a_{22}\end{bmatrix}\begin{bmatrix}x_1\\ x_2\end{bmatrix}-\begin{bmatrix}b_1 & b_2\end{bmatrix}\begin{bmatrix}x_1\\ x_2\end{bmatrix}+c$$

(1) 주어진 $g(\mathbf{x})$를 x_1, x_2에 대한 2차식으로 전개하라.

(2) $g(\mathbf{x})$를 x_1, x_2에 대하여 편미분하라.

(3) $g(\mathbf{x})$의 최솟값을 구하기 위해 $g'(\mathbf{x})=\mathbf{0}$을 만족하는 해를 구하기 위한 행렬방정식을 보이라.

(4) $g(\mathbf{x})$의 최솟값은 행렬방정식 $\mathbf{Ax}=\mathbf{b}$ 의 해와 같음을 보이라.

3.34 다음의 행렬방정식 $\mathbf{Ax}=\mathbf{b}$ 를 공액경사법으로 풀라.

(1) $\begin{bmatrix}4 & 1\\ 2 & 3\end{bmatrix}\begin{bmatrix}x_1\\ x_2\end{bmatrix}=\begin{bmatrix}7\\ 1\end{bmatrix}$

(2) $\begin{bmatrix}4 & 3 & 0\\ 3 & 4 & -1\\ 0 & -1 & 4\end{bmatrix}\begin{bmatrix}x_1\\ x_2\\ x_3\end{bmatrix}=\begin{bmatrix}24\\ 30\\ -24\end{bmatrix}$, 답: $\begin{bmatrix}x_1\\ x_2\\ x_3\end{bmatrix}=\begin{bmatrix}3\\ 4\\ -5\end{bmatrix}$

3.35 공액경사법을 효율적으로 적용하기 위한 전처리 과정에 대하여 설명하라. [대학원 수준]

3.36 다음 행렬방정식에 대하여 제시된 방법의 최종 반복식을 제시하고 해를 구하라. x_1과 x_2를 두 축으로 하는 2차원 평면에 반복해를 직접 나타내어 수렴과정을 보이라. 초깃값 $\mathbf{x}=[0 \quad 0]^T$을 사용하라. [대학원 수준]

$$\begin{bmatrix} 10 & -9 \\ -9 & 10 \end{bmatrix}\begin{bmatrix} x_1 \\ x_2 \end{bmatrix}=\begin{bmatrix} 11 \\ -8 \end{bmatrix}$$

(1) 가우스-자이델법

(2) 공액경사법

(3) 최대경사법(steepest descent method)

(4) 공액잔차법(conjugate residual method)

(5) Orthomin method

3.37 다음 연립방정식에 대하여

$$x_1+3x_2-2x_3+0.5x_4=-2$$
$$2x_1+3x_2+4x_3-1.5x_4=2$$
$$4x_1+x_3-3x_4=-23$$
$$-5x_1-2.6x_2+1.2x_3=11$$

(1) 연립방정식의 해를 직접 구하라. 필요한 경우 계산기를 사용하라.

(2) 이용 가능한 프로그램을 써서 답을 구하고 사용한 프로그램을 명시하라.

(3) 연립방정식을 행렬방정식으로 표현하라.

(4) 직접법을 이용하여 행렬방정식의 해를 구하는 프로그램을 작성하고 해를 계산하라. 사용한 직접법의 특징을 설명하라.

(5) 반복법으로 해를 구하는 프로그램을 작성하고 해를 구하라. 선택한 반복법의 특징을 설명하라.

(6) 위의 과정에서 얻은 해들을 서로 비교하고 만약 값이 서로 다른 경우 그 이유를 설명하라.

CHAPTER 4

비선형방정식의 해법

비선형방정식은 최고차항이 2차 이상인 변수를 포함하고 있는 방정식으로 하나의 변수만 가진 단변수방정식과 두 개 이상의 변수로 이루어진 다변수방정식이 있다. 이 장에서는 비선형 단변수방정식의 해를 찾는 방법으로 다양한 수치해석 방법과 수렴특성에 대해 설명한다. 후반부에서는 비선형 다변수방정식을 해결하기 위한 방법을 소개하며 기본 구성은 다음과 같다.

선형방정식이란 상수와 1차 변수로 이루어진 방정식이다. 비선형방정식은 최고차항이 2차 이상인 변수를 포함하고 있는 방정식이다. 비선형방정식은 $f(x)=x^2+2x+1$과 같이 한 개의 변수로 이루어진 단변수방정식과 $f(x, y)=x^2+xy+y^2$과 같이 두 개 이상의 변수로 이루어진 다변수방정식으로 나눌 수 있다.

비선형방정식의 해를 찾는 방법은 매우 다양하고 또 서로 다른 특성과 적용을 가진다. 따라서 모든 독자들은 각 기법에 대하여 아래의 항목을 이해하고 설명할 수 있는지 자문하며 공부하기 바란다.

- 이름
- 기하학적 개념
- 계산과정
- 한 번의 구체적 계산
- 특성

반복계산을 통해 해를 얻는 모든 기법에서 기억해야 할 두 가지가 있다. 첫째는 주어진 함수를 그려 그 형태와 해의 존재범위를 파악하는 것이다. 해의 존재범위를 알면 적절한 초깃값을 선정할 수 있을 뿐만 아니라 결과의 타당성을 파악할 수 있다. 둘째로 반복계산의 한 번의 과정(one iteration)을 이해하고 수행할 수 있어야 한다. 한 번의 계산이 가능하면 두 번의 계산을 할 수 있고 이를 반복하면 수렴해를 구할 수 있다. 언급한 두 가지는 모든 반복법에 동일하게 적용된다.

4.1 ▶ 단변수방정식

비선형방정식은 기본적으로 반복법을 이용하여 해를 구한다. 반복법은 초깃값을 가정하고 이를 각 방법의 원리에 따라 갱신하여 고차함수 $f(x)$의 해를 구하는 대표적인 기법이다. 반복법은 수치해석기법을 적용하는 대표적인 예이며 컴퓨터를 이용한 계산에 용이하다. 다음과 같은 각 기법은 다양한 장점과 한계를 가지고 있기 때문에 주어진 문제에 따라 적절한 방법을 선택하는 것이 중요하다.

- 고정점 반복법(fixed-point iteration)
- 뉴턴법(Newton method)
- 할선법(secant method)
- 이분법(bisection method)
- 가위치법(false position method)

4.1.1 고정점 반복법

고정점이란 연속함수인 $g(x)$에 대하여, $g(x)=x$를 만족시키는 해 x를 의미한다. 고정점 반복법은 주어진 방정식 $f(x)=0$을 $g(x)=x$의 형태로 변형시킨 후, 이를 만족하는 고정점 x를 찾음으로써 방정식 $f(x)$의 근사해를 구하는 방법이다. 이때 $g(x)$를 반복함수라고 한다.

구체적으로 식 (4.1)과 같이 초깃값 x_0를 가정하고 $g(x)$를 이용하여 해 x_i를 수렴할 때까지 반복한다. 고정점 반복법은 반복함수 $g(x)$와 초깃값 x_0 설정에 따라 수렴여부가 결정된다. 그림 4.1a는 반복연산을 통해 근사해로 수렴하는 경우이며 고정점 반복법의 기하학적 의미를 잘 보여 준다. 구체적으로 x_0에서 시작하여 $g(x_0)$를 계산하고 그 값을 x_1으로 할당한다. 계산된 x_1을 이용하여 $g(x_1)$을 계산하면 x_2가 된다. 이와 같은 과정을 반복하면 $x=g(x)$의 교점인 해를 얻는다.

$$\begin{aligned}&\text{Assume}\quad x_0\\&x_i=g(x_{i-1}),\quad i\geq 1\end{aligned}\tag{4.1}$$

주어진 함수 $f(x)=0$의 해를 구하기 위해 $x=g(x)$로 변형할 때 $g(x)$는 여러 형태가 가능하다. $f(x)=x^3+2x-2=0$의 해를 고정점 반복법으로 구하고자 할 때 $g(x)$의 선택은 다음과 같이 다양하다. 만약 $g(x)$의 선택이 적절하지 않다면 그림 4.1b와 같이 반복계산이 진행될수록 발산하여 해를 찾지 못할 수도 있다.

- $g(x)=(2-x^3)/2$
- $g(x)=2/(2+x^2)$
- $g(x)=2/x^2-2/x$

고정점 반복법은 $g(x)$의 선택에 따라 해가 수렴하지 않을 수도 있는 한계가 있다. 일반적으로 반복계산되는 x가 너무 빨리 증감하지 않도록 '고차의 x가 분모가 되도록 $g(x)$를 선택한다' 고 제안할 수 있지만 이는 수치해석에 사용할 정도로 정확한 표현은 아니다. 또한 해의 절댓값이 1보다 작은 경우 x의 차수가 낮을수록 절댓값이 더 커지므로 원하는 목적을 이루지 못할 수도 있다. 따라서 식 (4.1)로 주어진 반복해가 수렴하기 위해서는 해를 포함하는 구간 I에서 $g(x)$가 미분 가능하고 그 절댓값이 1보다 작아야 하며 해당 구간 내에서 초깃값 x_0를 선택하여야 한다. 이를 수학적으로 표현하면 식 (4.2)와 같다.

$$\begin{aligned}&\text{Iteration by Eq. (4.1) converges for any } x_0 \text{ in } I,\\&\text{if } |g'(x)|<1 \textit{ in an interval } I\end{aligned}\tag{4.2}$$

고정점 반복법의 알고리즘은 다음과 같이 간단히 나타낼 수 있다. 독자들의 프로그램 작성에 도움을 주고자 이 교재에서는 소개된 각 방법의 효과적인 사용을 위해 개념적

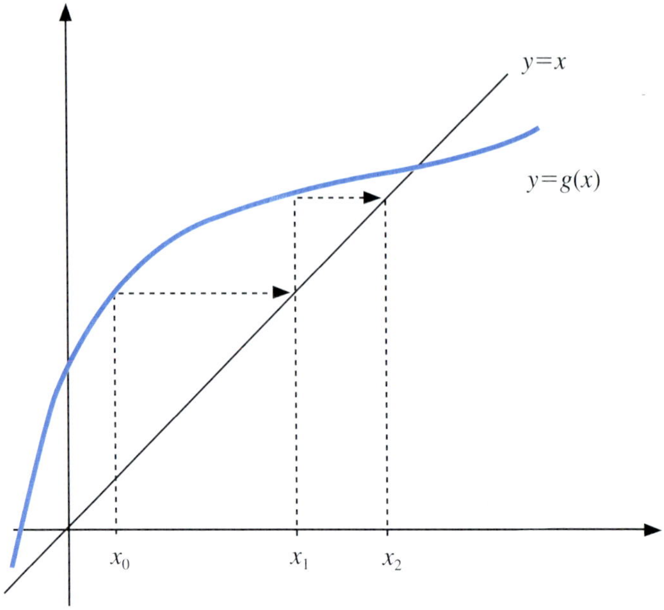

(a) 근사해로 수렴하는 경우

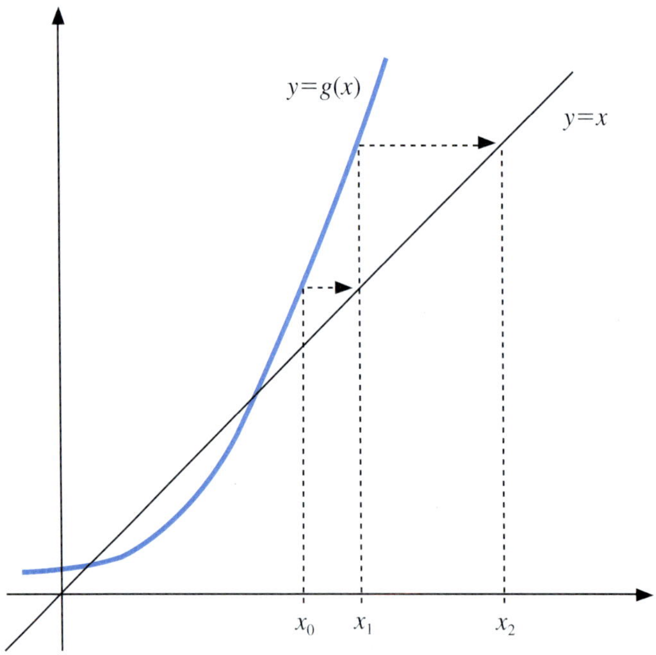

(b) 근사해로부터 발산하는 경우

그림 4.1 반복함수 $g(x)$ 형태와 초깃값 x_0에 따른 수렴양상

인 알고리즘으로 표현하였다. 프로그래밍 실력이 향상될수록 이와 같은 개념적 알고리즘이 실제 프로그램에 매우 유용함을 체험하게 된다.

아래 알고리즘의 의미는 다음과 같다. 먼저 초깃값 x_0를 가정한다. 수렴여부를 점검하고 이전 반복단계에서 얻은 x_{i-1}을 이용하여 반복해 x_i를 계산한다. 새로운 값을 얻었으므로 수렴여부를 검사하고 수렴하지 않았으면 동일한 계산을 반복하고 수렴해를 얻었으면 그 과정을 종료한다. 이러한 모든 과정을 여기에서는 "Loop ~ Repeat the Loop"라고 표현하였다.

```
Set x0
Loop
    Check convergence
    xi = g(xi-1)
Repeat the Loop
```

이와 같은 단순화된 알고리즘을 사용하면 보기에 간결하여 프로그램의 큰 흐름을 파악하기에 매우 유리하다. 복잡한 연산과정도 한 과정으로 표현하므로 간단하고 필요한 경우 그 부분을 프로그래밍하거나 부프로그램을 이용할 수 있다. 구체적인 예로, 수렴을 판정하는 경우 다양한 방법이 있고 수렴조건을 만족하는 경우 반복계산 루프를 빠져 나가야 한다. 이 모든 과정이 "Check convergence"로 표현되어 있다. 또 다른 의미로 이 부분에서 수렴을 검사하는 프로그램을 작성하여야 한다는 것이다. 반복계산을 의미하는 루프도 사용하는 기법과 프로그램언어에 따라 적절하게 이용하면 된다.

고정점 반복법의 특징을 요약하면 다음과 같다. 주어진 방정식 $f(x)$를 $x=g(x)$로 변형할 때 $g(x)$는 다양한 형태로 유도될 수 있다. 각 경우에 수렴해가 항상 존재하는 것은 아니며 $g(x)$와 초깃값 x_0의 영향을 받는다. $g(x)$가 적절하게 결정되지 않은 경우 초깃값 x_0에 민감하여 반복해가 수렴할 수도 있고 발산할 수도 있다. 만약 $f(x)=0$의 해가 여러 개이면 각 해를 구하기 위해 서로 다른 적절한 초깃값을 사용해야 한다.

예제 4.1

고정점 반복법을 이용하여 $f(x)=x^3+2x-2=0$의 근사해를 구하라. 초깃값 $x_0=0$을 사용하라. $f(x)$의 절댓값이 10^{-4}보다 작으면 수렴한 것으로 가정하라(이 교재에서는 이를 오차범위 10^{-4}으로 간단히 표기함).

주어진 함수 $f(x)$를 그리면 그림 4.2와 같고 0.5와 1.0 사이에 하나의 해가 존재한다. 함수 $f(x)$를 변형하여 반복함수를 다음과 같이 결정하고 $y=x$와 함께 그리면 그림 4.3과 같다.

$$g(x)=\frac{2}{x^2+2}$$

초깃값 x_0를 이용하여 근사해 x_1을 구하고 수렴 여부를 검사한다.

$$x_1=g(x_0)=1$$
$$f(x_1)=1$$

두 번째 근사해 x_2를 구하고 동일하게 수렴여부를 확인한다.

$$x_2=g(x_1)=0.6667$$
$$f(x_2)=-0.3304$$

이와 같은 계산을 반복하여 수행하면 표 4.1과 같은 계산결과가 나온다. 반복해가 수렴하는 과정을 효과적으로 보이기 위해 소수점 이하 5자리까지 고정소수점으로 나타내었다. 주어진 오차범위 10^{-4} 이내의 근사해는 $x_{13}=0.7709$이다. 배정밀도 연산으로 계산하면 45번째 수렴해인 0.770916997059248을 얻는다.

표 4.1 고정점 반복법 계산예

iteration number, i	x_i	$g(x_i)$	$f(x_i)$
0	0	1	−2
1	1.00000	0.66667	1.00000
2	0.66667	0.81818	−0.37037
3	0.81818	0.74923	0.18407
4	0.74923	0.78084	−0.08098
5	0.78084	0.76637	0.03777
6	0.76637	0.77300	−0.01716
7	0.77300	0.76996	0.00789
8	0.76996	0.77135	−0.00361
9	0.77135	0.77072	0.00166
10	0.77072	0.77101	−0.00076
11	0.77101	0.77087	0.00035
12	0.77087	0.77094	−0.00016
13	0.77094	0.77091	0.00007

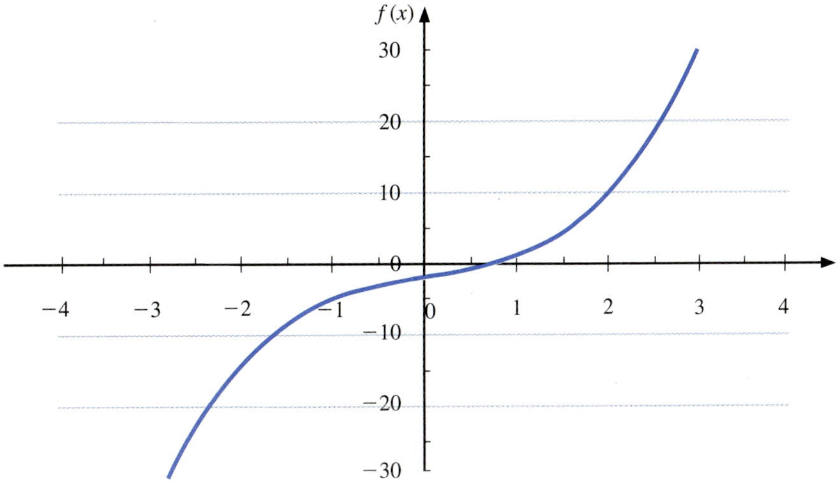

그림 4.2 함수 $f(x)$의 그래프

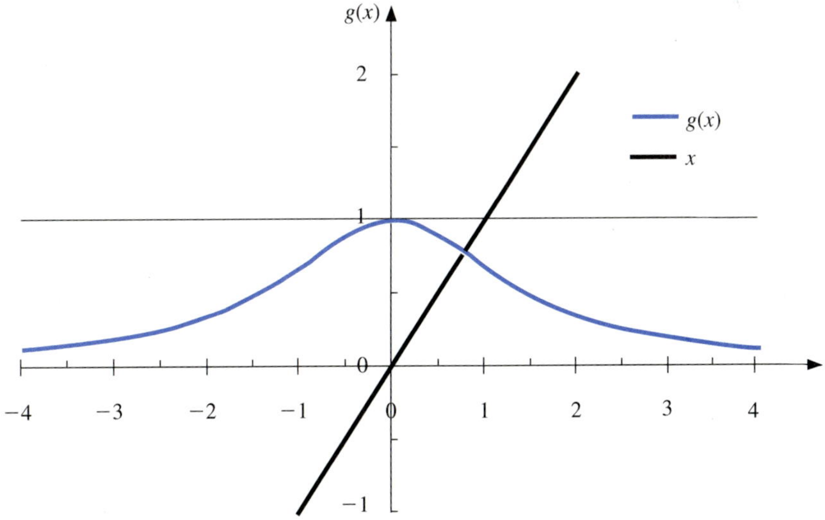

그림 4.3 함수 $y=g(x)$와 $y=x$의 그래프

4.1.2 뉴턴법

고정점 반복법은 $g(x)$의 선택과 초깃값에 민감한 한계가 있어 수렴해를 보장하는 조건을 얻기가 어렵다. 비록 수렴하는 조건을 얻었다고 해도 해의 수렴이 느린 단점이 있다. 이를 극복하기 위해 곡선의 접선식으로부터 얻은 x 절편을 이용하여 해를 구하는 기법이 뉴턴법이다. 뉴턴법은 뉴턴-랩슨법(Newton-Raphson method)이라고도 한다.

그림 4.4a와 같이 초깃값 x_0에 해당하는 함수 상의 점 $[x_0, f(x_0)]$의 접선방정식은 식 (4.3)과 같다.

$$y = f'(x_0)(x - x_0) + f(x_0) \tag{4.3}$$

이 접선식의 x 절편을 새로운 근사해 x_1으로 결정하고, 그림 4.4b와 같이 이러한 과정을 반복수행하여 오차범위 내에 존재하는 최종 근사해를 구한다. 식 (4.4a)과 (4.4b)는 x 절편인 x_1과 이를 일반화한 x_i를 구하는 반복식이다. 실제 계산과정에서는 매번 접선식을 구하고 절편을 계산하는 것이 아니라, 기하학적 관계를 이용하여 이미 얻은 식 (4.4b)를 이용하여, 근사해 x_i를 반복하여 계산한다.

$$x_1 = x_0 - \frac{f(x_0)}{f'(x_0)}, \quad f'(x_0) \neq 0 \tag{4.4a}$$

$$x_i = x_{i-1} - \frac{f(x_{i-1})}{f'(x_{i-1})}, \quad f'(x_{i-1}) \neq 0, \quad i \geq 1 \tag{4.4b}$$

고정점 반복법 식 (4.1)과 뉴턴법의 식 (4.4b)를 비교해 보면, 뉴턴법에서는 고정점 반복계산을 위해 $g(x)$를 식 (4.5)로 선택하였음을 알 수 있다.

$$g(x) = x - \frac{f(x)}{f'(x)}, \quad f'(x) \neq 0 \tag{4.5}$$

뉴턴법의 알고리즘은 다음과 같이 간단히 표현할 수 있다.

```
Set x_0
Loop
    Check convergence
    x_i = x_{i-1} - f(x_{i-1}) / f'(x_{i-1})
Repeat the Loop
```

뉴턴법은 다른 방법처럼 함수의 부호에 따라 해의 범위를 결정하는 것이 아니라 연속적으로 반복해를 찾는다. 따라서 계산속도가 빠르고 적은 반복횟수로도 해를 찾을 수 있는 장점이 있다. 일반적으로 뉴턴법은 수렴차수가 2차이다. 반복법의 수렴차수가 α라는 의미는 다음 수식과 같이 반복계산이 진행될수록 오차의 크기가 α에 비례하여 감소한다는 것이다. 오차가 0이면 참해를 구한 것이므로 α가 클수록 해가 빨리 수렴한다.

$$|\epsilon_{i+1}| = c|\epsilon_i|^{\alpha}$$

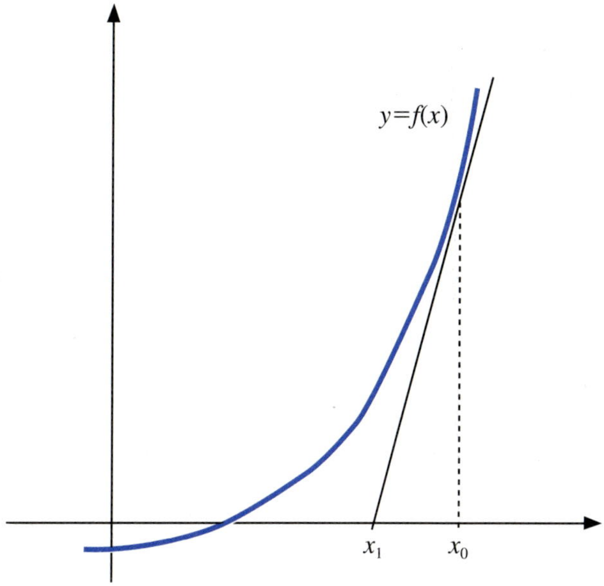

(a) 초깃값 $[x_0, f(x_0)]$에서 접선방정식의 x절편인 x_1 계산

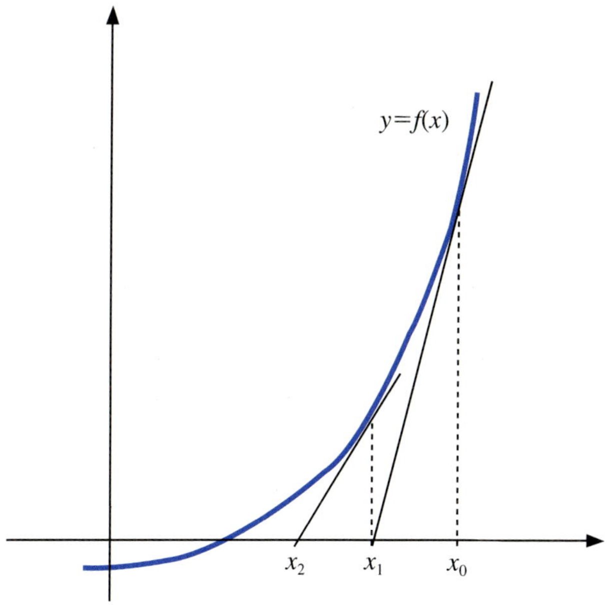

(b) $[x_1, f(x_1)]$에서 접선방정식의 x절편인 x_2 계산

그림 4.4 뉴턴법의 기하학적 의미와 계산과정

여기서 ϵ은 오차, c는 양의 상수, α는 수렴차수, 그리고 하첨자 i는 반복단계이다.

뉴턴법은 무엇보다도 계산의 원리와 방법이 간단하여 고차함수의 해를 구하기 위해 가장 많이 사용하는 기법 중 하나이다. 뉴턴법은 함수의 기울기를 이용하여 근사해를 찾는 방법으로 초깃값과 해가 반드시 단조증가 또는 단조감소를 하는 범위에 있어야 수렴을 보장한다.

초깃값과 참해 사이에 변곡점이 있는 경우에는 반복해가 참해로부터 오히려 멀어지는 상황이 발생하기도 하며, 함수 형태에 따라 지역적 최댓값이나 최솟값 부근에서 진동하는 현상이 나타날 수도 있다. 또 해의 부근에서 수렴속도가 느려질 수 있다. 따라서 함수의 개형을 바탕으로 초깃값을 잘 결정해야 한다. 이미 언급한 대로 $f(x)$의 그래프를 그려 그 개형과 해의 위치를 파악하는 것은 아무리 강조해도 지나치지 않다.

예제 4.2

뉴턴법을 이용하여 초깃값 $x_0=3$에서 $f(x)=x^3+5x^2-2x-24=0$의 근사해를 구하라(오차범위 10^{-4}).

함수 $f(x)$를 그래프로 나타내면 그림 4.5와 같고 세 개의 서로 다른 해가 존재한다. 그림 4.5에서 주어진 함수는 초깃값과 해가 존재하는 구간에서 단조증가하므로 뉴턴법을 적용할 수 있다. 함수의 미분은 $f'(x)=3x^2+10x-2$이고 식 (4.4b)를 이용하여 반복해의 일반식을 구하면 다음과 같다.

$$x_i=x_{i-1}-\frac{(x_{i-1}^3+5x_{i-1}^2-2x_{i-1}-24)}{(3x_{i-1}^2+10x_{i-1}-2)}$$

초깃값 3을 대입하여 x_1을 구하고 이어서 x_2를 구한다. 이와 같이 수렴할 때까지 반복해를 구하면 표 4.2와 같다. 주어진 오차범위 10^{-4} 이내의 최종 근사해를 구하면 $x_4=2.0$이 된다. 빠른 수렴속도로 인하여 4회 반복계산으로 수렴해를 찾았다.

$$x_1=3-\frac{(3^3+5\cdot3^2-2\cdot3-24)}{(3\cdot3^2+10\cdot3-2)}=2.236$$

$$x_2=x_1-\frac{(x_1^3+5x_1^2-2x_1-24)}{(3x_1^2+10x_1-2)}=2.018$$

표 4.2 뉴턴법 계산예

iteration number, i	x_i	$f(x_i)$
0	3.0000	42.0000
1	2.2364	7.7187
2	2.0181	0.5473
3	2.0001	0.0036
4	2.0000	0.0000

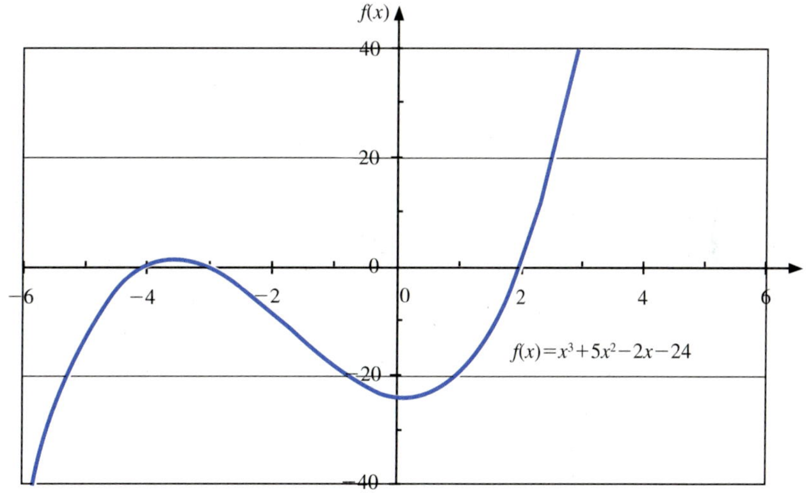

그림 4.5 함수 $f(x)=x^3+5x^2-2x-24$의 그래프

4.1.3 할선법

할선(secant line)이란 원 또는 곡선과 두 개 이상의 점에서 만나는 직선을 말한다. 할선법은 방정식 $f(x)$ 위의 두 점을 지나는 할선식을 계산하고, 할선식의 x 절편을 이용하여 근사해를 찾는 방법이다. 두 점 $[x_{i-1}, f(x_{i-1})]$, $[x_i, f(x_i)]$를 지나는 할선식은 식 (4.6)이고, 이를 정리하여 구한 x 절편식은 식 (4.7)과 같다.

$$y=f(x_i)+\frac{f(x_i)-f(x_{i-1})}{x_i-x_{i-1}}(x-x_i) \tag{4.6}$$

$$x_{i+1}=x_i-\frac{x_i-x_{i-1}}{f(x_i)-f(x_{i-1})}f(x_i),\ i\geq 1 \tag{4.7}$$

할선법은 뉴턴법의 변형으로 접선의 기울기를 직접 계산하지 않고 할선으로 근사화한 기법이다. 사용되는 두 점은 임의로 선택할 수 있으나, 단조증가나 단조감소 구간 내에서 그래프의 개형을 바탕으로 $f(x)=0$의 해와 인접한 두 지점 $[x_0, f(x_0)]$, $[x_1, f(x_1)]$로 선택한다. 연산에서 사용되는 반복식 (4.7)은 식 (4.8)과 같이 대수적으로 단순화하여 계산하지 않는다. 식 (4.8)은 수학적으로는 반복식과 동일하지만, 대부분 $f(x_{i-1}) \cdot x_i$과 $f(x_i) \cdot x_{i-1}$의 크기가 비슷하기 때문에 단순화된 식에서의 분자계산은 유효숫자를 감소시켜 오차를 증가시킬 수 있다.

$$x_{i+1}=\frac{f(x_{i-1})\cdot x_i - f(x_i)\cdot x_{i-1}}{f(x_i)-f(x_{i-1})} \tag{4.8}$$

그림 4.6은 할선법의 기하학적 의미와 계산과정을 보여 준다. 그림 4.6a의 경우 먼저 x_0, x_1을 가정하여 두 점 $[x_0, f(x_0)]$, $[x_1, f(x_1)]$을 지나는 직선식을 구한다. 직선식으로부터 절편을 구하면 첫 번째 반복해 x_2를 얻는다. 뉴턴법에서 언급한 대로 직선식을 구하는 것이 아니라 식 (4.7)을 이용하여 바로 x_2를 구한다. 동일한 원리로 x_1, x_2를 이용하여 x_3를 구하고 수렴할 때까지 반복해서 계산한다(그림 4.6b).

할선법의 알고리즘은 다음과 같이 간단히 표현할 수 있다.

```
Set x0, x1
Loop
    Check convergence
    x_{i+1} = x_i - (x_i - x_{i-1}) / (f(x_i) - f(x_{i-1})) f(x_i),    i ≥ 1
Repeat the Loop
```

할선법은 뉴턴법의 변형으로 그 개념이 간단하고 수렴속도 또한 빠른 장점이 있다. 뉴턴법과 마찬가지로 초깃값과 해가 단조증가나 단조감소를 하는 구간에 위치하여야 해의 수렴을 보장한다. 그 외의 경우에는 반복해가 수렴할 수도 있고 진동하거나 발산할 수 있다. 주어진 함수의 기울기를 바로 이용하는 것이 아니라 함수 상에 위치하는 두 점으로 계산된 직선의 기울기를 근사화하여 사용하기 때문에 함수의 미분값을 계산하지 않아도 되는 장점이 있다. 뉴턴법보다는 느리고 다른 방법보다는 빠른 수렴 특징이 있다. 수렴속도를 나타내는 수렴차수가 1.6으로 초선형적(super-linear) 수렴속도를 가진다.

할선법에서 알 수 있는 매우 중요한 사실은 함수의 기울기로 대표되는 근을 찾아가는 방향이다. 예를 들어 현재 반복계산 단계에서 함수의 기울기가 2.0이라고 가정하면, 기울기값으로 0.5나 2.3을 사용하여도 해가 수렴한다. 그러나 기울기값이 -0.4가 되어

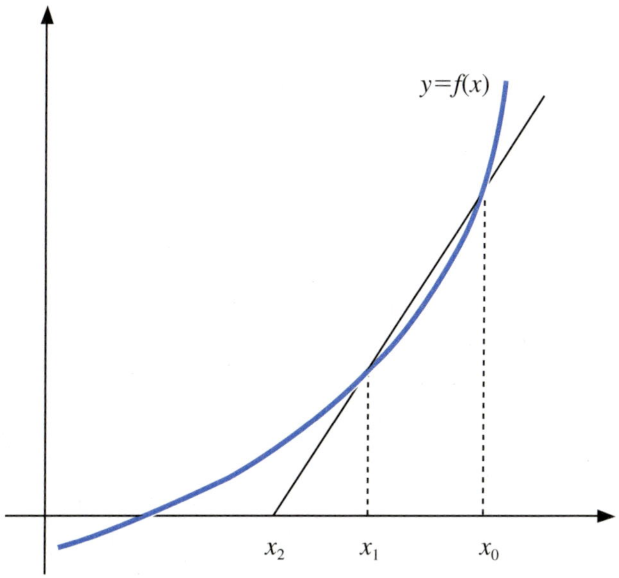

(a) 두 점을 지나는 직선의 x 절편 x_2를 계산

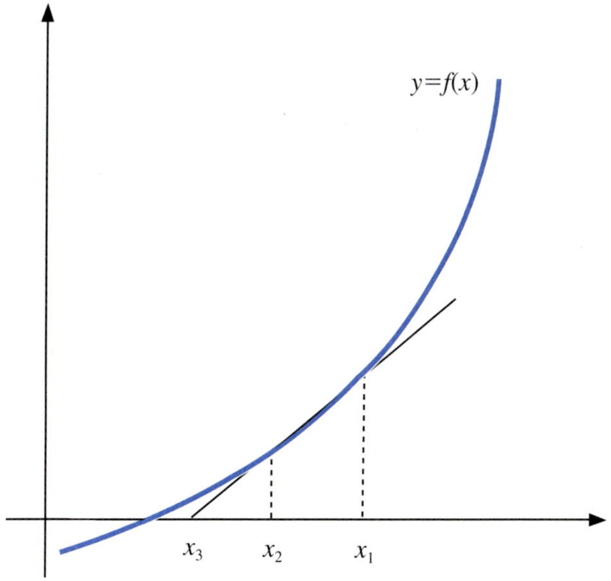

(b) 동일한 과정을 반복

그림 4.6 할선법의 기하학적 의미와 계산과정

음의 값을 가지면 해를 찾는 방향이 달라지므로 수렴해를 찾지 못한다. 다른 적용예로 매 반복계산마다 함수의 기울기를 계산하지 않고 일정 반복 이후에는 $f'(x_i)=f'(x_5)$와 같이 동일한 값을 사용해도 해로 수렴한다. 결론적으로 함수의 참 기울기와 사용한 기울기의 방향이 같으면 해로 수렴하며 그 수렴속도는 달라질 수 있다. 독자들은 그 의미를 잘 이해하기 바란다.

예제 4.3

할선법을 이용하여 $f(x)=x^3+5x^2-2x-24=0$의 근사해를 구하라. 초깃값 $x_0=5$, $x_1=4$를 이용하고 오차범위는 10^{-4}으로 하라.

초깃값으로 주어진 두 값 $x_0=5$, $x_1=4$를 식 (4.7)에 대입하면 다음과 같이 $x_2=2.923$을 얻는다.

$$x_2=x_1-\frac{x_1-x_0}{f(x_1)-f(x_0)}f(x_1)=4-\frac{4-5}{f(4)-f(5)}f(4)=2.923$$

같은 방법으로 계산을 반복하여 수행하면, $x_3=2.373$을 얻고 수렴할 때까지 반복하면 표 4.3과 같다. 오차범위 10^{-4} 이내의 최종 근사해는 $x_7=2.00$이다.

표 4.3 할선법 계산예

iteration number, i	x_i	$f(x_i)$
0	5.0000	216.0000
1	4.0000	112.0000
2	2.9231	37.8516
3	2.3733	12.7848
4	2.0929	2.8838
5	2.0113	0.3394
6	2.0004	0.0112
7	2.0000	0.0000

4.1.4 이분법

방정식 $f(x)=0$의 근사해를 구하기 위해 사용할 수 있는 쉬운 원리 중 하나는 해가 존재하는 초기구간을 설정하고 순차적으로 그 구간을 줄여 근사해를 찾는 것이다. 상대방이 가지고 있는 1과 100 사이의 정수를 알아내는 게임을 생각해 보면 그 적용을 쉽게 이해할 수 있다. 이 게임에서 1부터 100까지 순차적으로 증가시킬 수도 있지만 시간이 많이 소요되는 단점이 있다. 만약 상대방이 가지고 있는 숫자가 50보다 큰지 작은지 확인한 후에 큰 경우 또 75보다 작은지 큰지를 체크하면 된다. 이와 같이 해당 구간의 반을 중심으로 구간을 나누면 적은 반복횟수로도 원하는 값을 얻을 수 있다.

이분법은 초기구간 $[a, b]$의 함숫값 $f(a)$와 $f(b)$의 부호가 다를 경우에만 적용된다. 왜냐하면 중간값정리(intermediate value theorem)에 의해 $f(x)=0$을 만족하는 해가 구간 $[a, b]$에 존재하기 때문이다. 중간값정리란 그림 4.7a와 같이 함수 $f(x)$가 닫힌구간 $[a, b]$에서 연속일 경우, $f(a) \cdot f(b) < 0$이면 $f(x)=0$을 만족하는 해가 구간 $[a, b]$에 적어도 한 개 존재한다는 것이다.

중간값정리에 의해 초기구간이 정해지면, 구간의 양 끝점인 a와 b의 중점인 $c=(a+b)/2$와 함숫값 $f(c)$를 구한다. $f(c)=0$을 만족할 경우, 중점 c는 방정식의 해가 되고, 그렇지 않을 경우 $f(c)$의 부호를 비교한다. $f(a)f(c) > 0$일 경우 두 함숫값의 부호가 같으므로, 해는 구간 $[c, b]$에 존재하게 된다. 따라서 a 대신 중점 c로 대치하여 $[c, b]$를 새로운 구간으로 한다. $f(a) \cdot f(c) < 0$일 경우에 해가 $[a, c]$ 구간에 존재하므로 $[a, c]$를 새로운 구간으로 결정한다.

$f(b)$와 $f(c)$의 부호를 비교하는 경우도 동일한 원리를 적용한다. 새롭게 결정된 구간에서 이러한 반복연산을 수행하여, 해가 존재하는 구간의 크기를 줄여 감으로써 최종적인 근사해를 구한다(그림 4.7c).

이분법의 알고리즘은 다음과 같이 표현할 수 있다.

```
Set a, b
Calculate f(a)
Loop
    c=(a+b)/2
    Compute f(c)
    Check convergence
    If f(a)·f(c) < 0 then
        b=c
    Else
        a=c
        f(a)=f(c)
    End If
Repeat the Loop
```

제시된 알고리즘에서 다음 반복계산을 위해 함수 $f(c)$ 값을 $f(a)$ 값으로 저장하고 있다. 그림 4.7c 에서 볼 수 있듯이 두 함숫값은 다르다. 그러나 해가 존재하는 구간은 함숫값의 부호에 따라 결정되므로 논리적으로 해가 존재하는 구간을 좁혀 간다.

이분법은 원리가 간단하면서 매우 효과적인 방법이다. 연속함수 $f(x)$에 대하여 해가 존재하는 구간에서 항상 수렴하는 장점을 가진다. 해가 존재하는 $[a, b]$ 구간에서 함수가 단조증가하거나 단조감소할 조건 없이 연속인 함수에 적용할 수 있다. 따라서 독립변수 x가 가질 수 있는 범위가 알려져 있는 경우에는 이들 양 끝 값에서 시작하면 항상 해를 구할 수 있다. 이분법은 주어진 구간에서 해가 존재하므로 n번 반복계산 후에 오차의 최댓값은 다음 수식으로 표현된다.

$$|\varepsilon|_{\max} = (b-a)\left(\frac{1}{2}\right)^{n+1}$$

여기서 b와 a는 해가 존재하는 초기구간 $[a, b]$이며 n은 반복계산 횟수이다.

수렴속도를 증가시키기 위해 합리적인 정지조건을 설정해 주는 것이 중요하다. 각 구간에서 항상 중앙값을 선택하므로 해 부근에서 수렴속도가 느려지는 단점이 있다. 여러 개의 해가 존재할 경우에는 각 해를 구하기 위해 새로운 시작구간 $[a, b]$를 설정하고 이분법을 수행하여야 한다.

이분법에서는 일반적으로 다음 3가지 정지조건을 적용할 수 있다.

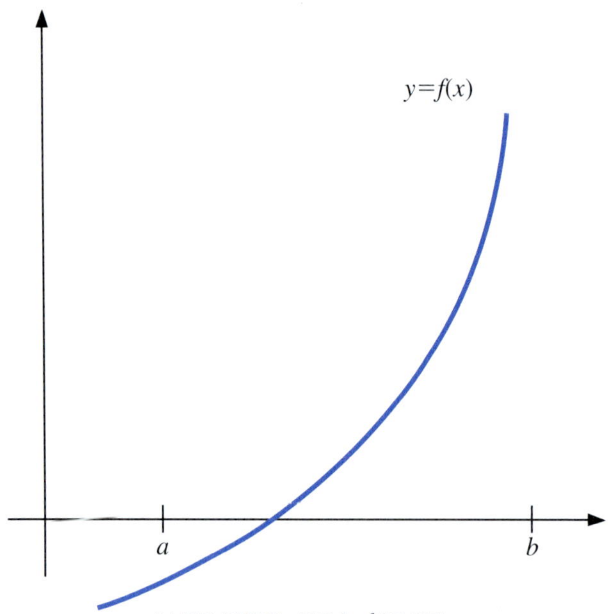

(a) 해가 존재하는 구간 $[a, b]$의 설정

그림 4.7 이분법의 기하학적 개념과 계산과정

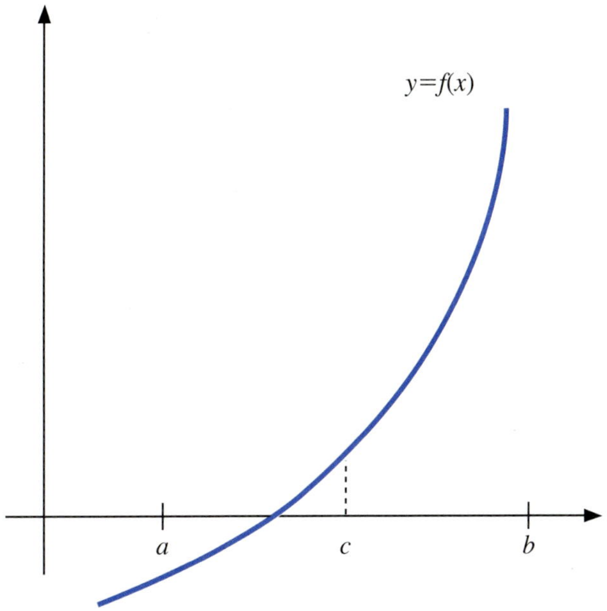

(b) 중점 c와 $f(c)$를 이용하여 새로운 구간 $[a, c]$의 결정

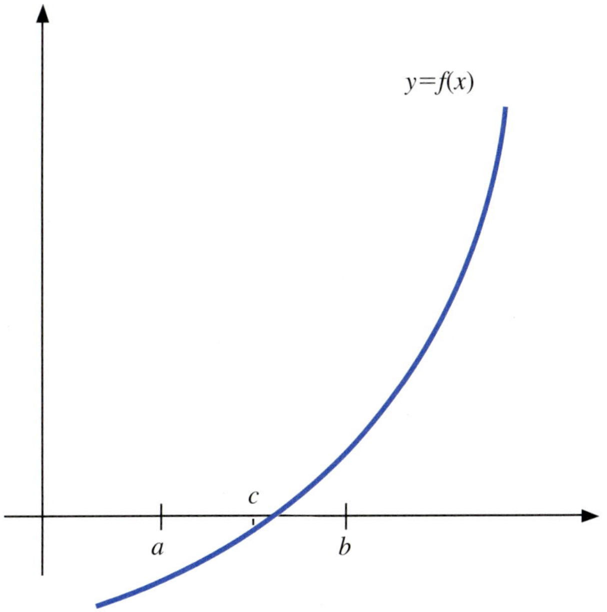

(c) 새로운 구간에서 계산 반복

그림 4.7 계속

- 중점 c에서 함숫값 $f(c)$의 절댓값이 주어진 수렴한계보다 작은 경우
- 구간의 크기가 주어진 허용조건보다 작은 경우
- 반복연산 횟수가 최대 반복연산 횟수를 초과하는 경우

위의 세 경우 모두 이분법의 계산과정을 정지한다. 첫 번째 조건은 해를 구한 것이 되지만 나머지 두 경우는 해를 구하였다고 확언할 수 없다. 단지 프로그램이 무한히 반복되는 것(이를 무한루프라 함)을 방지하기 위한 조건이다. 특히 세 번째 경우에 함수가 연속이고 주어진 초기구간 $[a, b]$에서 해가 존재하는지, 함수식이 프로그램에 바르게 입력되었는지, 또는 해를 찾는 방향이 맞는지 등을 다시 한 번 확인하는 디버깅 과정이 필요하다.

예제 4.4

이분법을 이용하여 초기구간 [0, 5]에서 $f(x)=x^3+5x^2-2x-24=0$의 10번째 반복 근사해 x_{10}을 구하라.

그림 4.5에 주어진 함수의 개형을 보면 초기구간의 양 끝점에서 함숫값의 부호가 다르므로, 중간값정리에 따라 해당 구간 내에 해가 존재한다.

구간 양 끝 a, b와 중점인 c에서 함숫값 $f(c)$를 계산한다.

$a=0$

$b=5$

$c=(a+b)/2=2.5$

$f(c)=17.88$

$f(0)\cdot f(2.5)$의 부호가 음수이므로 새로운 구간은 [0, 2.5]가 된다. 이 구간에서 계산을 반복하면 다음과 같이 $f(0)\cdot f(1.25)$의 부호에 의해 새로운 구간 [1.25, 2.5]를 얻는다. 이와 같은 일련의 계산을 10회 반복한 결과(표 4.4) 근사해 $x_{10}=1.997$을 얻는다. 이때의 함숫값 $f(x_{10})=-0.08780$이다.

$a=0$

$b=2.5$

$c=(a+b)/2=1.25$

$f(c)=-16.73$

표 4.4 이분법 계산예

iteration number, i	$a=x_{min}$	$b=x_{max}$	$c=x_i$	$f(x_i)$
1	0.0000	5.0000	2.5000	17.8750
2	0.0000	2.5000	1.2500	−16.7344
3	1.2500	2.5000	1.8750	6.0183
4	1.8750	2.5000	2.1875	0.9483
5	1.8750	2.1875	2.0313	−1.3822
⋮	⋮	⋮	⋮	⋮
9	1.9922	2.0117	2.0020	0.0586
10	1.9922	2.0020	1.9971	−0.0878

4.1.5 가위치법

가위치법은 이분법원리의 변형 중 하나이며 영문으로는 false position method 또는 regular-falsi method라 한다. 가위치법을 적용하기 위해서는 이분법과 동일하게 먼저 해를 포함하는 구간 $[a, b]$를 결정해야 한다. 이분법과 마찬가지로 중간값정리에 의해 연속인 함수 $f(x)$에 대하여 해를 보장한다. 이 방법은 그림 4.8a와 같이 두 점 $[a, f(a)]$와 $[b, f(b)]$를 지나는 직선이 x축과 만나는 교점을 이용한다.

두 점 $[a, f(a)]$와 $[b, f(b)]$를 지나는 직선식을 구하면 식 (4.9a)로 표현되고, 이를 이용하여 x 절편 c를 구하면 식 (4.9b)이다. 가위치법은 구간 $[a, b]$의 중점보다는 식 (4.9b)의 x 절편이 해에 더 가까울 것이라는 논리에 근거한다.

$$y=f(a)+\frac{f(b)-f(a)}{b-a}(x-a) \tag{4.9a}$$

$$c=a-\frac{(b-a)}{f(b)-f(a)}f(a) \tag{4.9b}$$

이분법에서와 같이, 함숫값 $f(c)$를 계산하고 주어진 수렴조건을 만족할 경우, c는 방정식의 해가 된다. 그렇지 않을 경우 $f(a)$와 $f(c)$의 부호를 비교하고 새로운 구간을 결정한다. 그림 4.8a와 같이 $f(a)\cdot f(c)>0$일 경우에는 해의 검색구간을 $[c, b]$로 갱신한다. 만약 $f(a)\cdot f(c)<0$일 경우에는 $[a, c]$가 새로운 구간이 된다(그림 4.8b). 이후, 새롭게 결정된 구간에서 동일한 연산을 반복수행하여 최종 근사해를 결정한다. 해가 존재하는 구간을 결정하기 위해 $f(b)\cdot f(c)$의 부호를 사용해도 된다.

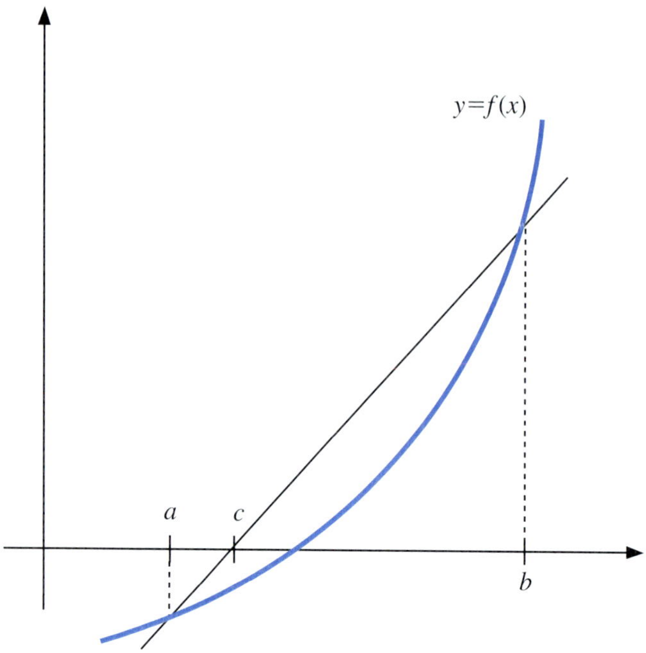

(a) 직선의 x 절편 c를 구하고, 부호에 따라 새로운 구간 $[a, b]$ 선택

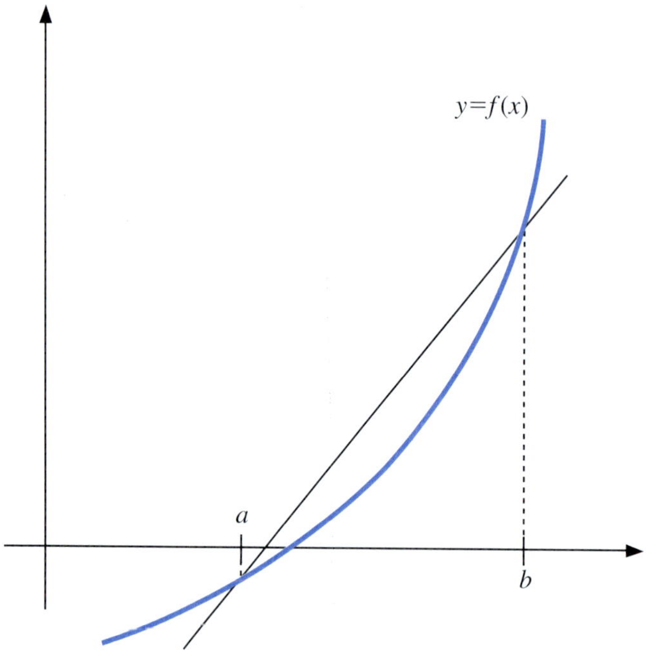

(b) 새로운 구간에서 과정을 반복

그림 4.8 가위치법의 기하학적 의미와 계산과정

가위치법의 알고리즘은 다음과 같이 표현할 수 있다.

```
Set a, b
Calculate f(a)
Loop
    c=a-(b-a)/(f(b)-f(a)) f(a)
    Compute f(c)
    Check convergence
    If f(a)·f(c) < 0 Then
        b=c
    Else
        a=c
        f(a) =f(c)
    End If
Repeat the Loop
```

가위치법은 이분법과 같이 해가 존재하는 초기구간을 정해 주면 항상 수렴하며, 수렴속도가 일반적으로 이분법보다 빠른 특징을 가진다. 하지만 해당 구간의 중점을 이용해 계산하는 이분법보다 계산과정이 복잡하고, 함수 $f(x)$의 형태에 따라 수렴속도가 영향을 받아 이분법보다 수렴속도가 느릴 수 있다. 다른 방법과 동일하게 $f(x)=0$를 만족하는 다수의 해가 존재할 경우 각 해를 구하기 위해 구간을 설정하고 가위치법을 적용하여야 한다.

예제 4.5 가위치법을 이용하여 초기구간 [0, 5]에서 $f(x)=x^3+5x^2-2x-24=0$의 10번째 근사해 x_{10}을 구하라.

이분법에서와 같이 중간값정리에 의해 구간 [0, 5] 사이에 해가 존재한다. 구간의 양 끝점을 식 (4.9b)에 대입하여 x 절편 c를 구한다.

$$a=0$$
$$b=5$$
$$c=a-\frac{(b-a)}{f(b)-f(a)}\cdot f(a)=0-\frac{5-0}{216-(-24)}\cdot(-24)=0.50$$
$$f(c)=23.62$$

$f(a)\cdot f(c)$의 부호로 새로운 구간을 구하면, [0.5, 5]이다. 계산된 구간에서 동일 과정을 반복하면 다음과 같고 총 10회 반복계산하면(표 4.5) 근사해 $x_{10}=1.980$과 함숫값

$f(x_{10})=-0.6007$ 을 얻는다.

$$a=0.5$$
$$b=5$$
$$c=a-\frac{b-a}{f(b)-f(a)}\cdot f(a)=0.9437$$
$$f(c)=-20.59$$

표 4.5 가위치법 계산과정

iteration number, i	$a=x_{min}$	$b=x_{max}$	$c=x_i$	$f(x_i)$
1	0.0000	5.0000	0.5000	−23.6250
2	0.5000	5.0000	0.9437	−20.5945
3	0.9437	5.0000	1.2967	−16.0052
4	1.2967	5.0000	1.5522	−11.3176
5	1.5522	5.0000	1.7239	−7.4660
⋮	⋮	⋮	⋮	⋮
9	1.9414	5.0000	1.9656	−1.0200
10	1.9656	5.0000	1.9798	−0.6007

4.1.6 반복해의 수렴판별

직접법으로 해를 계산하는 경우에는 정해진 계산과정을 마치면 컴퓨터의 유효숫자 범위 내에서 참해를 제공한다. 구체적으로 가우스 소거법을 사용할 경우, 전진소거와 후진대입을 마치면 최종적인 해를 얻게 된다. 따라서 직접법의 경우 해의 수렴을 판단할 필요가 없다. 주어진 문제의 해가 존재하고 프로그램에 오류가 없는 경우 각 방법의 계산과정을 마치면 해를 얻는다.

반복법의 경우, 초기에 해를 가정하고 반복계산을 통해 수렴해를 구하게 된다. 따라서 참해로 수렴하는 과정 중에 계산을 마치게 되므로 계산의 효율과 무한루프로 빠지는 것을 방지하기 위해서도 적절한 수렴조건을 사용하여야 한다. 주어진 문제의 특성과 중요성 그리고 컴퓨터의 용량과 비용에 따라 수렴조건으로 사용할 수용 가능한 오차한계를 결정해야 한다.

단변수방정식 $f(x)=0$ 의 해를 반복법으로 구할 때 사용할 수 있는 수렴조건은 다음과 같다.

- 반복해의 변화가 작을 때
- 반복해의 상대적 변화가 작을 때
- 함숫값이 작을 때
- 함숫값이 상대적으로 작을 때

단변수방정식의 해를 반복법으로 구할 때 직관적이고 사용하기 쉬운 방법이 반복해의 변화를 이용하는 것이다. 구체적으로 소수점 이하 4자리까지 정확도를 요구하는 해를 구할 경우 수렴해의 변화가 10^{-4}보다 작다면 계산을 종료하면 된다. 이를 일반적으로 표현하면 식 (4.10a)이다.

$$|\Delta x| = |x_i - x_{i-1}| < \varepsilon \tag{4.10a}$$

여기서 x는 반복해이고 하첨자 i는 반복단계를 나타낸다. 양수 ε은 수렴을 판별하는 허용오차의 최댓값이다.

식 (4.10a)로 표현되는 수렴조건은 간단하면서도 사용하기 쉽고 또 많은 경우에 만족할 만한 결과를 제공한다. 이 조건을 성공적으로 사용하기 위해서는 허용오차의 최댓값을 잘 결정하여야 한다. 주어진 문제에 대한 정확한 이해 없이 단순히 작은 값으로 10^{-4}을 사용한다면 그 값이 너무 크거나 작을 수 있다. 만약 찾고자 하는 해의 절댓값이 작은 경우에는 제안된 값이 유효할 수 있지만 해의 값이 큰 경우에는 수렴조건이 너무 작아 결국 해를 찾지 못할 수도 있다.

수렴해의 크기에 따라 허용오차의 최댓값을 설정해 주는 방법 중 하나가 식 (4.10b)와 같이 수렴해의 상대적 변화를 이용하는 것이다. 수렴한계로 10^{-4}을 사용하였다면 수렴해를 참해와 0.01% 상대오차 이내에서 얻게 된다. 그러나 식 (4.10a)나 (4.10b)를 사용할 경우 치명적인 약점이 있다. 만약 수렴해의 계산과정에 프로그램 오류가 있어 반복해가 더 이상 갱신되지 않은 경우 이를 허용오차를 만족하는 수렴해로 판단하게 된다. 따라서 이들은 추천할 만한 좋은 수렴기준이 아니다.

$$\left|\frac{\Delta x}{x_i}\right| = \left|\frac{x_i - x_{i-1}}{x_i}\right| < \varepsilon \tag{4.10b}$$

현실적으로 쉽게 사용할 수 있는 수렴기준이 식 (4.10c)이다. 식 (4.10c)는 위의 두 방법과는 달리 함숫값이 주어진 수렴한계보다 작을 때 반복계산을 종료한다. 반복법의 계산과정 중에 함숫값을 평가하고 사용하는 경우가 많으므로 $f(x)$를 다시 계산하는 번거로움 없이 적용할 수 있는 장점이 있다. 식 (4.10c)를 사용하면 비록 반복계산 과정 중에 작은 오류가 있더라도 함숫값 자체를 평가하므로 수렴해를 얻을 수 있는 장점이 있다.

$$|f(x)| < \varepsilon \tag{4.10c}$$

식 (4.10c)를 사용할 경우 한 가지 단점은 함숫값이 너무 크거나 작을 수 있다는 것이다. 지하저류층에서 가스의 유동을 기술할 때 사용하는 유사압력(pseudo-pressure)은 다음과 같이 정의된다. 표준상태 압력(14.7 psia)에서 저류층압력 p까지의 적분으로 정의되는 유사압력은 그 값이 매우 크다. 만약에 $P_p(p)=6.28\text{E}+07$을 만족하는 압력값 p를 찾고자 할 때 수렴한계가 작으면 가스의 점성도(viscosity)와 압축인자(compressibility factor)가 압력에 따라 변화하는 비선형성으로 인하여 수렴해를 구할 수 없게 된다.

$$P_p(p)=\int_{p_{\text{ref}}}^{p} \frac{p}{\mu_g Z_g}\,dp$$

여기서 P_p는 유사압력, p_{ref}는 기준압력, p는 압력, μ_g는 가스의 점성도, 그리고 Z_g는 가스의 압축인자이다.

반복해의 수렴을 판별하는 가장 이상적인 경우는 식 (4.10d)와 같이 상대적인 함숫값이 수렴기준보다 작은 때이다. 상대적인 함숫값은 경험적인 값을 사용하여 계산할 수도 있고 또 주어진 문제의 물리적 의미를 이용하여 얻을 수 있다. 구체적으로 석유공학분야의 예를 들면 다음과 같다. 주어진 함숫값이 저류층의 공극부피(pore volume)라면, 이를 저류층 전체부피로 나누면 공극률(porosity)이 되고 그 값은 항상 1보다 작게 된다. 만약 함숫값이 저류층에 존재하는 원유의 부피라면, 이를 저류층 공극부피로 나누면 원유포화도(oil saturation)가 되고 값은 0에서 1까지 변화한다.

$$\left|\frac{f(x)}{f(x)_{\text{ref}}}\right| < \varepsilon \tag{4.10d}$$

여기서 $f(x)$는 주어진 함수, $f(x)_{\text{ref}}$는 함수의 상대적인 값을 계산하기 위해 사용된 기준값이다.

해의 수렴판정과 더불어 모든 반복계산 과정에서 최대 반복횟수를 명시해야 한다. 이것은 해가 존재하지 않을 때 또는 주어진 문제가 잘 정립되지 못한(ill-conditioned) 문제일 때 계산과정이 무한히 반복되는 것을 방지해 준다. 문제의 속성상 반복계산 횟수가 매우 큰 경우 반복계산의 중간과정을 출력하는 것도 유용하다. 매 20번의 반복계산 후 결과를 출력하기 위한 VBA 조건문은 다음과 같다.

```
If INT(i/20) * i = i Then
    Print intermediate results
End If
```

여기서 i는 반복단계이다.

4.1.7 오차분석과 수렴의 특성

지금까지 소개한 근사해를 찾는 다양한 방법은 해의 수렴속도가 다르다. 수렴속도는 크게 1차적 수렴, 2차적 수렴으로 구분할 수 있다. 1차적 수렴이란 충분히 큰 n에 대하여 식 (4.11a)의 조건을 만족하는 상수 $0 < M < 1$이 존재할 경우이다. n에 대하여 식 (4.11b)의 조건을 만족하는 양수 M이 존재할 때 2차적으로 수렴한다고 하며, $(n+1)$번째의 근사해오차가 n번째의 근사해오차의 제곱에 비례함을 의미한다. 이는 근사해의 정확한 유효숫자가 연산과정을 거침에 따라 2배로 늘어남을 나타낸다.

$$|x-x_{n+1}| \leq M|x-x_n| \tag{4.11a}$$

$$|x-x_{n+1}| \leq M|x-x_n|^2 \tag{4.11b}$$

여기서 x는 참해, x_n은 n번째 반복해, 그리고 M은 양의 상수이다.

일반적으로 2차적으로 수렴하는 반복계산은 1차 수렴보다 참값으로 훨씬 빠르게 수렴한다. 예를 들어 반복해 x_n은 참값 $x_t=0$에 1차적으로 수렴하고, y_n은 참값 $y_t=0$에 2차적으로 수렴한다고 가정하자. 이 경우, 각각의 수렴조건 정의에 따라 식 (4.12)의 조건이 성립된다. 반복해 x_n의 경우, n 값에 따라 조건식을 계산해 보면 식 (4.13a)와 같이 계산되고, 동일한 방법으로 y_n을 계산하면 식 (4.13b)이다.

$$|0-x_{n+1}| \leq M|0-x_n| \Leftrightarrow |x_{n+1}| \leq M|x_n| \tag{4.12a}$$

$$|0-y_{n+1}| \leq M|0-y_n|^2 \Leftrightarrow |y_{n+1}| \leq M|y_n|^2 \tag{4.12b}$$

$$\begin{aligned} |x_1| &\leq M|x_0| \\ |x_2| &\leq M|x_1| \leq M^2|x_0| \\ &\vdots \\ |x_n| &\leq M^n|x_0| \end{aligned} \tag{4.13a}$$

$$|y_n| \leq M^{2^n-1}|y_0|^{2^n} \tag{4.13b}$$

각각의 초깃값 $x_0=y_0=1$로 가정하고, 참값에 대한 상대적인 수렴속도를 구해 보면 표 4.6과 같다. 계산의 편의를 위해 M 값은 0과 1 사이의 임의 값인 0.5로 가정하였다. 2차적으로 수렴하는 y_n의 경우에는 n이 5 이상일 때 참값과의 오차범위가 10^{-10} 이내로 근접함을 확인할 수 있다. 하지만 x_n이 오차범위를 10^{-10} 이내로 갖기 위해서는 n 값이 30 이상이어야 한다.

표 4.6 오차의 수렴속도 계산예

n	x_n	y_n
1	5.000×10^{-1}	5.000×10^{-1}
2	2.500×10^{-1}	1.250×10^{-1}
3	1.250×10^{-1}	7.813×10^{-3}
4	6.250×10^{-2}	3.052×10^{-5}
5	3.125×10^{-2}	4.657×10^{-10}
6	1.563×10^{-2}	1.084×10^{-19}

연구문제

4.1 다음 항목에 대하여 수학적 정의를 기술하라.

(1) 선형

(2) 연속

(3) 미분 가능

(4) 평균값정리

(5) 중간값정리

4.2 $f(x)=x^3+x-1=0$의 해를 구하기 위해 다음에 주어진 $g(x)$를 이용하여 고정점 반복법으로 수렴해를 계산하라. 해의 반복계산 결과를 그래프로 보이고 만약 수렴해를 얻지 못하면 그 이유를 설명하라.

(1) $g(x)=1/(x^2+1)$

(2) $g(x)=1-x^3$

(3) $g(x)=1/x^2-1/x$

4.3 함수 $f(x)=x^3+5x^2-2x-24=0$의 모든 해를 다음의 방법으로 구하라.

(1) 인수분해법

(2) 반복계산법

4.4 함수 $f(x)=x^3+5x^2-2x-23=0$의 해를 다음에 주어진 초깃값을 이용하여 뉴턴법으로 구하고 반복계산의 횟수를 비교하라. 수렴한계로 10^{-6}을 사용하라.

(1) $x_0=2.5$

(2) $x_0=5$

(3) $x_0=10$

(4) $x_0=20$

4.5 함수 $f(x)=x^{1.5}-2x+\sqrt{x}-1.5=0$의 해를 다음에 주어진 초깃값을 이용하여 뉴턴법으로 구하고 반복계산의 횟수를 비교하라. 수렴한계로 10^{-6}을 사용하라.

(1) $x_0=5$

(2) $x_0=50$

(3) $x_0=500$

(4) $x_0=5000$

(5) 초깃값으로 5000을 사용한 경우에도 반복계산 횟수가 크게 증가하지 않은 이유에 대하여 설명하라.

4.6 함수 $f(x)=x^3+0.002x=0$의 해를 초깃값 $x_0=5$를 사용하여 뉴턴법으로 구하라. 수렴한계로 10^{-6}을 사용하라.

4.7 함수 $f(x)=x^3+5x^2-2x-23=0$의 해를 뉴턴법을 응용하여 구하고자 할 때 다음 물음에 답하라. 수렴한계로 10^{-6}을 사용하라.

(1) 초깃값 $x_0=5$에서 시작하여 뉴턴법으로 구한 세 번째 반복해 x_3와 $f'(x_3)$를 구하라.

(2) 네 번째 이후의 반복계산에서는 $f'(x_3)$를 함수기울기의 근삿값으로 사용하여 [즉 $f'(x_i)=f'(x_3)$] 수렴해를 구하라.

(3) 모든 과정을 뉴턴법으로 구한 수렴해와 총 반복계산 횟수를 비교하라.

(4) 초깃값 $x_0=10$에서 시작하여 위의 (1)~(3) 과정을 반복하라.

(5) 위의 두 경우를 통해 알게 된 사실을 본인의 말로 요약하라.

4.8 함수 $f(x)=x^3+5x^2-2x-23=0$의 모든 해를 할선법으로 구하라. 수렴한계로 10^{-6}을 사용하라.

4.9 1에서 100까지의 자연수 중 상대방이 가지고 있는 숫자를 알아내는 게임에서, 다음의 각 경우에 최대 검색횟수를 계산하라.

(1) 순차적으로 증가하며 검색할 때

(2) 순차적으로 감소하며 검색할 때

(3) 임의로 선택할 때

(4) 이분법으로 검색할 때

4.10 함수 $f(x)=x^3+5x^2-2x-23=0$의 해를 다음에 주어진 초기구간 $[a, b]$를 이용하여 이분법으로 계산하라. 수렴한계로 10^{-6}을 사용하라.

(1) [0, 3]

(2) [−5, 3]

(3) [−10, 3]

(4) 위의 각 경우에 만약 서로 다른 해를 얻었다면 그 이유는 무엇인가

4.11 가위치법을 이용하여 연구문제 4.10을 풀라.

4.12 함수 $f(x)=x^3+5x^2-2x-23=0$의 해를 다음에 주어진 초기구간 $[a, b]$를 이용하여 이분법으로 계산하고 총 반복계산 횟수를 비교하라. 수렴한계로 10^{-6}을 사용하라.

(1) [0, 3]

(2) [0, 6]

(3) [0, 30]

(4) [0, 3000]

4.13 가위치법을 이용하여 연구문제 4.12를 풀라.

4.14 함수 $f(x)=2\sqrt{x+1}+\ln(x)-3=0$의 해를 다음에 주어진 반복법을 사용하여 구하고 총 반복계산 횟수를 비교하라. 수렴한계로 10^{-6}을 사용하라.

(1) 뉴턴법

(2) 할선법

(3) 이분법

(4) 가위치법

4.15 $f(x)=x^2+1=0$의 해는 존재하지 않는다. 고정점 반복법, 뉴턴법, 할선법, 이분법, 가위치법을 이용하여 반복해 x_5를 구하고 근사해의 변화에 대하여 설명하라. 만약 각 방법을 적용할 수 없다면 그 이유를 설명하라.

4.16 다음의 근삿값을 계산하라. 근삿값의 오차가 10^{-6}보다 작도록 하라.

(1) $\sqrt{5}$의 근삿값을 뉴턴법을 이용하여 구하라. 함수 $f(x)$는 무엇인가?

(2) π의 근삿값을 이분법을 이용하여 구하라. 함수 $f(x)$와 초기구간 $[a, b]$를 명시하라.

4.2 ▶ 연립비선형방정식

지금까지 단변수방정식의 해를 찾기 위한 다양한 해법에 대해 설명하였다. 이제는 보다 일반적으로 여러 변수를 갖는 연립비선형방정식의 해법을 소개한다. 단변수방정식 해법 중 수렴속도가 가장 빠르고 널리 사용되는 뉴턴법을 응용하여 연립비선형방정식의 근사해를 찾을 수 있다. 이 절에서는 다음 두 가지 방법을 소개한다.

- 뉴턴법의 응용
- 최하향경사법(steepest descent method)

4.2.1 뉴턴법의 응용

단변수방정식 $f(x)=0$의 근사해를 찾기 위해 뉴턴법은 초깃값 x_0에 대하여 식 (4.4b)의 반복식을 이용한다.

$$x_i=x_{i-1}-\frac{1}{f'(x_{i-1})}f(x_{i-1}), \quad f'(x_{i-1}) \neq 0, \quad i \geq 1 \tag{4.4b}$$

연립비선형방정식에서도 이를 변형하여 벡터방정식을 구성함으로써 근사해를 찾을 수 있다. 먼저 n개의 연립방정식이 식 (4.14a)와 같이 주어질 때, 식 (4.14b)의 $(n\times1)$ 행렬 $\mathbf{F}(\mathbf{x})$로 정의할 수 있다. 그러므로 연립비선형방정식은 $\mathbf{F}(\mathbf{x})=\mathbf{0}$을 만족하는 벡터 $\mathbf{x}$를 구하는 문제가 된다.

$$\begin{aligned} f_1(x_1, x_2, ..., x_n)&=0 \\ f_2(x_1, x_2, ..., x_n)&=0 \\ &\vdots \\ f_n(x_1, x_2, ..., x_n)&=0 \end{aligned} \tag{4.14a}$$

$$\mathbf{F}(\mathbf{x})=\mathbf{F}(x_1, x_2, ..., x_n)=\begin{bmatrix} f_1(x_1, x_2, ..., x_n) \\ f_2(x_1, x_2, ..., x_n) \\ \vdots \\ f_n(x_1, x_2, ..., x_n) \end{bmatrix} \tag{4.14b}$$

연립비선형방정식의 해를 구하기 위해 뉴턴법 반복식을 적용하기 위해서는, 단변수 방정식에서 사용된 도함수 $f'(x)$와 동일한 역할을 할 수 있는 행렬을 정의하여야 한다. n개의 방정식을 각각 $x_1, x_2, ..., x_n$으로 미분한 모든 도함수를 행렬원소로 가지는 $(n \times n)$ 행렬 $\mathbf{J}(\mathbf{x})$를 정의한다. 행렬 $\mathbf{J}(\mathbf{x})$를 **야코비안행렬**(Jacobian matrix)이라고 하며 식 (4.15)와 같이 계산한다.

$$\mathbf{J}(\boldsymbol{x})=\begin{bmatrix} \frac{\partial f_1}{\partial x_1} & \frac{\partial f_1}{\partial x_2} & \cdots & \frac{\partial f_1}{\partial x_n} \\ \frac{\partial f_2}{\partial x_1} & \frac{\partial f_2}{\partial x_2} & \cdots & \frac{\partial f_2}{\partial x_n} \\ \vdots & \vdots & \ddots & \vdots \\ \frac{\partial f_n}{\partial x_1} & \frac{\partial f_n}{\partial x_2} & \cdots & \frac{\partial f_n}{\partial x_n} \end{bmatrix} \tag{4.15}$$

벡터 $\mathbf{x}$와 행렬 $\mathbf{F}(\mathbf{x})$, $\mathbf{J}(\mathbf{x})$를 이용하여 뉴턴법의 반복식을 변형하면 다음과 같이 응용할 수 있다.

$$\mathbf{x}^i=\mathbf{x}^{i-1}-[\mathbf{J}(\mathbf{x}^{i-1})]^{-1}\,\mathbf{F}(\mathbf{x}^{i-1}), \quad i \geq 1 \tag{4.16}$$

여기서 i는 반복계산 단계이다.

예제 4.6 다음 연립비선형방정식의 두 번 반복계산 근사해 $\mathbf{x}^2$를 구하라. 초깃값은 주어진 벡터 $\mathbf{x}^0$을 이용하라.

$$3x_1+4x_2-3{x_3}^2=0$$
$${x_1}^3+2(x_2-4)^2-x_3=0$$
$$-(x_1 \cdot x_2+1)^2+3x_2-{x_3}^3=0$$

$$\mathbf{x}^0=[1 \quad 1 \quad 1]^T$$

주어진 연립비선형방정식을 이용하여 행렬 $\mathbf{F}(\mathbf{x})$와 야코비안행렬 $\mathbf{J}(\mathbf{x})$를 계산한다.

$$\mathbf{F}(\boldsymbol{x})=\begin{bmatrix} f_1(x_1,x_2,x_3) \\ f_2(x_1,x_2,x_3) \\ f_3(x_1,x_2,x_3) \end{bmatrix}=\begin{bmatrix} 3x_1+4x_2-3{x_3}^2 \\ {x_1}^3+2(x_2-4)^2-x_3 \\ -(x_1\cdot x_2+1)^2+3x_2-{x_3}^3 \end{bmatrix}$$

$$\mathbf{J}(\boldsymbol{x})=\begin{bmatrix} \frac{\partial f_1}{\partial x_1} & \frac{\partial f_1}{\partial x_2} & \frac{\partial f_1}{\partial x_3} \\ \frac{\partial f_2}{\partial x_1} & \frac{\partial f_2}{\partial x_2} & \frac{\partial f_2}{\partial x_3} \\ \frac{\partial f_3}{\partial x_1} & \frac{\partial f_3}{\partial x_2} & \frac{\partial f_3}{\partial x_3} \end{bmatrix}=\begin{bmatrix} 3 & 4 & -6x_3 \\ 3{x_1}^2 & 4(x_2-4) & -1 \\ -2x_2(x_1\cdot x_2+1) & -2x_1(x_1\cdot x_2+1)+3 & -3{x_3}^2 \end{bmatrix}$$

주어진 초깃값 $\mathbf{x}^0$를 이용하여 행렬 $\mathbf{F(x)}$, $\mathbf{J(x)}^{-1}$을 계산한다.

$$\mathbf{F}(\mathbf{x}^0)=\begin{bmatrix} 4 \\ 18 \\ -2 \end{bmatrix}$$

$$\mathbf{J}(\mathbf{x}^0)=\begin{bmatrix} 3 & 4 & -6 \\ 3 & -12 & -1 \\ -4 & -1 & -3 \end{bmatrix}$$

$$\mathbf{J}(\mathbf{x}^0)^{-1}=\begin{bmatrix} 0.07559 & 0.03888 & -0.1641 \\ 0.02808 & -0.07127 & -0.03240 \\ -0.1102 & -0.02808 & -0.1037 \end{bmatrix}$$

식 (4.15)에 대입하여 첫 번째 근사해 $\mathbf{x}^1$을 구한다.

$$\mathbf{x}^1=\mathbf{x}^0-[\mathbf{J}(\mathbf{x}^0)]^{-1}\,\mathbf{F}(\mathbf{x}^0)=\begin{bmatrix} -0.3305 \\ 2.106 \\ 1.739 \end{bmatrix}$$

동일한 방법으로 $\mathbf{x}^1$을 이용하여 두 번째 근사해 $\mathbf{x}^2$를 구한다.

$$\mathbf{F}(\mathbf{x}^1)=\begin{bmatrix} -1.637 \\ 5.401 \\ 0.9691 \end{bmatrix}$$

$$\mathbf{J}(\mathbf{x}^1)=\begin{bmatrix} 3.000 & 4.000 & -10.43 \\ 0.3276 & -7.577 & -1.000 \\ -1.281 & 3.201 & -9.069 \end{bmatrix}$$

$$\mathbf{x}^2=\mathbf{x}^1-[\mathbf{J}(\mathbf{x}^1)]^{-1}\,\mathbf{F}(\mathbf{x}^1)=\begin{bmatrix} 0.2349 \\ 2.807 \\ 2.013 \end{bmatrix}$$

뉴턴법을 이용한 해의 수렴은 3장에서 설명한 오차벡터의 정규(norm)를 이용하여 판별할 수 있다. n개의 원소를 가지는 벡터 $\mathbf{a}=[a_1\ a_2\ a_3\ \cdots\ a_n]$의 크기를 정의하는 방법 중 하나가 정규이며 일반식으로 나타낸 L_m 정규는 식 (3.38)로 정의된다. 구체적으로 L_1, L_2, L_∞ 정규는 식 (3.39)로 정의된다. L_2 정규를 유클리디안(Euclidean) 정규라고 하며 벡터내적의 제곱근이다. 오차가 가장 큰 경우를 중심으로 수렴을 결정하는 경우에 L_∞ 정규를 사용한다. L_∞ 정규는 식 (3.38)로 표시되는 일반식에서 m이 무한대로 접근할 때

극한값과 같다.

$$L_m = \sqrt[m]{\sum_{i=1}^{n} |a_i|^m} \tag{3.38}$$

$$L_1 \text{ norm} = |a_1| + |a_2| + |a_3| + \cdots + |a_n|$$

$$L_2 \text{ norm} = \sqrt{a_1^2 + a_2^2 + a_3^2 + \cdots + a_n^2} \tag{3.39}$$

$$L_\infty \text{ norm} = \max_i |a_i|$$

$$\text{where, vector } \mathbf{a} = [a_1 \ \ a_2 \ \ a_3 \ \ \cdots \ \ a_n]$$

뉴턴법을 연립비선형방정식에 적용하기 위해서는 초기벡터 $\mathbf{x}^0$를 결정하는 것이 중요하다. 초기벡터 $\mathbf{x}^0$를 참값에 가까운 값들로 구성하면 반복해의 수렴속도가 빠르게 된다. 하지만 초기벡터 $\mathbf{x}^0$를 올바르게 설정하지 못하면 효율적으로 해를 찾기가 어려워진다. 만약 예제 4.6에서 초기벡터 $\mathbf{x}^0$를 $[0 \ \ 0 \ \ 0]^T$로 가정할 경우, 계산결과가 점점 커져 참해로 수렴하지 못하고 발산한다. 최하향경사법은 이와 같은 문제를 보완해 준다.

4.2.2 최하향경사법

최하향경사법은 함수의 기울기를 이용하여 해를 계산하는 구배법(gradient method) 중 하나로서 계산과정이 매우 간단하다. 이 방법은 연립비선형방정식 $\mathbf{F}(\mathbf{x})$가 가장 빠르게 감소하는 방향으로 근삿값을 찾아가므로 지역적 최솟값으로 수렴할 수 있다. 뉴턴법과 달리 초기해벡터에 민감하지 않고 일반적으로 수렴하는 장점을 가지고 있다. 하지만 최하향경사법은 반복연산이 수행됨에 따라 수렴속도가 느려지는 단점을 가지고 있어 뉴턴법을 적용하기 위한 초기해벡터를 구하는 데 사용될 수 있다.

최하향경사법을 적용하기 위해, 연립비선형방정식을 이용하여 식 (4.17)의 $g(\mathbf{x})$를 구성한다. 임의의 벡터 $\mathbf{x}$를 함수 $g(\mathbf{x})$에 대입하여 0을 가질 경우, $g(\mathbf{x})$는 모든 항이 제곱값으로 이루어져 있기 때문에 이를 만족하는 벡터 $\mathbf{x}$는 $\mathbf{F}(\mathbf{x})$의 해가 된다. 그러므로 $g(\mathbf{x})=0$, 즉 $g(\mathbf{x})$의 최솟값을 찾기 위해 $g(\mathbf{x})$의 변화율인 $\nabla g(\mathbf{x})$를 이용하여 $g(\mathbf{x})$가 감소하는 방향을 결정한다. $\nabla g(\mathbf{x})$는 식 (4.18)과 같이 정의되며, 다변수함수에서의 구배는 일반적으로 단일변수함수의 도함수와 유사한 성질을 가진다.

다변수함수 $g(\mathbf{x})$의 $\nabla g(x) \neq \mathbf{0}$일 경우, 벡터 $\mathbf{x}^i$에서 $g(\mathbf{x})$의 최댓값을 찾아가는 방향은 $\nabla g(\mathbf{x})$와 평행한 방향이 된다. 최하향경사법의 목적인 $g(\mathbf{x})$의 최솟값인 0을 만족하는 벡터 $\mathbf{x}$를 찾기 위해서는, 반대방향인 $-\nabla g(\mathbf{x})$와 평행한 방향으로 보정해 주어야 한다. 그러므로 식 (4.19)는 벡터 $\mathbf{x}^{i-1}$에 대하여 $g(\mathbf{x})$ 함숫값을 가장 빠르게 감소하는 방향인 $-\nabla g(\mathbf{x})$로 보정한 새로운 벡터 $\mathbf{x}^i$를 구하는 식이다.

$$g(x_1, x_2, ..., x_n)=\sum_{i=1}^{n}\left[f_i(x_1, x_2, ..., x_n)\right]^2 \tag{4.17}$$

$$\nabla g(\mathbf{x})=\begin{bmatrix}\dfrac{\partial g}{\partial x_1} & \dfrac{\partial g}{\partial x_2} & \dfrac{\partial g}{\partial x_n}\end{bmatrix}^T \tag{4.18}$$

$$\mathbf{x}^i=\mathbf{x}^{i-1}+\alpha\cdot\frac{-\nabla g(\mathbf{x}^{i-1})}{\left\|\nabla g(\mathbf{x}^{i-1})\right\|} \tag{4.19}$$

여기서 $\mathbf{F}(\mathbf{x})$는 주어진 연립방정식, $\mathbf{x}$는 반복해, α는 양의 상수이다. 상첨자 i는 반복계산 단계이다.

식 (4.19)는 최대감소방향벡터의 크기를 1로 만들기 위해 $\|\nabla g(\mathbf{x})\|$를 나누어 주었으며, 상수 α는 $g(\mathbf{x}^i)$가 $g(\mathbf{x}^{i-1})$보다 작은 값을 가지도록 결정한다. 상수 α는 식 (4.20)으로 정의된 함수식 $h(\alpha)$를 최소로 하는 값으로 한다.

$$h(\alpha)=g\left(\mathbf{x}^{i-1}-\alpha\cdot\frac{\nabla g(\mathbf{x}^{i-1})}{\left\|\nabla g(\mathbf{x}^{i-1})\right\|}\right) \tag{4.20}$$

식 (4.20)에 주어진 $h(\alpha)$의 최솟값을 찾기 위해서는, 미분을 통해 $h'(\alpha)=0$을 만족하는 임계점을 찾고 그 중에서 최솟값을 갖는 α를 찾아야 하는 번거로움이 있다. 이를 보완하기 위해, $h(\alpha)$ 최솟값과 근접하는 2차식을 구하여 2차함수식의 최솟값을 갖는 $\hat{\alpha}$를 α의 근삿값으로 이용한다.

임의의 세 점 $[\alpha_1, h(\alpha_1)]$, $[\alpha_2, h(\alpha_2)]$, $[\alpha_3, h(\alpha_3)]$(단, $\alpha_1 < \alpha_2 < \alpha_3$)를 가정하고 보간법을 이용하여 세 점을 지나는 2차함수식을 구한다. 계산과정을 최소화하기 위해 일반적으로 $\alpha_1=0$으로 정한다. $h(\alpha)$의 최솟값을 찾아야 하므로, $h(\alpha_1) > h(\alpha_3)$를 만족하는 α_3를 선택해야 한다. 우선 α_3의 초깃값은 1로 정하고, $h(\alpha_1) > h(\alpha_3)$일 경우 1로 결정하고 $h(\alpha_1) \le h(\alpha_3)$일 경우에는 α_3를 2로 나눈 값을 다시 정해 준다. 이 과정을 반복수행하여 최종적으로 만족하는 α_3을 찾고, 마지막으로 α_1과 α_3의 중앙값인 $\alpha_3/2$를 α_2로 결정한다. 이렇게 결정된 $\alpha_1, \alpha_2, \alpha_3$와 함숫값 $h(\alpha_1), h(\alpha_2), h(\alpha_3)$를 이용하여 이들 세 점을 통과하는 2차식을 얻는다. 구해진 2차식의 최솟값을 갖는 $\hat{\alpha}$를 계산하여 α 값으로 하고 $\mathbf{x}^i$를 구한다.

예제 4.7 최하향경사법을 이용하여 다음 연립비선형방정식의 10번째 근사해 벡터 x_{10}를 구하라. 초깃값은 주어진 값을 이용하라.

$$3x_1+4x_2-3x_3^2=0$$
$$x_1^3+2(x_2-4)^2-x_3=0$$
$$-(x_1\cdot x_2+1)^2+3x_2-x_3^3=0$$

$$\mathbf{x}^0=[0\ \ 0\ \ 0]^T$$

먼저 식 (4.17)을 이용하여 $g(\mathbf{x})$를 구성한다.

$$g(x_1, x_2, x_3)=(3x_1+4x_2-3x_3^2)^2+[x_1^3+2(x_2-4)^2-x_3]^2+[-(x_1\cdot x_2+1)^2+3x_2-x_3^3]^2$$

식 (4.18)의 $\nabla g(\mathbf{x})$를 구하고 $\mathbf{x}^0$를 대입한다.

$$\nabla g(x)=\begin{bmatrix}\dfrac{\partial g(\mathbf{x})}{\partial x_1}\\ \dfrac{\partial g(\mathbf{x})}{\partial x_1}\\ \dfrac{\partial g(\mathbf{x})}{\partial x_1}\end{bmatrix}$$

$$=\begin{bmatrix}6(3x_1+4x_2-3x_3^2)+6x_1^2[x_1^3+2(x_2-4)^2-x_3]-4x_2(x_1\cdot x_2+1)[-(x_1\cdot x_2+1)^2+3x_2-x_3^3]\\ 8(3x_1+4x_2-3x_3^2)+8(x_2-4)[x_1^3+2(x_2-4)^2-x_3]+[6-4x_1(x_1\cdot x_2+1)][-(x_1\cdot x_2+1)^2+3x_2-x_3^3]\\ -12x_3(3x_1+4x_2-3x_3^2)-2[x_1^3+2(x_2-4)^2-x_3]-6x_3^2[-(x_1\cdot x_2+1)^2+3x_2-x_3^3]\end{bmatrix}$$

$$\nabla g(\mathbf{x}^0)=[0\ \ -1030\ \ -64]^T$$

$\nabla g(\mathbf{x})$의 행렬식, $\|\nabla g(\mathbf{x}^0)\|=1032$를 이용하여 $\nabla g(\mathbf{x})$의 단위 벡터를 계산한다.

$$\frac{\nabla g(\mathbf{x}^0)}{\left\|\nabla g(\mathbf{x}^0)\right\|}=[0.0000\ \ -0.9981\ \ -0.06202)]^T$$

식 (4.19)를 적용하기 위하여 상수 α를 결정해야 한다. 이를 위해 α_1와 α_3를 각각 0과 1로 가정하고 이를 식 (4.20)에 대입한다.

$$h(\alpha_1)=\left(\mathbf{x}^0-0\cdot\frac{\nabla g(\mathbf{x}^0)}{\left\|\nabla g(\mathbf{x}^0)\right\|}\right)=g(\mathbf{x}^0)=1025$$

$$h(\alpha_3)=\left(\mathbf{x}^0-1\cdot\frac{\nabla g(\mathbf{x}^0)}{\left\|\nabla g(\mathbf{x}^0)\right\|}\right)=342.4$$

$h(\alpha_1)$이 $h(\alpha_3)$보다 더 크므로, $(\alpha_1, \alpha_2, \alpha_3)=(0, 0.5, 1)$로 가정할 수 있다. 다시 α_2를 식 (4.20)에 대입하여 $h(\alpha_2)$를 계산한다.

$$h(\alpha_2)=\left(\mathbf{x}^0-0.5\cdot\frac{\nabla g(\mathbf{x}^0)}{\left\|\nabla g(\mathbf{x}^0)\right\|}\right)=603.6$$

계산된 세 점 $[\alpha_1, h(\alpha_1)]$, $[\alpha_2, h(\alpha_2)]$, $[\alpha_3, h(\alpha_3)]$를 지나는 2차함수식 $P(\alpha)$를 구하고, 최솟값을 갖는 α를 찾아야 한다. 하지만 이 경우에는 $[\alpha_1, \alpha_3]$의 구간에서 단조감소의 형태를 나타내기 때문에, 즉 $h(\alpha_3) < h(\alpha_2) < h(\alpha_1)$이므로 최솟값을 갖는 α_3를 취한다. 계산된 $\alpha = \alpha_3 = 1$로 하여 식 (4.19)로부터 $\mathbf{x}^1$을 얻는다.

$$\mathbf{x}^1 = \mathbf{x}^0 - 1 \cdot \frac{\nabla g(\mathbf{x}^0)}{\left\| \nabla g(\mathbf{x}^0) \right\|} = \begin{bmatrix} 0 \\ 0 \\ 0 \end{bmatrix} - \begin{bmatrix} 0.0000 \\ -0.9981 \\ -0.06202 \end{bmatrix} = \begin{bmatrix} 0.0000 \\ 0.9981 \\ 0.06202 \end{bmatrix}$$

같은 원리로 계산과정을 반복하여 수행하면 표 4.7의 결과를 얻는다. 10번째 근사해 $\mathbf{x}^{10} = \begin{bmatrix} 0.0076 \\ 3.0300 \\ 2.0103 \end{bmatrix}$이다.

표 4.7 반복수행 결과

iteration number, i	$(\mathbf{x}^i)^T$	$[\mathbf{F}(\mathbf{x}^i)]^T$
0	(0.0 0.0 0.0)	(0.0 32.0 −1.0)
1	(0.0000 0.9981 0.0620)	(3.9808 17.9611 1.9940)
2	(0.0409 1.9922 0.1619)	(7.7678 7.9003 5.1286)
3	(0.2362 2.7017 0.8390)	(7.9866 2.5189 7.3835)
4	(0.3728 2.1203 1.6410)	(−0.7165 5.3739 1.8976)
5	(0.3327 3.0586 1.9846)	(−0.5796 −0.2488 1.3590)
⋮	⋮	⋮
9	(0.0092 3.0338 2.0037)	(0.0637 −0.1365 0.1124)
10	(0.0076 3.0300 2.0103)	(−0.0268 −0.1286 0.0112)

연구문제

4.17 뉴턴법을 이용하여 다음의 연립비선형방정식의 두 번째 반복해 $\mathbf{x}^2$를 구하라. 초깃값은 주어진 값을 사용하라.

(1) $x_1^3 + x_2^2 - 1 = 0$

$3x_1^2 x_2 + 2x_1^3 - 2x_2^3 - 2 = 0$

$\mathbf{x}^0 = [1 \;\; 1]^T$

(2) $6x_1 - \cos(x_2 x_3) - 1 = 0$

$9x_2 + \sqrt{x_1^2 - \sin x_3 + 1.06} + 0.9 = 0$

$60x_3 + 3e^{-x_1 x_2} + 10\pi - 3 = 0$

$\mathbf{x}^0 = [0 \;\; 0 \;\; 0]^T$

4.18 연구문제 4.17의 연립비선형방정식에 대해 최하향경사법을 이용하여 오차범위 10^{-6} 내의 근사해를 구하라.

4.19 함수 $f(x_1, x_2) = 3x_1^2 - 2x_1 x_2 + x_2^2 + x_1 - 5x_2 - 2$에 대해서 다음의 물음에 답하라.

(1) 주어진 함수식에 대해서 $\nabla f(\mathbf{x}) = \mathbf{0}$을 이용하여 최솟값을 구하라.

(2) 점 (1, 1)에서 시작하여 최하향경사법에서 적용된 2차다항식을 이용한 최솟값 계산법을 이용하여 최솟값을 구하고 (1)의 결과와 비교하라.

4.20 원점을 초기벡터로 정한 후 최하향경사법을 이용하여 두 번째 반복해 $\mathbf{x}^2$를 구하라.

(1) $x_1(1 - x_1) + 4x_2 - 12 = 0$

$(x_1 - 2)^2 + (2x_1 - 2)^2 - 25 = 0$

(2) $15x_1 + x_2^2 - 4x_3 - 13 = 0$

$x_1^2 + 10x_2 - x_3 - 11 = 0$

$x_2^3 - 25x_3 + 22 = 0$

4.21 연구문제 4.20에서 구한 $\mathbf{x}^2$를 초기벡터로 가정하고, 각각의 연립비선형방정식을 뉴턴법으로 풀라. 오차범위로 10^{-6}을 사용하라.

CHAPTER 5

보간법과 최적근사함수

보간법은 주어진 두 개 이상의 좌표를 이용하여 예측함수를 만들고 이를 통해 자료값이 없는 좌표 사이의 함숫값을 추정하는 방법이다. 근사함수는 획득한 자료가 상당한 크기의 오차를 포함하거나 산재하는 경우, 자료들의 변화경향을 단일 곡선으로 표현한 것이다. 5장의 전반부에서는 보간법의 종류와 원리를 소개하고 후반부에서는 다양한 형태의 최적근사함수와 그 오차의 정량화에 대해서 공부하며 기본 구성은 다음과 같다.

5.1 선형보간법
5.2 테일러 보간법
5.3 라그랑주 보간법
5.4 스플라인 보간법
5.5 최적근사함수
5.6 비선형관계식의 선형화

보간법은 내삽법(interpolation)이라고도 하며 주어진 값들의 사이 값을 예측하는 방법이다. 보간법의 가장 쉬운 예는 그림 5.1과 같이 알려진 두 개의 좌표가 있을 때, 그 사이 값의 변화를 선형적으로 가정하고 추정하는 선형보간이다. 보간법은 독립변수 x와 종속변수인 함수 $f(x)$ 값이 2개 이상 알려져 있고 원래의 함수 $y=f(x)$를 모를 때 그 사이에 위치하는 임의의 x에 대한 함숫값을 추정하는 것으로 다음과 같은 방법들이 있다.

- 선형보간법
- 테일러 보간법(Taylor interpolation)
- 라그랑주 보간법(Lagrange interpolation)
- 스플라인 보간법(spline interpolation)

5.1 ▶ 선형보간법

선형보간은 그림 5.1과 같이 두 개의 자료점이 있을 때 그 사이의 함숫값을 1차식으로 추정하는 방법이다. 구체적으로, 정의역 x와 이에 대응하는 함숫값 $y=f(x)$에 포함되는 두 점 (x_i, y_i), (x_{i+1}, y_{i+1})이 주어졌을 경우 두 점 사이에 존재하는 임의의 x 값에 대응되는 y 값을 직선식 (5.1)로 근사화한다.

$$y=y_i+m(x-x_i),\quad x_i < x < x_{i+1} \tag{5.1a}$$

$$m=\frac{y_{i+1}-y_i}{x_{i+1}-x_i} \tag{5.1b}$$

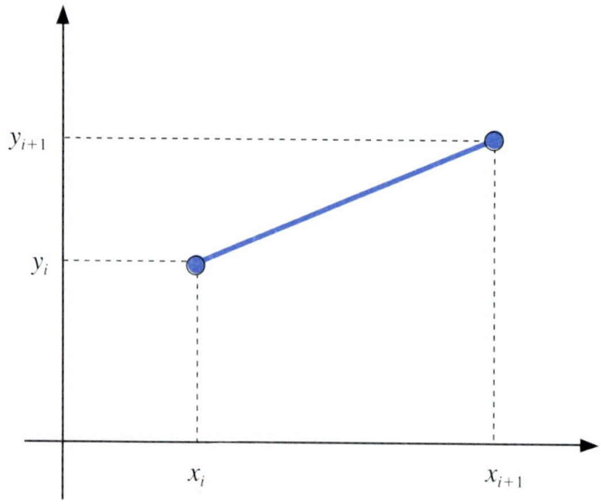

그림 5.1 선형보간

예제 5.1 표 5.1과 같이 좌표가 주어졌을 경우, $x=3$일 때의 함숫값을 선형보간법으로 구하라.

표 5.1 보간을 위한 자료값

x	1	2	4	5
y	3	5	6	5

예측의 정확성과 신뢰성을 위해 $x=3$ 전후의 두 좌표점 (2, 5), (4, 6)을 선형보간법에 이용한다. 식 (5.1b)와 식 (5.1a)를 이용하여 다음과 같이 기울기와 함수식을 얻는다. $x=3$일 때 함숫값은 5.5가 된다.

$$m=(6-5)/(4-2)=0.5$$

$$y=0.5x+4$$

예제 5.1의 결과는 그림 5.2에 표시된 것과 같으며 두 점 (2, 5), (4, 6)을 지나는 직선식을 이용해도 동일한 결과를 얻는다. 선형보간법의 경우, 기하학적으로 주어진 두 자료값의 중간지점인 $x=3$에서 얻는 함숫값은 주어진 y 좌표값인 5와 6의 평균과 같다.

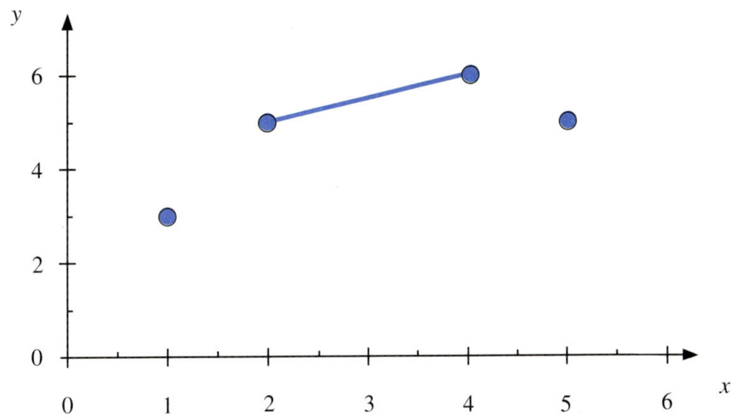

그림 5.2 선형보간을 이용한 함숫값 예측

5.2 ▶ 테일러 보간법

테일러급수가 보간함수로 사용될 수 있는지를 지수함수의 예를 통해 살펴보자. 지수함수 $f(x)=e^x$의 테일러급수는 식 (5.2a)로 표현되는 무한급수이고 일정한 차수까지 부분합으로 근사화하면 식 (5.2b)와 같다.

$$e^x=\sum_{n=0}^{\infty}\frac{x^n}{n!} \tag{5.2a}$$

$$\begin{aligned} P_0(x)&=1 \\ P_1(x)&=1+x \\ P_2(x)&=1+x+\frac{x^2}{2} \\ P_3(x)&=1+x+\frac{x^2}{2}+\frac{x^3}{6} \\ P_4(x)&=1+x+\frac{x^2}{2}+\frac{x^3}{6}+\frac{x^4}{24} \end{aligned} \tag{5.2b}$$

여기서 $P_n(x)$는 테일러급수를 이용한 e^x의 n차 근사다항식이다.

테일러급수를 통해 전개한 이 식들은 $x=0$일 때 원시함수인 $f(x)=e^x$의 값과 같은 $f(0)=1$을 가진다. 그림 5.3에서 볼 수 있듯이 $P_n(x)$는 차수가 클수록 원시함수에 보다 가까운 값을 가지므로 우리는 테일러급수를 이용하여 실제값을 예측할 수 있다는 것을 예상할 수 있다. 테일러급수를 통한 보간법은 차수가 높을수록 원시함수를 잘 근사화하며 테일러급수의 중심 근처에서 정확도가 높은 특징이 있다. 하지만 예측지점이 급수의 중심에서 멀어질수록, 그림 5.3과 같이 오차가 커지게 된다.

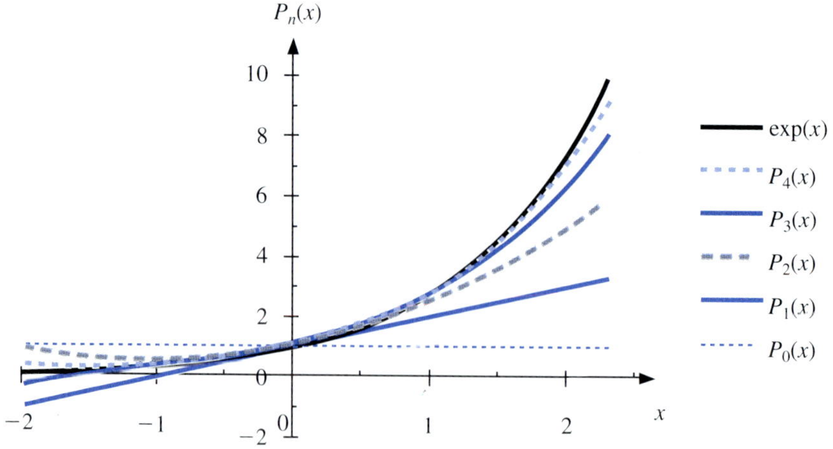

그림 5.3 함수 e^x와 차수에 따른 테일러다항식

등간격을 가지는 세 개 이상의 좌표가 주어졌을 때 테일러 보간법을 이용하여 함숫값을 예측하는 방법을 알아보자. 등간격 Δx를 가지는 세 좌표 x_{i-1}, x_i, x_{i+1}이 주어졌을 때 테일러급수를 이용한 보간으로 구하고자 하는 x 값은 식 (5.3a)이고 함숫값은 $f(x_i+a\Delta x)$이다.

$$x=x_i+a\Delta x \tag{5.3a}$$

$$a=\frac{x-x_i}{\Delta x} \tag{5.3b}$$

$$\Delta x=x_{i+1}-x_i \quad \text{or} \quad x_i-x_{i-1}$$

여기서 a는 기준점 x_i로부터의 거리를 Δx를 기준으로 -1과 1 사이의 값으로 표현한 것이다.

테일러 보간법은 전향차분(forward difference)과 후향차분(backward difference)을 모두 이용할 수 있다. 주어진 x_i를 중심으로 전향차분과 후향차분을 이용하여 테일러전개식을 나타내면 각각 식 (5.4a), (5.4b)와 같다.

$$f(x_{i+1})=f(x_i)+\Delta x\frac{\partial f}{\partial x}+\frac{(\Delta x)^2}{2!}\frac{\partial^2 f}{\partial x^2}+\cdots \tag{5.4a}$$

$$f(x_{i-1})=f(x_i)-\Delta x\frac{\partial f}{\partial x}+\frac{(\Delta x)^2}{2!}\frac{\partial^2 f}{\partial x^2}-\cdots \tag{5.4b}$$

식 (5.4a)로부터 전향차분 1차 미분값을 식 (5.5a)와 같이 얻고 식 (5.4b)로부터 후향차분 1차 미분값 식 (5.5b)를 얻는다. 식 (5.4a)와 (5.4b)의 차를 이용하면, 식 (5.5c)의 중앙차분 1차 미분값을 얻고 그 합을 이용하면 식 (5.6)의 2차 미분값을 얻는다. 여기서 Δx를 포함하는 나머지 오차합은 무시하였다.

$$f'(x_i)=\frac{f(x_{i+1})-f(x_i)}{\Delta x} \tag{5.5a}$$

$$f'(x_i)=\frac{f(x_i)-f(x_{i-1})}{\Delta x} \tag{5.5b}$$

$$f'(x_i)=\frac{f(x_{i+1})-f(x_{i-1})}{2\Delta x} \tag{5.5c}$$

$$f''(x_i)=\frac{f(x_{i-1})-2f(x_i)+f(x_{i+1})}{\Delta x^2} \tag{5.6}$$

식 (5.3a)와 (5.5c) 그리고 (5.6)을 식 (5.4a)에 대입하면 2차 테일러 보간식 (5.7)을 얻는다. 테일러 보간법은 테일러급수 보간법이라고도 한다.

$$\begin{aligned} f(x)&=f(x_i+a\Delta x)=f(x_i)+\frac{a}{2}[f(x_{i+1})-f(x_{i-1})]+\frac{a^2}{2}[f(x_{i-1})-2f(x_i)+f(x_{i+1})] \\ &=\frac{1}{2}[a(a-1)f(x_{i-1})-2(a^2-1)f(x_i)+a(a+1)f(x_{i+1})] \end{aligned} \tag{5.7}$$

예제 5.2

표 5.2와 같이 좌표가 주어졌을 때 $x=1.7$에서 함숫값 $f(1.7)$을 2차 테일러전개식을 이용하여 추정하라.

표 5.2 테일러 보간을 위한 등간격 자료

x	y
1	3
2	2
3	6

좌표점 $x_i=2$를 기준으로 식 (5.3b)를 이용하여 a 값을 계산하면 -0.3을 얻는다. 표 5.2에 주어진 함숫값과 2차 테일러전개식 (5.7)로부터 $f(1.7)$을 계산하면 다음과 같이 1.775를 얻는다. 테일러 보간법을 통해 주어진 구간을 보간하여 그래프를 그리면 그림 5.4와 같다.

$$a=(1.7-2)/1=-0.3$$
$$f(1.7)=\frac{1}{2}[-0.3(-0.3-1)3-2((-0.3)^2-1)2-0.3(-0.3+1)6]=1.775$$

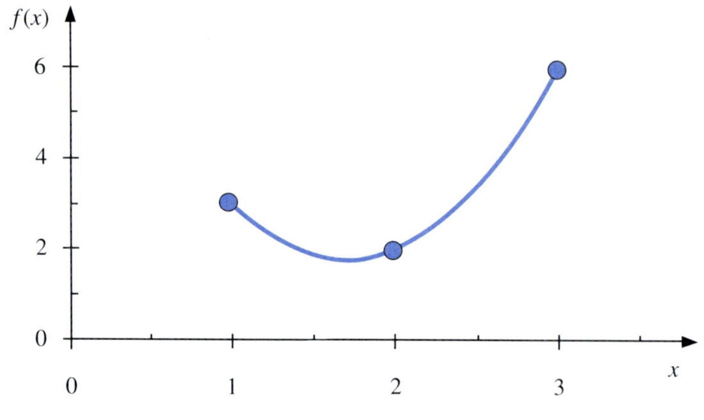

그림 5.4 테일러전개를 통한 보간함수 그래프

지금까지 설명한 테일러 보간법은 등간격으로 자료가 주어시지 않았을 경우에는 사용할 수 없다. 무엇보다도 이 방법은 전구간에 걸친 좋은 근사를 제공하지 못한다는 단점이 있으며 예제 5.3은 이를 잘 보여 준다.

예제 5.3

표 5.3은 함수 $y=6/x$이 지나가는 자료점이다. 원래 함수를 모른다고 가정하고 테일러 보간법으로 $f(1.5)$를 추정하라.

표 5.3 함수 $y=6/x$으로부터 얻은 자료

x	y
0.6	10
1.2	5
1.8	3.333
2.4	2.5

2차식 테일러 보간법을 사용하기 위해서는 등간격으로 주어진 세 개의 좌표 x_{i-1}, x_i, x_{i+1}이 필요하다. 이 예제에서는 네 개의 좌표가 주어졌으므로 구간을 나누어 테일러 보간을 실시하여야 한다. 처음 세 개의 좌표를 이용하여 식 (5.3b)와 식 (5.7)로부터 다음과 같은 결과를 얻는다.

$$a=(1.5-1.2)/0.6=0.5$$
$$f(1.5)=3.750$$

하지만 나중 세 개의 좌표를 이용한 결과는 다음과 같다.

$$a=(1.5-1.8)/0.6=-0.5$$
$$f(1.5)=4.062$$

그림 5.5는 처음 세 개의 자료와 나중 세 개의 자료를 이용하여 만든 보간함수의 그래프이다. 테일러 보간은 전구간에 걸쳐 훌륭한 근사를 제공하지 못하고 특히 계산된 두 경우 $f(1.5)$를 다르게 예측하는 한계가 있다. 또한 자료가 사용된 구간을 벗어나게 되면 오차가 급격히 증가하게 된다. 그림 5.5는 보간법이 자료가 존재하는 구간을 지나 외삽(extrapolation)하게 될 경우 나타날 수 있는 위험성을 잘 보여 준다. 이런 한계를 극복하기 위하여 등간격으로 주어진 자료점을 3개씩 순차적으로 사용하고 해당 구간에서만 보간하여야 한다.

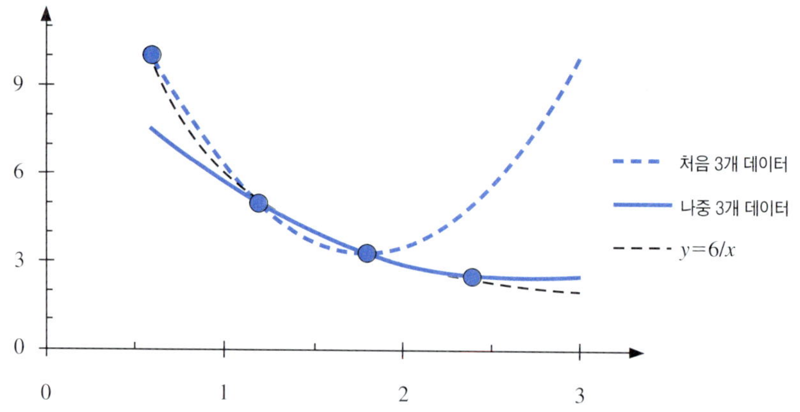

그림 5.5 원래 함수와 사용된 자료에 따른 테일러 보간함수의 비교

연구문제

5.1 표 5.3의 자료를 이용하여 다음의 방법으로 $f(2.0)$의 값을 보간하라. 함수 $f(x)=6/x$를 참값이라 가정하고 오차를 계산하라.

(1) 선형보간법

(2) 처음 세 자료를 이용한 테일러 보간법

(2) 나중 세 자료를 이용한 테일러 보간법

5.2 표 5.3에 주어진 자료 중에서 다음 자료만 이용하여 $f(3.0)$ 값을 외삽법으로 계산하라. 함수 $f(x)=6/x$를 참값이라 가정하고 절대 및 상대 오차를 계산하라.

(1) (0.6, 10), (1.2, 5), (1.8, 3.333)

(2) (1.2, 5), (1.8, 3.333), (2.4, 2.5)

5.3 표 5.3의 자료를 이용하여 다음의 방법으로 $f(1.9)$의 값을 보간하라.

(1) 선형보간법

(2) 테일러 보간법

(3) $f(x)=6/x$가 참값이라 가정하고 (1), (2)에서 얻은 결과의 오차를 계산하라.

5.4 식 (5.2a)로 주어진 지수함수의 테일러급수를 이용하여 $e^{0.5}$의 근삿값을 구하고자 한다.

(1) 1차, 2차, 3차 근사다항식으로 함숫값을 평가하라.

(2) 절대오차가 10^{-4}보다 작은 값을 얻기 위한 근사항의 최소 개수를 구하라.

5.5 다음의 각 경우에, 식 (5.2a)로 주어진 지수함수의 n차 근사다항식 $P_n(x)$의 절대 오차가 10^{-4}보다 작기 위한 근사항의 최소 개수를 구하라.

(1) $P_n(2)$

(2) $P_n(6)$

(3) $P_n(10)$

5.6 다음과 같이 자료가 주어졌을 때 제시된 기법으로 $f(0.45)$의 값을 계산하라.

x	0.2	0.35	0.5
$f(x)$	0.725	0.853	0.677

(1) 선형보간법

(2) 테일러 보간법

(3) $f(x)=ax^2+bx+c$로 근사화할 때 계수 a, b, c를 결정하고 $f(0.45)$를 추정하라.

5.7 주어진 자료를 이용하여 테일러 내삽법으로 보간하고자 한다. 다음 두 경우에 대하여 $f(5.5)$의 값을 예측하라.

x	2	4	6	8
$f(x)$	5.14	6.26	8.50	11.86

(1) 처음 세 자료점을 사용할 경우

(2) 마지막 세 자료점을 사용할 경우

5.8 연구문제 5.7에 주어진 자료를 이용하여 다음의 각 경우에 $f(4.1)$, $f(4.5)$의 값을 테일러 보간법으로 계산하고 그 결과를 비교하라.

(1) 처음 세 자료점을 사용할 경우

(2) 마지막 세 자료점을 사용할 경우

(3) 주어진 자료를 이용하여 함수식을 평가하라.

(4) 만약 두 예측값이 같거나 다르다면 그 이유는 무엇인가

5.9 아래의 자료를 이용하여 다음 두 경우에 대하여 $f(5.5)$의 값을 테일러 내삽법으로 보간하라.

x	2	4	6	8
$f(x)$	0.6931	1.386	1.792	2.079

(1) 처음 세 자료점을 사용할 경우

(2) 마지막 세 자료점을 사용할 경우

(3) 만약 두 예측값이 같거나 다르다면 그 이유는 무엇인가

5.3 ▶ 라그랑주 보간법

테일러 보간법과 달리 라그랑주 보간법은 주어진 자료가 등간격이 아니더라도 사용할 수 있는 장점이 있다. 사용하는 식의 차수에 따라 1차, 2차, 3차, 또는 그 이상의 라그랑주 보간법으로 나눌 수 있으며 일반적으로 3차 라그랑주 보간이 가장 많이 사용된다.

가장 간단한 1차 선형보간은 (x_i, y_i), (x_{i+1}, y_{i+1})을 직선으로 연결한 식 (5.8)과 같다. 이 식은 두 점을 지나는 직선식과 완전히 동일하지만 표현을 다르게 한 것이다. 라그랑주 보간식 (5.8a)는 식 (5.8b)로 간단히 표현할 수 있다.

$$P_1(x)=y_0\frac{x-x_1}{x_0-x_1}+y_1\frac{x-x_0}{x_1-x_0} \tag{5.8a}$$

$$P_1(x)=y_0L_0(x)+y_1L_1(x) \tag{5.8b}$$

$$L_0(x)=\frac{x-x_1}{x_0-x_1},\ L_1(x)=\frac{x-x_0}{x_1-x_0}$$

여기서 $P_1(x)$는 라그랑주 1차 다항식이다. 라그랑주 다항식에 사용된 $L_i(x)$는 주어진 자료값에 대하여 식 (5.9)와 같은 특징이 있다. 라그랑주 보간법에 사용된 자료를 $L_i(x)$에 대입하면 x_i를 제외한 모든 값에서 0의 값을 갖고 x_i에서는 1의 값을 갖는다. 따라서 식 (5.8b)로 표시된 보간식은 항상 (x_0, y_0), (x_1, y_1)을 지난다.

$$L_i(x_j)=\delta_{ij}=\begin{cases}0, & \text{if } i\neq j\\ 1, & \text{if } i=j\end{cases} \tag{5.9}$$

여기서 δ_{ij}는 크로네커 델타(Kronecker delta)로 식 (5.9)의 성질을 가진다.

라그랑주 보간법에서는 주어진 자료를 통과하는 곡선으로 보간한다. 3개의 자료가 주어졌을 때는 2차식을, 일반화하여 $(n+1)$개의 자료가 주어졌을 때는 n차 다항식을 통해 모든 자료를 통과하는 함수식으로 보간한다. n차 함수가 $x_0, x_2, x_3, \ldots, x_n$에서 0의 값을 가진다고 하면 그 함수는 식 (5.10a)와 같다.

$$L_1(x)=C(x-x_0)(x-x_2)(x-x_3)\cdots(x-x_n) \tag{5.10a}$$

식 (5.10a)가 식 (5.9)를 만족하기 위해서 상수 C는 식 (5.10b)와 같이 결정된다.

$$C=\frac{1}{(x_1-x_0)(x_1-x_2)(x_1-x_3)\cdots(x_1-x_n)} \tag{5.10b}$$

식 (5.10b)를 식 (5.10a)에 대입하면 $x=x_0, x_2, x_3, \ldots, x_n$에서는 0의 값을 가지고 x_1에서는 1의 값을 가지는 n차 다항식 (5.11)을 얻는다.

$$L_1(x)=\frac{(x-x_0)(x-x_2)(x-x_3)\cdots(x-x_n)}{(x_1-x_0)(x_1-x_2)(x_1-x_3)\cdots(x_1-x_n)} \tag{5.11}$$

식 (5.11)로 주어진 $L_1(x)$와 식 (5.9)의 성질을 이용하면 $x=x_0, x_2, x_3, \ldots, x_n$에서는 0의 값을 갖고 (x_1, y_1)을 지나는 n차 다항식은 식 (5.12a)로 나타낼 수 있다. 라그랑주 보간식은 $(n+1)$개의 $L_i(x)$의 합으로 이루어지며, 이를 통해 주어진 자료를 모두 통과하는 라그랑주 정규다항식 (5.12b)를 얻는다.

$$P_n^*(x)=y_1L_1(x) \tag{5.12a}$$

$$P_n(x)=y_0L_0(x)+y_1L_1(x)+y_2L_2(x)+\cdots+y_nL_n(x) \tag{5.12b}$$

$$\begin{aligned}L_i(x)&=\prod_{j=0,\, j\neq i}^{n}\left(\frac{x-x_j}{x_i-x_j}\right)\\&=\frac{(x-x_0)(x-x_1)\cdots(x-x_{i-1})(x-x_{i+1})\cdots(x-x_{n-1})(x-x_n)}{(x_i-x_0)(x_i-x_1)\cdots(x_i-x_{i-1})(x_i-x_{i+1})\cdots(x_i-x_{n-1})(x_i-x_n)}\end{aligned}$$

라그랑주 보간법은 고차식의 계수를 얻기 위해 그 계수들로 구성된 연립방정식을 풀 필요가 없이 보간식을 바로 얻을 수 있는 장점이 있다. 특히 식 (5.12b)에서 볼 수 있듯이 보간식의 계산과정이 매우 체계적이고 일반적이어서 컴퓨터를 이용한 계산에 매우 유리하다. 하지만 자료의 개수가 많아져 라그랑주 보간식의 차수가 높아지는 경우 오차가 크게 증가할 수 있으므로 주의하여야 한다.

예제 5.4 표 5.4에 주어진 좌표값을 이용하여 3차 라그랑주 보간법으로 $y(3)$을 계산하라.

표 5.4 라그랑주 보간법을 위한 네 개의 좌표값

x	y
1	3
2	5
4	6
5	5

표 5.4에 주어진 자료의 순서대로 (x_i, y_i), $i=0, 3$이라 하자. 라그랑주 정규다항식 (5.12b)에 의해 다음과 같이 구할 수 있다.

$$P_3(x)=y_0L_0(x)+y_1L_1(x)+y_2L_2(x)+y_3L_3(x)$$

$$=y_0\frac{(x-x_1)(x-x_2)(x-x_3)}{(x_0-x_1)(x_0-x_2)(x_0-x_3)}+y_1\frac{(x-x_0)(x-x_2)(x-x_3)}{(x_1-x_0)(x_1-x_2)(x_1-x_3)}$$

$$+y_2\frac{(x-x_0)(x-x_1)(x-x_3)}{(x_2-x_0)(x_2-x_1)(x_2-x_3)}+y_3\frac{(x-x_0)(x-x_1)(x-x_2)}{(x_3-x_0)(x_3-x_1)(x_3-x_2)}$$

$$=3\frac{(x-2)(x-4)(x-5)}{-12}+5\frac{(x-1)(x-4)(x-5)}{6}+6\frac{(x-1)(x-2)(x-5)}{-6}$$

$$+5\frac{(x-1)(x-2)(x-4)}{12}$$

계산된 $P_3(x)$에 $x=3$을 대입하면 보간값으로 6을 얻는다. 그림 5.6은 라그랑주 보간으로 인한 추정함수 그래프이다. 표 5.4의 자료값을 매우 부드럽게 연결함을 알 수 있다.

$$L(3)=3\frac{(3-2)(3-4)(3-5)}{-12}+5\frac{(3-1)(3-4)(3-5)}{6}+6\frac{(3-1)(3-2)(3-5)}{-6}$$

$$+5\frac{(3-1)(3-2)(3-4)}{12}=6$$

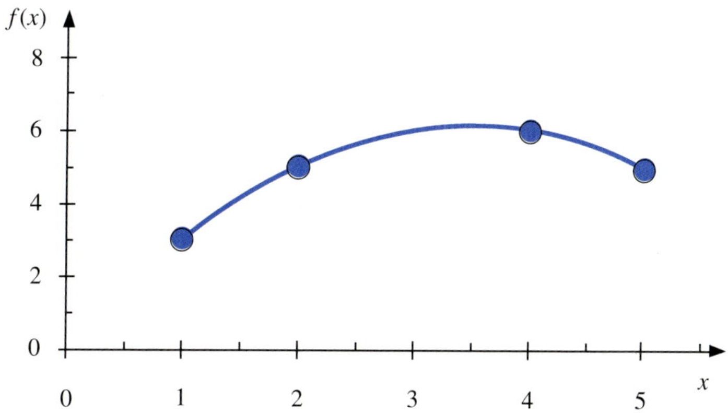

그림 5.6 라그랑주 보간을 이용한 보간함수

연구문제

5.10 아래의 자료를 이용하여 다음의 방법으로 $f(0.9)$를 계산하라.

x	0.6	1.2
$f(x)$	10	5.0

(1) 직선식 $f(x)=a+bx$ 이용

(2) 라그랑주 보간법을 이용

5.11 아래의 자료를 이용하여 다음의 방법으로 $f(0.9)$와 $f(1.8)$을 계산하라.

x	0.6	1.2	2.4
$f(x)$	10	5.0	2.5

(1) 2차식 $f(x)=a+bx+cx^2$ 이용

(2) 라그랑주 보간법을 이용

5.12 다음 자료를 이용하여 $f(2.5)$의 값을 보간하고자 한다.

x	0.5	1.2	2.0	3.0	3.5
$f(x)$	−0.6932	0.1823	0.6931	1.099	1.253

(1) $f(x)=a_0+a_1x+a_2x^2+a_3x^3+a_4x^4$ 으로 가정하고 계수를 구하라.

(2) 4차 라그랑주 보간법을 이용하라.

(3) 함수 $f(x)=\ln(x)$를 같은 그래프에 나타내라.

5.13 다음 자료를 이용하여 물음에 답하라.

x	0	2	4	6	8
$f(x)$	1	2	3	2	5

(1) $L_i(x)$, $i=0, 4$를 같은 그래프에 나타내라.

(2) 라그랑주 보간식 $P_4(x)$를 주어진 자료와 같이 도시하라. 자료는 산점도를 이용하라.

(3) $x=4, 5, 6$에서 함숫값을 예측하라.

5.14 다음 자료를 이용하여 물음에 답하라.

x	−2	−1	0	1	2
$f(x)$	0.4	1	2	1	0.4

(1) $L_i(x)$, $i=0, 4$를 같은 그래프에 나타내라.

(2) 라그랑주 보간식 $P_4(x)$를 주어진 자료와 같이 도시하라. 자료는 산점도를 이용하라.

(3) $x=0.5, 1.5$에서 함숫값을 예측하라.

(4) $x=2.5, 3.5$에서 함숫값을 외삽하라.

(5) $f(x)=2/(1+x^2)$을 참값으로 가정하고 (3), (4) 결과의 절대 및 상대 오차를 계산하라.

5.15 다음 자료를 이용하여 물음에 답하라.

x	0	2	4	6	8	10
$f(x)$	1	2	3	4	5	6

(1) 라그랑주 보간식 $P_5(x)$를 주어진 자료와 같이 도시하라. 자료는 산점도를 이용하라.

(2) $x=5, 7, 9$에서 함숫값을 예측하라.

(3) $x=11, 13, 15$에서 함숫값을 외삽하라.

(4) $f(x)=0.5x+1$을 참값으로 가정하고 (2), (3) 결과의 절대 및 상대 오차를 계산하라.

5.16 함수 $f(x)$가 다음과 같이 정의될 때

$$f(x)=\begin{cases} 2-|x|, & \text{if } |x|\le 2 \\ 0, & \text{if } |x|>2 \end{cases}$$

(1) $f(x)$의 그래프를 $-10<x<10$ 구간에서 도시하라.

(2) $x=-8, 0, 8$에서 자료값을 이용하여 $P_2(x)$를 계산하고 $f(x)$와 같이 도시하라.

(3) $x=-8, -4, 0, 4, 8$에서 자료값을 이용하여 $P_4(x)$를 계산하고 $f(x)$와 같이 도시하라.

(4) $x=-8, -6, -4, -2, 0, 2, 4, 6, 8$에서 자료값을 이용하여 $P_8(x)$를 계산하고 $f(x)$와 같이 도시하라.

(5) x를 -8에서 8까지 1씩 증가시켜 총 17개의 자료점을 사용할 때, $P_{16}(x)$의 개형을 설명하라.(구체적인 함수식의 계산을 요구하지 않음)

5.17 다음 자료를 이용하여 물음에 답하라.

x	-1	-0.5	0	0.5	1
$f(x)$	1	0.5	0	0.5	1

(1) 라그랑주 보간식 $P_4(x)$를 주어진 자료와 같이 도시하라. 자료는 산점도를 이용하라.

(2) $x=0.25$, 0.75에서 함숫값을 예측하라.

(3) $x=3$, 5에서 함숫값을 외삽하라.

(4) $f(x)=|x|$를 참값으로 가정하고 보간식 $P_4(x)$와 같은 그래프에 나타내라.

5.4 ▶ 스플라인 보간법

라그랑주 보간은 $(n+1)$개의 자료가 있을 때 모든 자료점을 지나는 n차 다항식으로 보간한다. 이는 수학적으로 좋은 원리이지만 자료의 개수가 증가하면 여러 가지 문제가 초래된다. 예를 들어 20개의 좌표가 주어졌을 때, 라그랑주 보간법을 사용하면 19차 다항식이 필요하다. 식 (5.12b)로부터 알 수 있듯이 19차 다항식으로 구성된 20개 항이 존재하여 계산량이 많아진다. 또한 x의 범위에 따라 x와 x^{19}은 너무 크거나 작아 수치오차를 증가시킨다.

라그랑주 다항식은 무엇보다도 모든 자료점을 지나가기 위한 고차식을 사용하므로 가까운 자료점 사이에서도 함숫값의 변화가 심하다. 따라서 각 자료값을 부드럽게 연결하지 못하여 실제 함숫값을 잘 예측하지 못하는 한계가 있다. 이런 문제를 해결하기 위해 고안된 스플라인 보간은 주어진 자료를 구간별로 낮은 차수의 다항식을 통해 보간하는 방법이다. 따라서 많은 수의 자료가 주어졌을 경우라도 설정한 차수의 다항식으로 보간을 실시한다.

요약하면, 스플라인 보간은 주어진 자료값으로 구성된 각 소구간에 대하여 다항식으로 근사화하는 방법으로 다음과 같은 세 가지가 있다. 각 구간에 몇 차 다항식을 사용하느냐에 따라 스플라인 보간법의 차수가 정해지며 일반적으로 3차 스플라인 보간이 가장 많이 사용된다. 그림 5.7은 각 구간을 1차식으로 근사화한 1차 스플라인 보간법의 예이며 이는 선형보간법과 동일하다.

- 1차 스플라인 보간법
- 2차 스플라인 보간법
- 3차 스플라인 보간법

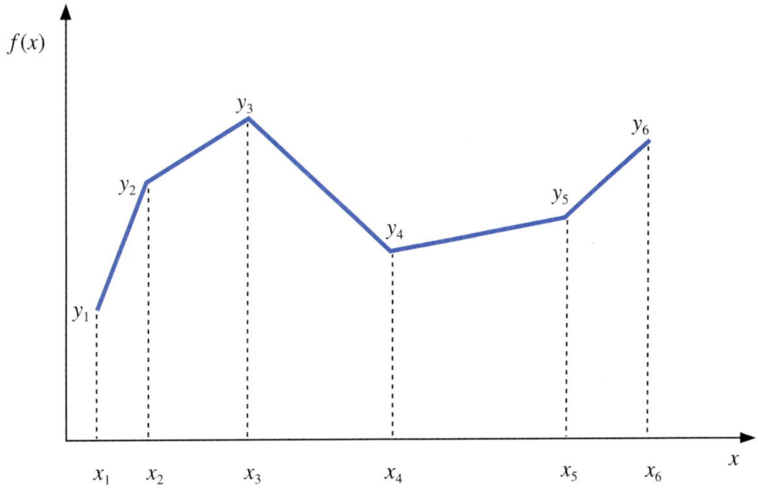

그림 5.7 1차 스플라인을 통한 보간

5.4.1 2차 스플라인 보간법

2차 스플라인 보간은 주어진 구간을 2차식을 사용하여 보간하는 방법이다. 그림 5.8과 같이 자료가 주어져 있고 각 자료점 사이를 2차식으로 근사화하면 식 (5.13)으로 표시된다. 식 (5.13)은 $x_1 \sim x_2$ 구간에서 $x_{n-1} \sim x_n$ 구간까지 총 $(n-1)$개 수식으로 구성된다. 각 수식의 계수들을 알아야 하므로 총 $3(n-1)$개의 미지수를 결정하여야 한다. 이를 위해 총 $3(n-1)$개의 조건식이 주어져야 각 구간의 보간식이 유일하게 결정된다.

$$P_i(x) = a_i x^2 + b_i x + c_i, \quad i = 1, (n-1) \tag{5.13}$$

먼저 주어진 2차식 (5.13)이 양 끝점 (x_i, y_i), (x_{i+1}, y_{i+1})을 지나야 하므로 식 (5.14a)와 같이 $2(n-1)$개의 조건을 얻는다. 2차 이상의 다항식으로 스플라인 보간을 하는 큰 이유 중 하나는 각 구간의 경계에서 보간함수들이 부드럽게 연결되도록 하는 것이다. 이것을 수학적으로 표현하면 $P_i(x)$가 $P_{i+1}(x)$와 공유하는 경계점에서 미분값이 같다. 이 조건을 전체 자료의 양 끝점을 제외한 내부 자료점에서 적용할 수 있으므로 식 (5.14b)와 같이 $(n-2)$개의 조건식을 얻는다.

2차 스플라인 보간법을 위해 지금까지 주어진 조건식은 총 $(3n-4)$개가 되어 미지수의 총 수보다 하나가 더 적다. 유일해를 얻기 위하여 하나의 조건이 더 필요하다. 추가 조건으로 첫 구간이나 마지막 구간에서 보간함수의 2차 미분식이 0이라는 조건을 사용할 수 있다. 보통의 경우 $P_1(x)$의 2차 미분식이 0이라는 식 (5.14c) 조건을 사용한다. 이는 첫 구간의 보간을 선형으로 한다는 의미이다. 따라서 2차 스플라인 보간의 경우 첫 번째 구간부터 순차적으로 각 보간함수를 바로 구할 수 있다.

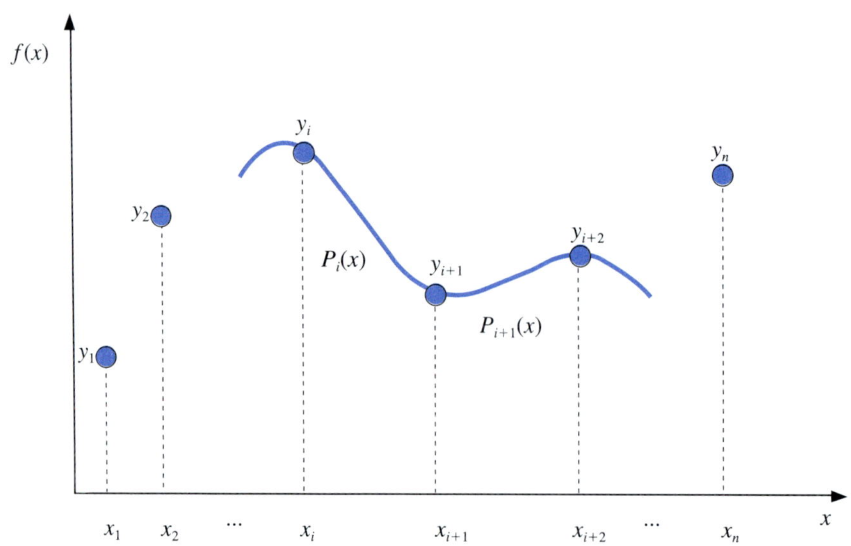

그림 5.8 n개의 자료점 (x_i, y_i)를 이용한 스플라인 보간법

$$P_i(x_i)=y_i \ \& \ P_i(x_{i+1})=y_{i+1}, \quad i=1, \ (n-1) \tag{5.14a}$$

$$P_i{}'(x_{i+1})=P'_{i+1}(x_{i+1}), \quad i=1, \ (n-2) \tag{5.14b}$$

$$P''_1(x)=0 \tag{5.14c}$$

예제 5.5 표 5.1의 자료를 이용하여 2차 스플라인 보간법으로 $y=f(3)$의 값을 추정하라.

2차 스플라인 보간법은 첫 구간을 1차식으로 보간한다. 따라서 보간함수는 다음과 같이 두 점 (1, 3)과 (2, 5)를 지나는 직선과 같다.

$$P_1(x)=2x+1$$

두 번째 구간은 2차식으로 보간하므로 일반식이 다음과 같다.

$$P_2(x)=a_2x^2+b_2x+c_2$$

$P_2(x)$는 소구간의 양 끝점 (2, 5), (4, 6)을 지나고 $x=2$에서 $P_1(x)$와 미분값이 같아야 하는 조건을 적용하면 다음과 같은 수식을 얻는다.

$$P_2(2)=4a_2+2b_2+c_2=5$$
$$P_2(4)=16a_2+4b_2+c_2=6$$
$$P_2'(2)=4a_2+b_2=2$$

세 개의 미지수와 관계식이 있으므로 이를 풀어 계수를 구하면 다음과 같고 $P_2(x)$를 얻는다.

$$a_2=-\frac{3}{4}, \quad b_2=5, \quad c_2=-2$$

$$P_2(x)=-\frac{3}{4}x^2+5x-2$$

$y=f(3)$은 두 번째 구간에 속하므로 $P_2(3)=6.25$를 얻는다.

3차 스플라인 보간과는 달리 2차 스플라인 보간법에서는 각 소구간의 보간식을 순차적으로 얻으므로 $P_3(x)$를 계산할 필요가 없다. $P_3(x)$도 $P_2(x)$를 이미 얻었으므로 해당 구간의 양 끝점과 $x=4$에서 미분값이 같아야 한다는 동일한 원리로 계산한다. 그림 5.9에서 첫 구간은 선형으로 보간되었고 나머지 구간은 각 소구간의 자료를 최대 2차식으로 부드럽게 연결하고 있음을 볼 수 있다.

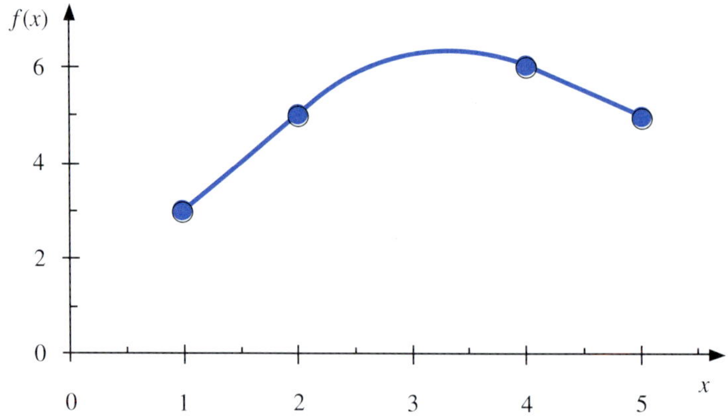

그림 5.9 2차 스플라인을 이용한 보간 그래프

5.4.2 3차 스플라인 보간법

3차 스플라인 보간은 두 자료점 사이의 보간을 위해 3차 다항식을 사용한다. 스플라인 보간법에서는 3차가 가장 일반적이며 간단히 스플라인 보간법이라 한다. 2차 스플라인과 마찬가지로 그림 5.8과 같이 n개의 자료점이 주어진 경우, 각 소구간에서 함수를 3차 다항식으로 근사화하면 식 (5.15)와 같다. 각 보간식 $P_i(x)$기 4개의 미지수를 가지고 있으므로 총 $4(n-1)$개의 미지수가 존재하며 이들을 유일하게 결정하기 위해 총 $4(n-1)$개의 조건이 필요하다.

식 (5.15)가 각 소구간의 끝점 (x_i, y_i), (x_{i+1}, y_{i+1})을 지나야 하므로 식 (5.16a)와 같이 $2(n-1)$개의 조건을 얻는다. 전체구간의 양 끝점을 제외한 내부 자료점에서 보간함수가 '아주 부드럽게' 연결되도록 한다. 이를 수학적으로 표현하면 식 (5.16b)와 (5.16c)같이 각 소구간의 경계에서 보간함수의 1차 및 2차 미분값이 서로 같다.

지금까지 주어진 조건들의 총수는 $(4n-6)$개이므로 보간식의 모든 계수를 유일하게 결정하기 위해서는 2개의 조건이 더 필요하다. 이를 위해 양 끝점 x_1, x_n에서 보간함수가 '부드럽게 마무리 되도록' 2차 미분값이 0이 되는 식 (5.16d)의 2개 조건을 추가한다. 이를 자연 (3차) 스플라인이라 한다. 이로써 $(n-1)$개 구간에서 3차 스플라인 보간식을 얻을 수 있다. 2차 스플라인 보간법처럼 처음 구간부터 순차적으로 보간함수를 구할 수 없고 각 소구간의 조건을 연립한 전체 연립방정식을 풀어 미지의 계수를 결정하여야 한다. 따라서 계산량이 많은 단점이 있다.

$$P_i(x)=a_ix^3+b_ix^2+c_ix+d_i,\quad i=1,\ (n-1) \tag{5.15}$$

$$P_i(x_i)=y_i\ \&\ P_i(x_{i+1})=y_{i+1},\quad i=1,\ (n-1) \tag{5.16a}$$

$$P_i'(x_{i+1})=P_{i+1}'(x_{i+1}),\quad i=1,\ (n-2) \tag{5.16b}$$

$$P_i''(x_{i+1})=P_{i+1}''(x_{i+1}),\quad i=1,\ (n-2) \tag{5.16c}$$

$$P_1''(x)=0\ \ \&\ \ P_{n-1}''(x)=0 \tag{5.16d}$$

예제 5.6 표 5.1의 자료를 사용하여 3차 스플라인 보간법으로 $y=f(3)$의 값을 추정하라.

3차 스플라인 보간은 각 소구간을 3차식으로 나타내므로 다음과 같은 보간식을 만들 수 있다.

$$P_1(x)=a_1x^3+b_1x^2+c_1x+d_1$$
$$P_2(x)=a_2x^3+b_2x^2+c_2x+d_2$$
$$P_3(x)=a_3x^3+b_3x^2+c_3x+d_3$$

12개의 미지수를 얻기 위해 12개의 조건식이 필요하다. 독자들의 이해를 돕기 위해 순차적으로 조건식을 적용해 보자. 먼저 각 $P_i(x)$는 소구간의 양 끝점을 지나야 하므로 다음과 같이 6개의 조건식을 얻는다.

$$P_1(1)=a_1+b_1+c_1+d_1=3$$
$$P_1(2)=8a_1+4b_1+2c_1+d_1=5$$
$$P_2(2)=8a_2+4b_2+2c_2+d_2=5$$
$$P_2(4)=64a_2+16b_2+4c_2+d_2=6$$
$$P_3(4)=64a_3+16b_3+4c_3+d_3=6$$
$$P_3(5)=125a_3+25b_3+5c_3+d_3=5$$

내부 자료점에서 1차 및 2차 미분값이 같아야 하는 조건으로부터 4개의 조건식을 얻는다.

$$P_1'(2)=P_2'(2):\quad 12a_1+4b_1+c_1=12a_2+4b_2+c_2$$
$$P_2'(4)=P_3'(4):\quad 48a_2+8b_2+c_2=48a_3+8b_3+c_3$$
$$P_1''(2)=P_2''(2):\quad 12a_1+2b_1=12a_2+2b_2$$
$$P_2''(4)=P_3''(4):\quad 24a_2+2b_2=24a_3+2b_3$$

전체 자료의 양 끝점에서 2차 미분값이 0이 되어야 한다는 조건을 적용하면 다음과 같다.

$$P_1''(1)=6a_1+2b_1=0$$
$$P_3''(5)=30a_3+2b_3=0$$

이제까지 얻은 12개의 조건식을 행렬방정식으로 표현하면 식 (5.17)과 같고 이를 풀어 보간함수의 미지수를 구한다. 식 (5.17)은 독자들의 이해를 돕기 위해 표현한 것으로 실제 계산을 위해서는 행렬원소를 저장하는 기억장소가 최소가 되도록 연립방정식을 배열하고 행렬을 구성하여야 한다.

$$\begin{bmatrix} 1 & 1 & 1 & 1 & 0 & 0 & 0 & 0 & 0 & 0 & 0 & 0 \\ 8 & 4 & 2 & 1 & 0 & 0 & 0 & 0 & 0 & 0 & 0 & 0 \\ 0 & 0 & 0 & 0 & 8 & 4 & 2 & 1 & 0 & 0 & 0 & 0 \\ 0 & 0 & 0 & 0 & 64 & 16 & 4 & 1 & 0 & 0 & 0 & 0 \\ 0 & 0 & 0 & 0 & 0 & 0 & 0 & 0 & 64 & 16 & 4 & 1 \\ 0 & 0 & 0 & 0 & 0 & 0 & 0 & 0 & 125 & 25 & 5 & 1 \\ 12 & 4 & 1 & 0 & -12 & -4 & -1 & 0 & 0 & 0 & 0 & 0 \\ 0 & 0 & 0 & 0 & 48 & 8 & 1 & 0 & -48 & -8 & -1 & 0 \\ 6 & 2 & 0 & 0 & 0 & 0 & 0 & 0 & 0 & 0 & 0 & 0 \\ 0 & 0 & 0 & 0 & 0 & 0 & 0 & 0 & 30 & 2 & 0 & 0 \\ 12 & 2 & 0 & 0 & -12 & -2 & 0 & 0 & 0 & 0 & 0 & 0 \\ 0 & 0 & 0 & 0 & 24 & 2 & 0 & 0 & -24 & -2 & 0 & 0 \end{bmatrix} \begin{bmatrix} a_1 \\ b_1 \\ c_1 \\ d_1 \\ a_2 \\ b_2 \\ c_2 \\ d_2 \\ a_3 \\ b_3 \\ c_3 \\ d_3 \end{bmatrix} = \begin{bmatrix} 3 \\ 5 \\ 5 \\ 6 \\ 6 \\ 5 \\ 0 \\ 0 \\ 0 \\ 0 \\ 0 \\ 0 \end{bmatrix} \tag{5.17}$$

이 행렬방정식을 풀면 다음과 같이 각 계수들을 얻는다. 그림 5.10은 각 소구간에서 얻은 보간식 그래프이다. $P_2(x)$로부터 $P_2(3)$을 계산하면 6.062이다.

$a_1 = -0.1875$, $b_1 = 0.5625$, $c_1 = 1.625$, $d_1 = 1$

$a_2 = 3.333 \times 10^{-16}$, $b_2 = -0.5625$, $c_2 = 3.875$, $d_2 = -0.5$

$a_3 = 0.1875$, $b_3 = -2.812$, $c_3 = 12.88$, $d_3 = -12.5$

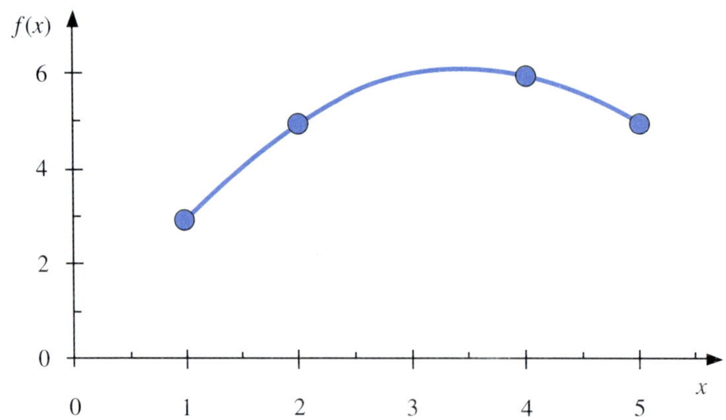

그림 5.10 3차 스플라인을 통한 보간 그래프

동일한 위치에서 함숫값을 얻기 위해 수행한 예제 5.5의 2차 스플라인 보간에서 $f(3)$의 추정값은 6.25이고 예제 5.6의 3차 스플라인 보간에서는 6.062를 얻었다. 결과적으로 스플라인의 차수에 의해 각기 다른 값을 예측한다. 3차 스플라인 보간법은 높은 차수의 식을 사용함으로써 2차 스플라인에 비해 연속성을 잘 표현할 수 있다. 2차 스플라인의 경우 첫 구간에서 직선으로 근사화해야만 하는 단점이 있어 일반적으로 3차 스플라인을 사용한다.

그림 5.11은 2차 및 3차 스플라인을 통한 추정함수를 도시한 것이다. 주어진 모든 자료점을 지나면서 첫 구간을 포함하여 전체구간이 부드럽게 연결되어 있다.

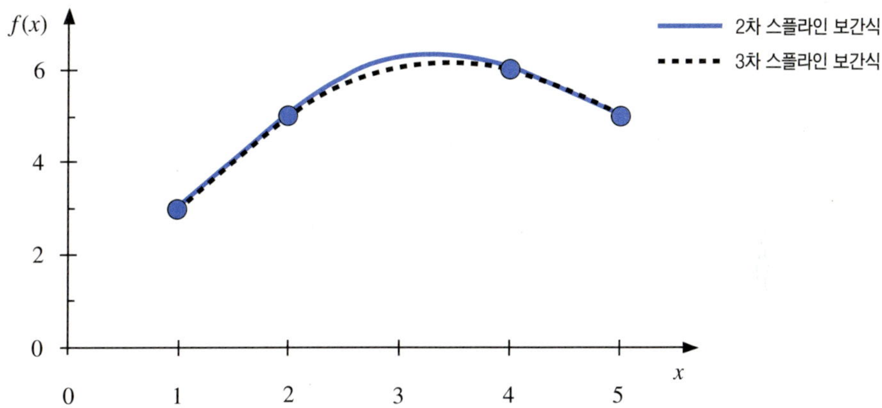

그림 5.11 2차 스플라인과 3차 스플라인의 추정함수 비교

연구문제

5.18 주어진 자료를 이용하여 제시된 보간법으로 $f(0.9)$와 $f(1.8)$을 계산하라.

x	0.6	1.2	2.4
$f(x)$	10	5.0	2.5

(1) 2차 스플라인 보간법

(2) 3차 스플라인 보간법

(3) 라그랑주 다항식 보간법과 비교하라.

5.19 다음 자료를 이용하여 1차, 2차, 3차 스플라인 보간식을 구하고 함께 그래프로 나타내라.

x	2	3	5	7	8
$f(x)$	4	3	1	4	7

5.20 다음 자료를 이용하여 $f(2.5)$의 값을 보간하고자 한다.

x	0.5	1.2	2.0	3.0	3.5
$f(x)$	−0.6932	0.1823	0.6931	1.099	1.253

(1) 3차 스플라인 보간법을 이용하라.

(2) 전체구간에 대하여 3차 스플라인 보간함수를 그래프로 나타내라.

(3) 함수 $f(x)=\ln(x)$를 같은 그래프에 도시하라.

5.21 다음 자료를 이용하여 물음에 답하라.

x	0	2	4	6
$f(x)$	1	2	3	2

(1) 2차 스플라인 보간법을 이용하여 $x=4.5, 5, 6$에서 함숫값을 예측하라.

(2) 3차 스플라인 보간법을 이용하여 $x=4.5, 5, 6$에서 함숫값을 예측하라.

(3) 위의 (1), (2) 결과를 같은 그래프에 자료값과 함께 나타내라.

5.22 다음 자료를 이용한 3차 스플라인 보간법에 대하여 물음에 답하라.

x	−2	−1	0	1	2
$f(x)$	0.4	1	2	1	0.4

(1) $x=0.5, 1.5$에서 함숫값을 예측하라.

(2) $x=2.5, 3.5$에서 함숫값을 외삽하라.

(3) 보간식을 주어진 자료와 같이 도시하라. 자료는 산점도를 이용하라.

(4) $f(x)=2/(1+x^2)$을 참값으로 가정하고 (1), (2) 결과의 절대 및 상대 오차를 계산하라.

5.23 다음 자료를 이용한 3차 스플라인 보간법에 대하여 물음에 답하라.

x	0	2	4	6	8	10
$f(x)$	1	2	3	4	5	6

(1) 주어진 자료의 산점도와 3차 스플라인 함수를 같이 도시하라.

(2) $x=5, 7, 9$에서 함숫값을 예측하라.

(3) $x=11, 13, 15$에서 함숫값을 외삽하라.

(4) 라그랑주 보간법으로 문제 (2), (3)을 풀라.

(5) $f(x)=0.5x+1$ 그래프를 3차 스플라인 함수와 라그랑주 보간식과 같이 도시하라.

(6) $f(x)=0.5x+1$을 참값으로 가정하고 (2), (3), (4) 결과의 절대 및 상대 오차를 계산하라.

5.24 함수 $f(x)$가 다음과 같이 정의될 때

$$f(x)=\begin{cases} 2-|x|, & \text{if } |x|\le 2 \\ 0, & \text{if } |x|>2 \end{cases}$$

(1) $f(x)$의 그래프를 $-10<x<10$ 구간에서 도시하라.

(2) $x=-8, 0, 8$에서 자료값을 이용하여 3차 스플라인 함수를 계산하고 $f(x)$와 같이 도시하라.

(3) $x=-8, -4, 0, 4, 8$에서 자료값을 이용하여 3차 스플라인 함수를 계산하고 $f(x)$와 같이 도시하라.

(4) $x=-8, -6, -4, -2, 0, 2, 4, 6, 8$에서 자료값을 이용하여 3차 스플라인 함수를 계산하고 $f(x)$와 같이 도시하라.

(5) x를 -8에서 8까지 1씩 증가시켜 총 17개의 자료점을 사용할 때, 3차 스플라인 함수의 개형을 설명하라(구체적인 함수식의 계산을 요구하지 않음).

5.5 ▶ 최적근사함수

실험이나 현장에서 얻게 되는 대부분의 자료는 이산적으로 주어진다. 이와 같은 자료를 이용하여 원하는 위치에서의 변숫값을 예측하기 위해서는 자료값 사이의 구체적인 관계식이 필요하다. 보간법과 같이 모든 자료값을 통과하는 수학적 관계식은 자료의 개수가 많거나 자료에 오차가 포함되어 있는 경우 적용하는 데 한계가 있다. 보간법의 대안으로 자료의 변화경향을 나타내는 최적근사식 또는 회귀식(regression)이 있다.

5.5.1 최적근사함수의 정의

최적근사함수란 획득한 자료가 오차를 포함하거나 자료가 산재하는 경우, 자료들의 일반적인 경향을 나타내는 곡선식이다. 근사식은 자료들 사이의 경향을 알아보기 위한 것이므로 유도된 곡선이 반드시 모든 점을 통과할 필요는 없다는 점에서 보간법과는 다르다. 1차식으로 근사화하는 선형회귀는 그 좋은 예이다.

주어진 자료를 이용하여 최적근사함수를 구하는 방법은 자료의 상관관계를 파악하고 이들 자료 사이를 통과하는 추세선을 그리는 것이다. 그림 5.12는 동일한 자료에 대하여 각각 다른 경향으로 예측한 예이다. 같은 자료를 이용하더라도 그 경향을 직선이나 곡선으로 예측할 수 있다. 만약 최적근사함수를 평가할 명확한 수학적 기준이 없다면 분석하는 사람마다 다른 경향으로 예측할 수도 있다. 따라서 분석자의 주관이 개입되는 것을 막기 위해 자료값과 유도된 단일곡선과의 차이, 즉 오차를 최소화하는 수학적 기준을 적용해야 한다.

자료들과 유도된 곡선 사이의 차이를 최소화하기 위해서 먼저 그 차이를 정량화하여야 한다. 유도된 곡선을 직선식으로 가정하면 식 (5.18)과 같다.

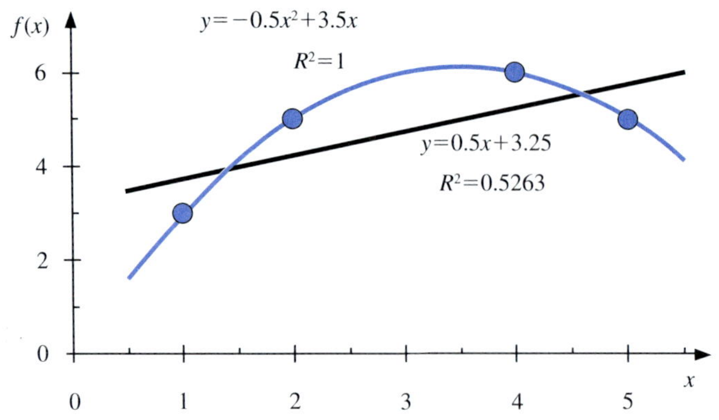

그림 5.12 획득한 자료로부터 얻은 최적근사함수의 예

$$f(x)=a_0+a_1x \tag{5.18}$$

여기서 a_0와 a_1은 각각 절편과 기울기를 나타내는 계수이다. 주어진 자료값을 y라 하면 오차는 식 (5.19)와 같이 표현된다.

$$\varepsilon=y-(a_0+a_1x) \tag{5.19}$$

여기서 ε은 오차이다. 자료와 곡선 사이의 오차를 최소화하는 한 가지 방법은 주어진 모든 자료에 대한 오차의 합을 최소화하는 것이다. 그러나 그림 5.13a에서 볼 수 있듯이 두 개의 자료를 직선으로 연결시키는 경우 두 연결선 사이의 중앙점을 지나는 모든 직선은 양과 음의 오차가 서로 상쇄되기 때문에 식 (5.20)의 최솟값이 0이 된다.

$$\sum_{i=1}^{n}\varepsilon_i=\sum_{i=1}^{n}[y_i-(a_0+a_1x_i)] \tag{5.20}$$

여기서 n은 자료의 총 개수이다.

이러한 문제점을 해결하기 위해서는 오차의 부호의 영향을 제거해야 한다. 부호의 영향을 제거하는 한 가지 방법은 식 (5.21)과 같이 오차의 절댓값의 합을 최소화하는 것이다. 이를 절대편차법(absolute deviation method)이라 한다. 이 방법 역시 그림 5.13b와 같이 네 개의 자료가 주어진 경우, 두 직선 사이에 들어가는 모든 직선들은 오차의 절댓값의 합이 최솟값으로 같은 값을 갖는 문제점이 있다.

$$\sum_{i=1}^{n}|\varepsilon_i|=\sum_{i=1}^{n}|y_i-(a_0+a_1x_i)| \tag{5.21}$$

또 다른 방법은 최적근사함수를 주어진 각각의 자료값이 예측한 곡선과 떨어진 최대거리를 최소화하는 최소최대문제(mini-max problem)로 보는 것으로 식 (5.22)와 같다. 이 방법은 그림 5.13c에서 볼 수 있듯이 큰 오차를 갖는 점의 영향을 과도하게 받게 된다. 동일한 경향을 갖는 4개의 자료값과 경향에서 벗어난 하나의 자료값이 같은 가중치를 받게 되어 어느 자료점도 지나지 않는 최적근사함수로 예측될 수 있다.

$$\varepsilon=\max_{1\le i\le 4}[\,|y_i-(a_0+a_1x_i)|\,] \tag{5.22}$$

그림 5.13에서 보여 준 문제점들을 해결하기 위해서 오차의 제곱합을 최소화하는 최소자승법(least square method)을 사용한다. 최소자승법은 계산이 비교적 간단할 뿐만 아니라 다른 자료값과 큰 오차를 갖는 하나의 자료값에 적절한 가중치를 주면서도 그 자료가 예측하는 곡선에는 큰 영향을 미치지 않게 한다. 최소최대문제를 이용한 경우 큰 오차를 갖는 하나의 자료에 큰 가중치를 주게 되고, 반대로 절대편차법은 모든 오차를 단순히 평균하기 때문에 적절한 가중치를 주지 못한다.

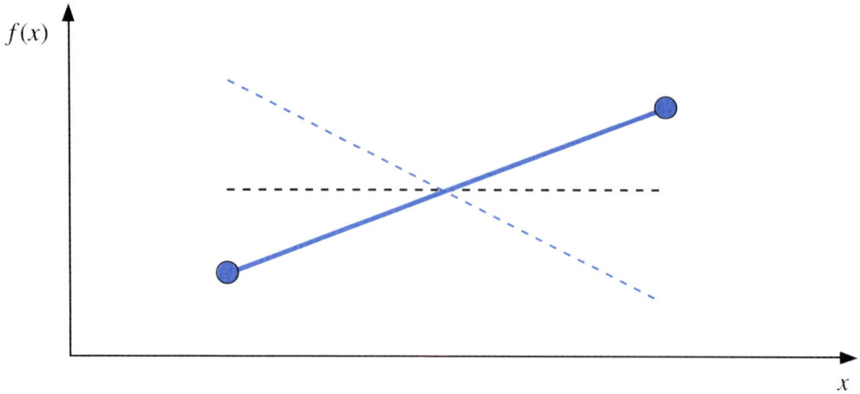

(a) 오차의 합을 최소화

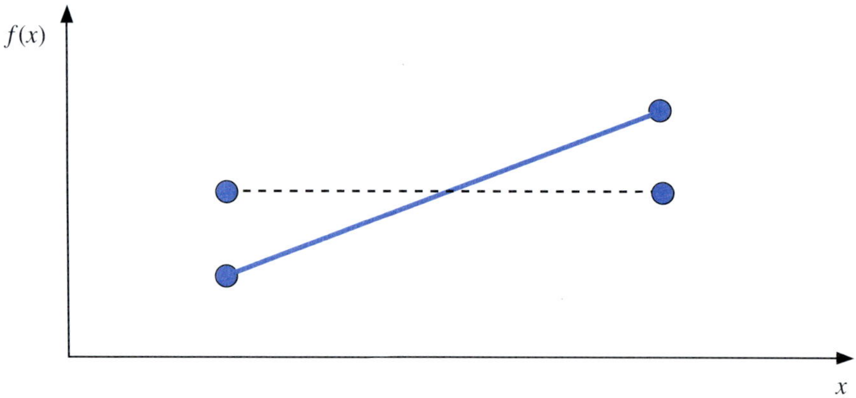

(b) 오차의 절댓값의 합을 최소화

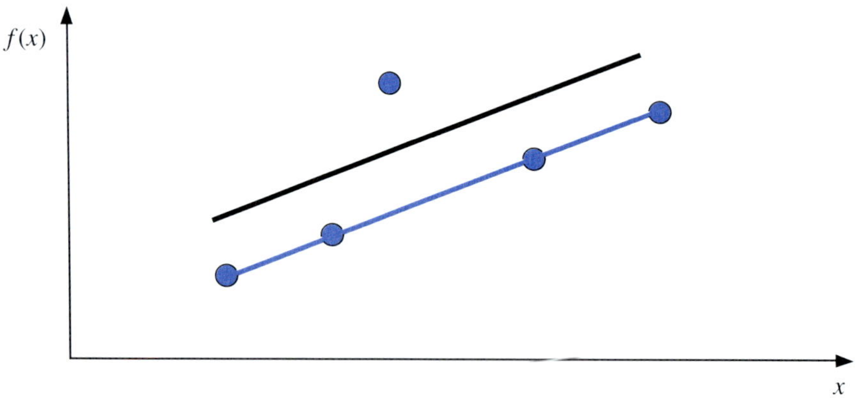

(c) 각 자료점의 최대오차를 최소화

그림 5.13 오차의 최소화 예

5.5.2 선형 최적근사함수

최소자승법을 수식으로 표현하면 식 (5.23)과 같다.

$$S_r(a_0, a_1)=\sum_{i=1}^{n}[y_i-(a_0+a_1x_i)]^2 \tag{5.23}$$

여기서 S_r은 오차의 제곱합, n은 주어진 자료의 개수, 그리고 a_0와 a_1은 최적근사함수의 계수이다. 오차의 제곱합을 최소화하는 a_0와 a_1을 결정하기 위하여 식 (5.23)을 각 계수로 편미분한 값이 0이 되는 값을 찾는다.

식 (5.23)을 미지수 a_0와 a_1으로 편미분하여 정리하면 식 (5.24a)와 같이 표현된다. 이를 정규방정식(normal equation)이라고 부르며, 식 (5.24b)와 같이 행렬방정식으로 나타낼 수 있다. 식 (5.24b)는 자료의 개수로 나눈 평균값을 이용하여 식 (5.24c)로 간단히 표현할 수 있다.

$$\begin{aligned} a_0\cdot n+a_1\sum_{i=1}^{n}x_i &=\sum_{i=1}^{n}y_i \\ a_0\sum_{i=1}^{n}x_i+a_1\sum_{i=1}^{n}x_i^2 &=\sum_{i=1}^{n}x_iy_i \end{aligned} \tag{5.24a}$$

$$\begin{bmatrix} n & \sum x_i \\ \sum x_i & \sum x_i^2 \end{bmatrix}\begin{bmatrix} a_0 \\ a_1 \end{bmatrix}=\begin{bmatrix} \sum y_i \\ \sum x_i y_i \end{bmatrix} \tag{5.24b}$$

$$\begin{bmatrix} 1 & \overline{x} \\ \overline{x} & \overline{x^2} \end{bmatrix}\begin{bmatrix} a_0 \\ a_1 \end{bmatrix}=\begin{bmatrix} \overline{y} \\ \overline{xy} \end{bmatrix} \tag{5.24c}$$

여기서 합을 나타내는 기호는 $i=1$에서 n까지 각 항목을 더하는 것을 의미한다. 각 변수에 사용된 바(예: $\overline{x}$)는 산술평균을 의미한다.

예제 5.7

표 5.1의 자료를 이용하여 1차 최적근사함수식(직선식)을 구하고 $x=3$일 때 y 값을 예측하라.

식 (5.24b)의 정규방정식을 구성하는 데 필요한 값을 계산하면 다음과 같다.

	x	y	x^2	xy
	1	3	1	3
	2	5	4	10
	4	6	16	24
	5	5	25	25
합계	**12**	**19**	**46**	**62**

계산된 값을 바탕으로 행렬방정식을 구성하고 이를 풀어 a_0와 a_1 값을 구한다. 결과식을 함수로 표현하면, $f(x)=3.25+0.5x$이다. 그림 5.14는 자료와 1차 최적근사함수를 나타낸 그래프이고 x가 3일 때 값은 $f(3)=4.75$이다.

$$\begin{bmatrix} 4 & 12 \\ 12 & 46 \end{bmatrix}\begin{bmatrix} a_0 \\ a_1 \end{bmatrix}=\begin{bmatrix} 19 \\ 62 \end{bmatrix}$$

$$\therefore \begin{bmatrix} a_0 \\ a_1 \end{bmatrix}=\begin{bmatrix} 3.25 \\ 0.50 \end{bmatrix}$$

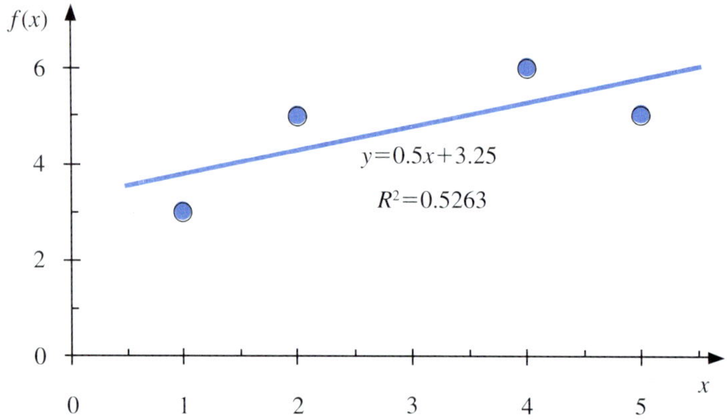

그림 5.14 주어진 자료의 1차 최적근사함수

5.5.3 다항식에 의한 최적근사함수

자료의 특성에 따라 그 경향을 직선으로 표현하기에는 불충분한 경우가 있다. 이러한 경우 곡선을 이용하여 최적근사함수를 표현할 수 있다. 유도할 곡선을 2차 다항식으로 가정하면 식 (5.25)와 같은 일반식으로 쓸 수 있다.

$$f(x)=a_0+a_1x+a_2x^2 \tag{5.25}$$

최소자승법을 수식으로 표현하면 식 (5.26)과 같다.

$$S_r(a_0, a_1, a_2)=\sum_{i=1}^{n}[y_i-(a_0+a_1x_i+a_2x_i^2)]^2 \tag{5.26}$$

여기서 n은 주어진 자료의 개수이다. 직선식과 같은 방법으로 S_r 값을 최소화하는 a_0, a_1, a_2 값을 결정하기 위하여 식 (5.26)을 각 계수로 편미분한 값이 0이 되는 계수를 찾는다. 식 (5.26)을 각 계수로 편미분하고 정리하면 식 (5.27)의 정규방정식을 얻는다.

$$\begin{bmatrix} n & \sum x_i & \sum x_i^2 \\ \sum x_i & \sum x_i^2 & \sum x_i^3 \\ \sum x_i^2 & \sum x_i^3 & \sum x_i^4 \end{bmatrix} \begin{bmatrix} a_0 \\ a_1 \\ a_2 \end{bmatrix} = \begin{bmatrix} \sum y_i \\ \sum x_i y_i \\ \sum x_i^2 y_i \end{bmatrix} \tag{5.27}$$

같은 방법으로 식 (5.28)과 같은 m차 다항식의 경우도 식 (5.29)와 같이 일반화할 수 있다.

$$f(x)=a_0+a_1x+a_2x^2+\cdots+a_nx^m \tag{5.28}$$

$$\begin{bmatrix} n & \sum x_i & \cdots & \sum x_i^m \\ \sum x_i & \sum x_i^2 & \cdots & \sum x_i^{m+1} \\ \vdots & \vdots & \ddots & \vdots \\ \sum x_i^m & \sum x_i^{m+1} & \cdots & \sum x_i^{2m} \end{bmatrix} \begin{bmatrix} a_0 \\ a_1 \\ \vdots \\ a_m \end{bmatrix} = \begin{bmatrix} \sum y_i \\ \sum x_i y_i \\ \vdots \\ \sum x_i^m y_i \end{bmatrix} \tag{5.29}$$

예제 5.8 표 5.1의 자료를 이용하여 2차 최적근사함수식을 구하고 $x=3$일 때 y 값을 예측하라.

식 (5.27)의 정규방정식을 구성하는 데 필요한 값을 계산한다.

	x	y	x^2	x^3	x^4	xy	x^2y
	1	3	1	1	1	3	3
	2	5	4	8	16	10	20
	4	6	16	64	256	24	96
	5	5	25	125	625	25	125
합계	**12**	**19**	**46**	**198**	**898**	**62**	**244**

행렬방정식을 구성하고 이를 풀어 2차식의 계수 a_0, a_1, a_2를 구한다.

$$\begin{bmatrix} 4 & 12 & 46 \\ 12 & 46 & 198 \\ 46 & 198 & 898 \end{bmatrix} \begin{bmatrix} a_0 \\ a_1 \\ a_2 \end{bmatrix} = \begin{bmatrix} 19 \\ 62 \\ 244 \end{bmatrix}$$

$$\therefore \begin{bmatrix} a_0 \\ a_1 \\ a_2 \end{bmatrix} = \begin{bmatrix} 0.0 \\ 3.50 \\ -0.50 \end{bmatrix}$$

계산결과를 이용하면 최적근사식은 $f(x)=-0.5x^2+3.5x$이다. 그림 5.15는 자료와 2차 최적근사함수를 나타낸다. x가 3일 때 값을 계산하면 6.0이다.

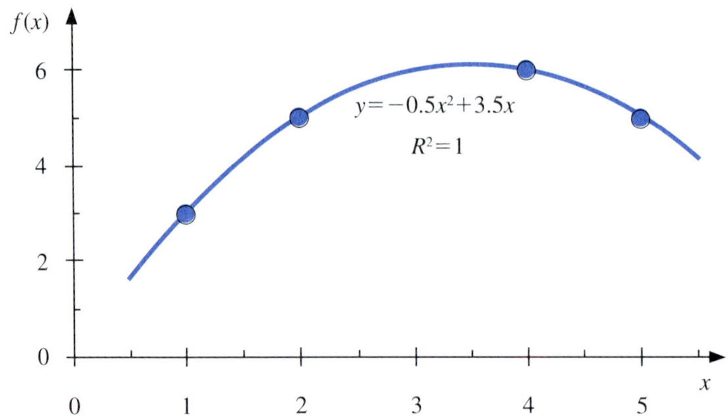

그림 5.15 주어진 자료의 2차 최적근사함수

5.5.4 최적근사함수 오차의 정량화

최적근사함수가 얼마나 주어진 자료를 잘 대표하는지 평가하기 위해서는 예측오차를 정량화할 필요가 있으며 다음 두 가지 인자를 사용할 수 있다.

- 표준오차(standard error)
- 결정계수(coefficient of determination)

최적근사함수의 오차는 예측값과 자료값의 차이로 정의된다. 식 (5.26)은 오차의 제곱으로 오차의 분포가 다음의 조건들을 모두 충족시키면, 최적근사함수에 대한 표준오차는 식 (5.30)과 같다.

- 직선 주위 점들의 분산이 전체구간에서 비슷한 크기를 가지는 경우
- 직선 주위 점들의 분포가 정규분포인 경우

$$S_{y/x}=\sqrt{\frac{S_r}{n-(m+1)}} \tag{5.30}$$

여기서 $S_{y/x}$는 추정값의 표준오차, S_r은 자료값과 예측값의 차이의 제곱합, n은 주어진 자료의 개수, 그리고 m은 최적근사함수의 차수이다. 하첨자 y/x는 특정한 값 x에 대응하는 y의 오차를 의미한다.

표준편차(standard deviation)는 평균값 주위의 분산을 정량화하지만 표준오차는 최적근사함수 주위의 분산, 즉 예측의 정확성 정도를 정량화한다. 그림 5.16은 추정값의 표준오차와 표준편차 사이의 차이를 기하학적으로 보여 준다. 그림에서 분산의 폭이 감소했다는 것은 최적근사함수에 의해서 예측이 개선(오차가 감소)되었음을 의미한다.

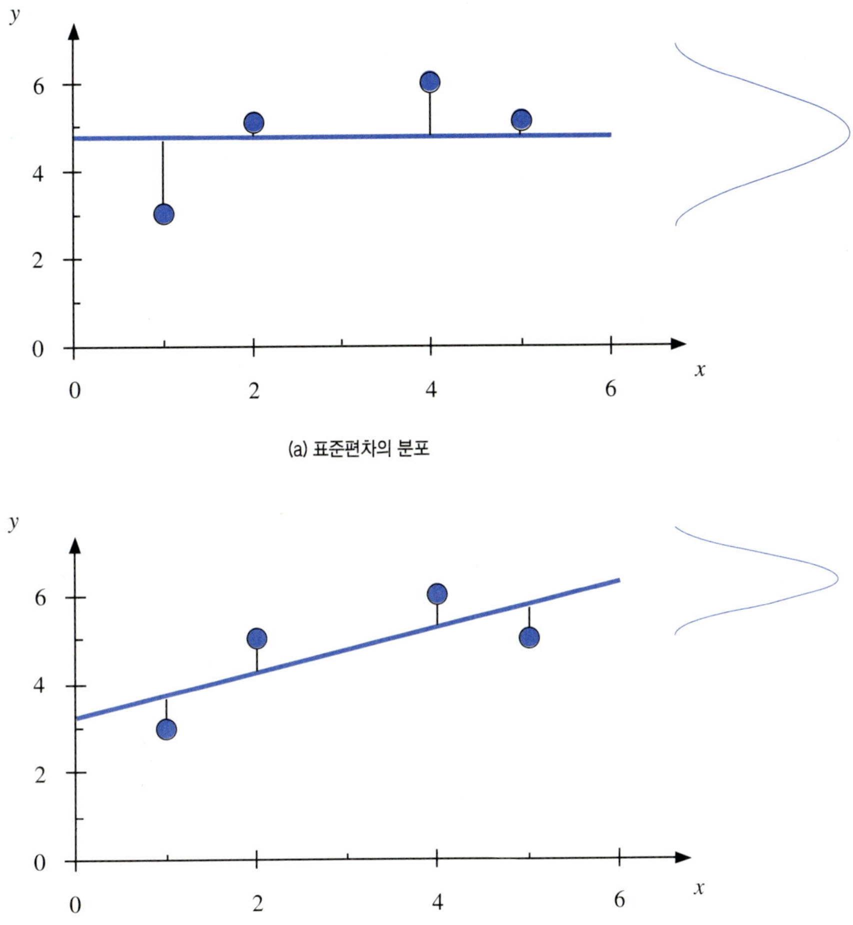

(a) 표준편차의 분포

(b) 표준오차의 분포

그림 5.16 추정값의 표준편차와 표준오차의 비교

오차를 정량화하는 또 다른 방법은 결정계수(R^2)이다. 독립변수 x와 종속변수 y의 총편차(total deviation)는 그림 5.17과 같이 두 변수 사이에 아무런 상관관계가 없음을 가정하여 참값 y와 y의 평균값($\bar{y}$)의 차이로 정의한다. 총편차의 제곱합을 총편차제곱합이라 하며 이는 식 (5.31)과 같이 오차의 제곱합과 회귀오차의 제곱합으로 구성된다.

$$\sum_{i=1}^{n}(y_i-\bar{y})^2=\sum_{i=1}^{n}(y_i-\hat{y}_i)^2+\sum_{i=1}^{n}(\hat{y}_i-\bar{y})^2 \tag{5.31}$$

여기서 n은 자료값의 개수, $\bar{y}$는 자료의 평균값, $\hat{y}$는 최적근사함숫값이다. 하첨자 i는 각 자료값을 의미한다.

식 (5.31)에서 최적근사식이 타당할수록(즉 예측값이 참값에 가까울수록) 오차의 제곱합은 감소하고 회귀오차의 제곱합은 증가하여 총편차제곱합에 근접하게 된다. 결정계수는 식 (5.32a)와 같이 회귀오차의 제곱합에 대한 총편차제곱합의 비로 정의된다. 결정계수의 값이 1에 가까울수록 타당한 근사식이 된다. 식 (5.31)을 이용하면 결정계수는 식 (5.32b)로 표현된다.

$$R^2=\frac{\sum_{i=1}^{n}(\hat{y}_i-\bar{y})^2}{\sum_{i=1}^{n}(y_i-\bar{y})^2} \tag{5.32a}$$

$$R^2=1-\frac{\sum_{i=1}^{n}(y_i-\hat{y}_i)^2}{\sum_{i=1}^{n}(y_i-\bar{y})^2} \tag{5.32b}$$

원점을 지나는 근사식의 경우 결정계수는 식 (5.32c)로 정의된다. 동일한 자료에 대하여 절편이 0인 모델을 사용하는 경우 결정계수가 절편이 있는 모델의 결정계수보다 증가하는 경우가 많다. 하지만 이것이 절편이 0인 모델이 더 타당하다는 의미는 아니다. 단지 식 (5.32c)의 분모항이 크게 증가하기 때문에 결정계수가 1에 가깝게 나타나는 것이다.

$$R^2=1-\frac{\sum_{i=1}^{n}(y_i-\hat{y}_i)^2}{\sum_{i=1}^{n}y_i^2} \tag{5.32c}$$

결정계수가 1인 경우 최적근사함수식은 자료의 변동을 100% 나타낸다는 것을 의미하며 0인 경우는 자료를 나타내는데 아무런 개선이 없음을 뜻한다. 비록 결정계수가 최

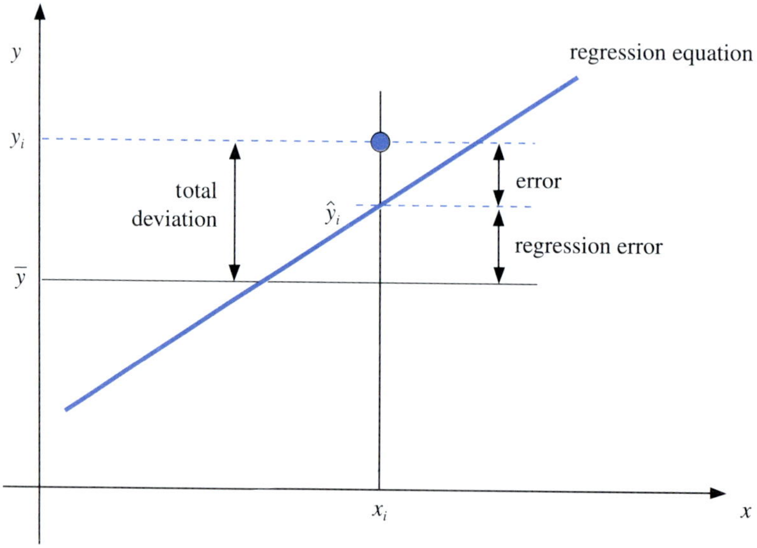

그림 5.17 총오차의 분석

적근사함수의 적정성을 나타내는 손쉬운 척도라 할지라도 오직 결정계수만을 이용하는 것은 바람직하지 않다. 그래프를 통한 자료의 경향파악과 오차의 제곱합의 크기 비교가 함께 이루어져야 한다.

예제 5.9 예제 5.7과 예제 5.8에서 구한 최적근사함수의 표준오차와 결정계수를 계산하라.

예제 5.7의 선형 최적근사함수식은 $f(x)=3.25+0.5x$이다. 추정값의 표준오차를 구하기 위해 오차의 제곱합(S_r)을 구하면 다음과 같다.

$$S_r(a_0, a_1)=\sum_{i=1}^{4}[y_i-(3.25+0.5x_i)]^2=0.5625+0.5625+0.5625+0.5625=2.250$$

오차의 제곱합을 얻었으므로 추정값의 표준오차($S_{y/x}$)를 다음과 같이 계산한다.

$$S_{y/x}=\sqrt{\frac{S_r}{4-(1+1)}}=1.061$$

주어진 자료와 평균값 사이의 오차의 총편차제곱합을 구하고 식 (5.32b)로부터 결정계수를 얻는다.

$$S_t=\sum_{i=1}^{4}(y_i-\bar{y})^2=3.0625+0.0625+1.5625+0.0625=4.750$$
$$R^2=0.5263$$

예제 5.8의 2차 최적근사함수식은 $f(x)=3.5x-0.5x^2$이다. 동일한 방법으로 오차의 제곱합(S_r)을 계산하면 0이 되어 추정값의 표준오차도 0이 된다.

$$S_r(a_0, a_1, a_2)=\sum_{i=1}^{4}[y_i-(a_0+a_1x_i+a_2x_i^2)]^2=0.0$$
$$S_{y/x}=\sqrt{\frac{S_r}{4-(1+1)}}=0.0$$

총편차제곱합을 구하고, 오차의 제곱합(S_r)을 이용하여 결정계수를 얻는다.

$$S_t=\sum_{i=1}^{4}(y_i-\bar{y})^2=4.750$$
$$R^2=1.0$$

연구문제

5.25 식 (5.24c)로 주어진 선형 최적근사함수식을 유도하라.

5.26 1차 근사함수식의 두 개의 미지수 a_0와 a_1의 일반해를 수식으로 유도하라.

$$[\text{답: } a_1 = \frac{n\sum x_i y_i - \sum x_i \cdot \sum y_i}{n\sum x_i^2 - \left(\sum x_i\right)^2},\ a_0 = \bar{y} - a_1\bar{x}]$$

5.27 자료의 표준편차와 표준오차를 자신의 언어로 설명하라.

5.28 주어진 자료를 이용하여 다음의 방법으로 최적근사함수를 구하고, $x=1.8$일 때 $f(x)$ 값을 예측하라. 근사함수식을 그래프로 나타내고 표준오차와 결정계수를 계산하라.

x	0.6	1.2	2.4
$f(x)$	10.0	5.0	2.5

(1) 1차 최적근사함수

(2) 2차 최적근사함수

5.29 주어진 두 자료를 이용하여 1차 최적근사함수식을 구하고 그 결과를 결정계수를 사용하여 비교하라(소수점 이하 2자리까지 사용). 최적근사함수의 결과를 평가하기 위해서 자료의 산점도를 그려 보는 것이 왜 중요한지 설명하라.

자료 A

x	y
1	5
2	6
3	7
4	8
5	8
6	11

자료 B

x	y
1	3.66
1	5.36
1	5.56
1	4.56
1	5.16
6	10.16

5.6 ▶ 비선형관계식의 선형화

5.6.1 거듭제곱에 대한 최적근사함수

선형관계로 표현하기에는 불충분한 경우 다항식이나 e^x, ln (x)와 같은 초월함수를 이용하여 근사함수를 구할 수 있다. 쉬운 접근법 중 하나로 비선형관계에 있는 자료를 변환하여 선형 최적근사함수를 사용할 수 있다. 비선형관계식의 전형적인 종류는 다음과 같다.

- 거듭제곱(power)
- 지수함수
- 로그함수
- 포화성장률 방정식

자료변환의 한 예로 식 (5.33a)와 같은 거듭제곱 형태가 있다. 이 5.6절에서 독립변수 X와 종속변수 Y는 선형화된 x, y와 구별하기 위하여 모두 대문자로 표기하였다.

$$Y = b_0 X^{b_1} \tag{5.33a}$$

여기서 b_0와 b_1은 상수이다.

이 모델은 공학 및 과학의 많은 분야에서 널리 사용되고 있으며 잠재적인 모델이 알려져 있지 않은 경우 자주 사용된다. 선형화하기 위해서 식 (5.33a)의 양변에 로그를 취하면 식 (5.33b)가 된다.

$$\ln Y = \ln b_0 + b_1 \ln X \tag{5.33b}$$

식 (5.33b)를 식 (5.18)과 비교하면, $f(x)$는 $\ln Y$, a_0는 $\ln b_0$, a_1은 b_1, x는 $\ln X$로 표현할 수 있다. 이렇게 값을 치환하면 변환된 자료의 경향을 선형 최적근사함수로 나타낼 수 있다. 식 (5.24b)는 식 (5.34)와 같은 행렬방정식으로 표현되고 이를 풀어 b_0와 b_1을 얻는다. 모든 상수가 결정되었으므로 식 (5.33a)의 급수식을 얻는다.

$$\begin{bmatrix} n & \sum \ln X_i \\ \sum \ln X_i & \sum (\ln X_i)^2 \end{bmatrix} \begin{bmatrix} \ln b_0 \\ b_1 \end{bmatrix} = \begin{bmatrix} \sum \ln Y_i \\ \sum (\ln X_i)(\ln Y_i) \end{bmatrix} \tag{5.34}$$

여기서 n은 자료의 수, (X_i, Y_i)는 각 자료쌍이다.

예제 5.10

표 5.1의 자료를 이용하여 거듭제곱 형태의 최적근사함수식을 구하고 X=3일 때 Y 값을 예측하라.

표 5.1의 자료를 이용하여 식 (5.34)의 정규방정식을 구성하는 데 필요한 원소값을 계산하면 다음과 같다. 표현의 편의상 표로 정리된 자료는 소수 이하 4자리까지 표시하였다.

	$\ln X$	$\ln Y$	$(\ln X)^2$	$(\ln X)(\ln Y)$
	0	1.0986	0	0
	0.6931	1.6094	0.4805	1.1156
	1.3863	1.7918	1.9218	2.4839
	1.6094	1.6094	2.5903	2.5903
합계	**3.6889**	**6.1092**	**4.9926**	**6.1898**

이 결과값을 식 (5.34)의 행렬방정식에 대입하고 풀어 거듭제곱의 계수를 결정한다. 행렬방정식을 풀면 $\ln b_0$, b_1 값을 얻을 수 있고, $\ln b_0$로부터 b_0 값을 구한다. 최종결과를 함수로 표현하면 $f(X)=3.337X^{0.3494}$이다. 그림 5.18은 자료와 거듭제곱 형태의 최적근사함수를 나타낸다. X=3일 때 값을 예측하면, $f(3)=4.898$을 얻는다.

$$\begin{bmatrix} 4 & 3.689 \\ 3.689 & 4.993 \end{bmatrix} \begin{bmatrix} \ln b_0 \\ b_1 \end{bmatrix} = \begin{bmatrix} 6.109 \\ 6.190 \end{bmatrix}$$

$$\therefore \begin{bmatrix} \ln b_0 \\ b_1 \end{bmatrix} = \begin{bmatrix} 1.205 \\ 0.3494 \end{bmatrix}$$

$$b_0 = 3.337$$

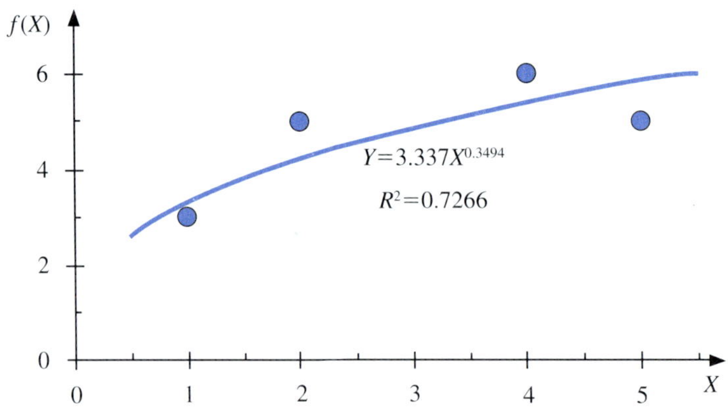

그림 5.18 자료와 거듭제곱 형태의 최적근사함수

5.6.2 지수함수에 대한 최적근사함수

최적근사함수의 유용한 예로 식 (5.35a)와 같은 지수함수 형태가 있다.

$$Y = b_0 e^{b_1 X} \tag{5.35a}$$

여기서 b_0와 b_1은 상수이다.

이 모델은 그 자신의 크기에 직접 비례하여 증가 또는 감소하는 물성을 나타내며, 인구성장이나 방사능감소가 이러한 유형의 대표적 예이다. 선형화하기 위해서 식 (5.35a)의 양변에 로그를 취하면 식 (5.35b)와 같다.

$$\ln Y = \ln b_0 + b_1 X \tag{5.35b}$$

식 (5.35b)는 식 (5.18)과 비교하여, 식 (5.36)과 같은 행렬방정식을 구성할 수 있고 이를 풀어 미지의 상수를 얻는다.

$$\begin{bmatrix} n & \sum X_i \\ \sum X_i & \sum (X_i)^2 \end{bmatrix} \begin{bmatrix} \ln b_0 \\ b_1 \end{bmatrix} = \begin{bmatrix} \sum \ln Y_i \\ \sum (X_i)(\ln Y_i) \end{bmatrix} \tag{5.36}$$

예제 5.11

표 5.1의 자료를 이용하여 지수함수 형태의 최적근사함수식을 구하고 $X=3$일 때 Y 값을 예측하라.

식 (5.36)의 정규방정식을 구성하는 데 필요한 변수를 계산한다.

	X	$\ln Y$	X^2	$X \cdot \ln Y$
	1	1.0986	1	1.0986
	2	1.6094	4	3.2189
	4	1.7918	16	7.1670
	5	1.6094	25	8.0472
합계	**12**	**6.1092**	**46**	**19.5317**

행렬방정식을 구성하고 이를 풀어 $\ln b_0$ 와 b_1 값을 얻을 수 있고 $\ln b_0$로부터 b_0 값을 계산한다.

$$\begin{bmatrix} 4 & 12 \\ 12 & 46 \end{bmatrix} \begin{bmatrix} \ln b_0 \\ b_1 \end{bmatrix} = \begin{bmatrix} 6.109 \\ 19.53 \end{bmatrix}$$

$$\therefore \begin{bmatrix} \ln b_0 \\ b_1 \end{bmatrix} = \begin{bmatrix} 1.166 \\ 0.1204 \end{bmatrix}$$

$$b_0 = 3.209$$

최종결과를 함수로 표현하면 $f(X)=3.209e^{0.1204X}$이다. 그림 5.19는 자료와 지수함수 형태의 최적근사함수를 나타낸다. $X=3$일 때 값을 예측하면, $f(3)=4.606$이다.

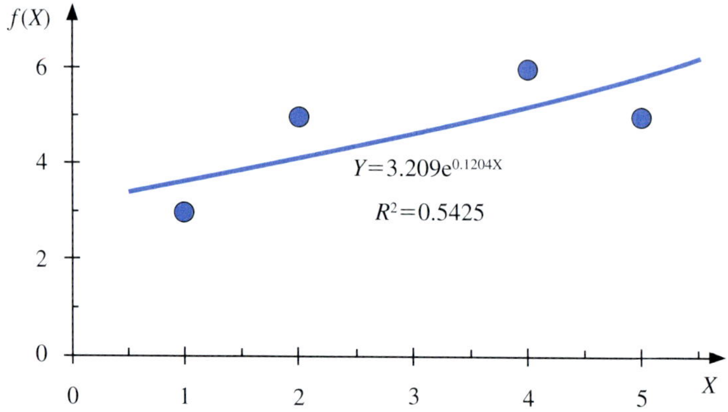

그림 5.19 자료와 지수함수 형태의 최적근사함수

5.6.3 로그함수에 대한 최적근사함수

비선형관계식을 모사하는 다른 예는 식 (5.37)로 표현되는 로그함수이다.

$$Y = b_0 + b_1 \ln X \tag{5.37}$$

여기서 b_0, b_1은 상수이다.

식 (5.37)은 ln X에 대하여 선형이므로 식 (5.18)과 바로 비교하면, $f(x)$는 Y, a_0는 b_0, a_1은 b_1, x는 $\ln X$로 표현할 수 있다. 이렇게 값을 변환하게 되면 식 (5.38)과 같은 행렬방정식을 얻고 이로부터 두 상수를 얻는다.

$$\begin{bmatrix} n & \sum \ln X_i \\ \sum \ln X_i & \sum (\ln X_i)^2 \end{bmatrix} \begin{bmatrix} b_0 \\ b_1 \end{bmatrix} = \begin{bmatrix} \sum Y_i \\ \sum (Y_i)(\ln X_i) \end{bmatrix} \tag{5.38}$$

여기서 n은 자료의 수, (X_i, Y_i)는 각 자료쌍이다.

예제 5.12 표 5.1의 자료를 이용하여 로그함수 형태의 최적근사함수식을 구하고 $X=3$일 때 Y 값을 예측하라.

식 (5.38)의 정규방정식을 구성하는 데 필요한 값을 계산하면 다음과 같다.

	$\ln X$	Y	$(\ln X)^2$	$Y \cdot \ln X$
	0	3	0	0
	0.6931	5	0.4805	3.4657
	1.3863	6	1.9218	8.3178
	1.6094	5	2.5902	8.0472
합계	**3.6889**	**19**	**4.9926**	**19.8307**

행렬방정식을 구성하고 이를 풀어 b_0와 b_1 값을 구한다.

$$\begin{bmatrix} 4 & 3.689 \\ 3.689 & 4.993 \end{bmatrix} \begin{bmatrix} b_0 \\ b_1 \end{bmatrix} = \begin{bmatrix} 19 \\ 19.83 \end{bmatrix}$$

$$\therefore \begin{bmatrix} b_0 \\ b_1 \end{bmatrix} = \begin{bmatrix} 3.412 \\ 1.451 \end{bmatrix}$$

최종결과를 함수로 표현하면 $f(X)=3.412+1.451 \cdot \ln X$이다. 그림 5.20은 자료와 로그함수 형태의 최적근사함수를 나타낸다. $X=3$일 때 값을 예측하면, $f(3)=5.006$이다.

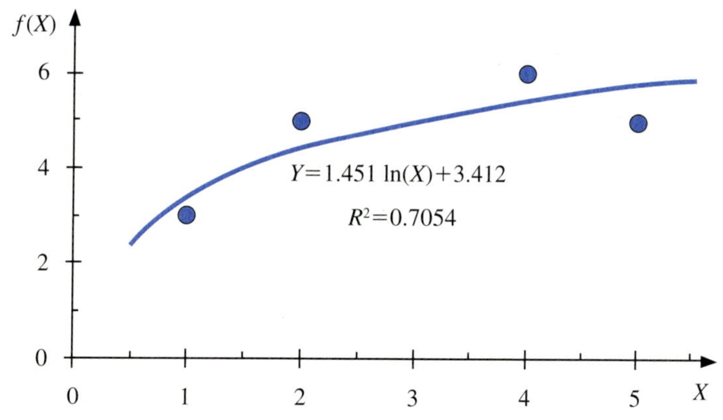

그림 5.20 자료와 로그함수 형태의 최적근사함수

5.6.4 포화성장률 방정식에 대한 최적근사함수

제한된 조건하에서 생물의 개체가 성장하고 증식하다가 포화상태에 도달하는 현상을 설명하는 것이 식 (5.39a)의 포화성장률 방정식이다. 식 (5.39a)는 생물과 관련된 다양한 분야에 활용되고 있다.

$$\mathrm{Y} = b_0 \frac{X}{b_1 + X} \tag{5.39a}$$

여기서 b_0와 b_1은 상수이다.

선형화하기 위해서 식 (5.39a) 양변에 역수를 취하면 식 (5.39b)를 얻는다.

$$\frac{1}{Y} = \frac{1}{b_0} + \frac{b_1}{b_0}\frac{1}{X} \tag{5.39b}$$

식 (5.39b)와 식 (5.18)을 비교하면, $f(x)$는 $1/Y$, a_0는 $1/b_0$, a_1은 b_1/b_0, 그리고 x는 $1/X$로 표현할 수 있다. 따라서 식 (5.24b)는 식 (5.40)과 같은 행렬방정식이 된다.

$$\begin{bmatrix} n & \sum \frac{1}{X_i} \\ \sum \frac{1}{X_i} & \sum \left(\frac{1}{X_i}\right)^2 \end{bmatrix} \begin{bmatrix} \frac{1}{b_0} \\ \frac{b_1}{b_0} \end{bmatrix} = \begin{bmatrix} \sum \frac{1}{Y_i} \\ \sum \frac{1}{X_i}\frac{1}{Y_i} \end{bmatrix} \tag{5.40}$$

여기서 n은 자료의 수, (X_i, Y_i)는 각 자료쌍이다.

예제 5.13 표 5.1의 자료를 이용하여 포화성장률 방정식 형태의 최적근사함수식을 구하고 $X=3$일 때 Y 값을 예측하라.

식 (5.40)의 정규방정식을 구성하는 데 필요한 값은 다음과 같다.

	$1/X$	$1/Y$	$(1/X)^2$	$(1/X)(1/Y)$
	1.0	0.3333	1.0	0.3333
	0.5	0.2	0.25	0.1
	0.25	0.1667	0.0625	0.0417
	0.2	0.2	0.04	0.04
합계	**1.95**	**0.9**	**1.3525**	**0.515**

식 (5.40)의 행렬방정식을 구성하고 이로부터 b_0와 b_1 값을 구한다.

$$\begin{bmatrix} 4 & 1.95 \\ 1.95 & 1.352 \end{bmatrix} \begin{bmatrix} \dfrac{1}{b_0} \\ \dfrac{b_1}{b_0} \end{bmatrix} = \begin{bmatrix} 0.9 \\ 0.5150 \end{bmatrix}$$

$$\therefore \begin{bmatrix} \dfrac{1}{b_0} \\ \dfrac{b_1}{b_0} \end{bmatrix} = \begin{bmatrix} 0.1325 \\ 0.1897 \end{bmatrix}$$

$$b_0 = 7.547$$

$$b_1 = 1.432$$

최종결과를 함수로 표현하면 $f(X) = 7.547 \dfrac{X}{X + 1.432}$ 이다. 그림 5.21은 자료와 포화성장률 방정식 형태의 최적근사함수를 나타낸다. $X = 3$일 때 값을 예측하면, $f(3) = 5.109$를 얻는다.

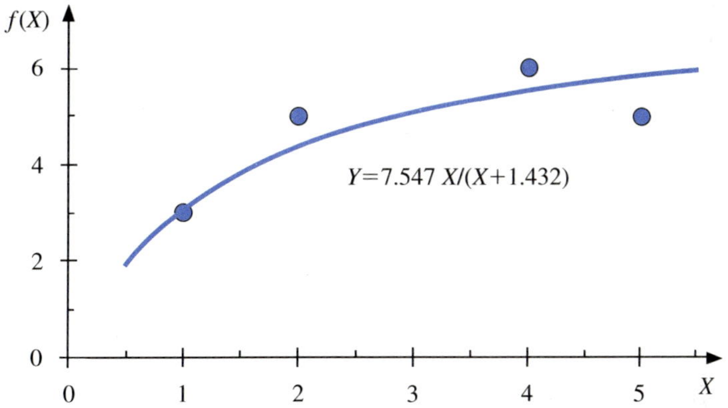

그림 5.21 자료와 포화성장률 방정식 형태의 최적근사함수

5.6.5 최적근사함수의 평가

분석할 자료가 주어졌을 때 가장 적절한 최적근사함수를 선택할 수 있는 기준은 무엇일까? 오차의 정량화도 좋은 방법이 될 수 있다. 최적근사함수가 잘 선정된 경우 주어진 자료값과 예측값과의 차인 오차는 다음과 같은 특성을 나타내어야 한다.

- 선형성
- 등분산성
- 독립성
- 정규성

위와 같은 조건을 만족시키는 것을 임의오차(random error)라 한다. 구체적으로 오차가 참값을 중심으로 분포하여 그 평균이 0이고 그 분포가 특정한 경향을 보이지 않으면서 정규성을 보인다는 의미이다. 만약 오차가 특정한 경향을 보이면 이는 독립성을 만족하지 못한 것이 되고 근사함수를 잘못 선정한 결과이다.

이와 같은 오차의 분석기술과 더불어 주어진 자료가 음의 값을 가질 수 있는지, 변수들 사이에 지수관계가 있는지 등과 같은 전공지식도 최적근사함수 선택에 도움이 된다. 알고 있는 지식과 자료의 분석결과를 토대로 선정한 모델에 대하여 오차를 정량화하고 분석하는 것이 필요하다. 오차의 분포를 이용하여 최적근사함수의 적합성을 평가하는 것을 잔차분석이라 한다.

최적근사함수를 사용하기 위해서는 몇 가지 가정이 있다. 먼저 x는 오차가 없는 고정된 값이며 y는 모두 같은 분산을 갖고 주어진 x에 대해 정규분포를 보인다. 따라서 x를 독립변수로 하여 구한 y의 최적근사함수는 y를 독립변수로 한 x의 최적근사함수와 수학적으로 같은 수식으로 나타나지 않는다. 즉 x를 독립변수로 하여 $y=ax+b$를 얻었다고 하여, 동일한 자료에 대하여 y를 독립변수로 가정할 때 근사식이 $x=(y-b)/a$로 나타나지 않는다. 그림 5.22는 x에 대한 y의 최적근사함수와 y에 대한 x의 최적근사함수의 차이를 보여 주는 예이다.

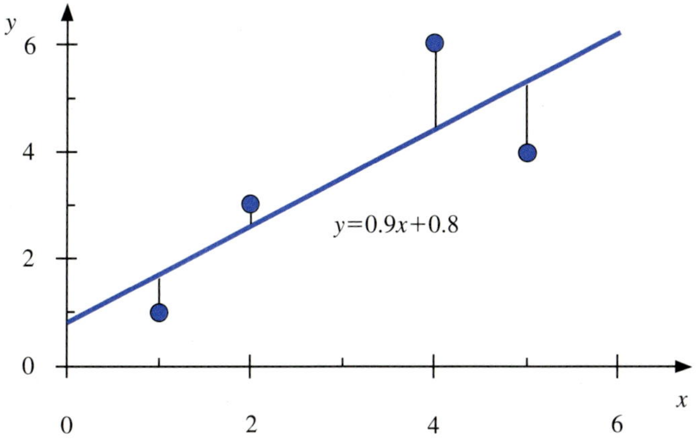

(a) $y=f(x)$ 근사식

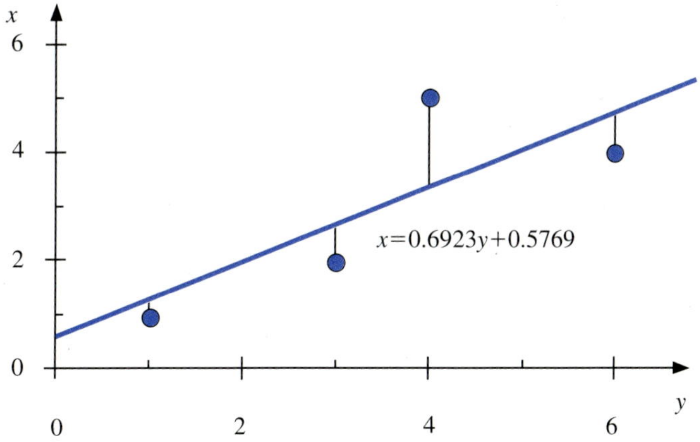

(b) $x=g(y)$ 근사식

그림 5.22 사용된 독립변수에 따른 최적근사함수의 차이

연구문제

5.30 주어진 자료를 이용하여 다음의 방법으로 선형화하여 근사함수를 구할 때 나타나는 표준오차와 결정계수를 계산하라.

x	1	2	4	5
$f(x)$	3	5	6	5

(1) 거듭제곱
(2) 지수함수
(3) 로그함수
(4) 포화성장률 방정식

5.31 주어진 자료를 이용하여 다음의 방법으로 최적근사함수식을 구하고, $x=1.8$일 때 y 값을 예측하라. 표준오차와 결정계수를 계산하라.

x	0.6	2.4
$f(x)$	10.0	2.5

(1) 거듭제곱
(2) 지수함수
(3) 로그함수
(4) 포화성장률 방정식

5.32 연구문제 5.30의 자료를 이용하여 여러분이 가장 타당하다고 생각하는 최적근사함수를 구하고 그 이유를 설명하라.

5.33 다음의 자료를 이용하여 x에 대한 y의 최적근사함수를 구하라. 이 함수를 y에 대한 x의 최적근사함수와 비교하라. 수학적 동치가 아닌 이유를 설명하라.

x	1	2	4	5
$f(x)$	1	3	6	4

5.34 탄산염암 저류층에서 얻은 다음 자료를 이용하여 1차 최적근사함수를 유도하라. 공극률 자료와 유체투과율(k) 사이의 최적근사함수를 구하라. 비선형관계식을 이용하여 향상된 최적근사함수를 제시하라.

공극률, %	k, md	$\log k$
7	3.6	0.5563
8	0.4	−0.3979
8	1.6	0.2041
10	11.5	1.0607
12	26	1.4150
12	76	1.8808
13	58	1.7634
13	43	1.6335
13	28	1.4472
14	138	2.1399
14	9.5	0.9777
14	294	2.4683
15	208	2.3181
15	36	1.5563
15	167	2.2227
18	1011	3.0048
20	1910	3.2810

CHAPTER 6

수치적분과 수치미분

해석적인 방법으로 적분값을 구할 수 없는 경우 수치적분을 통해 적분값을 구할 수 있다. 수치적분은 적분하고자 하는 구간을 여러 개의 소구간으로 나누고 그 면적을 모두 더하여 적분값을 얻는 방법이다. 수치적분법은 소구간에서 함숫값을 근사화하는 원리에 따라 다양한 기법이 있으며 구간의 크기가 작을 경우 대부분 만족할 만한 결과를 제공한다.

수치미분은 함수의 변화율을 수치적으로 계산하는 것이다. 도함수를 유도할 수 있는 경우에는 미분값을 바로 계산하는 것이 가장 정확하다. 이산적인 자료만 주어진 경우는 차분식을 이용하여 미분값을 평가할 수 있다. 6 장의 기본 구성은 다음과 같다.

6.1 ▶ 수치적분의 필요성

대부분의 독자들은 적분의 개념과 적분값을 구하기 위한 여러 가지 공식을 배웠고 다양한 함수들의 적분값을 구할 수 있다. 하지만 해석적으로 적분값을 구할 수 있는 경우는 실제로 많지 않으며 이러한 경우 수치적분을 통해 적분값을 계산하여야 한다. 수치적분은 적분하고자 하는 구간을 여러 개의 소구간으로 나누고 소구간의 면적을 모두 더한다. 수치적분을 사용하는 경우는 다음의 두 가지로 나눌 수 있다.

- 해석적 적분이 불가능한 경우
- 함수가 비선형적인 경우

첫째, 적분값의 해석해가 존재하지 않는 경우이다. 해석해가 존재하지 않는 경우의 예로는 우리가 익히 알고 있는 정규분포 확률밀도함수를 들 수 있다. 정규분포란 평균이 μ이고 분산이 σ^2인 확률변수 z가 식 (6.1)과 같은 확률밀도함수를 따르는 분포를 말한다. 정규분포의 적분값은 해석적인 방법으로 구할 수 없어 수치적분을 통해 구해야 한다. 실제 계산을 위해서는 이미 계산된 적분표나 근사함수를 이용한다.

$$f(z;\mu,\sigma)=\frac{1}{\sqrt{2\pi}\,\sigma}e^{-\frac{1}{2}\left(\frac{z-\mu}{\sigma}\right)^2},\quad -\infty<z<\infty \tag{6.1}$$

여기서 z는 확률변수, μ는 평균, σ는 표준편차이다.

둘째, 함수가 비선형적일 경우에 수치적분을 사용하며, 석유공학에서 가스저류층의 유정시험에 사용되는 유사압력(pseudo pressure)을 예로 들 수 있다. 유사압력은 식 (6.2)와 같이 정의된다.

$$P_p(p)=\int_{p_{\mathrm{ref}}}^{p}\frac{2p}{\mu_g Z_g}\,\mathrm{dp} \tag{6.2}$$

여기서 p는 압력, p_{ref}는 기준압력, μ_g는 가스의 점성, Z_g는 이상기체와 실제 기체의 차이를 보정하는 계수인 가스압축인자(Z factor)이다. 만약 μ_g와 Z_g가 상수라면 식 (6.2)는 쉽게 적분되지만, 실제로 이들은 압력과 온도의 함수이다. 따라서 유사압력은 비선형적이기 때문에 해석적인 방법으로 적분할 수 없으며 이로 인해 수치적분이 필요하게 된다.

언급한 두 경우 모두 이론적인 적분함수가 존재하지 않아 수치적분을 사용하여 적분값을 구해야 하며 그 방법들은 다음과 같다.

- 직사각형 공식(rectangular rule)
- 사다리꼴 공식(trapezoidal rule)
- 심프슨(Simpson) 1/3 공식
- 심프슨 3/8 공식
- 뉴턴-코츠(Newton-Cotes) 공식

6.2 ▶ 직사각형 공식

직사각형 공식은 그림 6.1과 같이 적분하고자 하는 대상 함수를 주어진 소구간 $[a, b]$에서 상수함수(piecewise constant function)로 근사화하여 적분값을 구하는 방법이다. 직사각형 공식은 개념이 간단하고 사용하기 쉬운 장점이 있다. 직사각형 공식을 적용하기 위해서 구간 내의 어떤 값을 선택하여 상수함수로 근사화할 것인지 결정하여야 한다.

면적의 근사를 위해 그림 6.1에서 구간의 시작점인 a나 끝인 b에서 함숫값을 선택할 수도 있다. 일반적으로는 구간의 중앙점인 $(a+b)/2$에서 함숫값을 사용하는 것이 더 좋은 근삿값을 제공하며 이를 수식으로 표현하면 식 (6.3)과 같다. 식 (6.3)은 구간 $[a, b]$에서 함수 $f(x)$의 적분값을 직사각형의 넓이로 근사화하여 구하는 방법이며 이를 단순 직사각형 공식이라고 한다.

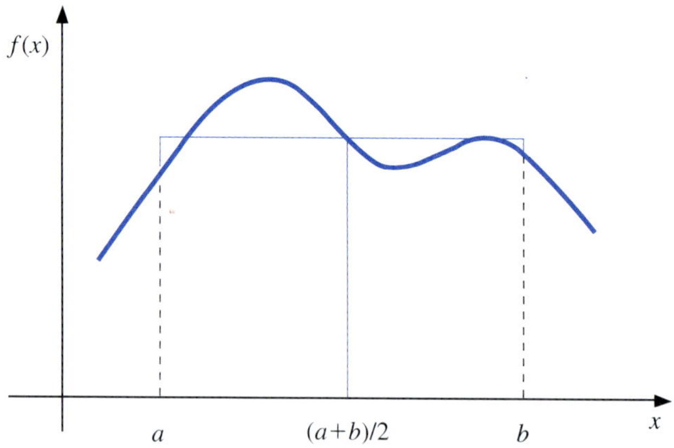

그림 6.1 단순 직사각형 공식의 기하학적 개념

$$I = \int_a^b f(x)\,dx = \Delta x \cdot f\left(\frac{a+b}{2}\right) \tag{6.3}$$

$$\Delta x = (b-a)$$

여기서 I는 수치적분값, $f(x)$는 적분값을 구하고자 하는 대상 함수, Δx는 구간, 그리고 a와 b는 각각 구간의 시작점과 끝점을 의미한다.

전체구간을 하나의 구간으로 사용하는 단순 직사각형 공식은 원하는 정확도를 제공하지 못한다. 따라서 수치적분의 정확도를 증가시키기 위해 주어진 구간 $[a, b]$를 n개의 소구간으로 나누고 각각의 소구간에 단순 직사각형 공식을 적용하여 전체구간의 적분값을 구한다. 이를 합성 직사각형 공식 또는 일반적으로 직사각형 공식이라 한다. 그림 6.2

는 직사각형 공식의 기하학적 개념을 보여 준다.

여러 개의 소구간으로 나누어 적분을 수행하는 경우 그 소구간의 크기가 반드시 같을 필요는 없다. n개의 서로 다른 소구간을 갖는 경우 직사각형 공식은 식 (6.4a)로 표현되고 소구간의 크기들이 같으면 식 (6.4b)로 표현된다.

$$I=\sum_{i=0}^{n-1}(x_{i+1}-x_i)\ f\left(\frac{x_i+x_{i+1}}{2}\right) \tag{6.4a}$$

$$I=\Delta x\sum_{i=0}^{n-1} f\left(\frac{x_i+x_{i+1}}{2}\right) \tag{6.4b}$$

$$\Delta x=(b-a)/n$$

직사각형 공식을 사용할 때 발생하는 오차는 개개의 소구간에서 발생하는 오차를 더하여 구할 수 있으며 이는 식 (6.5)와 같다.

$$\varepsilon=\frac{1}{24}(b-a)\Delta x^2 f''(\xi),\quad a<\xi<b \tag{6.5}$$

$$\Delta x=(b-a)/n$$

식 (6.5)에서 직사각형 공식의 오차는 2차 도함수에 비례하므로 그 정밀도(degree of precision)는 1차임을 알 수 있다. 정밀도란 적분값을 오차 없이 정확하게 구할 수 있는 함수의 최대 차수이다. 또한 직사각형 공식의 오차가 Δx^2에 비례하므로 소구간의 크기를 반으로 줄이면 그 오차는 1/4로 줄어든다.

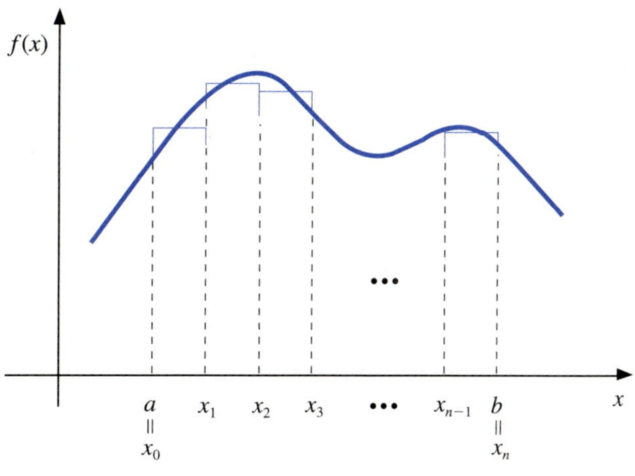

그림 6.2 직사각형 공식의 기하학적 개념

예제 6.1 구간 [0, 6]에서 주어진 함수 $f(x)$의 적분값을 직사각형 공식을 사용하여 구하라. 구간을 두 개로 나누어 적분값을 구하고 참값과 비교하라. 유효숫자 4자리까지 계산하라.

$$f(x) = -12x^4 + 100x^3 - 250x^2 + 465x + 235$$

그림 6.3은 함수 $f(x)$를 나타낸다. 주어진 수식이 다항식이므로 해석적인 방법으로 적분값을 구하면 다음과 같이 5518을 얻는다.

$$I = \int_0^6 (-12x^4 + 100x^3 - 250x^2 + 465x + 235)\,dx$$

$$= \left[-\frac{12}{5}x^5 + 25x^4 - \frac{250}{3}x^3 + \frac{465}{2}x^2 + 235x \right]_0^6 = 5518$$

두 개의 소구간으로 나누어 계산하는 경우, $\Delta x = 3$이고 계산지점은 두 소구간의 중간지점인 $x = 1.5,\ 4.5$이다. 식 (6.4)를 이용하면 다음과 같이 6311로 계산된다. 오차는 $\varepsilon = 5518 - 6311 = -793$이며 이는 상대오차 $\varepsilon_r = -14.37\%$에 해당한다. 그림 6.3에서 볼 수 있듯이 함수의 변화가 심하여 두 개의 소구간으로 계산한 수치적분의 오차가 비교적 크다.

$$f(1.5) = 646.8$$
$$f(4.5) = 1457$$
$$I = 3[f(1.5) + f(4.5)] = 6311$$

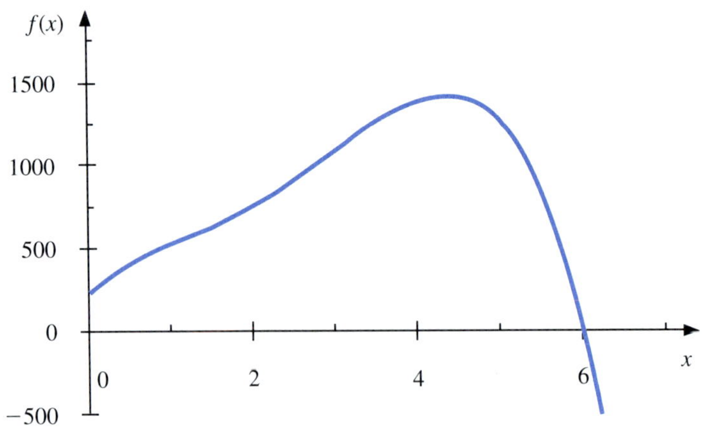

그림 6.3 구간 [0, 6]에서의 함수 $f(x)$

연구문제

6.1 주어진 소구간의 면적을 구할 때 소구간 내의 함숫값의 최솟값을 이용(이를 lower sum이라 함)하거나 최댓값을 이용(이를 upper sum이라 함)할 수 있다. 예제 6.1에 주어진 함수를 이용하여 다음 물음에 답하라.

(1) [0, 6] 구간을 6개 소구간으로 나누고 upper sum과 lower sum을 계산하라.

(2) 직사각형 공식을 이용하여 적분값을 구하라.

(3) 각 결과의 절대오차와 상대오차를 계산하라.

(4) 소구간의 개수가 무한히 많아질 경우 upper sum과 lower sum의 수렴값을 본인의 말로 설명하라.

6.2 예제 6.1에서 적분구간의 개수를 1개에서 6개까지 증가시키며 직사각형 공식을 적용할 때 절대오차와 상대오차의 변화를 그래프로 나타내라.

6.3 구간 [0, 7]에서 직사각형 공식을 이용하여 주어진 함수의 적분값을 구하고자 할 때 다음 물음에 답하라.

$$f(x)=x\cdot e^{-x^2}$$

(1) 해석적 방법으로 적분값을 구하라.

(2) 소구간의 개수 $n=7$일 때 수치적분값을 구하고 절대 및 상대 오차를 평가하라.

6.4 구간 [0, 4]에서 직사각형 공식을 이용하여 주어진 함수의 적분값을 구하고자 할 때 다음 물음에 답하라.

$$f(x)=1-x-4x^3+2x^5$$

(1) 해석적 방법으로 적분값을 구하라.

(2) 절대오차가 0.1 이하가 되도록 하는 소구간의 최소 개수와 수치적분값을 구하라.

6.5 구간 [0, 5]에서 단순 직사각형 공식을 사용하여 다음 함수들의 적분값을 구하고 그 오차를 참값과 비교하라. 단순 직사각형 공식의 정밀도에 관한 어떤 사실을 알 수 있는가?

(1) $f(x)=2x+3$

(2) $f(x)=x^2+3$

(3) $f(x)=x^3-9x^2+23x-15$

6.6 다음에 주어진 에러함수(error function)의 값을 $x=1, 2, 3$일 때 직사각형 공식으로 평가하라.

$$\text{erf}(x)=\frac{2}{\sqrt{\pi}}\int_0^x e^{-t^2}\,dt$$

6.7 아래에 주어진 평균이 5이고 표준편차가 0.3인 정규분포의 확률밀도함수에 대하여

$$f(z;5,0.3)=\frac{1}{\sqrt{2\pi}\,0.3}e^{-\frac{1}{2}\left(\frac{z-5}{0.3}\right)^2},\quad -\infty<z<\infty$$

(1) 주어진 함수를 $-\infty$에서 z까지 적분한 누적밀도함수를 $F(z;5,0.3)$이라 할 때, $F(5.5;5,0.3)$을 직사각형 공식을 이용하여 계산하라.

(2) $F(z;5,0.3)=0.952$를 만족하는 z를 계산하라.

(3) 새로운 변수 $t=(z-5)/0.3$이라 하고 문제 (1), (2)를 반복하라.

6.3 ▶ 사다리꼴 공식

사다리꼴 공식은 대상 함수 $f(x)$를 그림 6.4와 같이 구간 $[a, b]$의 시작점과 끝점에서 함숫값을 잇는 직선으로 근사화하여 적분값을 구하는 방법이다. 이를 단순 사다리꼴 공식이라 하며 수식으로 표현하면 식 (6.6)과 같다.

$$I=\Delta x \cdot \frac{1}{2}[f(a)+f(b)] \tag{6.6}$$

$$\Delta x=b-a$$

직사각형 공식과 마찬가지로 사다리꼴 공식 역시 오차를 줄이기 위해 적분하고자 하는 전체구간을 n개의 소구간으로 나누고 각각의 소구간에 단순 사다리꼴 공식을 적용하여 전체구간의 적분값을 구한다. 이를 합성 사다리꼴 공식 또는 간단히 사다리꼴 공식이라 하며 그림 6.5는 기하학적 개념을 보여 준다. 각 소구간의 간격이 다를 경우 식 (6.7a)와 같고 등간격이면 식 (6.7b)가 된다.

$$I=\frac{1}{2}\sum_{i=0}^{n-1}(x_{i+1}-x_i)[f(x_i)+f(x_{i+1})] \tag{6.7a}$$

$$I=\Delta x \cdot \frac{1}{2}\left[f(x_0)+2\sum_{i=1}^{n-1}f(x_i)+f(x_n)\right] \tag{6.7b}$$

$$\Delta x=(b-a)/n$$

$$x_0=a$$

$$x_n=b$$

$$x_i=x_{i-1}+\Delta x$$

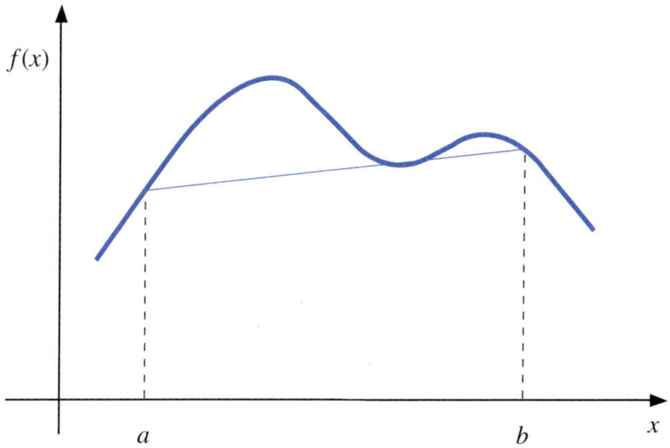

그림 6.4 단순 사다리꼴 공식의 기하학적 개념

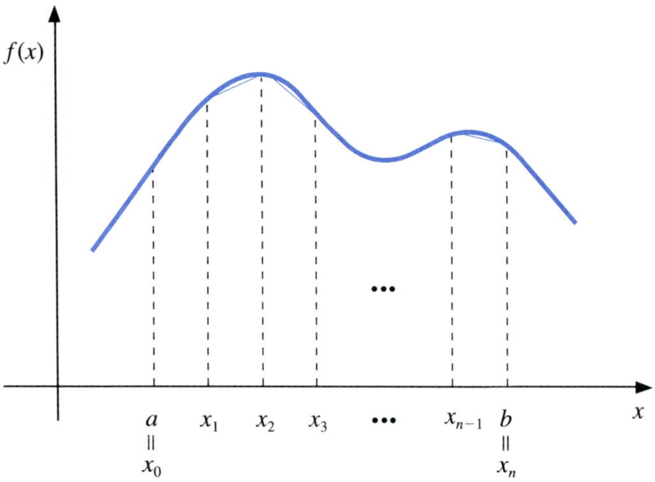

그림 6.5 사다리꼴 공식의 기하학적 개념

식 (6.7b)에서 Δx는 전체구간 $[a, b]$를 n개로 나눈 소구간의 크기를 나타낸다. x_i는 i번째 소구간의 시작점을 의미하며 i는 0부터 $(n-1)$까지의 값을 가진다. x_0는 전체구간의 시작점인 a가 되며 x_n은 끝점인 b가 된다.

사다리꼴 공식의 오차는 각각의 소구간에서 발생하는 오차를 합친 것과 같으며 식 (6.8)로 주어진다. 사다리꼴 공식의 오차가 2차 도함수에 비례하므로 그 정밀도는 1차이다. 식 (6.8)을 통해 사다리꼴 공식의 오차가 Δx^2에 비례하므로 소구간의 크기가 반으로 줄어들면 그 오차는 1/4로 줄어든다.

$$\varepsilon = -\frac{1}{12}(b-a)\Delta x^2 \, f''(\xi), \quad a < \xi < b \tag{6.8}$$

$$\Delta x = (b-a)/n$$

일반적으로 사다리꼴 공식은 같은 1차의 정밀도를 갖지만 직사각형 공식보다 더 정확하다. 그러나 항상 그런 것은 아니며 함수의 형태와 적분구간의 크기에 따라 다르다. 예제 6.2는 그 한 예이다.

예제 6.2 구간 [0, 6]에서 사다리꼴 공식을 사용하여 수치적분값을 구하라. 두 개의 소구간을 사용하고 이론값과 오차를 비교하라.

$$f(x) = -12x^4 + 100x^3 - 250x^2 + 465x + 235$$

두 개의 소구간으로 나누어 계산하는 경우 계산지점은 $x=0, 3, 6$의 총 세 점이 된다. 식 (6.7)을 사용하여 함숫값을 계산하면 다음과 같다.

$$f(0) = 235$$
$$f(3) = 1108$$
$$f(6) = 73$$

$$I = \frac{(6-0)}{2} \times \frac{1}{2}[235 + 2 \times 1108 + 73] = 3786$$

예제 6.1로부터 이론값은 5518이다. 참값과 비교하여 절대오차를 평가하면 $\varepsilon = 5518 - 3786 = 1732$이며 상대오차 $\varepsilon_r = 31.39\%$이다. 예제 6.1의 직사각형 공식의 결과인 -14.37%의 상대오차와 비교하면 사다리꼴 공식이 주어진 문제에서는 더 부정확하다. 이는 그림 6.3의 구간 [3, 6] 부분에서 사다리꼴 근사가 직사각형 근사에 비하여 정확도가 떨어지기 때문이다.

연구문제

6.8 점 $[a, f(a)]$, $[b, f(b)]$를 잇는 직선의 방정식을 적분하여 식 (6.6)을 증명하라.

$$\left[\text{힌트: } I=\int_a^b\left[f(a)+\frac{f(b)-f(a)}{b-a}(x-a)\right]dx\right]$$

6.9 구간 [0, 7]에서 사다리꼴 공식을 이용하여 주어진 함수의 적분값을 구하고자 한다.

$$f(x)=x\cdot e^{-x^2}$$

(1) 소구간의 개수 $n=7$일 때 사다리꼴 공식으로 적분값을 구하고 오차를 평가하라.
(2) 직사각형 공식을 적용하여 적분값을 구하고 오차를 비교하라.

6.10 구간 [0, 4]에서 사다리꼴 공식을 이용하여 주어진 함수의 적분값을 구하고자 한다.

$$f(x)=1-x-4x^3+2x^5$$

(1) 절대오차가 0.1 이하가 되도록 하는 소구간의 최소 개수와 적분값을 구하라.
(2) 절대오차가 0.002 이하가 되도록 하는 소구간의 최소 개수와 적분값을 구하라.

6.11 함수 $f(x)$를 사용하여 다음과 같은 부등구간의 자료를 생성할 수 있다. 아래의 자료를 이용하여 합성 사다리꼴 공식으로 구한 구간 [0, 0.7]의 수치적분값을 이론적 적분값과 비교하라.

$$f(x)=2\cdot e^{-1.5x}$$

x	0.00	0.05	0.15	0.35	0.40	0.55	0.65	0.70
$f(x)$	2.0000	1.8555	1.5970	1.1831	1.0976	0.8765	0.7544	0.6999

6.12 다음에 주어진 에러함수의 값을 $x=1, 2, 3$일 때 사다리꼴 공식으로 평가하라.

$$\text{erf}(x)=\frac{2}{\sqrt{\pi}}\int_0^x e^{-t^2}\,dt$$

6.13 평균이 5이고 표준편차가 0.3인 아래의 정규분포 확률밀도함수에 대하여

$$f(z;5, 0.3)=\frac{1}{\sqrt{2\pi}\,0.3}e^{-\frac{1}{2}\left(\frac{z-5}{0.3}\right)^2},\quad -\infty<z<\infty$$

(1) 주어진 함수를 $-\infty$에서 z까지 적분한 누적밀도함수를 $F(z;\,5,\,0.3)$이라 할 때, $F(5.5;\,5,\,0.3)$을 사다리꼴 공식을 이용하여 계산하라.

(2) $F(z;\,5,\,0.3)=0.952$를 만족하는 z를 계산하라.

(3) 새로운 변수 $t=(z-5)/0.3$이라 하고 문제 (1), (2)를 반복하라.

6.14 그림 6.6에 주어진 함숫값 $f(x,\,y)$를 사용하여 아래의 적분값을 사다리꼴 공식을 이용하여 계산하라.

$$I=\int_{x_0}^{x_n}\left[\int_{y_0}^{y_m} f(x,\,y)\,dy\right]dy$$

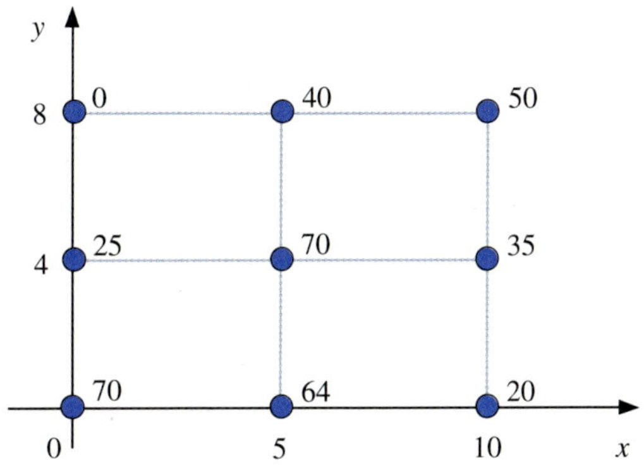

그림 6.6 다중적분

6.4 ▶ 심프슨 공식

직사각형 공식이나 사다리꼴 공식은 소구간 내에 최대 두 개의 점을 사용하여 함수를 근사화하고 적분값을 구한다. 만약 소구간 내에 두 점 이외의 추가점들이 존재한다면 이들을 곡선으로 근사화하여 좀더 정확한 적분값을 얻을 수 있다. 이러한 방법이 심프슨 공식이며 그 근사차수에 따라 심프슨 1/3 공식과 심프슨 3/8 공식으로 나눈다.

6.4.1 심프슨 1/3 공식

심프슨 1/3 공식은 구간 $[a, b]$에 세 개의 계산지점이 존재할 때 이들을 연결하여 대상 함수를 2차 곡선으로 근사화한다. 그림 6.7 에서 $f(x)$는 적분값을 구하고자 하는 대상 함수이고 $L(x)$는 구간 내의 세 개의 점을 이용하여 근사화한 곡선이다.

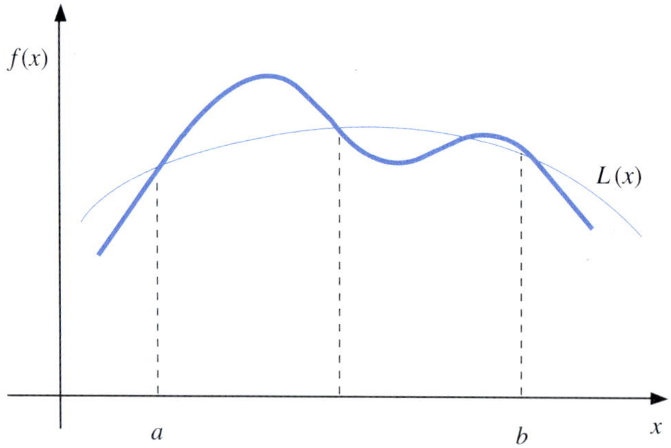

그림 6.7 심프슨 1/3 공식의 기하학적 개념

심프슨 1/3 공식을 유도하기 위해 $[x_0, f(x_0)]$, $[x_1, f(x_1)]$, $[x_2, f(x_2)]$의 세 점을 지나는 곡선을 구하여야 한다. 이를 위해 식 (6.9a)와 같이 2차의 일반식에서 각 계수를 계산할 수 있다. 하지만 이 경우 세 점을 지난다는 조건을 적용하여 연립방정식을 풀어야 하는 번거로움이 있다. 세 점을 지나는 2차 곡선은 라그랑주 보간법으로 계산하면 식 (6.9b)와 같다.

$$L(x)=ax^2+bx+c \tag{6.9a}$$

$$L(x)=f(x_0)\frac{(x-x_1)(x-x_2)}{(x_0-x_1)(x_0-x_2)}+f(x_1)\frac{(x-x_0)(x-x_2)}{(x_1-x_0)(x_1-x_2)}+f(x_2)\frac{(x-x_0)(x-x_1)}{(x_2-x_0)(x_2-x_1)} \tag{6.9b}$$

여기서 $x_0=a$, $x_1=(a+b)/2$, $x_2=b$ 이다.

식 (6.9b)를 구간 $[x_0, x_2]$에서 적분하면 식 (6.10)과 같으며 이를 단순 심프슨 1/3 공식이라 한다. 이 공식에서 '1/3' 이라는 숫자는 식 (6.10)에서 괄호 앞의 계수가 1/3이라는 것에 근거한다.

$$I=\frac{1}{3}\Delta x[f(x_0)+4f(x_1)+f(x_2)] \qquad (6.10)$$
$$\Delta x=(b-a)/2$$

앞의 공식들과 마찬가지로 심프슨 1/3 공식 역시 적분구간을 다수의 소구간으로 나누고 각각의 소구간에 적용함으로써 정확도를 높일 수 있는데 이를 합성 심프슨 1/3 공식 또는 일반적으로 심프슨 1/3 공식이라 한다. 해당 공식의 적용을 위해서 소구간의 개수는 반드시 등간격으로 짝수 개이어야 하며 두 개의 소구간 단위로 계산이 이루어진다.

등간격으로 이루어진 소구간의 개수가 $n=2m$개일 경우(여기서 m은 자연수) 심프슨 1/3 공식을 적용하면 식 (6.11)과 같다. 그림 6.8은 총 8개의 소구간에서 심프슨 1/3 공식을 4번 적용한 예이다. 시작점과 끝점을 제외한 점 중 홀수 번째 점은 소구간의 중간지점으로 가중치 4를 갖고 짝수 번째 지점은 경계구간으로 계산에 두 번 사용되어 가중치 2를 갖는다.

$$\mathrm{I}=\frac{1}{3}\Delta x\left[f(x_0)+4\sum_{i=1}^{m}f(x_{2i-1})+2\sum_{i=1}^{m-1}f(x_{2i})+f(x_{2m})\right] \qquad (6.11)$$
$$\Delta x=(b-a)/(2m)$$

식 (6.11)을 적용하기 위해 소구간의 크기가 등간격으로 짝수 개가 되어야 한다. 만약 심프슨 1/3 공식을 사용하여 부등구간의 적분값을 구한다면 식 (6.11)과는 다른 형태의 새로운 적분식이 유도되어야 한다. 부등구간의 적분의 경우 직사각형 공식 또는 사다리꼴 공식을 사용할 수도 있다.

심프슨 1/3 공식의 오차는 식 (6.12)로 나타낼 수 있다. 심프슨 1/3 공식은 적분함수 $f(x)$를 두 개의 소구간에서 2차식으로 근사화하기 때문에 일반적으로 직사각형 공식이나 사다리꼴 공식보다 정확하다. 또한 방법이 간단하면서도 오차가 작으며 소구간의 간격을 줄이는 경우에도 반올림오차가 증가하지 않는 특징이 있다. 이 공식은 대학과정에서 만나는 대부분의 문제에 적용할 수 있어 가장 많이 사용되는 기법으로 3차의 정밀도를 갖는다.

$$\varepsilon=-\frac{(b-a)}{180}\Delta x^4 f^{(4)}(\xi), \quad a<\xi<b \qquad (6.12)$$

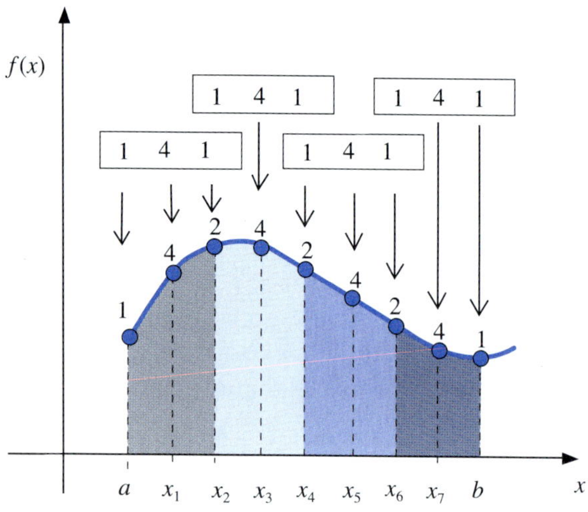

그림 6.8 심프슨 1/3 공식의 적용예

예제 6.3

구간 [0, 6]을 네 개의 소구간으로 나누어 주어진 함수에 심프슨 1/3 공식을 써서 수치적분값을 구하라.

$$f(x) = -12x^4 + 100x^3 - 250x^2 + 465x + 235$$

소구간을 네 개로 나누는 경우 x 좌표는 0, 1.5, 3, 4.5, 6이다. 각 좌표에서 함숫값을 계산하고 식 (6.11)에 대입하면 다음과 같이 5469를 얻는다. 비록 네 개의 구간만 사용하더라도 상대오차가 0.8889%로 우수한 결과를 보인다.

$$f(0) = 235$$
$$f(1.5) = 646.8$$
$$f(3) = 1108$$
$$f(4.5) = 1457$$
$$f(6) = 73$$

$$\mathrm{I} = \left(\frac{1}{3}\right)\left(\frac{6-0}{4}\right)[235 + 4(646.8 + 1457) + 2 \times 1108 + 73] = 5469$$

$$\varepsilon = 5518 - 5469 = 49$$

$$\varepsilon_r = 0.8889\%$$

6.4.2 심프슨 3/8 공식

심프슨 3/8 공식은 구간 $[a, b]$에서 그림 6.9와 같이 네 개의 지점을 이용하여 $f(x)$를 3차의 곡선 $L(x)$로 근사화하여 적분값을 구하는 방법이다.

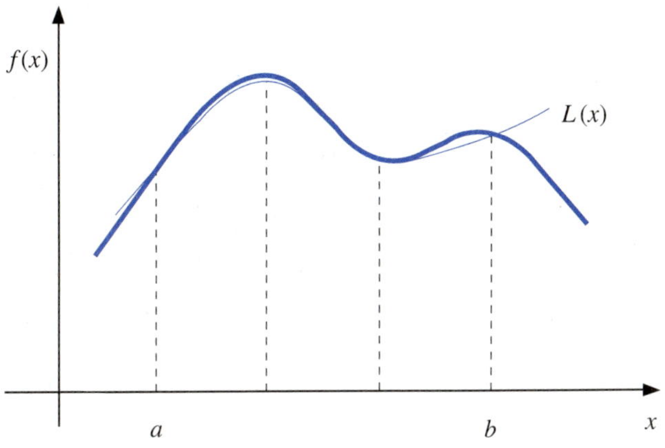

그림 6.9 심프슨 3/8 공식의 기하학적 개념

네 지점을 통과하는 라그랑주 다항식 $L(x)$를 구한 후 구간 $[a, b]$에서 적분하면 식 (6.13)을 얻으며 이를 단순 심프슨 3/8 공식이라 한다. 심프슨 3/8 공식에서 '3/8' 이라는 말 역시 식 (6.13)의 계수가 3/8이라는 것에서 기인한다.

$$\mathrm{I}=\frac{3}{8}\Delta x[f(x_0)+3f(x_1)+3f(x_2)+f(x_3)] \tag{6.13}$$

$$\Delta x=(b-a)/3$$

여기서 $x_0=\mathrm{a}$, $x_1=(2a+b)/3$, $x_2=(a+2b)/3$, $x_3=b$이다.

오차를 줄이기 위해 주어진 구간을 다수의 소구간으로 나누고 세 개의 소구간씩 심프슨 3/8 공식을 적용하여 적분값을 구할 수 있는데 이를 합성 심프슨 3/8 공식 또는 간단히 심프슨 3/8 공식이라 한다. 이 공식을 적용하기 위해서 소구간의 개수는 3의 정수배, 즉 $n=3m$이 되어야 하며 일반식은 식 (6.14)와 같다.

$$I=\frac{3}{8}\Delta x\left[f(x_0)+3\sum_{i=1}^{m}f(x_{3i-2})+3\sum_{i=1}^{m}f(x_{3i-1})+2\sum_{i=1}^{m-1}f(x_{3i})+f(x_{3m})\right] \tag{6.14}$$

$$\Delta x=(b-a)/(3m)$$

여기서 m은 자연수, $x_0=a$, $x_{3m}=b$이다.

심프슨 3/8 공식의 오차는 식 (6.15)로 표현된다. 오차가 4차 도함수에 비례하므로 심프슨 1/3 공식과 마찬가지로 3차의 정밀도를 가진다.

$$\varepsilon = -\frac{(b-a)}{80}\Delta x^5 f^{(4)}(\xi), \quad a<\xi<b \tag{6.15}$$

심프슨 3/8 공식은 3개의 소구간을 한 단위로 하여 함수를 근사화하고 적분값을 계산하므로 소구간의 수는 3의 정수배가 되어야 한다. 만일 3의 배수가 아닌 구간개수를 가질 경우 심프슨 3/8 공식과 다른 공식을 혼합하여 사용할 수 있다. 예를 들어 소구간의 개수가 5개인 경우에는 심프슨 1/3 공식이나 심프슨 3/8 공식만을 이용하여 적분값을 구할 수 없다. 직사각형 공식이나 사다리꼴 공식을 사용할 수 있으나 일반적으로 심프슨 공식보다 정확도가 떨어진다. 따라서 처음 2개의 소구간에는 심프슨 1/3 공식을 적용하고 나머지 3개의 소구간에는 심프슨 3/8 공식을 적용하여 전구간에 걸쳐 3차의 정밀도를 가지는 적분값을 구할 수 있다.

예제 6.4

구간 [0, 6]에서 심프슨 3/8 공식을 사용하여 수치적분값을 구하라. 소구간을 6개로 하고 이론적 적분값과 비교하라.

$$f(x) = -12x^4 + 100x^3 - 250x^2 + 465x + 235$$

소구간 6개의 x 좌표는 0, 1, 2, 3, 4, 5, 6이고 식 (6.14)를 이용하기 위해 필요한 값들을 계산하면 다음과 같이 수치적분값 5496을 얻는다. 이론값과의 절대오차는 22이고 상대오차는 0.3987%이다.

$$f(0)=235$$
$$f(1)=538$$
$$f(2)=773$$
$$f(3)=1108$$
$$f(4)=1423$$
$$f(5)=1310$$
$$f(6)=73$$

$$I=\frac{3}{8}\times\frac{6-0}{6}[235+3(538+1423)+3(773+1310)+2\times1108+73]=5496$$
$$\varepsilon=5518-5496=22$$
$$\varepsilon_r=0.3987\%$$

연구문제

6.15 식 (6.9b)를 이용하여 식 (6.10)을 유도하라.
[힌트: 등간격을 Δx라 하고 $t=(x-x_1)/\Delta x$라 치환하여 적분을 수행]

6.16 그림 6.9에서 네 지점을 지나는 곡선 $L(x)$를 구하고 이를 적분하여 식 (6.13)을 유도하라.

6.17 구간 [0, 7]에서 심프슨 1/3, 3/8 공식을 이용하여 주어진 함수의 적분값을 구하고자 할 때 다음 물음에 답하라.

$$f(x)=x \cdot e^{-x^2}$$

(1) 소구간의 개수가 6개일 때 적분값을 평가하라.
(2) 절대오차가 0.001 이하가 되도록 하는 소구간의 최소 개수와 수치적분값을 구하라.

6.18 다음 표와 같이 6개의 함숫값이 주어졌을 때 제시된 방법으로 수치적분값을 구하라.

x	0.0	1.0	2.0	3.0	4.0	5.0
$f(x)$	2.0000	0.4463	0.0996	0.0222	0.0050	0.0011

(1) 사다리꼴 공식
(2) 처음 두 구간에는 심프슨 1/3 공식, 그 다음 세 구간에는 심프슨 3/8 공식을 사용
(3) $f(x)=2e^{-1.5x}$라 가정하고 위의 두 결과에 대하여 오차를 비교하라.

6.5 ▶ 뉴턴-코츠 공식

뉴턴-코츠 공식은 앞서 설명한 공식을 일반화한 것으로 $f(x)$의 적분값을 구하기 위해 각 격자점에서 함숫값에 가중치를 곱하여 계산하는 방법으로 식 (6.16a)와 같이 일반식으로 나타낼 수 있다. 적분구간의 처음과 마지막 격자점을 포함한 경우를 폐(closed)구간 적분공식이라 하는데 표 6.1은 식 (6.16a)로 표시되는 친숙한 적분식의 예를 보여 준다.

$$\int_a^b f(x)\,dx = \alpha \cdot \Delta x[w_0 f_0 + w_1 f_1 + \cdots + w_n f_n] \tag{6.16a}$$

여기서 α는 상수, Δx는 소구간의 크기, w_i, f_i는 각각 x_i 지점에서의 가중치와 함숫값을 의미한다.

만약 x_0나 x_n이 특이점(singular point)이 되어 함수가 정의되지 않아 f_0나 f_n을 계산할 수 없는 경우라면 식 (6.16a)로 주어진 뉴턴-코츠 공식을 사용할 수 없다. 이런 경우에는 식 (6.16b)의 개(open)구간 뉴턴-코츠 공식을 이용한다.

$$\int_a^b f(x)\,dx = \alpha \cdot \Delta x[w_1 f_1 + w_2 f_2 + \cdots + w_{n-1} f_{n-1}] \tag{6.16b}$$

표 6.2는 식 (6.16b)로 표시되는 개구간 적분공식의 예이며 주어진 것 외에도 매우 다양하다. 하지만 그 이론적 배경이 일반독자에게는 익숙하지 않고 또 가중치가 음의 값을 가지는 경우도 있다. 따라서 특이점이 존재하는 적분구간이 없을 때에는 식 (6.16a)의 폐구간 적분공식을 이용하는 것이 타당하다.

사다리꼴 공식이나 심프슨 공식에서 볼 수 있듯이 함수를 근사화하기 위해 고차의 식을 사용하면 수학적으로 높은 정밀도를 얻을 수 있다. 하지만 4차 이상의 고차식을 사용하는 것은 추천하지 않는다. 왜냐하면 고차의 근사식은 부드럽게 변화하는 실제 함수를 잘 대표하지 못하여 결국 수치오차를 증가시키게 되기 때문이다. 또한 앞서 소개한 여

표 6.1 뉴턴-코츠 폐구간 적분공식

공식 이름	정밀도	α	w_i	수식
사다리꼴 공식	1	1/2	1 1	$\frac{1}{2}\Delta x[f_0+f_1]$
심프슨 1/3 공식	3	1/3	1 4 1	$\frac{1}{3}\Delta x[f_0+4f_1+f_2]$
심프슨 3/8 공식	3	3/8	1 3 3 1	$\frac{3}{8}\Delta x[f_0+3f_1+3f_2+f_3]$
불(Boole) 공식	4	2/45	7 32 12 32 7	$\frac{2}{45}\Delta x[7f_0+\cdots+7f_4]$

표 6.2 뉴턴-코츠 개구간 적분공식

공식 이름	정밀도	α	w_i	수식
한 점 공식	1	2	1	$2\Delta x[f_1]$
두 점 공식	1	3/2	1 1	$\frac{3}{2}\Delta x[f_1+f_2]$
세 점 공식	3	4/3	2 −1 2	$\frac{4}{3}\Delta x[2f_1-f_2+2f_3]$
네 점 공식	3	5/24	11 1 1 11	$\frac{5}{24}\Delta x[11f_1+f_2+f_3+11f_4]$

러 수치적분 공식만으로도 신뢰할 만한 결과를 얻을 수 있으며, 추가적인 정확도가 필요한 경우 적분구간을 더 작게 나누면 된다.

6.6 ▶ 적응식 적분법

계산된 오차가 주어진 허용오차보다 크다면 오차를 줄이기 위해 소구간의 크기를 작게 하면 된다. 각 소구간의 크기를 줄이는 방법은 매우 다양하다. 예를 들어 일정 비율로 줄일 수도 있고 특정 값으로 지정할 수도 있다. 논리적이면서 쉬운 방법 중 하나는 그림 6.10과 같이 소구간의 크기를 반으로 줄이는 것이다. 이 경우 구간의 개수에 대한 제약조건 없이 구간을 줄이기 이전에 사용하였던 방법을 그대로 적용할 수 있는 장점이 있다. 요약하면, 계산된 오차가 주어진 허용오차보다 작거나 같게 될 때까지 소구간의 크기를 반으로 체계적으로 줄인다. 이것이 간단한 적응식 적분법이며 오차를 줄이기 위해 고차 근사함수를 사용하지 않는 장점이 있다.

여기서 유의할 것은 수치오차의 계산방법이다. 이론적인 적분함수가 없는 경우에 수치적분을 사용하는 것을 전제하므로 절대오차를 계산할 수 없다. 따라서 소구간 Δx와 그것을 반으로 줄인 $\Delta x/2$에서 얻는 수치적분값의 차이를 절대오차로 사용한다. 그림 6.10은 적응식 적분법을 개념적으로 보여 준다.

오차를 줄이기 위해 모든 소구간의 크기를 동일하게 줄이는 것은 효율성이 떨어진다. 왜냐하면 함수의 변화율이 큰 구간에서 상대적으로 큰 오차가, 변화율이 작은 구간에서 작은 오차가 발생하기 때문이다. 따라서 또 다른 적응식 적분법으로 변화가 큰 구간에서는 작은 소구간을, 변화가 작은 구간에서는 큰 소구간을 사용하는 방법이 있다.

구체적으로, 주어진 소구간 Δx에서 구간을 반으로 줄여(즉 $\Delta x/2$) 두 적분값의 차이인 오차를 계산한다. 만일 계산된 오차가 소구간에서 설정된 오차한계보다 크면 해당 소구간을 반으로 줄이는 과정을 반복한다. 소구간의 오차한계는 임의로 설정할 수 있지만 보통 총오차를 구간개수로 나눈 평균값을 사용한다. 만일 계산된 오차가 주어진 오차한계보다 작으면 마지막으로 계산된 소구간과 그 적분값을 사용하고 더 이상 소구간을 줄이지 않는다. 이와 같은 계산을 처음에 주어진 각 소구간에서 반복한다.

주어진 함수와 적분구간에 따라 다른 정확도를 보이는 수치해석의 특성상 언급한 두 방법 중 어느 방법이 더 좋은지 일반화하기는 어렵다. 따라서 함수의 개형을 바탕으로 민감도분석을 통해 적절한 방법을 선택하여야 한다.

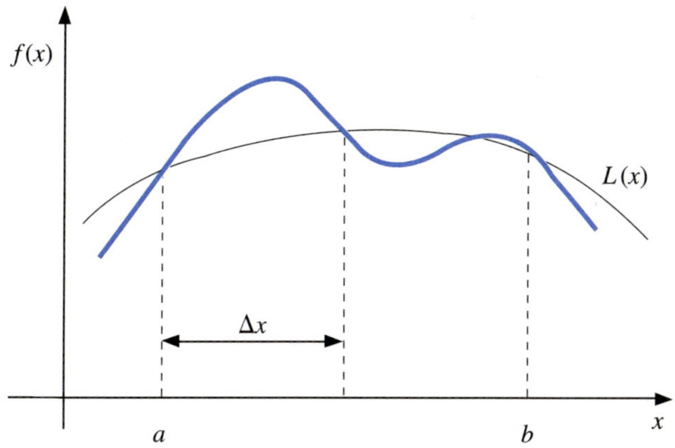

(a) 구간 Δx

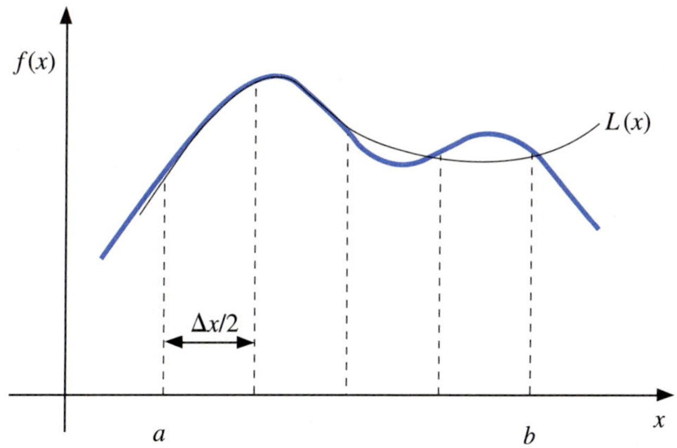

(b) 구간 $\Delta x/2$

그림 6.10 심프슨 공식을 이용한 적응식 적분법

연구문제

6.19 6장에서 소개된 수치적분기법에 대하여, 이름, 오차차수, 정확도를 정리하라.

6.20 구간 [0, 7]에서 아래의 방법으로 주어진 함수의 적분값을 계산하라. 절대오차 0.0002 이내가 되도록 하라.

$$f(x)=x\cdot e^{-x^2}$$

(1) 직사각형 공식
(2) 사다리꼴 공식
(3) 심프슨 1/3 공식
(4) 심프슨 3/8 공식

6.21 구간 [0, 2]에서 적응식 적분법을 사용하여 주어진 함수의 적분값의 오차가 0.00005 이내가 되도록 하라. 선호하는 적분공식을 선택하고 모든 소구간의 크기를 반으로 줄이는 간단한 방법을 이용하라.

$$\mathrm{erf}(x)=\frac{2}{\sqrt{\pi}}\int_0^x e^{-t^2}\,dt$$

6.22 다음의 수식으로 주어진 영역을 수치적분으로 평가하기 위하여, 최소한의 격자점(node)을 사용하라.

$$\frac{x^2}{2}+\frac{y^2}{3}\le 1,\quad x\ge 0, y\ge 0$$

(1) 직사각형 공식
(2) 사다리꼴 공식
(3) 심프슨 1/3 공식
(4) 심프슨 3/8 공식
(5) 이론적인 값을 구체적으로 계산하고 위의 각 방법의 오차를 평가하라.

6.23 연구문제 6.22에 주어진 영역을 수치오차 1.0E−7보다 작게 평가하라. 사용한 수치적분법을 명시하고 계산의 정확도를 향상시키기 위하여 사용한 기법을 설명하라.

6.24 아래에 주어진 적분값을 계산하기 위하여

$$I = \int_{-2}^{+2} \frac{1}{\sqrt{4 - x^2}} dx$$

(1) 이론적 적분값을 계산하라.(여러분의 지식이나 적분 관련 핸드북에 정리된 수식을 참고.)

(2) 직사각형 공식을 이용하여 적분값을 평가하라.

(3) 표 6.2에 주어진 개구간 적분공식을 이용하여 적분값을 계산하고 오차를 비교하라.

(4) 오차를 0.00005 이하로 줄이기 위한 방법과 계산결과를 제시하라.

6.25 다음의 수식으로 주어진 영역에 대하여

$$\frac{x^2}{2} + \frac{y^2}{3} \leq 1, \quad x \geq 0, y \geq 0$$

(1) 직사각형 공식을 사용하여 소구간 간격에 따른 상대 및 절대 오차를 그래프로 나타내라. 최대 소구간 간격에서 시작하여 상대오차가 0.001% 이하가 될 때까지 계산하라.

(2) 심프슨 1/3 공식을 이용하여 문제 (1)을 반복하라.

6.26 다음 수치적분 기법에 대하여 자신의 말로 설명하라. [대학원 수준]

(1) 가우스 적분공식

(2) Romberg 알고리즘

6.7 ▶ 수치미분

수치미분은 함수 $f(x)$의 값을 이용하여 도함수를 수치적으로 구하는 것이다. $f(x)$가 수식이 아닌 이산적인 자료로 주어질 때 점 x_i에서의 1차 도함수 $f'(x_i)$를 구하는 전형적인 방법에는 다음의 세 가지가 있다.

- 전향차분(forward difference)
- 후향차분(backward difference)
- 중앙차분(central difference)

6.7.1 전향차분

그림 6.11a는 두 점 $[x_i,\ f(x_i)]$, $[x_{i+1},\ f(x_{i+1})]$을 사용하여 1차 도함수를 구하는 방법이다. 이를 위해 $f(x_{i+1})$를 테일러전개하면 식 (6.17)과 같다.

$$f(x_{i+1})=f(x_i)+\Delta x\, f'(x_i)+\frac{\Delta x^2}{2!}f''(x_i)+\frac{\Delta x^3}{3!}f^{(3)}(x_i)+\cdots+\frac{\Delta x^n}{n!}f^{(n)}(x_i)+\cdots \tag{6.17}$$

식 (6.17)을 $f'(x)$에 대해 정리하고 고차 도함수들이 포함되어 있는 항들을 절단하면 식 (6.18)과 같으며 이를 전향차분식이라 한다.

$$f'(x)=\frac{f(x_{i+1})-f(x_i)}{\Delta x}+O(\Delta x) \tag{6.18}$$

여기서 $O(\Delta x)$는 절단된 항들의 첫 항이 Δx의 1차항을 포함하고 나머지 항들은 그 이상의 차수를 가지고 있어 오차항의 차수가 Δx임을 의미한다.

6.7.2 후향차분

그림 6.11b는 $[x_i,\ f(x_i)]$, $[x_{i-1},\ f(x_{i-1})]$을 사용하여 1차 도함수를 구하는 방법이다. 이를 위해 $f(x_{i-1})$을 테일러전개하면 식 (6.19)와 같다.

$$f(x_{i-1})=f(x_i)+(-\Delta x)\, f'(x_i)+\frac{(-\Delta x)^2}{2!}f''(x_i)+\frac{(-\Delta x)^3}{3!}f^{(3)}(x_i)+\cdots+\frac{(-\Delta x)^n}{n!}f^{(n)}(x_i)+\cdots \tag{6.19}$$

식 (6.19)를 $f'(x)$에 대해 정리하고 고차 미분항들을 절단하면 식 (6.20)을 얻을 수 있고 이를 후향차분식이라 한다.

$$f'(x) = \frac{f(x_i) - f(x_{i-1})}{\Delta x} + O(\Delta x) \tag{6.20}$$

6.7.3 중앙차분

그림 6.11c는 $[x_{i+1},\ f(x_{i+1})]$, $[x_{i-1},\ f(x_{i-1})]$을 이용하여 1차 도함수를 구하는 방법이다. 구체적인 수식을 얻기 위해 식 (6.17)에서 식 (6.19)를 뺀 후 $f'(x)$에 대해 정리하면 식 (6.21)을 얻으며 이를 중앙차분식이라 한다.

$$f'(x) = \frac{f(x_{i+1}) - f(x_{i-1})}{2\Delta x} + O(\Delta x^2) \tag{6.21}$$

중앙차분식은 전향차분식, 후향차분식과 달리 오차차수가 Δx^2이므로 이론적으로 언급한 세 경우 중에서 가장 정확하다. 여기에서 소개한 방법 외에도 멀리 떨어져 있는 두 자료점을 사용할 수 있다. 또한 더 많은 자료점을 이용하여 오차차수가 높은 수식을 유도할 수 있다. 수치미분식과 미분방정식의 풀이는 7장에 자세히 소개되어 있다. 특히 차분식은 공학과 자연과학 분야에서 중요한 상미분 및 편미분 방정식을 풀기 위한 기초가 된다. 6장에서는 함숫값이 이산적인 표로 주어졌을 때 언급한 3가지 방법으로 수치미분값을 구하는 것으로 충분하다.

수치미분에서 유의할 한 가지는 가능하면 수치미분은 피해야 한다는 것이다. 왜냐하면 적분은 일종의 평활화 과정(smoothing process)으로 함숫값의 작은 부정확성에 큰 영향을 받지 않는 반면에 미분은 함숫값의 차이비(differential quotient)의 극한값으로 변화를 평가하므로 함숫값의 작은 오차가 큰 차이를 보일 수 있다.

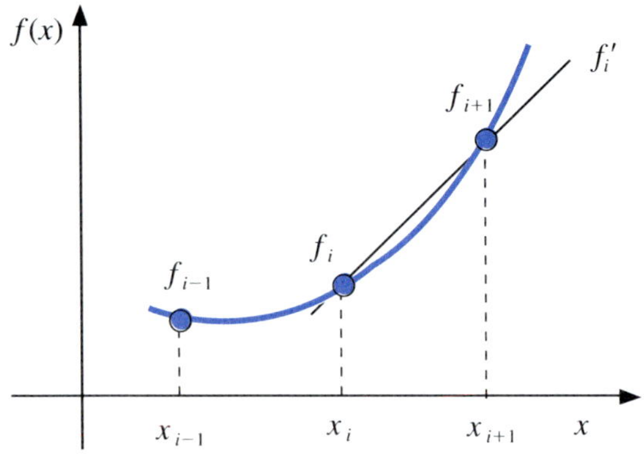

(a) 전향차분

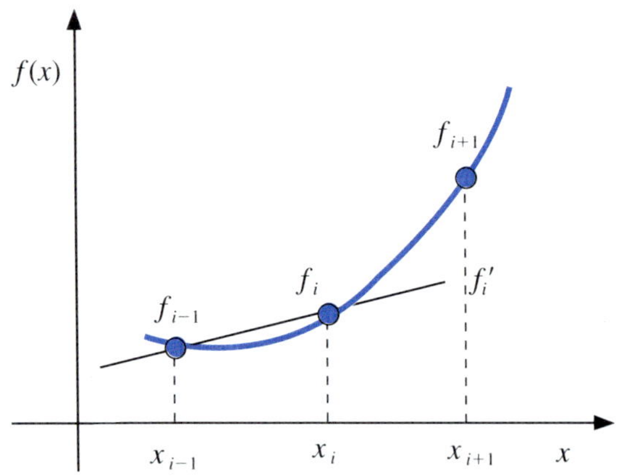

(b) 후향차분

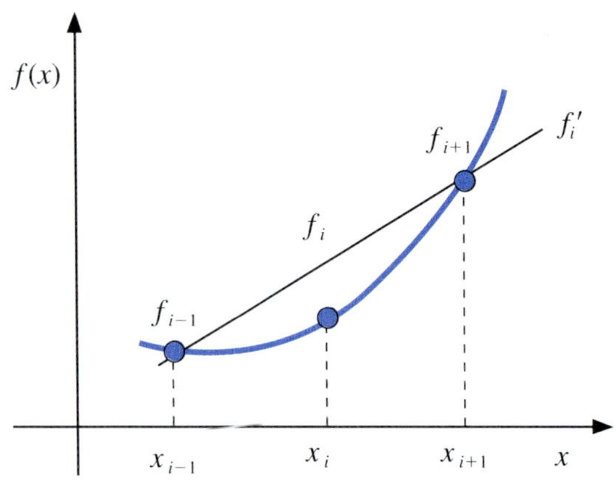

(c) 중앙차분

그림 6.11 전향차분, 후향차분, 중앙차분의 기하학적 개념

예제 6.5 다음과 같은 자료값이 주어졌을 때 수치미분 방법으로 $f'(3)$ 값을 구하라.

x	1.5	2.0	2.5	3.0	3.5	4.0
$f(x)$	4.482	7.389	12.18	20.09	33.12	54.60

주어진 자료와 식 (6.19)의 전향차분식, 식 (6.21)의 후향차분식, 그리고 식 (6.22)의 중앙차분식을 이용하여 계산하면 다음과 같다.

$$f'(3)=\frac{1}{0.5}[33.12-20.09]=26.06$$

$$f'(3)=\frac{1}{0.5}[20.09-12.18]=15.82$$

$$f'(3)=\frac{1}{2\times 0.5}[33.12-12.18]=20.94$$

연구문제

6.27 테일러전개식을 사용하여 오차항의 차수가 $O(\Delta x^2)$인 1차 전향차분식을 유도하라. [힌트: x_i, x_{i+1}, x_{i+2} 세 점을 사용]

6.28 테일러전개식을 사용하여 오차항의 차수가 $O(\Delta x^2)$인 1차 후향차분식을 유도하라. [힌트: x_i, x_{i-1}, x_{i-2} 세 점을 사용]

6.29 테일러전개식을 사용하여 오차항의 차수가 $O(\Delta x)$인 2차 전향차분식을 유도하라. [힌트: x_i, x_{i+1}, x_{i+2} 세 점을 사용]

6.30 다음 자료는 시간에 따른 로켓의 위치좌표를 나타낸 것이다. 각 시점에서의 속도와 가속도를 구하라.

t, sec	0	25	50	75	100	125
y, km	0	30	55	72	94	102

CHAPTER 7

미분방정식과 유한차분식

많은 물리적인 법칙과 관계가 수학적으로 도함수를 포함하는 방정식으로 표시되므로 미분방정식은 공학과 자연과학뿐만 아니라 모든 학문분야에서 중요하다. 미분방정식으로 주어진 현상을 이해하고 적용하기 위해서는 이를 풀어 해를 구해야 한다. 하지만 수식의 복잡성이나 적용대상의 불균일성으로 인해 미분방정식의 해석해를 구하는 것이 쉽지 않다. 이런 경우 수치해법을 이용하여 미분방정식의 수치해를 구할 수 있다.

이 단원에서는 1계 상미분방정식과 2계 편미분방정식의 수치해를 구하는 방법을 공부하며 기본 구성은 다음과 같다.

7.1 ▶ 미분방정식의 정의 및 분류

함수가 가지는 변수의 개수에 따라 미분방정식을 크게 상미분방정식(ODE: ordinary differential equation)과 편미분방정식(PDE: partial differential equation)으로 분류한다. 상미분방정식은 오직 하나의 변수에 대한 미지 함수와 그 도함수를 포함한 방정식이다. 우리는 미지 함수를 독립변수에 따라 $y(x)$ 또는 $y(t)$로 나타내었고, 주어진 미분방정식에서 이것을 결정하려고 한다. 미분방정식에 포함된 최고차 도함수가 n인 n계 미분방정식에 대해 n개의 초기조건이 주어지는 경우를 고려한다.

미분방정식은 여러 가지 형태로 분류하는데, 식 $F(x, y, y', y'', ..., y^{(n)})=0$에서 함수 F가 종속변수 $y, y', y'', ...$에 관하여 선형이면 선형미분방정식이라 하고 그렇지 않으면 비선형미분방정식이라 한다. 특히 선형미분방정식은 식 (7.1)로 표현할 수 있다.

$$a_0 y + a_1 y' + a_2 y'' + \cdots + a_{n-1} y^{(n-1)} + a_n y^{(n)} = g(x) \tag{7.1}$$

여기서 a_i는 $y^{(i)}$의 계수이고 $y^{(i)}$는 y를 x에 대해 i번 미분한 도함수이다. $g(x)=0$이면 제차(homogeneous), 그렇지 않으면 비제차(non−homogeneous)라고 부른다. 비제차 선형미분방정식의 해는 제차 선형방정식의 일반해와 비제차 항을 제공하는 특수해의 합으로 표현된다.

여러 개의 변수에 대한 미지 함수와 그 도함수를 포함한 방정식을 편미분방정식이라 한다. 우리가 관심을 가지는 많은 현상들은 위치(x)와 시간(t)에 따라 변화하기 때문에 이들 독립변수와 함수의 변화율로 지배방정식이 주어진다. 이것이 공학과 자연과학의 여러 분야에서 편미분방정식이 중요한 이유이다. 두 개의 독립변수 x, t에 대한 2계 편미분방정식은 식 (7.2)와 같이 표현할 수 있다.

$$au_{xx} + bu_{xt} + cu_{tt} = F(x, t, u, u_x, \mathrm{u}_t), \quad a > 0 \tag{7.2}$$

여기서 좌변의 a, b, c는 상수이고 함수 $u(x, t)$는 구하고자 하는 미지 함수이다. 하첨자는 각 변수로 $u(x, t)$를 편미분한 것을 나타낸다. 구체적으로 x에 대해 두 번 편미분한 것이 u_{xx}, x와 t에 대해 각각 한 번씩 편미분한 것이 u_{xt}, t에 대해 한 번 편미분한 것이 u_t이다.

식 (7.2)와 같이 주어지는 2계 편미분방정식을 판별식(discriminant) $D=b^2-4ac$의 부호에 따라 타원형(elliptic), 포물선형(parabolic), 쌍곡선형(hyperbolic)으로 분류할 수 있다. 이러한 분류는 단순히 형식적인 것이 아니고 각 형태에 따라 지배방정식, 초기조건, 경계조건, 해의 특성, 그리고 풀이 방법이 달라지게 되므로 주어진 편미분방정식이 어떤 형인가를 파악하는 것은 매우 중요하다. 편미분방정식은 7.4절에서 자세히 설명된다.

연구문제

7.1 미분방정식과 관련된 다음의 용어를 자신의 말로 설명하라.

(1) 미분방정식

(2) 1계 상미분방정식

(3) 2계 제차 선형미분방정식

(4) 일반해(general solution)

(5) 특수해(particular solution)

(6) 특이해(singular solution)

(7) 중첩의 원리(principle of superposition)

(8) 초깃값문제(initial value problem)

(9) 경곗값문제(boundary value problem)

7.2 다음 미분방정식으로 표현되는 물리적 또는 수학적 모형(model)의 의미와 적용분야를 설명하라. 사용된 각 계수가 무엇을 의미하는지 설명하라.

(1) $y''(t)=g=$ 상수

(2) $my''(t)+Ky(t)=0$

(3) $my''(t)+cy'(t)+Ky(t)=r(t)$

(4) $Li''(t)+Ri'(t)+\frac{1}{C}i(t)=V(t)$

(5) $y'(t)=Ky(t)$

(6) $EIy^{(4)}(x)=w(x)$

7.3 다음 2계 편미분방정식의 종류(포물선형, 타원형, 쌍곡선형)를 말하고 응용되는 물리적 현상을 예로 들고 그 의미를 설명하라.

(1) $\frac{\partial^2 u}{\partial x^2}+\frac{\partial^2 u}{\partial y^2}=0$

(2) $\frac{\partial^2 u}{\partial x^2}+\frac{\partial^2 u}{\partial y^2}=c$

(3) $\frac{\partial^2 u}{\partial x^2}=\frac{1}{\alpha}\frac{\partial u}{\partial t}$

(4) $\frac{\partial^2 u}{\partial x^2}=\frac{1}{c^2}\frac{\partial^2 u}{\partial t^2}$

7.4 다음 미분방정식을 풀라.(단, 미분방정식을 배우지 않은 독자는 이 문제를 풀지 않아도 된다.)

(1) $y'=x+y+1, \quad y(0)=1$

(2) $y'=0.5y, \quad y(0)=1$

(3) $y'=-0.5xy, \quad y(0)=1$

(4) $y''-4y=e^{-2x}-2x, \quad y(0)=0$ and $y'(0)=0$

(5) $y''+5y'+6y=108x^2, \quad y(0)=18$ and $y'(0)=-26$

7.5 다음 편미분방정식의 해를 구하라.(단, 미분방정식을 배우지 않은 독자는 이 문제를 풀지 않아도 된다.)

(1)

지배방정식: $\dfrac{\partial^2 u(x,t)}{\partial x^2}=\dfrac{\partial u(x,t)}{\partial t}, \quad 0<x<1, \quad t>0$

초기조건: $u(x, 0)=1$

경계조건: $u(0, t)=0, \quad u(1, t)=0$

(2)

지배방정식: $\dfrac{\partial^2 u(x,t)}{\partial x^2}=\dfrac{\partial u(x,t)}{\partial t}, \quad 0<x<\pi, \quad t>0$

초기조건: $u(x, 0)=x$

경계조건: $u(0, t)=0, \quad u(\pi, t)=0$

7.2 ▶ 테일러전개와 유한차분식

수치해법을 이용해 미분방정식의 해를 구하기 위해서는 주어진 미분방정식을 유한차분식(FDE: finite difference equation)으로 변환해야 한다. 미분방정식을 유한차분식으로 나타내려면 거듭제곱급수와 테일러전개에 대한 지식이 필요하다.

7.2.1 거듭제곱급수

주어진 함수 $f(x)$를 식 (7.3)과 같이 거듭제곱급수의 형태로 나타낼 수 있다.

$$f(x)=\sum_{m=0}^{\infty}a_m(x-x_0)^m=a_0+a_1(x-x_0)+a_2(x-x_0)^2+\cdots \tag{7.3}$$

여기서 a_m은 상수로서 거듭제곱급수의 계수, m은 급수, x_0는 중심이라고 부르는 상수, 그리고 x는 변수이다. 식 (7.4)는 우리에게 친숙한 함수들의 거듭제곱급수 예이다. 주어진 거듭제곱급수는 원점($x_0=0$)을 중심으로 전개한 것이며 각 급수가 유효한 x의 범위가 주어져 있음을 유의하여야 한다. 범위가 명시되어 있지 않은 것은 모든 x의 범위에서 성립한다는 의미이다.

$$\frac{1}{1-x}=\sum_{m=0}^{\infty}x^m=1+x+x^2+x^3+\cdots,\quad |x|<1 \tag{7.4a}$$

$$e^x=\sum_{m=0}^{\infty}\frac{x^m}{m!}=1+x+\frac{x^2}{2!}+\frac{x^3}{3!}+\cdots \tag{7.4b}$$

$$\cos(x)=\sum_{m=0}^{\infty}\frac{(-1)^m x^{2m}}{(2m)!}=1-\frac{x^2}{2!}+\frac{x^4}{4!}-\frac{x^6}{6!}\pm\cdots \tag{7.4c}$$

$$\sin(x)=\sum_{m=0}^{\infty}\frac{(-1)^m x^{2m+1}}{(2m+1)!}=x-\frac{x^3}{3!}+\frac{x^5}{5!}\mp\cdots \tag{7.4d}$$

$$a^x=\sum_{m=0}^{\infty}\frac{(x\cdot\ln a)^m}{m!}=1+x\cdot\ln a+\frac{(x\cdot\ln a)^2}{2!}+\frac{(x\cdot\ln a)^3}{3!}+\cdots \tag{7.4e}$$

$$\ln(1+x)=\sum_{m=0}^{\infty}\frac{(-1)^m\cdot x^{m+1}}{m+1}=x-\frac{x^2}{2}+\frac{x^3}{3}-\frac{x^4}{4}\pm\cdots,\ -1<x\le 1 \tag{7.4f}$$

주어진 함수 $f(x)$를 거듭제곱급수 형태로 나타내었을 때 n번째 부분합과 나머지를 식 (7.5)와 같이 표현할 수 있다.

$$f(x)=\sum_{m=0}^{\infty}a_m(x-x_0)^m=\underbrace{a_0+a_1(x-x_0)+a_2(x-x_0)^2+\cdots+a_n(x-x_0)^n}_{\substack{S_n(x)\\ n\text{번째 부분합}}}\ \Big|\ \underbrace{+a_{n+1}(x-x_0)^{n+1}+\cdots}_{\substack{R_n(x)\\ \text{나머지}}} \tag{7.5}$$

여기서 n번째 부분합 $S_n(x)$는 거듭제곱급수의 상수항부터 n차 항까지의 합이다. 나머지 $R_n(x)$는 $(n+1)$차 항부터 무한대까지의 합을 뜻하고 $S_n(x)$와 $R_n(x)$의 합은 $S(x)$가 된다. 이들을 이용하여 $f(x)$를 식 (7.6)으로 나타낼 수 있다.

$$f(x)=\sum_{m=0}^{\infty}a_m(x-x_0)^m=S_n(x)+R_n(x) \tag{7.6}$$

거듭제곱급수가 $x=x_1$에서 함수 $f(x)$를 표현할 수 있는지 확인하기 위해 다음과 같이 함수 $f(x)$에 x_1을 대입한다. 만약 $f(x_1)$과 $S_n(x_1)$의 관계가 식 (7.7a)와 같이 표현된다면 주어진 함수는 $x=x_1$에서 수렴한다고 말한다. 이는 거듭제곱급수 $S(x_1)$이 함숫값 $f(x_1)$을 나타낼 수 있음을 의미한다. 하지만 식 (7.7b)와 같이 함수가 수렴하지 않을 때에는 거듭제곱급수 $S(x_1)$이 함숫값 $f(x_1)$을 대표하지 못함을 의미한다.

$$f(x_1)=\sum_{m=0}^{\infty}a_m(x_1-x_0)^m=S_n(x_1)+R_n(x_1)$$

$$S(x_1)=f(x_1)=\lim_{n\to\infty}S_n(x_1) \tag{7.7a}$$

$$f(x_1)\neq\lim_{n\to\infty}S_n(x_1) \tag{7.7b}$$

거듭제곱급수가 x_1에서 수렴할 때, 급수가 수렴하는 또 다른 값들이 존재한다면 이 값들은 수렴구간이라 불리는 구간을 형성한다. 거듭제곱급수가 $|x-x_0|<R$인 구간에서 수렴할 때 R을 수렴반경(radius of convergence)이라고 부른다. 이 수렴반경은 식 (7.8a) 또는 (7.8b)를 이용해 구할 수 있다. 함수 $f(x)$가 수렴반경 R을 가지면 $(x-x_0)$의 거듭제곱급수로 표현할 수 있다. 이 경우에 함수 $f(x)$는 $x=x_0$에서 해석적(analytic)이라 한다.

$$R=\frac{1}{\lim_{n\to\infty}\sqrt[n]{a_n}} \tag{7.8a}$$

$$R=\frac{1}{\lim_{n\to\infty}\left|\frac{a_{n+1}}{a_n}\right|} \tag{7.8b}$$

여기서 a_n은 함수를 거듭제곱급수로 나타냈을 때 $(x-x_0)^n$ 항 계수의 일반식이다.

예제 7.1 식 (7.8a) 또는 (7.8b)를 이용하여 다음 급수들의 수렴반경을 계산하라.

(1) $\sum_{m=0}^{\infty} m!x^m$

(2) $\sum_{m=0}^{\infty} x^m$

문제 (1)에 주어진 급수의 일반항 $a_n = n!$이므로 식 (7.8b)를 사용하여 계산하면 수렴반경은 0이 된다. 이는 주어진 급수가 $x=0$일 때만 수렴하고 그 외의 모든 경우에는 발산한다는 의미이다. 발산하므로 함숫값을 급수의 합으로 구할 수 없다.

$$R = \frac{1}{\lim_{n \to \infty} \left| \frac{a_{n+1}}{a_n} \right|} = \frac{1}{\lim_{n \to \infty} \left| \frac{(n+1)!}{n!} \right|} = \lim_{n \to \infty} \frac{1}{n+1} = 0$$

문제 (2)에 주어진 급수의 일반항은 $a_n = 1$이므로 식 (7.8a)에 a_n을 대입하여 계산하면 수렴반경은 1이다. 따라서 $|x| < 1$일 때 주어진 급수가 수렴하고 그 범위에 있는 x 값에 대하여 타당한 결과를 제공한다.

$$R = \frac{1}{\lim_{n \to \infty} \sqrt[n]{a_n}} = 1$$

7.2.2 테일러전개와 유한차분식

모든 해석적인 함수들은 테일러전개로 나타낼 수 있는데 그림 7.1은 테일러전개의 기본개념을 보여 준다. 테일러전개를 이용하면 점 x에서의 함숫값 $f(x)$를 통해 $x+\Delta x$에서의 함숫값 $f(x+\Delta x)$의 근삿값을 구할 수 있다.

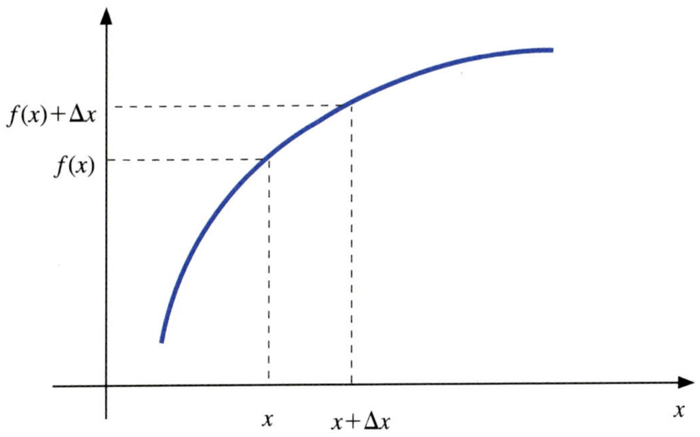

그림 7.1 테일러전개의 개념도

$f(x+\Delta x)$를 구하기 위한 함수 $f(x)$의 테일러전개는 식 (7.9)와 같으며 Δx의 값이 작을 때 유효하다.

$$f(x+\Delta x)=a_0+a_1\Delta x+a_2\Delta x^2+a_3\Delta x^3+\cdots \tag{7.9}$$

여기서 a_i는 상수계수이다.

식 (7.9)에서 계수 a_0를 결정할 수 있는 방법은 무엇인가? 식 (7.9)의 양변은 항등식이므로 Δx를 0으로 근접시키면 식 (7.10a)와 같이 a_0를 얻는다. 그러면 a_1을 결정하는 방법은 무엇인가? 더 나아가 일반항 a_n을 구할 수 있는 방법은 무엇인가? 양변을 계속적으로 Δx에 대해 미분하고 Δx를 0으로 근접시킴으로써 각 계수를 유일하게 얻을 수 있다.

$$\lim_{\Delta x\to 0} f(x+\Delta x)=a_0=f(x) \tag{7.10a}$$

$$\lim_{\Delta x\to 0} f'(x+\Delta x)=a_1=f'(x) \tag{7.10b}$$

$$\lim_{\Delta x\to 0} f''(x+\Delta x)=2\cdot 1\cdot a_2=f''(x) \tag{7.10c}$$

$$\lim_{\Delta x\to 0} f'''(x+\Delta x)=3\cdot 2\cdot 1\cdot a_3=f'''(x) \tag{7.10d}$$

$$\lim_{\Delta x\to 0} f^{(n)}(x+\Delta x)=n!a_n=f^{(n)}(x) \tag{7.10e}$$

$$\vdots$$

정리하면, 테일러전개식의 계수 a_n을 식 (7.10f)와 같이 나타낼 수 있다.

$$a_n=\frac{f^{(n)}(x)}{n!} \tag{7.10f}$$

여기서 괄호 속에 있는 상첨자는 그 횟수만큼 함수 $f(x)$를 미분하였다는 의미이다.

식 (7.10f)를 식 (7.9)에 대입하면 함수 $f(x)$의 테일러전개는 식 (7.11)과 같이 된다. 해석적인 함수의 테일러전개는 유일한 형태로 표현된다. 식 (7.11)로 주어진 함수의 테일러전개를 n차 부분합까지 근사화하여 표현할 수 있다.

$$f(x+\Delta x)=f(x)+\Delta x\cdot f'(x)+\frac{\Delta x^2}{2!}f''(x)+\frac{\Delta x^3}{3!}f'''(x)+\cdots+\frac{\Delta x^n}{n!}f^{(n)}(x)+\cdots$$

$$=f(x)+\sum_{m=1}^{n}\Delta x^m\frac{f^{(m)}(x)}{m!}+O(\Delta x^{n+1}) \tag{7.11}$$

$$O(\Delta x^{n+1})=\frac{\Delta x^{n+1}}{(n+1)!}f^{(n+1)}(x^*),\quad x\le x^*\le x+\Delta x$$

여기서 $O(\Delta x^{n+1})$는 참값과 근삿값의 오차이다. Δx를 포함한 나머지 항 중에서 Δx에 대한 최저 급수를 오차의 차수라 하는데 식 (7.11)에서 $(n+1)$ 차수를 갖는다.

테일러전개와 유한차분식을 이용하여 미분방정식의 해를 수치적으로 구할 수 있다. 그림 7.2는 유한차분식의 기본개념을 보여 주고 있다. 그림에서 지표 $i-1, i, i+1$에 각각 대응하는 x 값이 $x-\Delta x, x, x+\Delta x$이고, 함숫값은 각각 f_{i-1}, f_i, f_{i+1}이다. 도함수는 주어진 위치에서의 기울기를 뜻하므로 격자점 사이의 기울기를 이용하여 $f'(x)$를 근사화한다.

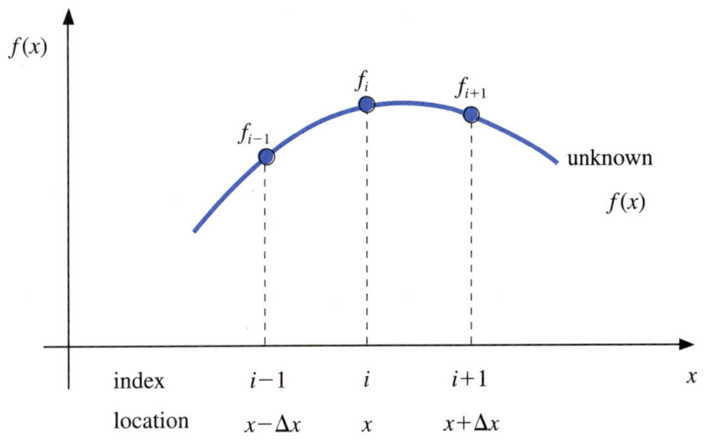

그림 7.2 유한차분식의 개념도

이와 같이 도함수를 격자점 사이의 기울기로 근사화하는 방법을 유한차분법(FDM: finite difference method) 또는 간단히 차분법이라 하며 기준이 되는 위치 x_i에서 어떤 격자점을 사용하느냐에 따라 다음의 세 가지 형태가 있다.

- 전향차분(forward difference)
- 후향차분(backward difference)
- 중앙차분(central difference)

기준점 x_i와 오른쪽에 있는 x_{i+1}을 이용하는 것이 전향차분으로 식 (7.12a)와 같이 표현된다. x_i와 왼쪽에 있는 x_{i-1}에서 함숫값을 이용하는 후향차분은 식 (7.12b)이며 x_i의 양쪽에 있는 x_{i-1}과 x_{i+1}을 이용하는 중앙차분은 식 (7.12c)로 표현된다. 중앙차분은 중심차분이라고도 한다.

$$f'(x)=\frac{f_{i+1}-f_i}{\Delta x} \tag{7.12a}$$

$$f'(x)=\frac{f_i-f_{i-1}}{\Delta x} \tag{7.12b}$$

$$f'(x)=\frac{f_{i+1}-f_{i-1}}{2\Delta x} \tag{7.12c}$$

테일러전개식을 이용하면 식 (7.12)로 주어진 도함수가 근삿값이며 오차를 가지고 있음을 알 수 있다. 식 (7.11)을 $f'(x)$에 대하여 정리하고 모든 오차항을 한 항으로 표현하면 식 (7.13a)가 된다. 이를 전향차분식이라 한다. 오차항은 $O(\Delta x)$로 단순화하여 표현하였는데 이는 오차의 여러 항 중에서 Δx의 최소 차수가 1이라는 것이다. 테일러전개는 작은 Δx를 전제로 하고 있으므로 모든 오차항 중에서 가장 큰 값은 최소 차수의 Δx를 가진 항이 된다.

동일한 원리로 $f(x-\Delta x)$에 대하여 테일러전개를 사용하거나 식 (7.11)에 $(-\Delta x)$를 대입하고 $f'(x)$에 대하여 정리하면 식 (7.13b)의 후향차분식을 얻는다. $f(x+\Delta x)$ 테일러전개식에서 $f(x-\Delta x)$의 테일러전개식을 빼면 식 (7.13c)의 중앙차분식을 얻는다. 이 경우 Δx^2을 포함한 항이 소거되므로 $f'(x)$의 오차차수는 2이다.

$$f'(x)=\frac{f_{i+1}-f_i}{\Delta x}+O(\Delta x) \tag{7.13a}$$

$$f'(x)=\frac{f_i-f_{i-1}}{\Delta x}+O(\Delta x) \tag{7.13b}$$

$$f'(x)=\frac{f_{i+1}-f_{i-1}}{2\Delta x}+O(\Delta x^2) \tag{7.13c}$$

여기서 $O(\ )$는 오차항을 나타낸다.

1차 도함수의 경우 그림 7.2의 기하학적 관계를 이용하여 직관적으로 차분식을 얻을 수 있지만 고차 도함수의 경우에는 반드시 테일러전개를 이용하여 유한차분식을 얻어야 한다. 테일러전개를 이용하면 2차 이상의 도함수나 추가적인 격자점을 사용하여 오차차수를 높인 차분식도 얻을 수 있다.

(1) 전향차분법

전향차분법을 이용하여 $f(x)$의 2계 도함수 $f_i''(x)$를 유한차분식으로 나타내기 위해서 $f_{i+1}(x)$와 $f_{i+2}(x)$를 이용한다. 2계 도함수를 구하는 것이므로 $f_{i+1}(x)$와 $f_{i+2}(x)$의 테일러전개식을 2차 부분합과 오차로 표현하면 다음과 같다.

$$f_{i+1}=f(x+\Delta x)=f_i+\Delta x \cdot f_i'+\frac{(\Delta x)^2}{2}f_i''+O(\Delta x^3)$$

$$f_{i+2}=f(x+2\Delta x)=f_i+2\Delta x \cdot f_i'+\frac{(2\Delta x)^2}{2}f_i''+O[(2\Delta x)^3]$$

위의 두 식으로부터 $f_i''(x)$를 구하는 것이 목적이므로 $f_i'(x)$를 소거한다. $f_{i+1}(x)$의 양변에 2를 곱한 후 $f_{i+2}(x)$ 식을 빼 줌으로써 $f_i'(x)$를 소거할 수 있다. 얻은 결과식을 $f_i''(x)$에 대해 정리하면 식 (7.14a)와 같이 1차의 오차차수를 가지는 2계 도함수 $f_i''(x)$를 구할 수 있다.

$$f_i''(x)=\frac{f_{i+2}-2f_{i+1}+f_i}{\Delta x^2}+O(\Delta x) \tag{7.14a}$$

오차의 차수를 2차로 줄여서 더 정확한 결과를 얻으려면 $f_{i+3}(x)$를 추가로 이용하여 Δx^3 항도 소거해야 한다. 오차의 차수를 한 단계씩 증가시키기 위해서는 필요한 격자점의 수도 하나씩 늘려야 한다.

예제 7.2 오차의 차수가 2차가 되도록 전향차분법을 이용하여 $f_i'(x)$를 구하라.

$f_i'(x)$의 오차의 차수가 2차가 되려면 테일러전개식에서 Δx^2 항이 소거되어야 한다. 이를 위해 모두 세 개의 격자점이 필요하며, 다음과 같이 $f_{i+1}(x)$와 $f_{i+2}(x)$의 전개식을 이용한다.

$$f_{i+1}=f_i+\Delta x \cdot f_i'+\frac{\Delta x^2}{2}f_i''+\frac{\Delta x^3}{3!}f_i'''+O(\Delta x^4)$$

$$f_{i+2}=f_i+2\Delta x \cdot f_i'+\frac{(2\Delta x)^2}{2}f_i''+\frac{(2\Delta x)^3}{3!}f_i'''+O[(2\Delta x)^4]$$

위의 수식에서 Δx^2 항을 소거하기 위해 $f_{i+1}(x)$의 양변에 4를 곱한 후 $f_{i+2}(x)$를 빼 주고 정리하면 다음과 같다.

$$f_i'=\frac{-f_{i+2}+4f_{i+1}-3f_i}{2\Delta x}+O(\Delta x^2)$$

(2) 후향차분법

후향차분법을 이용하여 $f(x)$의 2계 도함수 $f_i''(x)$를 유한차분식으로 나타내기 위해서 $f_{i-1}(x)$와 $f_{i-2}(x)$의 테일러전개식을 2차 부분합과 오차로 표기한 다음 식들을 이용한다.

$$f_{i-1}=f_i-\Delta x\cdot f_i'+\frac{\Delta x^2}{2!}f_i''-O(\Delta x^3)$$

$$f_{i-2}=f_i-2\Delta x\cdot f_i'+\frac{4\Delta x^2}{2!}f_i''-O(\Delta x^3)$$

전향차분법에서와 같이 $f_i'(x)$를 소거하고 정리하면 식 (7.14b)와 같은 후향차분식을 얻는다. 여기서도 두 개의 격자점을 이용했으므로 오차의 차수가 1인 것을 예상할 수 있다.

$$f_i''=\frac{f_i-2f_{i-1}+f_{i-2}}{\Delta x^2}+O(\Delta x) \tag{7.14b}$$

(3) 중앙차분법

중앙차분법은 기준점 x_i를 중심으로 양쪽 격자점을 이용하는 방법으로 $f(x)$의 2계 도함수 $f_i''(x)$를 구하기 위해서 $f_{i+1}(x)$와 $f_{i-1}(x)$의 테일러전개식을 이용한다. $f_{i+1}(x)$와 $f_{i-1}(x)$의 테일러전개식을 더하여 $f_i'(x)$를 소거한 후 $f_i''(x)$에 대해 정리하면 식 (7.14c)를 얻는다.

$$f_i''=\frac{f_{i-1}-2f_i+f_{i+1}}{\Delta x^2}+O(\Delta x^2) \tag{7.14c}$$

세 개의 격자점을 이용하여 $f_i''(x)$를 전향차분법과 후향차분법으로 구하면 오차차수가 1차인데 중앙차분법의 오차차수는 2차이다. 격자크기 Δx가 충분히 작다면 오차차수가 높을 때 더 정확한 근삿값을 제공하므로 2차 도함수의 경우 중앙차분법이 보다 더 정확하다. 하지만 1차 도함수의 경우에는 주어진 문제의 특성에 따라 차분식의 수치정확도가 결정된다. 구체적으로 유체유동의 경우 중앙차분식보다 유체가 흘러 들어오는 방향에서 두 격자점을 이용하는 차분식이 수치적으로 더 안정하고 정확한 경우가 많다. 즉 유체의 유동방향에 따라 전향차분식과 후향차분식을 선택하여 사용하는데 이를 상류차분(upstream difference)이라 한다.

(4) 고차 차분식

Δx가 충분히 작을 때 오차차수를 증가시키면 이론적으로 유한차분식의 정확도가 증가한다. 오차차수가 높은 차분식을 고차(高次) 유한차분식이라고 한다. 고차 유한차분식을 이용하는 것이 수학적으로 정확도를 증가시켜 좋을 것 같지만, 실제 프로그램 작업에서는 쓰지 않는 것이 좋다. 왜냐하면 필요한 항의 수가 많아지게 되어 프로그램 작업량이 많고 복잡

해지며 Δx의 값에 따라 오차가 크게 달라지므로 수치적으로 불안정한 결과를 얻을 수 있기 때문이다. 표 7.1과 7.2는 각각 1계 및 2계 도함수에 대한 다양한 차분식을 보여 준다.

표 7.1 $f'(x)$의 차분식

	수식	오차차수
전향차분식	$\frac{1}{\Delta x}[f(x_{i+1})-f(x_i)]$	$O(\Delta x)$
	$\frac{1}{2\Delta x}[-f(x_{i+2})+4f(x_{i+1})-3f(x_i)]$	$O(\Delta x^2)$
	$\frac{1}{6\Delta x}[2f(x_{i+3})-9f(x_{i+2})+18f(x_{i+1})-11f(x_i)]$	$O(\Delta x^3)$
후향차분식	$\frac{1}{\Delta x}[f(x_i)-f(x_{i-1})]$	$O(\Delta x)$
	$\frac{1}{2\Delta x}[3f(x_i)-4f(x_{i-1})+f(x_{i-2})]$	$O(\Delta x^2)$
	$\frac{1}{6\Delta x}[11f(x_i)-18f(x_{i-1})+9f(x_{i-2})-2f(x_{i-3})]$	$O(\Delta x^3)$
중앙차분식	$\frac{1}{2\Delta x}[f(x_{i+1})-f(x_{i-1})]$	$O(\Delta x^2)$
	$\frac{1}{12\Delta x}[-f(x_{i+2})+8f(x_{i+1})-8f(x_{i-1})+f(x_{i-2})]$	$O(\Delta x^4)$
	$\frac{1}{60\Delta x}[f(x_{i+3})-9f(x_{i+2})+45f(x_{i+1})-45f(x_{i-1})+9f(x_{i-2})-f(x_{i-3})]$	$O(\Delta x^6)$

표 7.2 $f''(x)$의 차분식

	수식	오차차수
전향차분식	$\frac{1}{\Delta x^2}[f(x_{i+2})-2f(x_{i+1})+f(x_i)]$	$O(\Delta x)$
	$\frac{1}{\Delta x^2}[-f(x_{i+3})+4f(x_{i+2})-5f(x_{i+1})+2f(x_i)]$	$O(\Delta x^2)$
	$\frac{1}{12\Delta x^2}[11f(x_{i+4})-56f(x_{i+3})+114f(x_{i+2})-104f(x_{i+1})+35f(x_i)]$	$O(\Delta x^3)$
후향차분식	$\frac{1}{\Delta x^2}[f(x_i)-2f(x_{i-1})+f(x_{i-2})]$	$O(\Delta x)$
	$\frac{1}{\Delta x^2}[2f(x_i)-5f(x_{i-1})+4f(x_{i-2})-f(x_{i-3})]$	$O(\Delta x^2)$
	$\frac{1}{12\Delta x^2}[35f(x_i)-104f(x_{i-1})+114f(x_{i-2})-56f(x_{i-3})+11f(x_{i-4})]$	$O(\Delta x^3)$
중앙차분식	$\frac{1}{\Delta x^2}[f(x_{i+1})-2f(x_i)+f(x_{i-1})]$	$O(\Delta x^2)$
	$\frac{1}{12\Delta x^2}[-f(x_{i+2})+16f(x_{i+1})-30f(x_i)+16f(x_{i-1})-f(x_{i-2})]$	$O(\Delta x^4)$
	$\frac{1}{180\Delta x^2}[2f(x_{i+3})-27f(x_{i+2})+270f(x_{i+1})-490f(x_i)+270f(x_{i-1})$ $-27f(x_{i-2})+2f(x_{i-3})]$	$O(\Delta x^6)$

연구문제

7.6 다음 급수의 수렴반경을 구하라.

(1) $\sum_{m=0}^{\infty}(-1)^m x^{4m}$

(2) $\sum_{m=0}^{\infty}\frac{(-1)^m}{k^m}x^{2m}$

(3) $\sum_{m=0}^{\infty}\frac{(-1)^m}{8^m}x^{3m}$

(4) $\sum_{m=0}^{\infty}\frac{x^{2m+1}}{(2m+1)}$

7.7 식 (7.4a)의 무한급수를 이용하여 주어진 x에 대한 값을 평가하고 $f(x)=1/(1-x)$의 참값과 비교하라.

(1) $x=0.5$

(2) $x=1.5$

(3) $x=1.5$일 때 $f(x)$ 값을 예측하지 못하는 이유는 무엇인가?

7.8 지수함수 $f(x)=e^x$를 이용하여 $f(x+h)$를 테일러전개식으로 나타내라.

7.9 다음의 조건에 대하여 $f_i'(x)$의 차분식을 구하라.

(1) 오차차수 2차의 전향차분식

(2) 오차차수 2차의 후향차분식

(3) 오차차수 4차의 중앙차분식

7.10 다음의 조건에 대하여 $f_i''(x)$의 차분식을 구하라.

(1) 오차차수 2차의 전향차분식

(2) 오차차수 2차의 후향차분식

(3) 오차차수 4차의 중앙차분식

7.11 e^x의 테일러전개를 이용하여 $x_i=0.5$일 때, $x_{i+1}=1.5$에서 $f(x_i+\Delta x)$ 값을 근사화하고자 한다.

(1) 1차, 2차, 3차의 근사식을 사용할 때 절대 및 상대 오차를 계산하라.

(2) 절대오차를 0.002 이하로 얻기 위한 근사식의 차수를 결정하라.

7.12 삼각함수 $\cos(x)$의 테일러전개를 이용하여 $\cos(\pi/3)$를 근사화하라. 가장 간단한 형태인 상수항부터 시작하여 절대오차가 0.002 이하가 될 때까지 한 항씩 추가하여 참값과 근삿값의 절대오차와 상대오차를 계산하라.(컴퓨터 프로그램 이용.)

7.13 구간 $[-2, 2]$에서 $f(x)=x^3-2x+6$일 때, 전향차분법과 후향차분법, 그리고 중앙차분법을 이용하여 $x=0, 1$에서 $f_i''(x)$를 구하고 참값과 비교하라. $\Delta x=0.1, 0.2, 0.5, 1.0$인 경우를 반복하라.

7.3 ▶ 상미분방정식의 수치해법

7.3.1 오일러법

1계 상미분방정식의 수치해법으로 가장 기본이 되는 것은 오일러법(Euler method)이다. 오일러법을 이해하기 위해 식 (7.15a)의 미분방정식과 식 (7.15b)의 초깃값을 가지는 초깃값문제(initial value problem)를 생각해 보자.

$$y' = f(x, y) \tag{7.15a}$$

$$y(x_0) = y_0 \tag{7.15b}$$

먼저 테일러전개식 (7.11)을 이용해 함수 $y(x)$를 1차 부분합과 오차로 나타낸다. Δx 값이 충분히 작을 때 오차 $O(\Delta x^2)$의 값은 매우 작을 것이므로 이를 무시하면 $y(x+\Delta x)$의 근사식 (7.16a)를 얻는다. 식 (7.15a)를 적용하여 반복식으로 표현하면 식 (7.16b)와 같다. 주어진 조건 $f(x_0) = y_0$에서 시작하여 단계적으로 Δx만큼 증가하는 격자점 x_1, x_2, x_3에서의 근삿값을 구할 수 있다. 이러한 방법으로 함숫값을 구하는 방법을 오일러법 또는 오일러-코시법(Euler-Cauchy method)이라 한다.

그림 7.3은 오일러법의 기하학적 의미를 보여 준다. 첫 번째 반복식을 보면, 오일러법은 y_1을 구하기 위하여 x_0에서의 접선을 이용하여 x_1에서의 함숫값 y_1을 근사화한다. 같은 방법으로 y_2도 점 (x_1, y_1)에서 기울기 y_1'인 직선을 이용하여 구한다.

$$y(x+\Delta x) = y(x) + \Delta x \cdot y'(x) \tag{7.16a}$$

$$y_{n+1} = y_n + \Delta x \cdot f(x_n, y_n) \tag{7.16b}$$

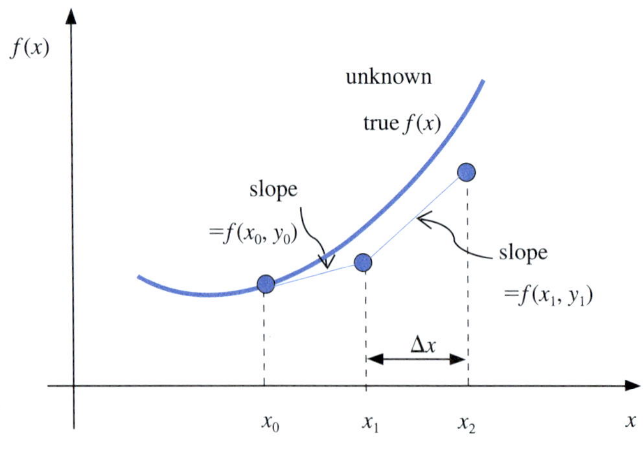

그림 7.3 오일러법을 이용한 해의 근사

예제 7.3

오일러법을 이용하여 다음 미분방정식의 해를 수치적으로 구하라. 간격 Δx는 0.2로 하고 y_5까지 계산하라.

$$y' = x + y + 1$$
$$y(0) = 1$$

주어진 미분방정식과 식 (7.16b)를 이용하면 다음과 같은 반복식을 얻는다.

$$y_{n+1} = y_n + 0.2(x_n + y_n + 1)$$
$$x_{n+1} = x_n + \Delta x = x_n + 0.2$$

초기조건 $x_0 = 0$, $y_0 = 1$로부터 시작하여 y_1을 구하고 Δx만큼 증가시켜 x_1을 구한다. x_1과 y_1이 계산되었으므로 x_2와 y_2를 얻을 수 있다. 구체적인 계산과정은 다음과 같다.

$$x_0 = 0$$
$$y_0 = 1$$
$$y_1 = 1 + 0.2(0 + 1 + 1) = 1.4$$
$$x_1 = 0 + 0.2 = 0.2$$
$$y_2 = 1.4 + 0.2(0.2 + 1.4 + 1) = 1.92$$
$$x_2 = 0.2 + 0.2 = 0.4$$

이미 계산된 x_2, y_2를 이용하여 단계적으로 y_3, y_4, y_5를 구할 수 있으며 계산결과는 표 7.3과 같다. 표기의 편의상 최대 소수점 이하 4자리까지 나타내었다. 주어진 문제의 해를 해석적으로 구하면 $y(x) = 3e^x - x - 2$이며 미분방정식과 초기조건을 만족한다. 그림 7.4에서 볼 수 있듯이 계산이 반복되면서 이론해와 수치해와의 오차가 증가한다. 오일러법은 오차가 크기 때문에 실제적으로는 거의 사용하지 않지만 (1차) 테일러전개로부터 반복식이 얻어지는 원리를 쉽게 설명할 수 있기 때문에 상미분방정식의 가장 간단한 풀이방법의 하나로 소개하였다.

표 7.3 오일러법을 이용한 근삿값과 참값의 비교

반복계산수	x_i	y_i	이론해 y	절대오차	상대오차, %
0	0	1	1	0	0
1	0.2	1.4	1.4642	0.0642	4.39
2	0.4	1.92	2.0755	0.1555	7.49
3	0.6	2.584	2.8664	0.2824	9.85
4	0.8	3.4208	3.8766	0.4558	11.76
5	1.0	4.4650	5.1548	0.6899	13.38

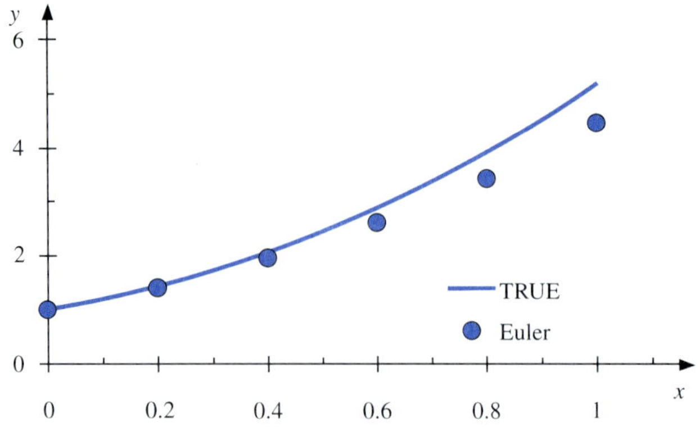

그림 7.4 오일러법을 이용한 미분방정식의 풀이

7.3.2 룽게-쿠타법

테일러전개를 이용하여 미분방정식의 수치해를 얻을 경우 전개식의 항의 수가 많으면, 즉 그 차수가 높으면 더 정확한 근삿값을 제공한다. 하지만 $y'=f(x, y)$로 주어진 함수의 2차 이상 미분값을 계산할 필요가 있다. 룽게-쿠타(Runge-Kutta)법은 식 (7.15)로 주어진 초깃값문제를 추가적으로 미분한 값을 사용하지 않고 푸는 기법이다.

일반적으로 많이 사용되는 4차 룽게-쿠타법은 식 (7.17)로 주어지며 사용된 변수들은 식 (7.18)로 계산된다. 룽게-쿠타법은 함수의 고차 미분값을 사용하는 대신에 구간의 네 곳에서 기울기로 주어진 함숫값을 사용한다. 룽게-쿠타법은 기억용량을 많이 차지하지 않으며, 동일한 계산절차를 반복하여 수행하므로 컴퓨터 계산구조에 적절한 수치해법이다.

$$y_{n+1}=y_n+\frac{1}{6}(k_1+2k_2+2k_3+k_4) \tag{7.17}$$

$$k_1=\Delta x \cdot f(x_n, y_n) \tag{7.18a}$$

$$k_2=\Delta x \cdot f\left(x_n+\frac{1}{2}\Delta x,\ \ y_n+\frac{1}{2}k_1\right) \tag{7.18b}$$

$$k_3=\Delta x \cdot f\left(x_n+\frac{1}{2}\Delta x,\ \ y_n+\frac{1}{2}k_2\right) \tag{7.18c}$$

$$k_4=\Delta x \cdot f(x_n+\Delta x,\ \ y_n+k_3) \tag{7.18d}$$

예제 7.4 룽게-쿠타법을 이용하여 예제 7.3에 주어진 상미분방정식의 해를 구하라. 간격 Δx는 0.2로 하고 y_5까지 계산하고 오차를 비교하라.

먼저 식 (7.18)을 이용하여 $n=0$일 때, k_1에서 k_4까지 계산한다.

$$k_1=\Delta x \cdot f(x_0, y_0)=0.2(0+1+1)=0.4$$

$$k_2=\Delta x \cdot f\left(x_0+\frac{1}{2}\Delta x,\ y_0+\frac{1}{2}k_1\right)=0.2\left(0+0.1+1+\frac{1}{2}k_1+1\right)=0.46$$

$$k_3=\Delta x \cdot f\left(x_0+\frac{1}{2}\Delta x,\ y_0+\frac{1}{2}k_2\right)=0.2\left(0+0.1+1+\frac{1}{2}k_2+1\right)=0.466$$

$$k_4=\Delta x \cdot f(x_0+\Delta x,\ y_0+k_3)=0.2(x_0+0.2+y_0+k_3+1)=0.5332$$

계산된 k 값들을 식 (7.17)에 대입하여 y_1을 구한다. 같은 과정으로 y_2를 계산하고 y_5까지 구한 결과가 표 7.4이다. 룽게-쿠타법을 이용하면 그림 7.5와 같이 오일러법에 비해 오차가 매우 작음을 확인할 수 있다.

$$y_1=y_0+1/6 \cdot (k_1+2k_2+2k_3+k_4)=1.464$$
$$y_2=y_1+1/6 \cdot (k_1+2k_2+2k_3+k_4)=2.075$$

표 7.4 룽게-쿠타법을 이용한 근사해(y_i)

반복계산수	x_i	y_i	이론해 y	절대오차	상대오차, %
0	0	1	1	0	0
1	0.2	1.4642	1.4642	8.274E-06	5.651E-04
2	0.4	2.0754	2.0755	2.021E-05	9.739E-04
3	0.6	2.8663	2.8664	3.703E-05	1.292E-03
4	0.8	3.8766	3.8766	6.031E-05	1.556E-03
5	1	5.1548	5.1548	9.208E-05	1.786E-03

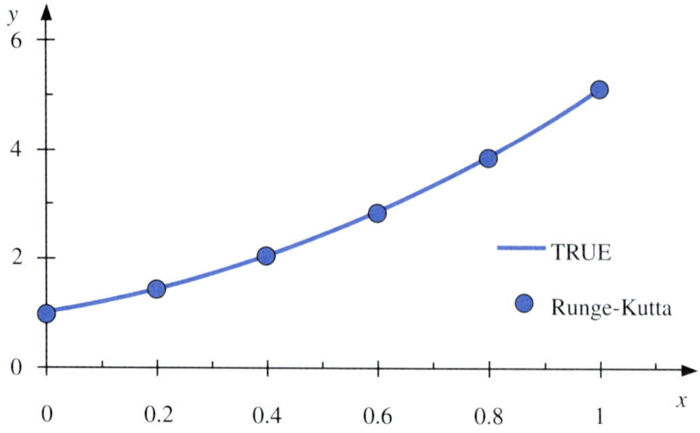

그림 7.5 룽게-쿠타법을 이용한 미분방정식의 근사해

연구문제

7.14 오일러법을 이용하여 다음 방정식을 풀라. $\Delta x=0.05,\ 0.1$로 하여 $y(3)$를 구하고 이론해와 오차를 비교하라.

$$y'=x+y$$
$$y(0)=1$$

7.15 룽게-쿠타법을 이용하여 연구문제 7.14를 풀라. $\Delta x=0.3,\ 0.6$으로 하여 $y(3)$을 구하고 이론해와 오차를 비교하라.

7.16 격자수 $N=3$일 때 오일러법을 이용하여 다음 방정식의 근사해를 구하라. 동일구간에 대하여 $N=5,\ 10,\ 20$인 경우에도 계산하고 이론해와 함께 하나의 그래프에 나타내라.

$$y'(x)=\frac{1}{2}y,\ 0\le x\le 3$$
$$y(0)=1$$

7.17 룽게-쿠타법을 이용하여 $y(5)$를 계산하라. $\Delta x=0.2$로 하고 이론해와 오차를 비교하라.

$$y'(x)=-0.5xy$$
$$y(0)=1$$

7.18 개선된 오일러법은 오일러법으로 계산된 x_n과 x_{n+1}에서 기울기를 평균한 기법으로 다음과 같이 주어진다. 이 방법을 이용하여 주어진 미분방정식을 풀고 이론해와의 절대오차를 비교하라.

$$y_{n+1}=y_n+\frac{1}{2}\Delta x[f(x_n, y_n)+f(x_{n+1}, y_{n+1}{}^*)]$$

$$y_{n+1}{}^*=y_n+\Delta x\cdot f(x_n, y_n)$$

$$y'=x+y$$
$$y(0)=1$$

7.19 2차 룽게-쿠타법의 반복식은 다음과 같다. 주어진 방정식을 이 방법으로 풀고 $y(5)$의 값을 구하라. $\Delta x=0.2$로 하고 이론해와 오차를 비교하라.

$$y_{n+1}=y_n+\frac{1}{2}(k_1+k_2)$$

$$k_1=\Delta x\cdot f(x_n, y_n)$$
$$k_2=\Delta x\cdot f(x_n+\Delta x, y_n+k_1)$$

$$y'=x+y+1$$
$$y(0)=0$$

7.20 테일러전개의 2차식은 다음과 같이 주어진다. 연구문제 7.18에 주어진 미분방정식을 이용하여 물음에 답하라.

$$y_{n+1}=y_n+\Delta xy'+\frac{\Delta x^2}{2}y''$$

(1) 주어진 미분방정식에서 y'과 y''을 얻어 2차 테일러전개식에 대입하여 y_{n+1}을 계산하기 위한 반복식을 제시하라.

(2) $\Delta x=0.1$, 0.2일 때, $y(5)$의 값을 구하고 이론해와 오차를 비교하라.

(3) 오일러법과 개선된 오일러법을 이용하여 문제 (2)를 반복하라.

7.21 $\Delta x=0.2$일 때 제시된 방법으로 $y(3)$을 계산하라.

$$y'(x)=4e^{0.5x}-0.2y$$
$$y(0)=1$$

(1) 이론해

(2) 오일러법

(3) 개선된 오일러법

(4) 2차 룽게-쿠타법

(5) 4차 룽게-쿠타법

7.22 다음과 같은 초깃값문제의 해를 $\Delta x = 0.2$로 하여 y_{10}까지 계산하고 모든 결과를 동일한 그래프 상에 나타내라.

$$y'(x) = (1+2x)y$$
$$y(0) = 1$$

(1) 이론해

(2) 오일러법

(3) 개선된 오일러법

(4) 2차 룽게-쿠타법

(5) 4차 룽게-쿠타법

7.4 ▶ 편미분방정식의 수치해법

열의 전도, 파동의 전파 등 많은 물리적 현상들은 편미분방정식으로 표현되므로 방정식의 해를 구함으로써 그 거동을 해석하고 궁극적으로 활용할 수 있다. 하지만 주어진 편미분방정식이 복잡하거나 경계조건 및 초기조건이 간단하지 않은 경우, 이론해를 구하는데 많은 시간과 노력이 필요할 뿐 아니라 해를 얻지 못할 수도 있다. 이때 수치적 기법을 사용하면 빠른 시간에 비교적 정확한 해를 구할 수 있다. 편미분방정식은 변수의 개수와 차수에 따라 다양한 형태가 존재한다. 그 중 대학과정에서 주로 접하는 2차 편미분방정식을 수치적으로 푸는 방법에 대해 소개하고자 한다.

2차 편미분방정식의 기본형태는 식 (7.2)와 같다.

$$au_{xx}+bu_{xt}+cu_{tt}=H(x, t, u, u_x, u_t), \quad a>0 \tag{7.2}$$
$$D=b^2-4ac$$

$u(x,t)$는 독립변수 x와 t로 이루어진 함수이고 하첨자는 각 변수로 편미분한 것을 의미한다. D는 미분방정식의 분류에 사용되는 판별식이다. 판별식의 부호에 따라 표 7.5와 같이 타원형 편미분방정식, 포물선형 편미분방정식, 쌍곡선형 편미분방정식으로 분류된다.

타원형 편미분방정식은 판별식이 0보다 작을 때로 포아송(Poisson) 방정식과 라플라스 방정식이 이에 속한다. 시간에 따른 열의 전도 등을 나타내는 확산방정식(diffusivity equation)은 판별식이 0인 포물선형 편미분방정식에 속한다. 파동의 전파를 나타내는 파동방정식(wave equation)은 판별식이 0보다 큰 경우인 쌍곡선형 편미분방정식에 속한다.

표 7.5 2차 편미분방정식의 종류

판별식	유형	예
D < 0	타원형	$\nabla^2 u=0$ 라플라스 방정식 $\nabla^2 u=c$ 포아송 방정식
D=0	포물선형	$\nabla^2 u=u_t$ 확산방정식
D > 0	쌍곡선형	$\nabla^2 u=u_{tt}$ 파동방정식

여기서 ∇^2는 라플라스 연산자이다.

7.4.1 타원형 방정식

타원형 편미분방정식의 대표적인 예는 포아송 방정식이다. 포아송 방정식은 공간 상의 한 점의 퍼텐셜(potential)을 나타낼 때 많이 사용하는 방정식으로 일반적인 형태는 식 (7.19)와 같다.

$$\frac{\partial^2 u}{\partial x^2}+\frac{\partial^2 u}{\partial y^2}=f(x,y) \tag{7.19}$$

라플라스 방정식은 식 (7.20)과 같이 우변의 $f(x,y)$가 0인 포아송 방정식의 간단한 경우로 정상상태(steady state)의 열전달이나 압력분포 현상을 나타낸다. 식 (7.20)을 식 (7.21)과 같이 라플라스 연산자를 이용하여 간단히 표현할 수 있다.

$$\frac{\partial^2 u}{\partial x^2}+\frac{\partial^2 u}{\partial y^2}=0 \tag{7.20}$$

$$\nabla^2 u=0 \tag{7.21}$$

$$\nabla^2=\left(\frac{\partial^2}{\partial x^2}+\frac{\partial^2}{\partial y^2}\right)$$

여기서 ∇^2은 라플라스 연산자로 좌표체계와 차원에 따라 유일하게 정의된다.

x와 y에 대한 2계 편미분을 식 (7.14c)를 응용하여 중앙차분법으로 나타내면 식 (7.22a) 및 (7.22b)와 같다. 이 식들을 식 (7.20)에 대입한 후, 오차항을 무시하고 근사적으로 구하면 식 (7.22c)를 얻는다.

$$\frac{\partial^2 u}{\partial x^2}=\frac{u_{i+1,j}-2u_{i,j}+u_{i-1,j}}{\Delta x^2}+O(\Delta x^2) \tag{7.22a}$$

$$\frac{\partial^2 u}{\partial y^2}=\frac{u_{i,j+1}-2u_{i,j}+u_{i,j-1}}{\Delta y^2}+O(\Delta y^2) \tag{7.22b}$$

$$\frac{u_{i+1,j}-2u_{i,j}+u_{i-1,j}}{\Delta x^2}+\frac{u_{i,j+1}-2u_{i,j}+u_{i,j-1}}{\Delta y^2}=0 \tag{7.22c}$$

격자간격이 일정하다($\Delta x=\Delta y$)고 가정하면, 식 (7.22c)는 식 (7.23)으로 정리된다. 그림 7.6과 같이 기하학적으로 가운데 격자점(node)의 값은 이를 둘러싼 네 격자점 값의 평균이다. 즉 시간에 대한 변화가 없어 주변값들의 평균으로 $u_{i,j}$를 예측할 수 있다.

$$u_{i+1,j}+u_{i-1,j}+u_{i,j+1}+u_{i,j-1}-4u_{i,j}=0 \tag{7.23}$$

여기서 하첨자 i, j는 각 격자점 위치를 나타내며 각각 x 방향과 y 방향으로 증가한다. $u_{i,j}$

는 위치 i, j에서의 함숫값을 나타내며 표기의 편의상 $u(i, j)$로 혼용하여 표현하였다. $u(x, y)$는 x, y 위치에 따른 $u(x, y)$를 표현한 것이고 $u(i, j)$는 격자점의 번호를 이용한 표기이다.

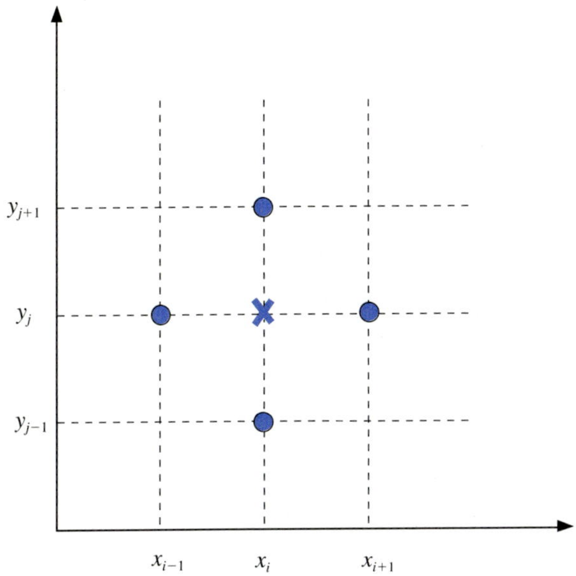

그림 7.6 라플라스 방정식을 풀기 위한 격자점

편미분방정식 문제는 많은 경우 경계조건을 이용해 해를 구하며 이러한 문제를 경곗값문제(boundary value problem)라 한다. 경곗값문제는 경계조건의 형태에 따라 다음의 세 가지로 구분된다.

- 디리클레(Dirichlet) 조건
- 노이만(Neumann) 조건
- 혼합 조건

경계에서 $u(x, t)$ 값이 직접 제시되어 있는 경우를 디리클레 조건, 기울기로 주어진 것을 노이만 조건이라 한다. 경계에서 일부는 값이 직접 제시되어 있고, 다른 일부는 기울기로 주어진 경우가 혼합 조건이다. 간단한 예를 들어 구간 [0, 1]에서 미분방정식이 다음과 같이 주어졌다고 가정하자. 이 경우, 설명한 세 가지 경계조건은 식 (7.24)와 같다.

$$\frac{d^2 y}{dx^2}+2y=4, \quad 0<x<1$$

디리클레 조건: $y(0)=b_0, \quad y(1)=b_1$

노이만 조건: $\left.\frac{dy}{dx}\right|_{x=0}=b_0, \quad \left.\frac{dy}{dx}\right|_{x=1}=b_1$ (7.24)

혼합 조건: $y(0)=b_0, \quad \left.\frac{dy}{dx}\right|_{x=1}=b_1$

여기서 b_0와 b_1은 각 경계조건에서 주어진 상수값이다.

(1) 디리클레 경계조건

경계조건이 구체적인 값으로 주어질 때 지배방정식을 이용하여 관심 영역 내부격자점의 변숫값을 구할 수 있다. 그림 7.7에 주어진 경계온도를 이용하여 3 m × 3 m 크기의 얇은 금속판 내부좌표 (1, 1), (1, 2), (2, 1), (2, 2)에서의 정상상태 온도분포를 구해 보자. 지배방정식으로 라플라스 방정식을 가정한다.

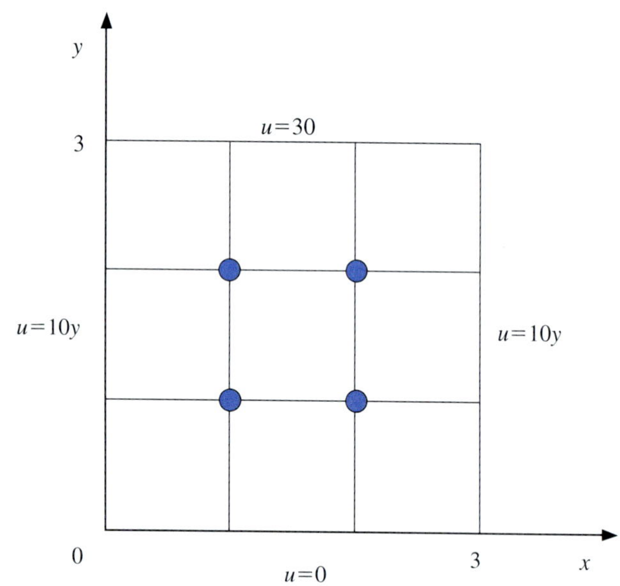

그림 7.7 금속판 경계에서의 온도분포

그림 7.7에서 $u(x,y)$는 $y=0$의 하부경계에서 0이고 $y=3$의 상부경계에서 일정한 값 30을 갖는다. 좌측과 우측 경계에서는 위치에 따라 선형적으로 증가하여 0에서 30까지

변한다. 식 (7.23)의 지배방정식과 그림 7.7의 경계조건을 이용하여 내부격자점에서의 온도분포를 계산할 수 있다.

식 (7.23)을 내부격자점에 적용하면 다음과 같다.

$$\text{점 (1, 1)에서, } 4u(1,1)-u(2,1)-u(1,2)-u(1,0)-u(0,1)=0$$
$$\text{점 (2, 1)에서, } 4u(2,1)-u(1,1)-u(2,2)-u(3,1)-u(2,0)=0$$
$$\text{점 (1, 2)에서, } 4u(1,2)-u(2,2)-u(1,1)-u(0,2)-u(1,3)=0$$
$$\text{점 (2, 2)에서, } 4u(2,2)-u(2,1)-u(1,2)-u(3,2)-u(2,3)=0$$

금속판 경계에서의 값은 다음과 같이 주어져 있다.

$$u(1,0)=0=u(2,0)$$
$$u(0,1)=10=u(3,1)$$
$$u(0,2)=20=u(3,2)$$
$$u(1,3)=30=u(2,3)$$

주어진 경곗값을 대입해 정리하면 다음과 같은 행렬방정식이 된다.

$$\begin{bmatrix} 4 & -1 & -1 & 0 \\ -1 & 4 & 0 & -1 \\ -1 & 0 & 4 & -1 \\ 0 & -1 & -1 & 4 \end{bmatrix} \begin{bmatrix} u(1,1) \\ u(2,1) \\ u(1,2) \\ u(2,2) \end{bmatrix} = \begin{bmatrix} 10 \\ 10 \\ 50 \\ 50 \end{bmatrix}$$

행렬방정식을 풀어 각 점에서의 정상상태 온도를 얻는다.

$$\begin{bmatrix} u(1,1) \\ u(2,1) \\ u(1,2) \\ u(2,2) \end{bmatrix} = \begin{bmatrix} 10 \\ 10 \\ 20 \\ 20 \end{bmatrix}$$

(2) 혼합 경계조건

경계면에서 조건이 상수값과 미분값으로 주어진 혼합 경계조건을 이해하면 미분값만으로 정의된 노이만 조건도 적용할 수 있다. 미분 경계조건으로 주어진 문제를 풀기 위해서 지배방정식을 이용하여 내부격자점에서 연립방정식을 얻고 경계면에서 미분값 조건을 적용하여 추가적인 수식을 얻는다. 구체적인 계산과정은 다음과 같다.

그림 7.8에 주어진 경계 온도 및 조건을 이용하여 크기가 3 m × 3 m인 금속판 위의 격자위치 (1, 1), (1, 2), (1, 3), (2, 1), (2, 2), (2, 3)에서의 정상상태 온도분포를 구하고자

한다. 지배방정식으로 라플라스 방정식을 가정한다.

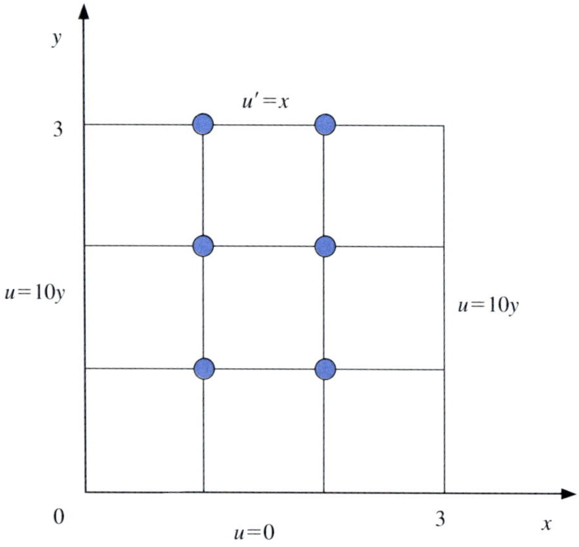

그림 7.8 금속판 경계에서의 온도분포

라플라스 방정식을 유한차분식으로 나타내면 디리클레 경계조건의 경우와 동일한 관계식을 얻는다. 이는 내부격자점에 대하여 같은 지배방정식과 차분식을 사용하므로 당연한 결과이다.

점 (1, 1)에서, $4u(1,1)-u(2,1)-u(1,2)-u(1,0)-u(0,1)=0$
점 (2 ,1)에서, $4u(2,1)-u(1,1)-u(2,2)-u(3,1)-u(2,0)=0$
점 (1, 2)에서, $4u(1,2)-u(2,2)-u(1,1)-u(0,2)-u(1,3)=0$
점 (2, 2)에서, $4u(2,2)-u(2,1)-u(1,2)-u(3,2)-u(2,3)=0$

금속판 경계에서 $y=3$인 상부경계만 제외하고 모든 값이 주어져 있다.

$$u(1,0)=0=u(2,0)$$
$$u(0,1)=10=u(3,1)$$
$$u(0,2)=20=u(3,2)$$

금속판의 내부에 위치하는 격자점에서 얻은 관계식에서 주어진 미지수는 6개인데 식의 수는 4개이다. 따라서 추가적으로 2개의 관계식이 필요하며 이는 미분으로 주어진 경계조건을 이용한다. 두 개의 관계식을 얻기 위해 그림 7.9와 같이 금속판 밖에 $u(1,4)$

와 $u(2,4)$를 임시로 지정한다. 식 (7.23)의 지배방정식을 격자점 (1, 3), (2, 3)에서 적용하면 식 (7.25)를 얻는다.

$$\text{점 (1, 3)에서, } 4u(1,3)-u(2,3)-u(1,2)-u(1,4)-u(0,3)=0 \tag{7.25a}$$

$$\text{점 (2, 3)에서, } 4u(2,3)-u(2,2)-u(1,3)-u(2,4)-u(3,3)=0 \tag{7.25b}$$

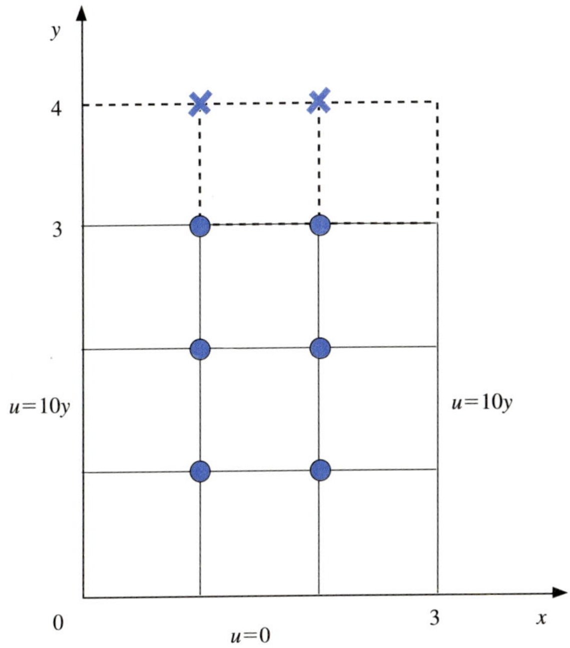

그림 7.9 금속판 밖에 위치한 두 지점

식 (7.25)는 지배방정식을 바탕으로 금속판 내부격자점에 대하여 성립하는 식이다. 하지만 점 (1, 4), (2, 4)는 임의로 가정한 외부격자점이므로 경계조건을 이용하여 내부격자점과의 관계식으로 표현하여야 한다. $y=3$인 지점에서의 경계조건은 $u'(x,y)=x$이므로 왼쪽 항의 1차 미분을 y 방향으로 중앙차분식으로 나타내면 다음과 같다.

$$u'(1,3)=1=\frac{u(1,4)-u(1,2)}{2}$$

$$u'(2,3)=2=\frac{u(2,4)-u(2,2)}{2}$$

이들 관계식을 $u(1,4)$와 $u(2,4)$에 대해 정리하여 식 (7.25)에 대입하면 다음의 두 식을 얻는다. 지금까지 설명한 방법이 미분으로 주어진 경계조건을 적용하는 전형적인 원리이다.

$$4u(1,3)-u(2,3)-2u(1,2)=32$$
$$4u(2,3)-2u(2,2)-u(1,3)=34$$

위의 두 식과 단일 값으로 주어진 경곗값을 대입해 행렬방정식으로 정리하면 다음과 같다.

$$\begin{bmatrix} 4 & -1 & -1 & 0 & 0 & 0 \\ -1 & 4 & 0 & -1 & 0 & 0 \\ -1 & 0 & 4 & -1 & -1 & 0 \\ 0 & -1 & -1 & 4 & 0 & -1 \\ 0 & 0 & -2 & 0 & 4 & -1 \\ 0 & 0 & 0 & -2 & -1 & 4 \end{bmatrix} \begin{bmatrix} u(1,1) \\ u(2,1) \\ u(1,2) \\ u(2,2) \\ u(1,3) \\ u(2,3) \end{bmatrix} = \begin{bmatrix} 10 \\ 10 \\ 20 \\ 20 \\ 32 \\ 34 \end{bmatrix}$$

행렬방정식을 풀어 각 점에서의 정상상태 온도를 수치적으로 얻는다.

$$\begin{bmatrix} u(1,1) \\ u(2,1) \\ u(1,2) \\ u(2,2) \\ u(1,3) \\ u(2,3) \end{bmatrix} = \begin{bmatrix} 9.046 \\ 9.065 \\ 17.12 \\ 17.21 \\ 22.23 \\ 22.66 \end{bmatrix}$$

7.4.2 격자방향 설정

컴퓨터로 2차원 또는 3차원 편미분방정식을 풀 때, 계산시간이 가장 많이 소요되는 부분이 연립방정식의 행렬계산이다. 따라서 행렬의 모양을 계산하기 편리한 형태로 바꿔 계산시간을 줄이는 것은 매우 중요하다. 행렬의 저장용량을 줄이고 계산효율을 증가시키기 위해서는 0이 아닌 행렬성분들이 주대각원소를 중심으로 모여 있어야 한다.

예를 들어 그림 7.10a에 나와 있는 삼대각행렬(tri-diagonal matrix)의 경우, 0이 아닌 행렬성분들이 주대각원소를 중심으로 모여 있어 행렬원소의 저장과 행렬방정식 풀이에 유리하다. 가우스 소거법을 적용하는 경우, 주대각원소 하부의 모든 원소를 소거하여야 한다. 그림 7.10a를 보면 주대각원소 하부에 위치하는 대부분의 원소들이 0이기 때문에 주대각원소 바로 아래에 위치하는 하나의 원소만 소거하여도 해당 열의 전진소거가 완료되어 간단하고 계산량이 줄어든다.

행렬원소의 저장과 행렬의 풀이에 직접적으로 영향을 미치는 것이 행렬의 밴드폭(band width)이다. 그림 7.10a에서 볼 수 있듯이 주대각원소와 같은 방향으로 원소가 모두 0이 아니면서 주대각원소에서 가장 먼 대각원소가 상삼각행렬과 하삼각행렬에 2개 존재한다. 이들 두 대각원소와 그 내부로 이루어진 영역이 밴드(band)이다. 밴드를 구성하는 열의 최대 원소수가 밴드폭이다. 그림 7.10a에서 행렬의 밴드폭은 3이고 그림 7.10b의 밴드폭은 6이다. 그림 7.10a의 경우 각 행이나 열에서 3개의 원소만 저장하면 되고 또 그 배열이 매우 규칙적이어서 프로그램에 유리하다. 그러나 그림 7.10b와 같이 행렬성분이 불규칙적으로 존재한다면 행렬 전체를 저장하고 계산해야 하므로 계산량이 많아진다.

$$\begin{pmatrix} a_{11} & a_{12} & 0 & 0 & 0 & 0 \\ a_{21} & a_{22} & a_{23} & 0 & 0 & 0 \\ 0 & a_{32} & a_{33} & a_{34} & 0 & 0 \\ 0 & 0 & a_{43} & a_{44} & a_{45} & 0 \\ 0 & 0 & 0 & a_{54} & a_{55} & a_{56} \\ 0 & 0 & 0 & 0 & a_{65} & a_{66} \end{pmatrix}$$

(a) 삼대각행렬

$$\begin{pmatrix} 0 & a_{12} & 0 & a_{14} & 0 & 0 \\ a_{21} & a_{22} & a_{23} & 0 & 0 & a_{26} \\ 0 & 0 & 0 & a_{24} & 0 & 0 \\ 0 & 0 & a_{43} & a_{44} & 0 & 0 \\ 0 & a_{52} & a_{53} & a_{54} & a_{55} & a_{56} \\ 0 & 0 & a_{63} & 0 & 0 & a_{66} \end{pmatrix}$$

(b) 전체 행렬

그림 7.10 행렬의 크기는 같지만 밴드폭이 다른 경우

2차원 편미분방정식에서 행렬모양은 격자의 배열방법에 영향을 받는다. 그림 7.11은 행렬모양이 격자배열에 따라 달라짐을 보여 준다. 그림 7.11a는 격자수가 많은 x축 방향으로 격자를 배치했고, 그림 7.11b는 격자수가 적은 y축 방향으로 격자를 배치했다. 두 격자시스템에서 얻은 연립방정식을 행렬로 표현하면 각각 그림 7.12a와 그림 7.12b의 행렬을 얻는다. 행렬원소는 격자점 (i, j)에서 지배방정식 (7.23)을 식 (7.26)과 같이 일반화하여 표현한 방정식의 계수이다.

$$\begin{aligned} &N(i, j)u(i, j-1) + W(i, j)u(i-1, j) + C(i, j)u(i, j) \\ &\quad + E(i, j)u(i+1, j) + S(i, j)u(i, j+1) = b(i, j) \end{aligned} \tag{7.26}$$

여기서 $u(i, j)$는 각 격자점에서의 미지값이고 $b(i, j)$는 알려진 모든 값들을 한 항으로 나타낸 것이다. N, W, C, E, S는 기준점 (i, j)를 기준으로 각 미지수의 계수를 일반식으로 표현한 상수이며 방향을 이용하여 이름지었다. 각 계수는 기준 격자점인 (i, j)와 같은 첨자를 가짐에 유의하여야 한다.

그림 7.12a와 그림 7.12b의 행렬 모두 크기는 12×12로 같다. 하지만 행렬성분의

밴드폭은 x축 방향으로 배열했을 때가 9로 y축 방향으로 배열했을 때인 7보다 더 크다. 따라서 더 많은 격자를 가진 x축 방향으로 격자번호를 배열한 경우가 더 많은 저장공간과 계산량을 필요로 하여 수치적으로 비효율적이다(표 7.6). 여기서 언급한 예는 각 방향으로 3개 또는 4개로 전체 격자수와 그 상대적 차이가 작지만 대규모 문제에 적용하는 경우에는 격자배치의 중요성을 인식해야 한다.

표 7.6 격자배열 방법에 따른 비교

	x축 방향 격자배치	y축 방향 격자배치	비고
행렬크기	12×12	12×12	$N=N_xN_y$
밴드폭	$2N_x+1=9$	$2N_y+1=7$	N_x: x 방향 격자수 N_y: y 방향 격자수

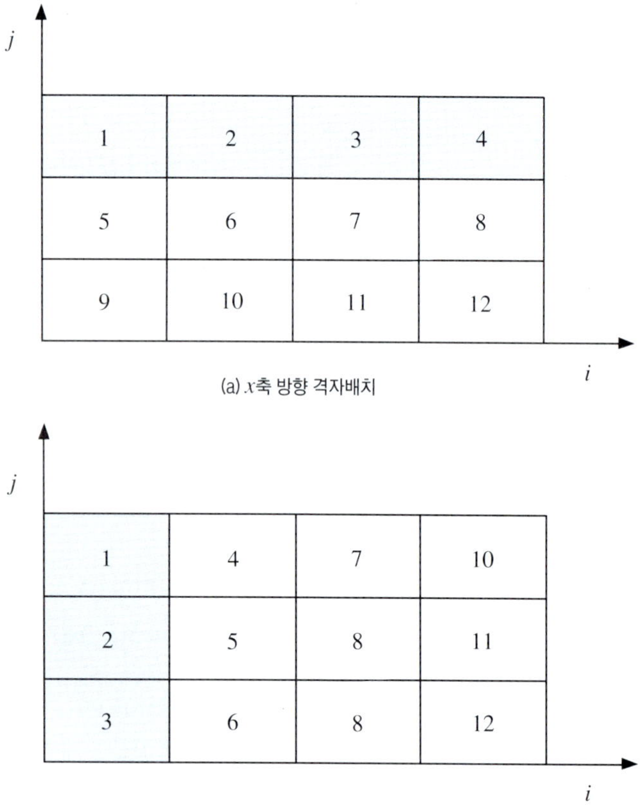

(a) x축 방향 격자배치

(b) y축 방향 격자배치

그림 7.11 격자배열 방향에 따른 격자배치

$$\begin{bmatrix} C & E & 0 & 0 & S & 0 & 0 & 0 & 0 & 0 & 0 & 0 \\ W & C & E & 0 & 0 & S & 0 & 0 & 0 & 0 & 0 & 0 \\ 0 & W & C & E & 0 & 0 & S & 0 & 0 & 0 & 0 & 0 \\ 0 & 0 & W & C & 0 & 0 & 0 & S & 0 & 0 & 0 & 0 \\ N & 0 & 0 & 0 & C & E & 0 & 0 & S & 0 & 0 & 0 \\ 0 & N & 0 & 0 & W & C & E & 0 & 0 & S & 0 & 0 \\ 0 & 0 & N & 0 & 0 & W & C & E & 0 & 0 & S & 0 \\ 0 & 0 & 0 & N & 0 & 0 & W & C & 0 & 0 & 0 & S \\ 0 & 0 & 0 & 0 & N & 0 & 0 & 0 & C & E & 0 & 0 \\ 0 & 0 & 0 & 0 & 0 & N & 0 & 0 & W & C & E & 0 \\ 0 & 0 & 0 & 0 & 0 & 0 & N & 0 & 0 & W & C & E \\ 0 & 0 & 0 & 0 & 0 & 0 & 0 & N & 0 & 0 & W & C \end{bmatrix}$$

(a) x축 방향 격자배치 시 행렬모양

$$\begin{bmatrix} C & S & 0 & E & 0 & 0 & 0 & 0 & 0 & 0 & 0 & 0 \\ N & C & S & 0 & E & 0 & 0 & 0 & 0 & 0 & 0 & 0 \\ 0 & N & C & 0 & 0 & E & 0 & 0 & 0 & 0 & 0 & 0 \\ W & 0 & 0 & C & S & 0 & E & 0 & 0 & 0 & 0 & 0 \\ 0 & W & 0 & N & C & S & 0 & E & 0 & 0 & 0 & 0 \\ 0 & 0 & W & 0 & N & C & 0 & 0 & E & 0 & 0 & 0 \\ 0 & 0 & 0 & W & 0 & 0 & C & S & 0 & E & 0 & 0 \\ 0 & 0 & 0 & 0 & W & 0 & N & C & S & 0 & E & 0 \\ 0 & 0 & 0 & 0 & 0 & W & 0 & N & C & 0 & 0 & E \\ 0 & 0 & 0 & 0 & 0 & 0 & W & 0 & 0 & C & S & 0 \\ 0 & 0 & 0 & 0 & 0 & 0 & 0 & W & 0 & N & C & S \\ 0 & 0 & 0 & 0 & 0 & 0 & 0 & 0 & W & 0 & N & C \end{bmatrix}$$

(b) y축 방향 격자배치 시 행렬모양

그림 7.12 격자배열 방향에 따라 달라지는 행렬모양

7.4.3 포물선형 방정식

시간에 따른 열의 전도를 나타내는 열전도방정식은 대표적인 포물선형 미분방정식이다. 타원형 방정식과는 달리 포물선형 방정식은 시간에 따른 변화가 있으며 그 변화는 한 방향으로 이루어진다. 시간이 지남에 따라 동일 지점에서 더 이상 변화가 없는 정상상태에 도달하고 타원형 방정식의 결과와 같은 값으로 수렴한다.

식 (7.27)은 1차원 열전도방정식의 일반적인 형태인 확산방정식이고 α는 확산계수이다. 이 수식의 의미는 함수 $u(x,t)$의 초깃값이 $f(x)$이고 양 경곗값을 b_0와 b_L로 항상 일정하게 유지할 때 지배방정식을 따라 거동하는 함수 $u(x,t)$가 시간에 따라 어떻게 변화할 것인가 하는 것이다.

$$\text{지배방정식: } \frac{\partial^2 u(x,t)}{\partial x^2} = \frac{1}{\alpha}\frac{\partial u(x,t)}{\partial t}, \quad 0 < x < L,\ t > 0 \tag{7.27}$$

초기조건: $u(x,0) = f(x)$

경계조건: $u(0,t) = b_0,\ u(L,t) = b_L$

그림 7.13은 편미분방정식을 유한차분법으로 풀기 위해 사용되는 공간(space 또는 location)과 시간(time)을 개념적으로 표현한 것이다. 공간축에서 첨자 i는 계산에 사용되는 기준 격자점이다. 따라서 1차원의 경우 x_i를, 2차원의 경우 (x_i, y_i)를 의미한다. $(i+1)$은 오른쪽 격자점을, $(i-1)$은 왼쪽 격자점을 의미한다. 시간축에서 n은 현재의 시

간을 의미하며 모든 함숫값이 알려져 있다. $(n+1)$은 Δt 시간 이후를 의미하며 함숫값이 알려져 있지 않다. 시간단계 $(n-1)$은 현재보다 Δt 시간 이전의 과거를 의미하며 함숫값을 이미 알고 있다.

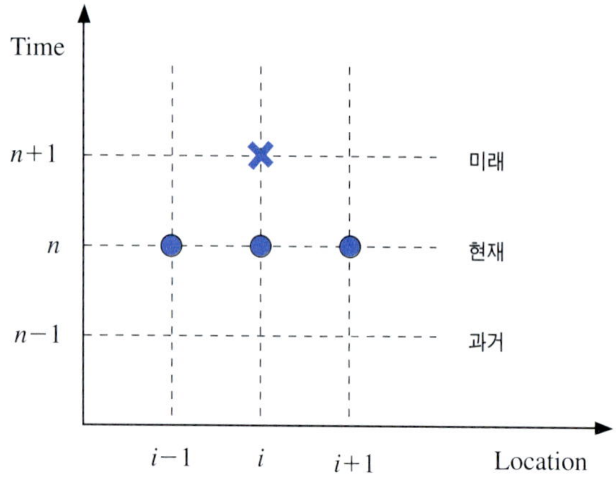

그림 7.13 양함수법으로 열전도방정식을 풀기 위한 격자점

1차원 포물선형 미분방정식의 풀이법은 다음과 같다. 먼저 관심 있는 영역을 N개의 격자로 나누고 한쪽 경계면에서 시작하여 다른 쪽 경계면까지 순차적으로 격자번호를 배정한다. 소구간의 크기나 개수를 정함으로써 격자수를 결정할 수 있다. 주어진 미분방정식을 유한차분식으로 변경한다. 주어진 초기조건($n=0$), 즉 식 (7.27)의 경우 $f(x)$를 이용하여 시간 $t=0$에서의 함숫값을 배정한다. 이것이 $n=0$에서 $u(x,0)$ 값이다.

시간이 흐르면(즉 $t>0$) 경계조건을 배정하고 $t=\Delta t$ 이후에서의 값을 유한차분식으로 구성된 연립방정식으로부터 계산한다. 이 값들이 $n=1$에서의 함숫값이 된다. 계산된 값을 현재값으로 하고 또 Δt 이후에서의 미래값을 유한차분식으로부터 얻는다. 이와 같은 과정을 반복하면 $u(x,t)$의 미래거동을 계산할 수 있다. 2차원이나 3차원인 경우에도 계산원리는 동일하다. 다만 각 좌표방향으로 격자를 가지므로 미지수의 수와 계산량이 많아진다.

식 (7.27)을 차분식으로 나타내면 식 (7.28)과 같다. 그림 7.13을 바탕으로 공간에 대해서는 중앙차분을, 시간에 대해서는 전향차분을 사용한다. 주어진 경곗값문제를 이용하여 일정한 시간 후의 미래값을 예측하는 것이므로 시간에 대하여 전향차분을 사용하는 것이 당연하다. 하지만 공간에 대해서는 이미 알려진 현재시간의 값을 사용할 수도 있고 미지의 미래값을 사용할 수도 있다. 공간에 대하여 사용하는 시간단계(time level)에 따라 다음과 같은 방법이 있다.

- 양함수법(explicit method)
- 음함수법(implicit method)
- 크랭크-니콜슨법(Crank-Nicolson method)
- 일반화 음함수법

$$\frac{u_{i-1} - 2u_i + u_{i+1}}{\Delta x^2} = \frac{1}{\alpha} \frac{u_i^{n+1} - u_i^n}{\Delta t} \tag{7.28}$$

여기서 Δt는 계산에 사용된 시간간격크기(time step size), Δx는 격자크기, 하첨자 i는 격자점위치, 상첨자 n은 시간단계를 나타낸다.

(1) 양함수법

양함수법은 현재의 조건을 바탕으로 미래값을 예측한다. 식 (7.28)의 좌변에 있는 u에 현재조건(시간이 n일 때)을 대입하여 정리하면 식 (7.29a)를 얻는다. 식 (7.29a)에서 미지수는 오직 하나이므로 연립방정식을 풀 필요 없이 바로 미지값을 계산할 수 있다. 양함수법은 계산이 직관적이고 쉬우며 첨자가 체계적으로 변화되어 프로그램도 용이하다.

$$u_i^{n+1} = \frac{\alpha \cdot \Delta t}{\Delta x^2}(u_{i-1}^n - 2u_i^n + u_{i+1}^n) + u_i^n \tag{7.29a}$$

양함수법으로 식 (7.27)의 경계값문제를 수치적으로 푸는 과정을 요약하면 다음과 같고 예제 7.5는 구체적 과정을 보여 준다.

① 관심 영역의 격자수를 결정한다.
② 편미분방정식으로부터 식 (7.29a)의 차분식을 얻는다.
③ 주어진 $f(x)$의 값을 이용하여 $t=0$에서의 $\mathbf{u}^0$ 값을 계산한다.
④ 각 경계에서 $u(0,t)=b_0$, $u(L,t)=b_L$을 배정한다.
⑤ 초기조건 $\mathbf{u}^0$를 이용하여 내부격자점에서 Δt 후의 $\mathbf{u}^1$을 계산한다.
⑥ 새로 계산된 값을 시간 t에서 함숫값 $\mathbf{u}^n$의 현재값으로 배정하고 $t=t+\Delta t$ 후의 $\mathbf{u}^{n+1}$을 계산한다.
⑦ 시간을 Δt만큼 증가시킨 후 ⑥번 과정을 반복한다.

여기서 $u(x,t)$는 위치 x와 시간 t에서의 함숫값, u_i는 임의의 격자점 i에서의 함숫값, 진한 글씨 $\mathbf{u}$는 각 격자점에서의 함숫값을 벡터로 표시한 것이다. 상첨자는 시간단계를 나타낸다. 이 교재에서는 표기의 편의상 이들을 혼용하였다.

예제 7.5 다음과 같은 1차원 경곗값문제가 주어져 있을 때, 양함수법으로 $u(x,t)$ 값을 계산하라. $\Delta t=0.1$을 사용하고 $t=0, 10, 20, 50, 100, 200, 1000$에서의 값을 그래프로 나타내라.

$$\text{지배방정식: } \frac{\partial^2 u(x,t)}{\partial x^2}=\frac{1}{\alpha}\frac{\partial u(x,t)}{\partial t}, \quad 0<x<L,\ t>0$$

초기조건: $u(x,0)=1.0$

경계조건: $u(0,t)=0,\ u(L,t)=1$

$\alpha=0.25,\ L=20,\ \Delta x=2$

초기조건을 적용하면 모든 격자점에서 $u(x,t)$의 값은 1이 되며 이를 $u(x,0)$ 또는 $\mathbf{u}^0$로 표현할 수 있다. 경계조건이란 시간 t가 0보다 커지는 순간에 적용되기 시작하므로 $t>0$일 때 경계격자에서 $u(0,t)=0$, $u(20,t)=1$의 값을 먼저 배정한다. 따라서 $\Delta t=0.1$ 이후에 두 번째($i=2$) 격자점에서 값을 계산할 때 u_1^0는 초깃값이 아닌 경곗값 0을 가진다. 세 번째 격자점부터는 모두 내부격자점의 상호관계에서 값을 얻을 수 있다. 같은 방법으로 모든 내부격자에서 값을 계산하기 위한 일반식은 식 (7.29b)와 같다.

$$u_2^1=\frac{0.25\cdot 0.1}{2^2}(u_1^0-2u_2^0+u_3^0)+u_2^0=0.9938$$

$$u_3^1=\frac{0.25\cdot 0.1}{2^2}(u_2^0-2u_3^0+u_4^0)+u_3^0=1.0$$

$$u_i^{n+1}=\frac{0.25\cdot 0.1}{2^2}(u_{i-1}^n-2u_i^n+u_{i+1}^n)+u_i^n \tag{7.29b}$$

초깃값을 이용하여 구한 $\mathbf{u}^1$ 값을 현재값으로 가정하고 동일한 계산과정을 통하여 $\mathbf{u}^2$ 값을 얻는다. $\Delta t=0.1$이므로 이 과정을 100번 반복하면 $t=10$에서의 함숫값을 구할 수 있다. $t=1000$까지 구한 결과가 표 7.7과 그림 7.14이다.

표 7.7과 그림 7.14를 보면 초기에는 모든 $u(x,t)$ 값이 1을 나타내고 경계조건을 각각 0과 1로 강제한 이후에는 양 경계에서 항상 지정된 값이 유지된다. 시간이 지남에 따라 0으로 주어진 좌측 경계조건의 영향으로 내부의 온도가 점차 감소하며 1000 이상의 시간이 흐르면 직선형태의 정상상태 온도분포를 보인다.

표 7.7 양함수법으로 계산한 시간에 따른 온도분포(Δt=0.1)

시간(t)	격자의 위치										
	0	**2**	**4**	**6**	**8**	**10**	**12**	**14**	**16**	**18**	**20**
0	1	1	1	1	1	1	1	1	1	1	1
10	0	0.6253	0.9062	0.9829	0.9976	0.9997	1.0000	1.0000	1.0000	1.0000	1
20	0	0.4760	0.7877	0.9318	0.9821	0.9961	0.9993	0.9999	1.0000	1.0000	1
50	0	0.3123	0.5770	0.7681	0.8865	0.9503	0.9804	0.9930	0.9977	0.9994	1
100	0	0.2233	0.4291	0.6041	0.7415	0.8413	0.9084	0.9505	0.9755	0.9901	1
200	0	0.1589	0.3116	0.4527	0.5781	0.6857	0.7751	0.8478	0.9067	0.9559	1
1000	0	0.1004	0.2008	0.3011	0.4013	0.5014	0.6013	0.7011	0.8008	0.9004	1

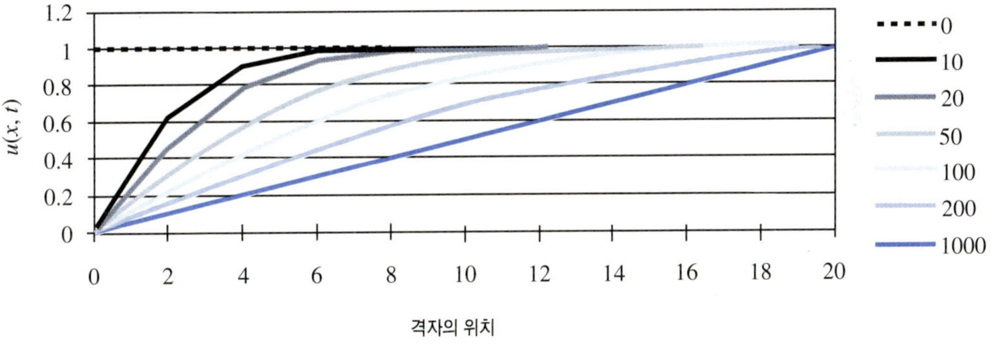

그림 7.14 양함수법으로 계산한 시간에 따른 온도분포(Δt =0.1)

(2) 음함수법

양함수법은 일정 조건하에서만 안정적으로 해를 제공하고 그 조건을 벗어나면 계산결과가 진동하거나 발산하는 한계가 있다. 이와 같은 문제를 해결하기 위해 대부분의 상용프로그램에서 사용하는 기법이 음함수법이다. 식 (7.28)의 좌변에 현재조건을 대입했던 양함수법과 달리, 음함수법에서는 미래의 예측값, 즉 시간이 $(n+1)$일 때의 값을 사용한다.

음함수법은 그림 7.15 와 같이 $(n+1)$ 시간에서의 값을 구하기 위해 $(n+1)$ 시간에서의 함숫값을 사용한다. 따라서 식 (7.28) 좌변의 중앙차분식은 식 (7.30a)와 같이 표현된다. 식 (7.30a)에서 좌변의 모든 u^{n+1}은 미지수이므로 바로 구할 수 없고 다른 격자에서 얻은 관계식과 연립방정식을 구성하여 풀어야 한다. 미지수를 모아 정리하면 식 (7.30b)가 된다.

$$\frac{u_{i-1}^{n+1} - 2u_i^{n+1} + u_{i+1}^{n+1}}{\Delta x^2} = \frac{u_i^{n+1} - u_i^n}{\alpha \Delta t} \tag{7.30a}$$

$$-u_{i-1}^{n+1} + \left(2 + \frac{\Delta x^2}{\alpha \cdot \Delta t}\right) u_i^{n+1} - u_{i+1}^{n+1} = \frac{\Delta x^2}{\alpha \cdot \Delta t} u_i^n \tag{7.30b}$$

$(n+1)$ 시간에서의 함숫값을 사용하므로 식 (7.30b)에서 식은 하나인데 모르는 값은 3개이다. 따라서 미지값을 결정하기 위하여 모든 격자점에서 얻어진 연립방정식을 풀어야 한다. 격자점 i가 1일 때부터 N일 때까지 N개의 연립방정식을 정리하면 다음과 같다.

$$\begin{aligned}
i=1, &\quad -u_0^{n+1} + \left(2 + \frac{\Delta x^2}{\alpha \cdot \Delta t}\right) u_1^{n+1} - u_2^{n+1} = \frac{\Delta x^2}{\alpha \cdot \Delta t} u_1^n \\
i=2, &\quad -u_1^{n+1} + \left(2 + \frac{\Delta x^2}{\alpha \cdot \Delta t}\right) u_2^{n+1} - u_3^{n+1} = \frac{\Delta x^2}{\alpha \cdot \Delta t} u_2^n \\
i=3, &\quad -u_2^{n+1} + \left(2 + \frac{\Delta x^2}{\alpha \cdot \Delta t}\right) u_3^{n+1} - u_4^{n+1} = \frac{\Delta x^2}{\alpha \cdot \Delta t} u_3^n \\
&\quad \vdots \\
i=i, &\quad -u_{i-1}^{n+1} + \left(2 + \frac{\Delta x^2}{\alpha \cdot \Delta t}\right) u_i^{n+1} - u_{i+1}^{n+1} = \frac{\Delta x^2}{\alpha \cdot \Delta t} u_i^n \\
&\quad \vdots \\
i=N &\quad -u_{N-1}^{n+1} + \left(2 + \frac{\Delta x^2}{\alpha \cdot \Delta t}\right) u_N^{n+1} - u_{N+1}^{n+1} = \frac{\Delta x^2}{\alpha \cdot \Delta t} u_N^n
\end{aligned} \tag{7.31}$$

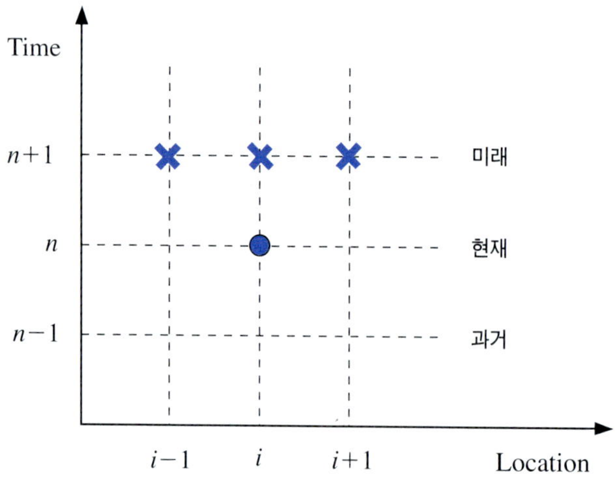

그림 7.15 음함수법으로 열전도방정식을 풀기 위한 격자점

식 (7.31)에서 u_0^{n+1}와 u_{N+1}^{n+1}은 일반식 (7.30b)를 모두 격자에 적용하는 과정에서 생긴 것으로 이들은 실제로 정의되지 않는다. 첫 번째와 마지막 격자점에서의 수식은 주어진 경계조건에 따라 변환될 것이므로 이를 무시하고 행렬방정식으로 나타내면 식 (7.32a)와 같다. 최종적으로 미지수와 수식의 개수가 N개로 같으므로 연립방정식의 유일해를 구할 준비가 되었다.

$$\begin{bmatrix} \left(2+\frac{\Delta x^2}{\alpha\Delta t}\right) & -1 & 0 & 0 & 0 & 0 & \cdots & 0 \\ -1 & \left(2+\frac{\Delta x^2}{\alpha\Delta t}\right) & -1 & 0 & 0 & 0 & \cdots & 0 \\ 0 & -1 & \left(2+\frac{\Delta x^2}{\alpha\Delta t}\right) & -1 & 0 & 0 & \cdots & 0 \\ \vdots & \cdots & \ddots & \ddots & \ddots & \vdots & \cdots & \vdots \\ 0 & \cdots & 0 & -1 & \left(2+\frac{\Delta x^2}{\alpha\Delta t}\right) & -1 & \cdots & 0 \\ \vdots & \cdots & \vdots & \ddots & \ddots & \ddots & \cdots & \vdots \\ 0 & \cdots & 0 & 0 & 0 & -1 & \left(2+\frac{\Delta x^2}{\alpha\Delta t}\right) & -1 \\ 0 & \cdots & 0 & 0 & 0 & 0 & -1 & \left(2+\frac{\Delta x^2}{\alpha\Delta t}\right) \end{bmatrix} \begin{bmatrix} u_1^{n+1} \\ u_2^{n+1} \\ u_3^{n+1} \\ \vdots \\ u_i^{n+1} \\ \vdots \\ u_{N-1}^{n+1} \\ u_N^{n+1} \end{bmatrix} = \frac{\Delta x^2}{\alpha\cdot\Delta t} \begin{bmatrix} u_1^n \\ u_2^n \\ u_3^n \\ \vdots \\ u_i^n \\ \vdots \\ u_{N-1}^n \\ u_N^n \end{bmatrix} \tag{7.32a}$$

주어진 경계조건에 의해 $u_1(0,t)=b_0$, $u_N(L,t)=b_L$로 경계에서의 $u(x,t)$ 값은 변하지 않는다. 따라서 식 (7.31) 중에서 경계격자에서의 수식인 처음과 마지막 식은 다음과 같이 변형되어야 한다.

$$i=1, \quad u_1^{n+1}=b_0$$
$$i=N, \quad u_N^{n+1}=b_L$$

이를 고려하여 식 (7.32a)의 행렬방정식을 변형하면 식 (7.32b)가 된다.

$$\begin{bmatrix} 1 & 0 & 0 & 0 & 0 & 0 & \cdots & 0 \\ -1 & \left(2+\frac{\Delta x^2}{\alpha\Delta t}\right) & -1 & 0 & 0 & 0 & \cdots & 0 \\ 0 & -1 & \left(2+\frac{\Delta x^2}{\alpha\Delta t}\right) & -1 & 0 & 0 & \cdots & 0 \\ \vdots & \cdots & \ddots & \ddots & \ddots & \vdots & \cdots & \vdots \\ 0 & \cdots & 0 & -1 & \left(2+\frac{\Delta x^2}{\alpha\Delta t}\right) & -1 & \cdots & 0 \\ \vdots & \cdots & \vdots & \ddots & \ddots & \ddots & \cdots & \vdots \\ 0 & \cdots & 0 & 0 & 0 & -1 & \left(2+\frac{\Delta x^2}{\alpha\Delta t}\right) & -1 \\ 0 & \cdots & 0 & 0 & 0 & 0 & 0 & 1 \end{bmatrix} \begin{bmatrix} u_1^{n+1} \\ u_2^{n+1} \\ u_3^{n+1} \\ \vdots \\ u_i^{n+1} \\ \vdots \\ u_{N-1}^{n+1} \\ u_N^{n+1} \end{bmatrix} = \begin{bmatrix} b_0 \\ \frac{\Delta x^2}{\alpha\cdot\Delta t}u_2^n \\ \frac{\Delta x^2}{\alpha\cdot\Delta t}u_3^n \\ \vdots \\ \frac{\Delta x^2}{\alpha\cdot\Delta t}u_i^n \\ \vdots \\ \frac{\Delta x^2}{\alpha\cdot\Delta t}u_{N-1}^n \\ b_L \end{bmatrix} \tag{7.32b}$$

식 (7.32b)와 같은 행렬은 삼대각행렬(tri-diagonal matrix)이라 부르며 계산이 간편한 장점을 가진다. 오른쪽 벡터에 초기조건인 u_2^0, u_3^0, ...을 대입하고 행렬방정식을 풀어 u_1^1, u_2^1, ... 값을 구한다. 그 값을 다시 우변에 현재조건으로 대입하고 미래값인 u_1^{n+1}, u_2^{n+1}, ... 값을 구하는 과정을 반복하면 원하는 시간에서 함숫값을 계산할 수 있다.

음함수법으로 식 (7.27)의 1차원 경곗값문제를 수치적으로 푸는 과정을 요약하면 다음과 같고 예제 7.6은 구체적 과정을 보여 준다.

① 관심 영역의 격자수를 결정한다.
② 편미분방정식으로부터 식 (7.30a)의 차분식을 얻는다.
③ 모든 격자점에 차분식을 적용하여 행렬방정식을 구성한다.
④ 주어진 초기조건 $f(x)$를 이용하여 $t=0$에서의 $\mathbf{u}^0$ 값을 계산한다.
⑤ 각 경계에서 $u(0,t)=b_0$, $u(L,t)=b_L$을 고려하여 행렬원소를 변경한다.
⑥ 초기조건 $\mathbf{u}^0$를 대입하고 행렬방정식을 풀어 모든 격자점에서 Δt 후의 $\mathbf{u}^1$을 계산한다.
⑦ 새로 계산된 값을 시간 t에서 함숫값 $\mathbf{u}^n$의 현재값으로 가정하고 $t=t+\Delta t$ 후의 $\mathbf{u}^{n+1}$을 계산한다.
⑧ 시간을 Δt만큼 증가시킨 후 ⑦번 과정을 반복한다.

예제 7.6 예제 7.5에 주어진 문제를 음함수법을 사용해 계산하라.

식 (7.32b)는 경계조건까지 고려된 최종 수식으로 이 예제를 풀기 위해 바로 사용할 수 있다. 시간 $t=0$의 초기조건으로부터 모든 내부격자에서의 함숫값은 1이므로 이를 대입하여 행렬방정식을 구성하면 다음과 같다.

$$\frac{\Delta x^2}{\alpha \Delta t}=\frac{2^2}{0.25\cdot 0.1}=2^2/(0.25\cdot 0.1)=160$$

$$\begin{bmatrix} 1 & 0 & 0 & 0 & 0 & 0 & \cdots & 0 \\ -1 & (2+160) & -1 & 0 & 0 & 0 & \cdots & 0 \\ 0 & -1 & (2+160) & -1 & 0 & 0 & \cdots & 0 \\ \vdots & \cdots & \ddots & \ddots & \ddots & \vdots & \cdots & \vdots \\ 0 & \cdots & 0 & -1 & (2+160) & -1 & \cdots & 0 \\ \vdots & \cdots & \vdots & \ddots & \ddots & \ddots & \cdots & \vdots \\ 0 & \cdots & 0 & 0 & 0 & -1 & (2+160) & -1 \\ 0 & \cdots & 0 & 0 & 0 & 0 & 0 & 1 \end{bmatrix}\begin{bmatrix} u_1^{n+1} \\ u_2^{n+1} \\ u_3^{n+1} \\ \vdots \\ u_i^{n+1} \\ \vdots \\ u_{N-1}^{n+1} \\ u_N^{n+1} \end{bmatrix}=\begin{bmatrix} 0 \\ 160\cdot 1 \\ 160\cdot 1 \\ \vdots \\ 160\cdot 1 \\ \vdots \\ 160\cdot 1 \\ 1 \end{bmatrix}$$

위의 행렬방정식을 풀어 0.1 시간 이후 각 격자점에서의 $u(x, 0.1)$ 값을 계산한다.

$$\mathbf{u}^1 = [0\ \ 0.9938\ \ 1\ \ 1\ \ 1\ \ 1\ \ 1\ \ 1\ \ 1\ \ 1\ \ 1]^T$$

구한 값을 현재조건으로 대입한 후, 원하는 시간에 도달하기까지 앞의 과정을 반복 실행해 u_i^{n+1}, u_i^{n+2}, ...을 구한다. 표 7.8은 Δt=0.1일 때, 시간에 따른 온도분포 결과값이고, 이를 그래프로 나타내면 그림 7.16과 같다.

표 7.8과 그림 7.16을 보면, 양함수법과 같이 초기에는 모든 함숫값이 1을 나타내지만 경계조건을 각각 0과 1로 강제한 이후에는 양 경계에서 항상 지정된 값이 유지된다. 시간이 지남에 따라 0으로 주어진 좌측 경계조건의 영향으로 내부의 온도가 점차 감소하며 1000 이상의 시간이 흐르면 직선형태의 정상상태 온도분포를 보인다. 동일한 문제를 수치적으로 풀었기 때문에 수치계산이 불안정하지 않은 경우에는 같은 결과가 나온다.

표 7.8 음함수법으로 계산한 시간에 따른 온도분포(Δt=0.1)

시간(t)	격자의 위치										
	0	**2**	**4**	**6**	**8**	**10**	**12**	**14**	**16**	**18**	**20**
0	1	1	1	1	1	1	1	1	1	1	1
10	0	0.6272	0.9062	0.9825	0.9974	0.9997	1.0000	1.0000	1.0000	1.0000	1
20	0	0.4773	0.7883	0.9316	0.9819	0.9959	0.9992	0.9999	1.0000	1.0000	1
50	0	0.3128	0.5776	0.7684	0.8866	0.9502	0.9803	0.9929	0.9977	0.9994	1
100	0	0.2235	0.4294	0.6044	0.7417	0.8414	0.9084	0.9505	0.9754	0.9901	1
200	0	0.1590	0.3117	0.4528	0.5782	0.6858	0.7752	0.8478	0.9067	0.9559	1
1000	0	0.1004	0.2008	0.3011	0.4013	0.5014	0.6013	0.7011	0.8008	0.9004	1

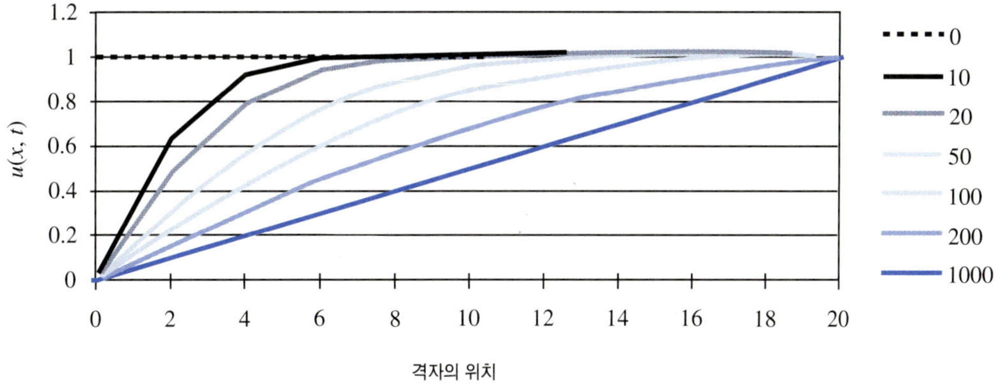

그림 7.16 음함수법으로 계산한 시간에 따른 온도분포(Δt=0.1)

(3) 크랭크-니콜슨법

양함수법과 음함수법 이외에도 크랭크-니콜슨법과 일반화 음함수법 등을 사용하여 포물선형 편미분방정식을 풀 수 있다. 크랭크-니콜슨법은 시간에 대하여 현재시간 n과 미래시간 $(n+1)$의 중간가중치인 $(n+1/2)$ 시간에서 공간 및 시간에 대한 차분식을 사용한다. 최종 결과식은 식 (7.33)과 같다. 크랭크-니콜슨법은 $(n+1/2)$ 시간을 중심으로 테일러전개식을 얻으므로 시간에 대하여 오차차수가 2차이다.

$$\frac{1}{2}\frac{u_{i-1}^{n}-2u_i^{n}+u_{i+1}^{n}}{\Delta x^2}+\frac{1}{2}\frac{u_{i-1}^{n+1}-2u_i^{n+1}+u_{i+1}^{n+1}}{\Delta x^2}=\frac{1}{\alpha}\frac{u_i^{n+1}-u_i^{n}}{\Delta t} \tag{7.33}$$

식 (7.33)을 $(n+1)$ 시간에서의 미지수를 중심으로 재배열하면 식 (7.34a)와 같다.

$$-u_{i-1}^{n+1}+\left(2+\frac{2\Delta x^2}{\alpha\Delta t}\right)u_i^{n+1}-u_{i+1}^{n+1}=b_i^n \tag{7.34a}$$

$$b_i^n=u_{i-1}^{n}-\left(2+\frac{2\Delta x^2}{\alpha\Delta t}\right)u_i^{n}+u_{i+1}^{n}$$

행렬방정식의 최종 형태는 경계조건에 따라 이를 고려한 수식에 의해 변형된다. 식 (7.27)의 경계조건을 사용하여 행렬방정식을 세우면 식 (7.34b)와 같다.

$$\begin{bmatrix} 1 & 0 & 0 & 0 & 0 & 0 & \cdots & 0 \\ -1 & \left(2+\frac{2\Delta x^2}{\alpha\Delta t}\right) & -1 & 0 & 0 & 0 & \cdots & 0 \\ 0 & -1 & \left(2+\frac{2\Delta x^2}{\alpha\Delta t}\right) & -1 & 0 & 0 & \cdots & 0 \\ \vdots & \cdots & \ddots & \ddots & \ddots & \vdots & \cdots & \vdots \\ 0 & \cdots & 0 & -1 & \left(2+\frac{2\Delta x^2}{\alpha\Delta t}\right) & -1 & \cdots & 0 \\ \vdots & \cdots & \vdots & \ddots & \ddots & \ddots & \cdots & \vdots \\ 0 & \cdots & 0 & 0 & 0 & -1 & \left(2+\frac{2\Delta x^2}{\alpha\Delta t}\right) & -1 \\ 0 & \cdots & 0 & 0 & 0 & 0 & 0 & 1 \end{bmatrix} \begin{bmatrix} u_1^{n+1} \\ u_2^{n+1} \\ u_3^{n+1} \\ \vdots \\ u_i^{n+1} \\ \vdots \\ u_{N-1}^{n+1} \\ u_N^{n+1} \end{bmatrix} = \begin{bmatrix} b_0 \\ b_2^n \\ b_3^n \\ \vdots \\ b_i^n \\ \vdots \\ b_{N-1}^n \\ b_L \end{bmatrix} \tag{7.34b}$$

음함수법과 동일한 방법으로 초기조건과 경계조건을 이용하여 Δt 시간 이후의 값을 계산하고 계산된 값을 현재값으로 하여 다시 현재로부터 Δt 시간 이후의 미래값을 계산하는 과정을 반복한다. 모든 과정은 동일하되 차분식은 식 (7.34b)를 이용한다. 크랭크-니콜슨법은 해의 불안정한 진동이 없이 안정된 결과를 주는 특징으로 많이 사용되는 방법 중 하나이다.

현재시간 n과 Δt 이후의 미래시간 $(n+1)$에 일정한 가중치를 사용하여 차분화하는 방법이 일반화 음함수법이다. 이는 식 (7.35)와 같이 표현되며 이제까지 설명한 세 가지

기법의 일반화된 표현이다. 표 7.9는 각 방법과 특징의 요약이다. 공간과 시간에 대한 차분식의 오차차수에 유의하기 바란다.

$$(1-\theta)\frac{u_{i-1}^{n}-2u_i^n+u_{i+1}^n}{\Delta x^2}+\theta\frac{u_{i-1}^{n+1}-2u_i^{n+1}+u_{i+1}^{n+1}}{\Delta x^2}=\frac{1}{\alpha}\frac{u_i^{n+1}-u_i^n}{\Delta t} \tag{7.35}$$

여기서 θ는 (n+1) 시간에 함숫값의 가중치로 θ가 0이면 양함수법, 1이면 음함수법, 그리고 1/2이면 크랭크-니콜슨법이 된다. θ는 0과 1 사이의 임의의 값을 가질 수 있다.

표 7.9 포물선형 편미분방정식의 수치해법 비교

이름	수식	특징
양함수법	$\frac{u_{i+1}^{n}-2u_i^n+u_{i-1}^n}{\Delta x^2}+O(\Delta x^2)=\frac{1}{\alpha}\frac{u_i^{n+1}-u_i^n}{\Delta t}+O(\Delta t)$	• 공간차분은 n 시간의 알고 있는 함숫값을 이용 • 쉽고 빠르며 정확 • 조건적으로 안정적 $\frac{\alpha\cdot\Delta t}{\Delta x^2}<\frac{1}{2}$
음함수법	$\frac{u_{i+1}^{n+1}-2u_i^{n+1}+u_{i-1}^{n+1}}{\Delta x^2}+O(\Delta x^2)=\frac{1}{\alpha}\frac{u_i^{n+1}-u_i^n}{\Delta t}+O(\Delta t)$	• 공간차분은 $(n+1)$ 시간의 모르는 함숫값을 이용 • 항상 안정적 • 많은 계산 필요 (행렬방정식 풀이)
크랭크-니콜슨법	$\frac{1}{2}\frac{u_{i+1}^{n}-2u_i^n+u_{i+1}^n}{\Delta x^2}+\frac{1}{2}\frac{u_{i+1}^{n+1}-2u_i^{n+1}+u_{i-1}^{n+1}}{\Delta x^2}+O(\Delta x^2)=\frac{1}{\alpha}\frac{u_i^{n+1}-u_i^n}{\Delta t}+O(\Delta t^2)$	• n 시간의 자료와 $(n+1)$ 시간의 자료를 모두 이용 • 시간에 대해 2차 절단오차
일반화 음함수법	$(1-\theta)\frac{u_{i+1}^{n}-2u_i^n+u_{i-1}^n}{\Delta x^2}+\theta\frac{u_{i+1}^{n+1}-2u_i^{n+1}+u_{i-1}^{n+1}}{\Delta x^2}+O(\Delta x^2)=\frac{1}{\alpha}\frac{u_i^{n+1}-u_i^n}{\Delta t}+O(\Delta t^2)$	θ : 가중치 $\theta=0$: 양함수법 $\theta=1$: 음함수법 $\theta=\frac{1}{2}$: 크랭크-니콜슨법

(4) 삼대각행렬 풀이법

음함수법을 이용하여 1차원 미분방정식을 풀 경우 기준이 되는 격자점 i와 그 전후의 두 격자점 함숫값의 관계식을 다음과 같이 일반식으로 쓸 수 있다. 이미 설명한 식 (7.30b)는 1차원 확산방정식의 차분식 예이다.

$$a(i)u(i-1)+b(i)u(i)+c(i)u(i+1)=d(i)$$

여기서 $u(i)$는 격자점 i에서의 미지 함숫값, $a(i)$, $b(i)$, $c(i)$는 격자점 i를 기준으로 계산된 차분식의 계수, 그리고 $d(i)$는 알려진 값을 모두 포함한 항이다.

위의 연립방정식을 설정된 N개 격자에 적용하고 경계조건을 적용하면 다음과 같은 행렬방정식으로 표현된다. 계수는 하첨자를 사용하여 간단히 표시하였으며 경계조건의 종류에 따라 첫 번째 식과 마지막 식은 계수가 다를 수 있다.

$$\begin{bmatrix} b_1 & c_1 & & & & & & \\ a_1 & b_2 & c_2 & & & & & \\ & a_3 & b_3 & c_3 & & & & \\ & & \ddots & \ddots & \ddots & & & \\ & & & a_i & b_i & c_i & & \\ & & & & \ddots & \ddots & \ddots & \\ & & & & & a_{N-1} & b_{N-1} & c_{N-1} \\ & & & & & & a_N & b_N \end{bmatrix} \begin{bmatrix} u_1 \\ u_2 \\ u_3 \\ \vdots \\ u_i \\ \vdots \\ u_{N-1} \\ u_N \end{bmatrix} = \begin{bmatrix} d_1 \\ d_2 \\ d_3 \\ \vdots \\ d_i \\ \vdots \\ d_{N-1} \\ d_N \end{bmatrix}$$

위의 행렬은 주대각원소에 바로 인접하여 각 행에 최대 3개의 원소만 가진 삼대각행렬이다. 삼대각행렬로 구성된 행렬방정식은 가우스 소거법으로 풀지만 그 행렬구성의 특성상 매우 간단한 알고리즘으로 귀결된다.

이 교재의 3장에서 배운 가우스 소거법의 원리에 따라 먼저 주어진 행렬을 상삼각행렬로 변형하여야 한다. 삼대각행렬의 특성상 $(i-1)$번째 행을 이용하여 i번째 행의 a_i만 제거하면 된다. 3장에서 이미 언급한 대로 a_i를 소거하기 위하여 $(i-1)$번째 행에 승수를 곱하여 i번째 행에서 빼는 전진소거 과정을 수행한다. 실제 계산에서 a_i는 결국 제거될 것이므로(실제로 계산하여도 당연히 제거됨) 계산하지 않는다. 다만 해당 전진소거 과정에서 변경되는 i번째 행의 원소만 고려해 주어야 하지만 여기서 대부분의 원소들이 0이기 때문에 오직 변화가 있는 값은 b_i와 d_i이다.

두 번째 행부터 마지막 행까지(즉 $i=2\sim N$) 전진소거가 이루어지는 과정은 다음과 같다.

$$b_i = b_i - \frac{a_i}{b_{i-1}}\ c_{i-1}$$

$$d_i = d_i - \frac{a_i}{b_{i-1}}\ d_{i-1}$$

위의 연산으로 전진소거가 완료되었고 모든 연립방정식은 최대 두 개의 미지수만 가지므로 다음과 같이 간단히 후진대입으로(즉 $i = N-1 \sim 1$, step -1) 계산할 수 있다.

$$u_N = \frac{d_N}{b_N}$$

$$u_i = \frac{d_i - c_i u_{i+1}}{b_i}$$

여기서 사용된 각 계수는 연산과정에서 갱신된 최종값을 의미한다. 이와 같은 삼대각행렬방정식 풀이법을 TDMA(tri-diagonal matrix algorithm) 또는 토마스 알고리즘(Thomas algorithm)이라 하며 엑셀 VBA에 바로 사용할 수 있는 부프로그램을 부록 IV에 제시하였다.

(5) 유한차분식의 안정성

유한차분법을 대표하는 것은 양함수법과 음함수법이다. 양함수법은 현재의 함숫값을 이용하여 미래의 값을 예측하기 때문에 시간간격(Δt)이 작을 때는 안정된 수치해를 제공한다. 그러나 일정 값 이상으로 커지면 수치적으로 계산된 값이 진동하며 불안정해지는 현상을 보인다.

표 7.10은 예제 7.5에서 시간간격 Δt를 10으로 한 경우이다. 첫 번째로 관찰되는 현상으로 Δt가 0.1인 경우와는 달리 계산이 진행될수록 값이 진동할 뿐만 아니라 비정상적으로 큰 값으로 발산한다. 그림 7.17은 총 시간 100까지 10번 계산한 결과이며 진동하는 불안정성을 잘 볼 수 있다. 주어진 경계조건을 배정한 경계점을 제외하고는 모두 진동하는 경향을 보인다. 또한 표 7.8과 비교하여 수치해의 정확도가 떨어진다.

경계조건의 영향이 시간이 흐르면서 내부격자로 전파되는데 이는 작은 시간간격으로 여러 번 계산할수록 더 정확히 모델링된다. 구체적으로 시간 10에서 $u(x,10)$의 값은 100회 반복한 표 7.8의 경우 격자위치 10까지 함숫값이 변화되었다. 하지만 표 7.10의 경우 같은 시간이지만 수치계산에 사용된 시간간격이 10이므로 오직 1번의 계산이 이루어졌다. 따라서 격자위치 2까지만 경계조건 영향이 나타나 있다.

음함수법은 $(n+1)$ 시간에서의 함숫값을 이용하므로 Δt의 크기에 큰 영향 없이 안정된 결과를 보인다. 표 7.11과 그림 7.18은 예제 7.6에서 시간간격 Δt를 10으로 한 경우의 결과이다. 그림 7.18은 Δt를 0.1로 한 그림 7.16의 경우와도 같은 경향을 보인다. 비록 Δt를 크게 하여도 수치적으로 안정하지만 부정확한 결과를 얻을 수 있으므로 유의하여야 한다. 그림 7.16과 7.18은 유사한 경향을 보이지만 표 7.6과 7.9에 주어진 값을 구체적으로 비교해 보면 같은 시간에 예측된 함숫값이 완전히 일치하지는 않는다. 따라서 적절한 크기의 시간간격을 사용하여야 신뢰할 만한 결과를 얻는다.

표 7.10 양함수법으로 계산한 시간에 따른 온도분포(Δt=10)

시간(t)	격자의 위치										
	0	**2**	**4**	**6**	**8**	**10**	**12**	**14**	**16**	**18**	**20**
0	1	1	1	1	1	1	1	1	1	1	1
10	0	0.3750	1.0000	1.0000	1.0000	1.0000	1.0000	1.0000	1.0000	1.0000	1
20	0	0.5313	0.6094	1.0000	1.0000	1.0000	1.0000	1.0000	1.0000	1.0000	1
50	0	0.1562	0.7559	0.5613	1.0000	0.9046	1.0000	1.0000	1.0000	1.0000	1
100	0	0.6325	0.2942	1.4060	0.0098	1.3943	0.5542	1.1390	0.8981	1.0182	1
200	0	9.2452	−16.3973	22.1917	−23.1693	23.5417	−19.0063	16.1744	−9.3850	6.0791	1
1000	0	3E+13	−5E+13	8E+13	−9E+13	1E+14	1E+14	8E+13	−6E+13	3E+13	1

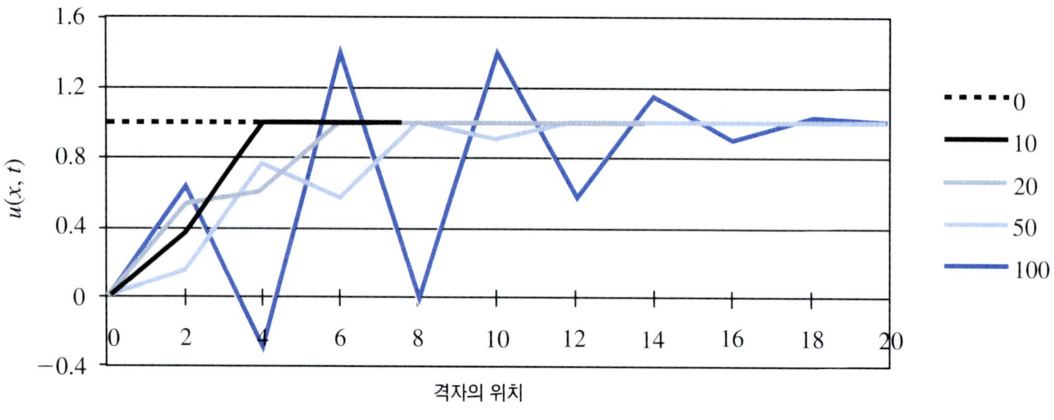

그림 7.17 양함수법으로 계산된 시간에 따른 온도분포(Δt =10)

표 7.11 음함수법으로 계산한 시간에 따른 온도분포(Δt=10)

시간(t)	격자의 위치										
	0	2	4	6	8	10	12	14	16	18	20
0	1	1	1	1	1	1	1	1	1	1	1
10	0	0.6967	0.9080	0.9721	0.9915	0.9974	0.9992	0.9998	0.9999	1.0000	1
20	0	0.5345	0.8096	0.9273	0.9734	0.9906	0.9967	0.9989	0.9996	0.9999	1
50	0	0.3352	0.6025	0.7820	0.8886	0.9462	0.9752	0.9890	0.9954	0.9983	1
100	0	0.2318	0.4424	0.6172	0.7508	0.8456	0.9088	0.9487	0.9733	0.9887	1
200	0	0.1620	0.3173	0.4598	0.5856	0.6925	0.7806	0.8517	0.9092	0.9570	1
1000	0	0.1005	0.2010	0.3013	0.4016	0.5017	0.6016	0.7013	0.8010	0.9005	1

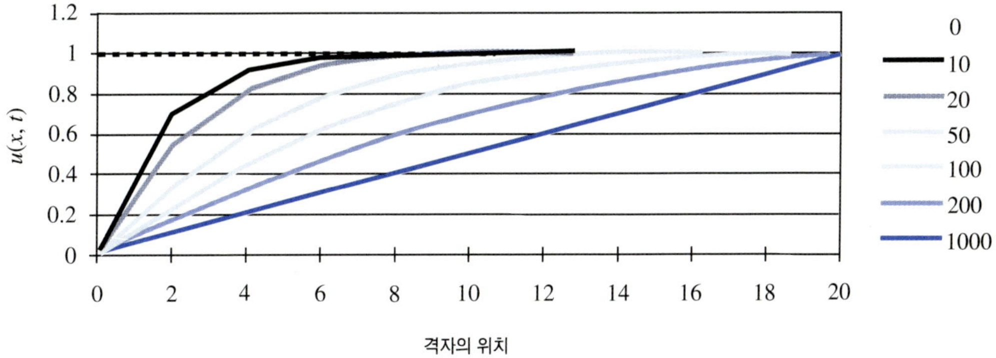

그림 7.18 음함수법으로 계산한 시간에 따른 온도분포(Δt =10)

이미 설명한 대로 유한차분법을 사용하여 미분방정식을 풀 때, 초기조건을 이용하여 Δt 이후의 값을 구하고 계산된 값을 현재값으로 가정하여 Δt 이후의 새로운 값을 계산한다. 계산된 해가 다음 해를 얻기 위한 현재조건으로 사용되기 때문에 오차가 누적되고 증폭될 가능성이 있다. 이와 같은 경우에 해는 발산하게 되고 계산결과는 참값에서 멀어지게 된다. 상식적인 직관으로 시간간격이 작으면 수치해는 안정되고 크면 진동하거나 발산한다.

유한차분법의 안정성을 열전도방정식을 예로 들어 설명하고자 한다. 1차원 열전도방정식은 식 (7.27)과 같다. $u(x,t)$는 위치 x에서 시간 t에 대한 온도를 나타낸다. 주어진 미분방정식을 만족하는 $u(x,t)$가 해이다.

$$\frac{\partial^2 u(x,t)}{\partial x^2} = \frac{1}{\alpha}\frac{\partial u(x,t)}{\partial t} \tag{7.27}$$

여기서 α는 확산계수이다.

식 (7.27)의 의미는 $u(x,t)$를 x에 대하여 두 번 편미분한 것이 $u(x,t)$를 t에 대하여 한 번 편미분한 것과 상수배 관계에 있다는 것이다. 이와 같은 관계가 성립하기 위해서는 $u(x,t)$를 x에 대하여 두 번 편미분한 경우와 t에 대하여 한 번 편미분한 경우에 같은 함수 형태가 되어야 한다. 따라서 식 (7.27)의 해는 식 (7.36)과 같은 모양이라고 가정할 수 있다. 이는 부록 III에 주어진 편미분방정식의 이론해에서도 알 수 있다.

$$u(x,t) = e^{inx}\,\Psi(t), \quad n = 1, 2, 3, \dots \tag{7.36}$$

여기서 i는 복소단위(imaginary unit)로 제곱하면 -1이 되는 특징이 있다.

유한차분식을 이용하여 수치해를 구할 때 계산이 진행될수록, 즉 시간이 경과될수록 해의 안정성 여부가 우리의 관심사이다. 식 (7.36)으로 주어진 해에서 시간에 관련된 항은 $\Psi(t)$이므로 결국 수치해의 불안정성은 $\Psi(t)$의 시간에 따른 변화와 관계가 있다. 이를 수학적으로 표현하면 식 (7.37)과 같다. 식 (7.37)의 의미는 함수 $\Psi(t)$는 Δt 시간 이후에 미분방정식의 풀이결과 $\Psi(t+\Delta t)$로 된다는 것이다.

$$\Psi(t+\Delta t) = E \cdot \Psi(t) \tag{7.37}$$

여기서 E는 연산자(operator)이다.

만약 연산자로 표현된 E의 절댓값이 1보다 작으면 Δt 시간 이후의 $\Psi(t+\Delta t)$ 값도 안정하다. 그러나 그 값이 1보다 클 때, $\Psi(t)$에 포함된 오차가 시간이 지남에 따라, 즉 계산이 반복될수록 증폭되어 수치해가 불안정해진다. 양함수법과 음함수법에 따른 안정성의 조건은 폰 노이만 해석(von Neumann analysis)을 통해 알 수 있다.

<양함수법의 수렴조건>

1차원 열전도방정식을 양함수법을 써서 유한차분식으로 나타내면 식 (7.38)이다. 이미 설명한 대로 공간적 변화에 대하여 현재값을 사용하여 중앙차분으로, 시간에 대하여 전향차분으로 나타낸다.

$$\frac{u_{i-1}^{n} - 2u_i^n + u_{i+1}^n}{\Delta x^2} = \frac{1}{\alpha}\,\frac{u_i^{n+1} - u_i^n}{\Delta t} \tag{7.38}$$

식 (7.38)에 $u(x,t) = e^{inx}\,\Psi(t)$를 대입하면 식 (7.39a)가 된다. 격자 x_i를 기준으로 각 x와 t의 값에 격자크기와 시간간격크기를 대입한 것이다.

$$\frac{e^{in(x-\Delta x)}\Psi(t) - 2e^{in(x)}\Psi(t) + e^{in(x+\Delta x)}\Psi(t)}{\Delta x^2} = \frac{1}{\alpha}\,\frac{e^{in(x)}\Psi(t+\Delta t) - e^{in(x)}\Psi(t)}{\Delta t} \tag{7.39a}$$

e^{inx}는 0이 아니므로 양변을 그 값으로 나누어 $\Psi(t+\Delta t)$에 대하여 정리하면 식 (7.39b)를 얻는다.

$$\Psi(t+\Delta t)=\Psi(t)+\Psi(t)\frac{\alpha\,\Delta t}{\Delta x^2}[e^{-in\Delta x}-2+e^{in\Delta x}]$$

$$=\left[1-4\frac{\alpha\,\Delta t}{\Delta x^2}\sin^2\left(\frac{\Delta x\cdot n}{2}\right)\right]\Psi(t) \tag{7.39b}$$

식 (7.37)과 식 (7.39b)를 비교하면 연산자 E는 다음과 같다.

$$E=1-4\frac{\alpha\,\Delta t}{\Delta x^2}\sin^2\left(\frac{\Delta x\cdot n}{2}\right)$$

수치적으로 안정하기 위해서는 연산자의 절댓값이 1보다 작아야 한다. 이를 정리하면 식 (7.40)의 조건을 얻는다.

$$0<\frac{\alpha\,\Delta t}{\Delta x^2}<\frac{1}{2} \tag{7.40}$$

식 (7.40)에서 α, Δt가 모두 양수이므로 $\frac{\alpha\,\Delta t}{\Delta x^2}<\frac{1}{2}$일 때, 수치적으로 안정된 해를 얻는다. 예제 7.5에서 시간간격이 0.1일 경우에는 $\frac{\alpha\,\Delta t}{\Delta x^2}=0.00625$로 식 (7.40)을 만족하여 안정된 결과를 제시한다. 그러나 $\Delta t=10$인 경우 그 값이 0.625로 수치해법의 불안정성이 발생하며 계산이 반복될수록 불안정성이 증폭됨을 알 수 있다. 식 (7.40)으로부터 예제 7.5에서 사용할 수 있는 이론적인 최대 Δt는 8이다.

논리적으로 유추할 수 있듯이 Δt가 작을수록 수치계산 결과의 안정성은 증가한다. Δt를 반드시 증가시켜야 할 경우, Δt만 증가시키면 수치적으로 불안정해지기 때문에 격자크기인 Δx도 같이 증가시켜야 함에 유의하여야 한다. 하지만 두 값이 모두 커지면 수치해석으로 계산한 결과의 정확도가 떨어지게 된다.

<음함수법의 수렴조건>

지배방정식을 공간에 대하여 음함수법으로 (n+1) 시간에서의 함숫값을 이용하여 차분식으로 나타내면 식 (7.30a)이다.

$$\frac{u_{i-1}^{n+1}-2u_i^{n+1}+u_{i+1}^{n+1}}{\Delta x^2}=\frac{1}{\alpha}\frac{u_i^{n+1}-u_i^n}{\Delta t} \tag{7.30a}$$

동일한 방법으로 식 (7.30a)에 $u(x,t)=e^{inx}\,\Psi(t)$를 대입하여 $\Psi(t+\Delta t)$에 대하여 정리

하면 다음과 같은 식을 얻는다.

$$\Psi(t+\Delta t)=\frac{1}{1+4\dfrac{\alpha\,\Delta t}{\Delta x^2}\sin^2\dfrac{\Delta x\cdot n}{2}}\Psi(t)$$

식 (7.37)과 비교하여 연산자 E는 식 (7.41)로 표현된다. 식 (7.41)에서 분모항이 항상 1보다 크거나 같기 때문에 연산자의 값은 1보다 작거나 같게 된다. 결과적으로 음함수법을 사용하면 항상 안정된 수치계산 결과를 얻을 수 있다.

$$E=\frac{1}{1+4\dfrac{\alpha\,\Delta t}{\Delta x^2}\sin^2\dfrac{\Delta x\cdot n}{2}} \tag{7.41}$$

여기서 유의하여야 할 것은 수치해석 결과의 안정성(stability)과 정확성(accuracy)은 다르다는 것이다. 수치해석기법의 안정성이 높다는 것은 계산이 반복되어도 그 결과가 진동하거나 발산하지 않고 일정한 범위 안에서 수렴한다는 것이다. 정확성이란 수치해법으로 얻는 수치해가 참값에 얼마나 가까운지를 나타낸다. 만약 수치계산의 결과가 발산하거나 진동하는 경우 수치해의 정확성을 기대하기는 어렵다. 따라서 우리는 많은 경우 안정성을 선호하고 안정적인 수치기법을 사용하여야 한다. 그러나 안정된 해를 얻었다고 하여 그것이 항상 정확한 해를 보장하는 것은 아님을 유의하여야 한다.

7.4.4 쌍곡선형 방정식

쌍곡선형 방정식의 대표적인 경우는 파동방정식이다. 포물선형 방정식과 마찬가지로 시간에 따른 변화가 있으며 그 변화는 양방향으로 이루어진다. 1차원 파동방정식의 일반식은 (7.42)이다. 계수를 c^2으로 사용한 것은 주어진 미분방정식이 의미 있는 해를 얻기 위하여 그 계수가 반드시 양수이어야 함을 강조한 것이다. 미분방정식의 의미는 지배방정식을 따라 거동하는 함수가 초기 위치와 기울기로 주어지고 양 경곗값이 항상 0으로 유지될 때 시간에 따라 함수 $u(x,t)$가 어떻게 변화할 것인가 하는 것이다.

$$\text{지배방정식: } \frac{\partial^2 u(x,t)}{\partial t^2}=c^2\frac{\partial^2 u(x,t)}{\partial x^2},\quad 0<x<L,\ t>0 \tag{7.42}$$

초기조건: $u(x,0)=f(x)$

$$\left.\frac{\partial u(x,t)}{\partial t}\right|_{t=0}=g(x)$$

경계조건: $u(0,t)=u(L,t)=0$

여기서 c는 양의 상수이고 파동이 전파되는 속도이다. L은 x 방향 경계이고 미분으로 주어진 초기조건은 $u(x,t)$를 변수 t에 대하여 편미분한 후 $t=0$을 대입한 결과가 $g(x)$라는 의미이다.

식 (7.42)를 시간(t)과 공간(x)에 대하여 차분형태로 나타내면 식 (7.43)과 같다. 시간에 대한 편미분은 당연히 시간에 따른 차분식을 이용하여야 한다. 공간에 대한 시간은 아직 확정하지 않았지만, 앞에서 설명한 열전도방정식과 마찬가지로 양함수법과 음함수법으로 풀 수 있다.

$$\frac{u_i^{n+1}-2u_i^n+u_i^{n-1}}{\Delta t^2}=c^2\,\frac{u_{i-1}-2u_i+u_{i+1}}{\Delta x^2} \tag{7.43}$$

(1) 양함수법

양함수법을 적용할 경우, 우변에 있는 u에 현재의 조건(시간이 n일 때)을 대입하여(그림 7.19) $(n+1)$ 시간에서의 미지수를 얻기 위해 정리하면 식 (7.44)가 된다.

$$u_i^{n+1}=\frac{c^2\,\Delta t^2}{\Delta x^2}\left(u_{i-1}^n-2u_i^n+u_{i+1}^n\right)+2u_i^n-u_i^{n-1} \tag{7.44}$$

식 (7.44)에는, 양함수법 열전도방정식과 달리, 시간단계 n과 $(n-1)$의 두 단계가 포함되어 있다. 시간단계 n이 1보다 큰 경우에는 이전 시간단계에서 계산된 값이나 초깃값을 이용하여 다음 시간단계의 값을 쉽게 구할 수 있다. $\mathbf{u}^0$의 값은 주어진 초기조건에서 바로 계산할 수 있으나 $\mathbf{u}^1$의 계산에는 약간의 고려가 필요하다.

$\mathbf{u}^1$을 계산하기 위하여 식 (7.44)에 $n=0$을 대입하면 식 (7.45a)를 얻는다.

$$u_i^1=\frac{c^2\,\Delta t^2}{\Delta x^2}\left(u_{i-1}^0-2u_i^0+u_{i+1}^0\right)+2u_i^0-u_i^{-1} \tag{7.45a}$$

식 (7.45a)에서도 알 수 있듯이 초기조건 $\mathbf{u}^0$를 이용하여 $\mathbf{u}^1$을 구하고자 할 때, $t=-\Delta t$에 해당하는 $\mathbf{u}^{-1}$에 대한 정보가 필요하다. 이는 두 번째 초기조건을 시간 $n=0$에서 후향차분법으로 나타내어 식 (7.46)과 같은 조건을 얻는다.

$$u_i^{-1}=u_i^0-\Delta t\; g(x_i) \tag{7.46}$$

식 (7.46)을 식 (7.45a)에 대입하면 $\mathbf{u}^1$을 계산하기 위한 식 (7.45b)를 얻는다. 지금까지 설명한 방법으로 $\mathbf{u}^1$을 계산하고 나면 $\mathbf{u}^2$ 이후의 값들은 식 (7.44)를 이용하여 바로 얻을 수 있다. 구체적으로 $\mathbf{u}^2$를 계산하기 위한 차분식은 식 (7.44)로부터 식 (7.45c)로 주어진다. 예제 7.7은 구체적 과정을 보여 준다.

$$u_i^1 = \frac{c^2 \Delta t^2}{\Delta x^2}\left(u_{i-1}^0 - 2u_i^0 + u_{i+1}^0\right) + u_i^0 + \Delta t\, g(x_i) \tag{7.45b}$$

$$u_i^2 = \frac{c^2 \Delta t^2}{\Delta x^2}\left(u_{i-1}^1 - 2u_i^1 + u_{i+1}^1\right) + 2u_i^1 - u_i^0 \tag{7.45c}$$

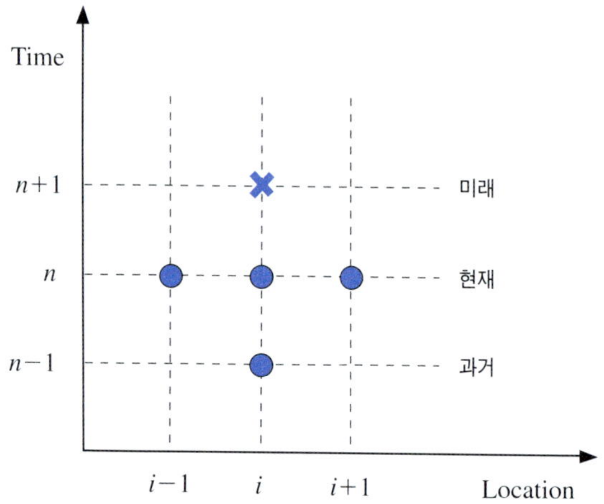

그림 7.19 양함수법으로 파동방정식을 풀기 위한 공간과 시간의 관계

예제 7.7

다음과 같은 경곗값문제가 주어져 있을 때, 시간 3, 5, 8, 10, 15, 20 에서의 $u(x,t)$ 값을 양함수법으로 구하라. 시간간격(Δt)은 0.1, 격자간격(Δx)는 2, 그리고 상수 c는 1로 하라.

$$\text{지배방정식: } \frac{\partial^2 u(x,t)}{\partial t^2} = c^2 \frac{\partial^2 u(x,t)}{\partial x^2}, \quad 0 < x < 20, \ t > 0$$

$$\text{초기조건: } u(x,0) = \sin\frac{\pi}{20}x$$

$$\left.\frac{\partial u(x,t)}{\partial t}\right|_{t=0} = 0$$

$$\text{경계조건: } u(0,t) = 0, \ u(20,t) = 0$$

양함수법의 일반식 (7.44)를 이용하기 위해 $\mathbf{u}^0$와 $\mathbf{u}^1$을 먼저 계산하여야 한다. 구체적으로 문제에 주어진 초기조건으로부터 $\mathbf{u}^0$를 계산하면 다음과 같다.

$$\mathbf{u}^0 = [0.0 \ \ 0.3090 \ \ 0.5878 \ \ 0.8090 \ \ 0.9511 \ \ 1.0 \ \ 0.9511 \ \ 0.8090 \ \ 0.5878 \ \ 0.3090 \ \ 0.0]^T$$

주어진 조건으로부터 $g(x) = 0$이므로 식 (7.45b)는 식 (7.45d)로 간단히 표현된다. 이 식을 이용하여 각 격자점에서의 $\mathbf{u}^1$ 값을 다음과 같이 계산한다.

$$u_i^1 = \frac{1^2 \cdot 0.1^2}{2^2}\left(u_{i-1}^0 - 2u_i^0 + u_{i+1}^0\right) + u_i^0 \tag{7.45d}$$

$$\mathbf{u}^1 = [0.0 \quad 0.3089 \quad 0.5876 \quad 0.8088 \quad 0.9508 \quad 0.9998 \quad 0.9508 \quad 0.8088 \quad 0.5876 \quad 0.3089 \quad 0.0]^T$$

$\mathbf{u}^0$ 와 $\mathbf{u}^1$ 을 알고 있으므로 $\mathbf{u}^2$ 이후의 값들은 식 (7.44)의 일반식을 이용하여 바로 얻을 수 있다. 시간 0.2 에서 $\mathbf{u}^2$ 를 계산하면 다음과 같다.

$$\mathbf{u}^2 = [\,0.0 \quad 0.3088 \quad 0.5874 \quad 0.8084 \quad 0.9504 \quad 0.9993 \quad 0.9504 \quad 0.8084 \quad 0.5874 \quad 0.3088 \quad 0.0]^T$$

같은 방법으로 시간단계를 0.1 씩 증가시키며 계산을 진행하여 요구된 미래시간에 대한 $\mathbf{u}$ 값을 계산하면 표 7.12 와 같다. 그림 7.20 은 시간에 따른 $u(x,t)$의 변화를 나타낸 것으로 양 끝점이 고정된 상태에서 진동하는 줄(string)의 전형적인 모습을 보여 준다.

표 7.12 양함수법으로 계산한 시간에 따른 파동형태

시간(t)	격자의 위치										
	0	**2**	**4**	**6**	**8**	**10**	**12**	**14**	**16**	**18**	**20**
0	0	0.3090	0.5878	0.8090	0.9511	1.0000	0.9511	0.8090	0.5878	0.3090	0
3	0	0.2745	0.5222	0.7187	0.8449	0.8883	0.8449	0.7187	0.5222	0.2745	0
5	0	0.2175	0.4137	0.5694	0.6694	0.7039	0.6694	0.5694	0.4137	0.2175	0
8	0	0.0947	0.1801	0.2479	0.2915	0.3065	0.2915	0.2479	0.1801	0.0947	0
10	0	−0.0004	−0.0008	−0.0011	−0.0013	−0.0014	−0.0013	−0.0011	−0.0008	−0.0004	0
15	0	−0.2181	−0.4149	−0.5710	−0.6713	−0.7058	−0.6713	−0.5710	−0.4149	−0.2181	0
20	0	−0.3090	−0.5878	−0.8090	−0.9511	−1.0000	−0.9511	−0.8090	−0.5878	−0.3090	0

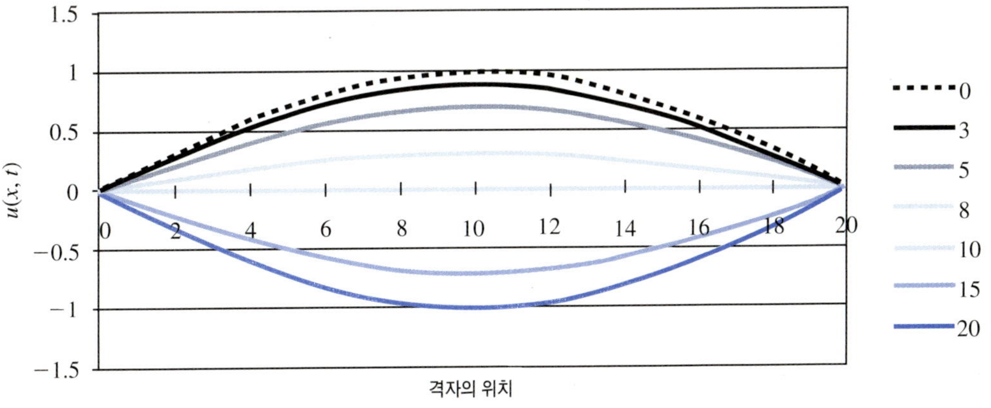

그림 7.20 시간에 따른 파동의 형태

(2) 음함수법

식 (7.43)의 우변에 현재조건을 대입했던 양함수법과 달리, 음함수법에서는 미래의 예측값, 즉 시간이 $(n+1)$일 때의 값을 사용한다(그림 7.21). $(n+1)$ 시간에서의 함숫값을 사용하여 정리하면 식 (7.47)을 얻는다.

$$-u_{i-1}^{n+1}+\left(2+\frac{\Delta x^2}{c^2\Delta t^2}\right)u_i^{n+1}-u_{i+1}^{n+1}=\frac{\Delta x^2}{c^2\Delta t^2}\left(2u_i^n-u_i^{n-1}\right) \tag{7.47}$$

음함수법을 이용한 풀이과정은 다음과 같다. 전체 격자수가 N개일 때, i는 1부터 N까지 N개의 연립방정식을 세운다. 이들 연립방정식을 초기조건과 경계조건을 고려하여 변형하고 해를 구하면 그 값이 $(n+1)$시간에서의 함숫값이 된다.

$$i=1,\quad -u_0^{n+1}+\left(2+\frac{\Delta x^2}{c^2\cdot\Delta t^2}\right)u_1^{n+1}-u_2^{n+1}=\frac{\Delta x^2}{c^2\cdot\Delta t}(2u_1^n-u_1^{n-1})$$

$$i=2,\quad -u_1^{n+1}+\left(2+\frac{\Delta x^2}{c^2\cdot\Delta t^2}\right)u_2^{n+1}-u_3^{n+1}=\frac{\Delta x^2}{c^2\cdot\Delta t^2}(2u_2^n-u_2^{n-1})$$

$$i=3,\quad -u_2^{n+1}+\left(2+\frac{\Delta x^2}{c^2\cdot\Delta t^2}\right)u_3^{n+1}-u_4^{n+1}=\frac{\Delta x^2}{c^2\cdot\Delta t^2}(2u_3^n-u_3^{n-1}) \tag{7.48a}$$

$$\vdots$$

$$i=N\quad -u_{N-1}^{n+1}+\left(2+\frac{\Delta x^2}{c^2\cdot\Delta t^2}\right)u_N^{n+1}-u_{N+1}^{n+1}=\frac{\Delta x^2}{c^2\cdot\Delta t^2}(2u_N^n-u_N^{n-1})$$

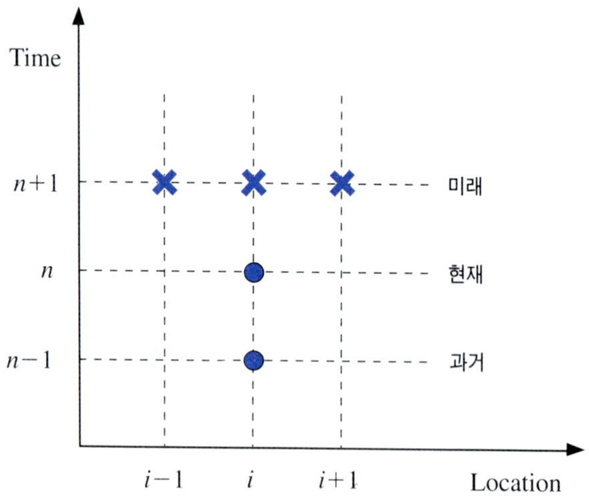

그림 7.21 음함수법으로 파동방정식을 풀기 위한 공간과 시간의 관계

식 (7.42)와 같이 양 경계에서 함숫값이 0인 경계조건을 적용하면 다음과 같다. 따라서 경계에서의 $u(0,t)$, $u(20,t)$ 값은 항상 0으로 변하지 않으므로 이를 고려하여 식 (7.48a)를 행렬방정식으로 나타내면 식 (7.48b)가 된다. 표현의 편의상 알려진 값을 간단히 상수변수로 나타내었다.

$$u_1^{n+1}=0$$
$$u_N^{n+1}=0$$

$$\begin{bmatrix} 1 & 0 & 0 & 0 & 0 & 0 & \cdots & 0 \\ -1 & (2+\beta) & -1 & 0 & 0 & 0 & \cdots & 0 \\ 0 & -1 & (2+\beta) & -1 & 0 & 0 & \cdots & 0 \\ \vdots & \cdots & \ddots & \ddots & \ddots & \vdots & \cdots & \vdots \\ 0 & \cdots & 0 & -1 & (2+\beta) & -1 & \cdots & 0 \\ \vdots & \cdots & \vdots & \ddots & \ddots & \ddots & \cdots & \vdots \\ 0 & \cdots & 0 & 0 & 0 & -1 & (2+\beta) & -1 \\ 0 & \cdots & 0 & 0 & 0 & 0 & 0 & 1 \end{bmatrix} \begin{bmatrix} u_1^{n+1} \\ u_2^{n+1} \\ u_3^{n+1} \\ \vdots \\ u_i^{n+1} \\ \vdots \\ u_{N-1}^{n+1} \\ u_N^{n+1} \end{bmatrix} = \begin{bmatrix} 0 \\ \beta(2u_2^n - u_2^{n-1}) \\ \beta(2u_3^n - u_3^{n-1}) \\ \vdots \\ \beta(2u_i^n - u_i^{n-1}) \\ \vdots \\ \beta(2u_{N-1}^n - u_{N-1}^{n-1}) \\ 0 \end{bmatrix} \tag{7.48b}$$

$$\text{여기서 } \beta = \frac{\Delta x^2}{c^2 \cdot \Delta t^2}$$

주어진 초깃값에서 $\mathbf{u}^0$를 얻고 $\mathbf{u}^1$을 계산하기 위하여 식 (7.48b)에 $n=0$을 대입하면 식 (7.48c)가 된다.

$$\begin{bmatrix} 1 & 0 & 0 & 0 & 0 & 0 & \cdots & 0 \\ -1 & (2+\beta) & -1 & 0 & 0 & 0 & \cdots & 0 \\ 0 & -1 & (2+\beta) & -1 & 0 & 0 & \cdots & 0 \\ \vdots & \cdots & \ddots & \ddots & \ddots & \vdots & \cdots & \vdots \\ 0 & \cdots & 0 & -1 & (2+\beta) & -1 & \cdots & 0 \\ \vdots & \cdots & \vdots & \ddots & \ddots & \ddots & \cdots & \vdots \\ 0 & \cdots & 0 & 0 & 0 & -1 & (2+\beta) & -1 \\ 0 & \cdots & 0 & 0 & 0 & 0 & 0 & 1 \end{bmatrix} \begin{bmatrix} u_1^1 \\ u_2^1 \\ u_3^1 \\ \vdots \\ u_i^1 \\ \vdots \\ u_{N-1}^1 \\ u_N^1 \end{bmatrix} = \begin{bmatrix} 0 \\ \beta(2u_2^0 - u_2^{-1}) \\ \beta(2u_3^0 - u_3^{-1}) \\ \vdots \\ \beta(2u_i^0 - u_i^{-1}) \\ \vdots \\ \beta(2u_{N-1}^0 - u_{N-1}^{-1}) \\ 0 \end{bmatrix} \tag{7.48c}$$

양함수법에서와 같이 여기서도 u_i^{-1}은 미분관계로 주어진 초기조건을 이용하여 얻는다. 식 (7.46)을 이용하여 $\mathbf{u}^1$을 계산하기 위한 행렬방정식 (7.48d)를 얻는다. 이제 $\mathbf{u}^0$, $\mathbf{u}^1$이 계산되었으므로 식 (7.48b)를 이용하면 관심 있는 미래시간에서의 함숫값을 얻을 수 있다. 예제 7.8은 구체적 계산과정을 보여 준다.

$$\begin{bmatrix} 1 & 0 & 0 & 0 & 0 & 0 & \cdots & 0 \\ -1 & (2+\beta) & -1 & 0 & 0 & 0 & \cdots & 0 \\ 0 & -1 & (2+\beta) & -1 & 0 & 0 & \cdots & 0 \\ \vdots & \cdots & \ddots & \ddots & \ddots & \vdots & \cdots & \vdots \\ 0 & \cdots & 0 & -1 & (2+\beta) & -1 & \cdots & 0 \\ \vdots & \cdots & \vdots & \ddots & \ddots & \ddots & \cdots & \vdots \\ 0 & \cdots & 0 & 0 & 0 & -1 & (2+\beta) & -1 \\ 0 & \cdots & 0 & 0 & 0 & 0 & 0 & 1 \end{bmatrix} \begin{bmatrix} u_1^1 \\ u_2^1 \\ u_3^1 \\ \vdots \\ u_i^1 \\ \vdots \\ u_{N-1}^1 \\ u_N^1 \end{bmatrix} = \begin{bmatrix} 0 \\ \beta\left[u_2^0 + \Delta t\, g(x)\right] \\ \beta\left[u_3^0 + \Delta t\, g(x)\right] \\ \vdots \\ \beta\left[u_i^0 + \Delta t\, g(x)\right] \\ \vdots \\ \beta\left[u_{N-1}^0 + \Delta t\, g(x)\right] \\ 0 \end{bmatrix} \tag{7.48d}$$

예제 7.8 예제 7.7에 주어진 경곗값문제를 음함수법을 사용하여 계산하라.

$u(x,0) = f(x)$로부터 함수의 초깃값 $\mathbf{u}^0$을 구하며 이는 예제 7.7의 결과와 동일하다. $\mathbf{u}^1$을 계산하기 위하여 주어진 두 개의 경계조건이 모두 고려된 최종 행렬방정식 (7.48d)에 구체적인 수치를 대입하여 풀면 다음과 같다.

$$\beta = \frac{2^2}{1^2 \cdot 0.1^2} = 400$$

$$\begin{bmatrix} 1 & 0 & 0 & 0 & 0 & 0 & \cdots & 0 \\ -1 & (2+400) & -1 & 0 & 0 & 0 & \cdots & 0 \\ 0 & -1 & (2+400) & -1 & 0 & 0 & \cdots & 0 \\ \vdots & \cdots & \ddots & \ddots & \ddots & \vdots & \cdots & \vdots \\ 0 & \cdots & 0 & -1 & (2+400) & -1 & \cdots & 0 \\ \vdots & \cdots & \vdots & \ddots & \ddots & \ddots & \cdots & \vdots \\ 0 & \cdots & 0 & 0 & 0 & -1 & (2+400) & -1 \\ 0 & \cdots & 0 & 0 & 0 & 0 & 0 & 1 \end{bmatrix} \begin{bmatrix} u_1^1 \\ u_2^1 \\ u_3^1 \\ \vdots \\ u_i^1 \\ \vdots \\ u_{N-1}^1 \\ u_N^1 \end{bmatrix} = \begin{bmatrix} 0 \\ 400 \cdot u_2^0 \\ 400 \cdot u_3^0 \\ \vdots \\ 400 \cdot u_i^0 \\ \vdots \\ 400 \cdot u_{N-1}^0 \\ 0 \end{bmatrix} \tag{7.48d}$$

$$\mathbf{u}^1 = [0 \quad 0.3089 \quad 0.5876 \quad 0.8088 \quad 0.9508 \quad 0.9998 \quad 0.9508 \quad 0.8088 \quad 0.5876 \quad 0.3089 \quad 0]^T$$

계산된 $\mathbf{u}^0$와 $\mathbf{u}^1$을 이용하면 $\mathbf{u}^2$ 이후의 모든 값을 식 (7.48b)의 일반식으로부터 얻을 수 있다. $\mathbf{u}^2$를 계산하기 위한 행렬방정식은 다음과 같으며 동일한 풀이과정을 반복하면 표 7.13과 같은 결과를 얻는다. 그림 7.22는 양 경계점에서 고정된 채로 진동하는 함수의 모습을 잘 보여 준다. 표 7.12와 비교하면 유사한 값으로 같은 경향을 잘 보여 주지만 수치해가 완전히 일치하지 않는 한계가 있다.

$$\begin{bmatrix} 1 & 0 & 0 & 0 & 0 & 0 & \cdots & 0 \\ -1 & (2+400) & -1 & 0 & 0 & 0 & \cdots & 0 \\ 0 & -1 & (2+400) & -1 & 0 & 0 & \cdots & 0 \\ \vdots & \cdots & \ddots & \ddots & \ddots & \vdots & \cdots & \vdots \\ 0 & \cdots & 0 & -1 & (2+400) & -1 & \cdots & 0 \\ \vdots & \cdots & \vdots & \ddots & \ddots & \ddots & \cdots & \vdots \\ 0 & \cdots & 0 & 0 & 0 & -1 & (2+400) & -1 \\ 0 & \cdots & 0 & 0 & 0 & 0 & 0 & 1 \end{bmatrix} \begin{bmatrix} u_1^0 \\ u_2^0 \\ u_3^0 \\ \vdots \\ u_i^0 \\ \vdots \\ u_{N-1}^0 \\ u_N^0 \end{bmatrix} = \begin{bmatrix} 0 \\ 400\left(2u_2^1 - u_2^0\right) \\ 400\left(2u_3^1 - u_3^0\right) \\ \vdots \\ 400\left(2u_i^1 - u_i^0\right) \\ \vdots \\ 400\left(2u_{N-1}^1 - u_{N-1}^0\right) \\ 0 \end{bmatrix}$$

표 7.13 음함수법으로 계산한 시간에 따른 파동형태

시간(t)	격자의 위치										
	0	**2**	**4**	**6**	**8**	**10**	**12**	**14**	**16**	**18**	**20**
0	0	0.3090	0.5878	0.8090	0.9511	1.0000	0.9511	0.8090	0.5878	0.3090	0
3	0	0.2746	0.5223	0.7189	0.8451	0.8886	0.8451	0.7189	0.5223	0.2746	0
5	0	0.2179	0.4144	0.5704	0.6706	0.7051	0.6706	0.5704	0.4144	0.2179	0
8	0	0.0961	0.1828	0.2516	0.2957	0.3110	0.2957	0.2516	0.1828	0.0961	0
10	0	0.0020	0.0038	0.0053	0.0062	0.0065	0.0062	0.0053	0.0038	0.0020	0
15	0	−0.2124	−0.4040	−0.5561	−0.6537	−0.6874	−0.6537	−0.5561	−0.4040	−0.2124	0
20	0	−0.3015	−0.5735	−0.7894	−0.9280	−0.9757	−0.9280	−0.7894	−0.5735	−0.3015	0

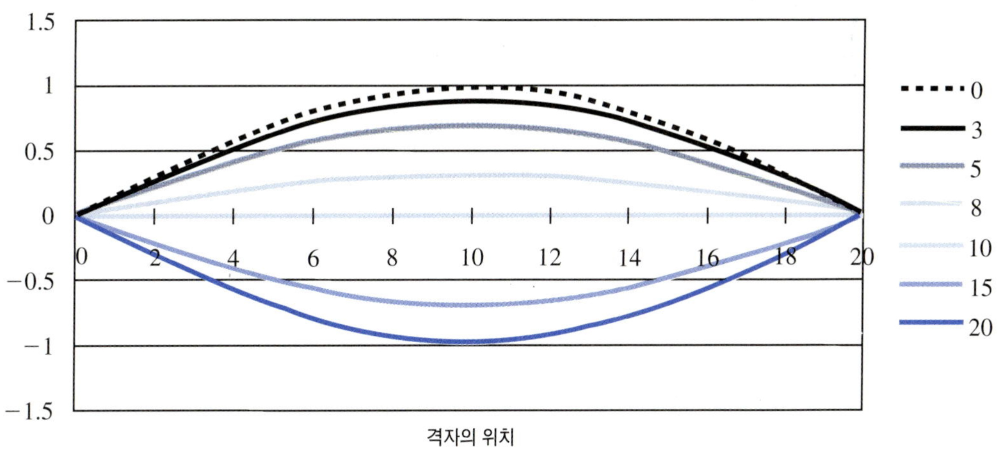

그림 7.22 시간에 따른 파동의 진행 형태

연구문제

7.23 다음 용어들을 자신의 말로 설명하라.

(1) 안정성(stability)

(2) 정확성(accuracy)

(3) 정밀도(precision)

(4) 격자(grid)

(5) 격자점(node)

7.24 다음에 주어진 좌표시스템에 대하여 라플라스 연산자(∇^2)를 구체적으로 표현하라.

(1) 3 차원 직교좌표계

(2) 원통좌표계

(3) 구형좌표계

7.25 삼대각행렬방정식을 푸는 TDMA 에 대하여 자신의 말로 설명하라.

7.26 유한차분법의 안정성 평가에 사용되는 폰 노이만 해석에 대하여 자신의 말로 설명하라.

7.27 그림 7.23 의 배열이 다른 두 격자시스템에 대하여 식 (7.26)의 2 차원 일반식을 이용하여 행렬방정식으로 나타내고, 행렬의 크기, 밴드폭, 작업량, 저장공간을 비교하라.

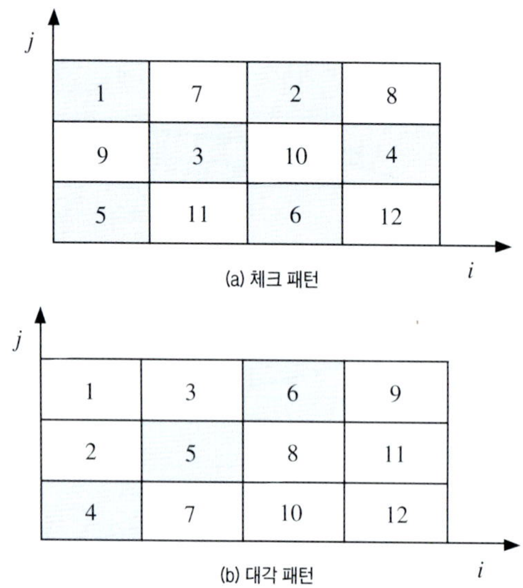

그림 7.23 격자배열 패턴

7.28 그림 7.24와 같이 경계값이 주어졌을 때, 다음 각 경우에 라플라스 방정식을 풀어 내부격자에서의 값을 구하라.

(1) 격자간격 $\Delta x=1$, $\Delta y=1$

(2) 격자간격 $\Delta x=0.75$, $\Delta y=1$

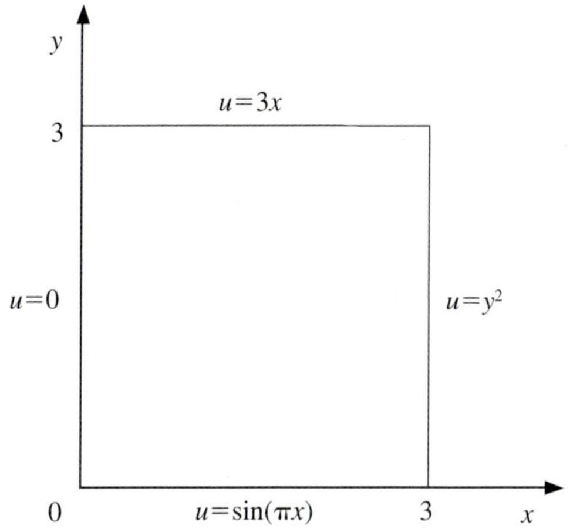

그림 7.24 금속판 경계에서의 온도분포

7.29 그림 7.24의 조건을 이용하고, 격자간격 $\Delta x=0.1$, $\Delta y=0.1$을 사용하여 금속판 내부에서의 온도를 상세히 알아보라. [대학원 수준]

7.30 그림 7.24와 같이 경곗값이 주어졌을 때, 격자간격을 $\Delta x=1$, $\Delta y=1$로 하여 포아송 방정식[$\nabla^2 u(x,y)=xy$]을 풀라.

7.31 그림 7.24에서 $y=3$인 상부경계에서 $u'=x+y$로 경계조건이 변경된 경우에 라플라스 방정식을 풀라. $\Delta x=1$, $\Delta y=1$로 하라.

7.32 다음의 편미분방정식에 대하여

$$\text{지배방정식: } \frac{\partial^2 u(x,t)}{\partial x^2}=\frac{\partial u(x,t)}{\partial t},\ 0<x<\pi,\ t>0$$

$$\text{초기조건: } u(x,0)=0$$

$$\text{경계조건: } u(0,t)=0,\ u(\pi,t)=1$$

(1) 주어진 함수 $u(x,t)$를 정상상태 해 $v(x)$와 천이상태 해 $w(x,t)$의 합이라 두고 두

개의 미분방정식 문제로 분리하라.

(2) 문제 (1)에서 얻은 두 미분방정식을 풀어 $v(x)$와 $w(x,t)$의 이론해를 구하라.

(3) $u(x,t)$를 시간 $t=0.05$, 0.1, 0.2, 0.5, 1.5, 5, 20에 대하여 그래프로 나타내라. 무한급수의 합으로 주어지는 $u(x,t)$를 유한 개의 부분합으로 근사화하여 계산하라.

(4) $u(x,t)$로부터 여러분이 생각하는 긴 시간을 설정하고 정상상태 해를 그래프로 나타내라.

7.33 다음과 같은 경곗값문제에 대하여, 양함수법을 사용하여 다음 물음에 답하라.

$$\text{지배방정식: } \frac{\partial^2 u(x,t)}{\partial x^2} = \frac{1}{\alpha}\frac{\partial u(x,t)}{\partial t}, \quad 0 < x < L, \quad t > 0$$

초기조건: $u(x,0)=0$

경계조건: $u(0,t)=0, \quad u(L,t)=1$

$$\alpha=0.25, \quad L=20, \quad \Delta x=2$$

(1) $\Delta t=2$일 때, 함숫값 $u(x,100)$를 계산하라.

(2) $\Delta t=10$일 때, 함숫값 $u(x,100)$를 계산하라.

(3) $\Delta t=5$일 때, $t=0$, 50, 300, 500, 900에서 함숫값 $u(x,t)$를 그래프로 나타내라.

7.34 연구문제 7.33에서 초기조건을 $u(x,0)=1-x/20$으로 변경하고 동일한 계산을 반복하라.

7.35 연구문제 7.33에 주어진 문제를 제시된 방법으로 풀라.

(1) 음함수법

(2) 크랭크-니콜슨법

(3) 가중치를 0.25로 한 일반화 음함수법

(4) 가중치를 0.75로 한 일반화 음함수법

(5) 각 방법으로 계산된 결과를 비교하고 알게 된 내용을 설명하라.

7.36 다음의 확산방정식에 대하여, 제시된 방법으로 수치해를 구하라. 각 경우에 $x=0.25$, 0.5, 0.75에서 시간 $t=1$, 3, 5일 때 $u(x,t)$의 값이 이론해와의 절대오차를 0.002 이하로 유지하기 위한 시간간격크기를 제시하라.

$$\text{지배방정식: } \frac{\partial^2 u(x,t)}{\partial x^2} = \frac{\partial u(x,t)}{\partial t}, \quad 0 < x < 1, \quad t > 0$$

초기조건: $u(x,0) = 1$

경계조건: $u(0,t) = 0, \quad u(1,t) = 0$

(1) 양함수법

(2) 음함수법

(3) 크랭크-니콜슨법

7.37 다음의 경계값문제를 음함수법으로 풀고자 한다. 오직 3개의 격자점을 이용하여 $u(1,1)$, $u(1,2)$ 값을 계산하라. $\Delta t = 0.5$로 사용하고 수작업으로 풀라.

$$\text{지배방정식: } \frac{\partial^2 u(x,t)}{\partial x^2} = \frac{\partial u(x,t)}{\partial t}, \quad 0 < x < 2, \quad t > 0$$

초기조건: $u(x,0) = x, \quad 0 < x \le 1$

$u(x,0) = 2 - x, \quad 1 \le x < 2$

경계조건: $u(0,t) = 0, \quad u(1,t) = 0$

7.38 다음의 경계값문제를 푸는데 오직 4개의 격자점을 이용하여 $u(1,1)$, $u(2,1)$ 값을 계산하고자 한다. $\Delta t = 0.5$로 사용하고 제시된 방법을 적용하여 수작업으로 풀라.

$$\text{지배방정식: } \frac{\partial^2 u(x,t)}{\partial x^2} = \frac{\partial u(x,t)}{\partial t}, \quad 0 < x < 3, \quad t > 0$$

초기조건: $u(x,0) = x$

경계조건: $u(0,t) = 1, \quad u(3,t) = 0$

(1) 양함수법

(2) 음함수법

(3) 크랭크-니콜슨법

7.39 다음과 같은 경계값문제에 대하여 물음에 답하라. 혼합 경계조건이 주어졌으며 특히 $x = 3$인 내부격자는 시간이 0보다 큰 경우 항상 1.5의 값을 가진다.

$$\text{지배방정식: } \frac{\partial^2 u(x,t)}{\partial x^2} = \frac{1}{2}\frac{\partial u(x,t)}{\partial t}, \quad 0 < x < 10, \quad t > 0$$

초기조건: $u(x,0) = 1$

경계조건: $u(0,t)=0,\quad \left.\dfrac{\partial u(x,t)}{\partial x}\right|_{x=10}=0$

내부격자점 $u(3,t)=1.5,\quad t>0$

(1) 주어진 미분방정식의 해의 시간에 따른 거동을 개념적으로 설명하라. 천이단계와 정상상태의 해에 대하여 설명하라.

(2) $\Delta t=0.2$, $\Delta x=1$로 하여 0.2 시간 이후의 $\mathbf{u}^1$을 구하기 위한 행렬방정식을 보이라. 행렬의 크기를 11×11로 유지하고 행렬원소를 구체적인 수치로 제시하라. 경계조건과 내부격자점 조건에 유의하라.

(3) 문제 (2)에서 $x=0$ 경계점에서의 함숫값은 알려져 있으므로[즉 $u(0,t)$는 알려진 값으로 미지수가 아님] 행렬크기를 10×10으로 줄이고 행렬방정식을 보이라.

(4) 문제 (2)에서 $x=3$에서의 함숫값도 알려져 있으므로 행렬크기를 9×9로 줄이고 행렬방정식을 보이라.

7.40 다음과 같은 파동방정식의 해를 시간 $t=20, 23, 25, 28, 30, 35, 40$일 때 제시된 방법으로 구하고 그래프로 나타내라. 격자간격(Δx)은 2, 상수 c는 1로 하고 적절한 시간간격 Δt를 사용하라.

지배방정식: $\dfrac{\partial^2 u(x,t)}{\partial t^2}=c^2\dfrac{\partial^2 u(x,t)}{\partial x^2},\quad 0<x<L,\quad t>0$

초기조건: $u(x,0)=\sin\dfrac{\pi}{L}x$

$\left.\dfrac{\partial u(x,t)}{\partial t}\right|_{t=0}=0$

경계조건: $u(0,t)=0,\quad u(L,t)=0$

$c=1,\quad L=20$

(1) 양함수법

(2) 음함수법

7.41 다음과 같은 파동방정식의 해를 시간 $t=0.1, 0.3, 0.5$일 때 제시된 방법으로 구하고 그래프로 나타내라. 적절한 격자간격(Δx)과 시간간격(Δt)을 사용하라.

지배방정식: $\dfrac{\partial^2 u(x,t)}{\partial t^2}=c^2\dfrac{\partial^2 u(x,t)}{\partial x^2},\quad 0<x<L,\quad t>0$

초기조건: $u(x,0)=\sin \pi x$

$$\left.\frac{\partial u(x,t)}{\partial t}\right|_{t=0}=\sin \pi x$$

경계조건: $u(0,t)=0, \quad u(L,t)=0$

$$c=1/\pi, \quad L=1$$

(1) 양함수법

(2) 음함수법

7.42 연구문제 7.41에 주어진 편미분방정식의 이론해를 구하고 수치해와 비교하라. 미분방정식을 배우지 않은 독자는 이용 가능한 참고문헌으로부터 이론해를 찾을 수 있다.

CHAPTER 8

추계학적 기법

결정론적이란 현재 상태가 이전 상태에 의해서 결정되고 이전 상태에 대한 정보로부터 미래 상태를 예측하는 것이 가능함을 의미한다. 지금까지 결정론적인 관점에서 현상을 이해하고 기술하였으나 자연현상에는 우리가 정의할 수 없는 불확실성과 무작위성이 있다. 추계학적 기법을 사용하면 결과에 영향을 미치는 불확실성을 정량화할 수 있다. 이 장에서는 결정론적 기법들의 한계를 보완할 수 있는 추계학적 기법의 기본개념과 활용예를 소개하며 기본 구성은 다음과 같다.

8.1 ▶ 정의와 필요성

지금까지 배운 수치해석기법들은 같은 조건이 주어지고 계산과정이 정확하다면 항상 같은 결과값을 제시한다. 예를 들어 xy 평면에서 $0 \leq x \leq 1$, $0 \leq y \leq 1$ 영역의 넓이를 계산하면 이론적으로 1이다. 만일 가로와 세로를 측정하여 면적을 계산한다면 1이라는 결과를 얻지 못하는 경우도 많다. 측정대상의 모양, 길이를 측정하는 도구나 측정하는 사람 등에 따라서 0.98, 1.01, 1.05 등으로 결과값들이 다를 수 있다. 실제로는 참값을 모르기 때문에 이들 중에서 어떤 것이 참값이라고 할 수도 없다. 이러한 경우 통계적 관점에서 측정값의 평균과 표준편차를 이용하여 면적을 표현할 수 있다.

위에 언급한 예에서 면적을 어떤 특정한 값이라 단정할 수 없는 이유는 측정도구, 실험자의 경험과 전문성 등 다양한 요소가 개입되었고 이들이 결과값에 어떤 영향을 미치는지를 정확히 알 수 없기 때문이다. 자연계에는 이보다 복잡한 현상들이 무수히 많다. 복잡한 현상을 모델링할 때 불확실성이 커서 결과를 특정값으로 단정할 수 없다면 이에 대한 정량화가 필요하다.

주어진 조건에 의해 한 개의 값을 제시하는 것을 결정론적(deterministic)이라고 하며 여러 개의 값이 가능한 것을 추계학적(stochastic)이라고 한다. 좀더 명확하게 정의하면 다음과 같다. 결정론적이란 '이전 상태에 의해서만 현재 상태가 결정되므로 상태를 완벽히 예측하는 것이 가능함'을 의미한다. 추계학적이란 '이전 상태에 의해서만 현재 상태가 결정되는 것이 아니기 때문에 상태를 완벽히 예측하는 것이 불가능함'을 의미한다. 이전 상태만으로는 현재 상태를 결정할 수 없는 이유는 어떤 무작위적인 요소가 개입되거나 상태에 대해서 정확히 모델링할 수 없기 때문이다.

실생활의 예로는 결정론과 비결정론을 들 수 있다. 결정론은 세상의 모든 일이 정해진 때와 장소에서 일어난다고 생각하는 입장으로 현재의 상태는 인과관계에 의해서 결정된다는 것이다. 이는 19세기 고전물리학과 상통하는 것으로 상태, 인과관계 등을 안다면 미래예측이 가능하다고 여기므로 결정론적이라고 할 수 있다. 비결정론은 인간의 자유의지, 자연법칙 자체의 우연성 등을 인정하여 미래가 정해지지 않았다고 생각하는 입장으로 추계학적이라고 할 수 있다.

결정론적 기법과 추계학적 기법은 다음 특징에 의해서도 구분할 수 있다. 결정론적 기법은 주어진 지배방정식에 대하여 조건(초기조건과 경계조건 등)이 같다면 항상 같은 결과를 주지만 추계학적 기법은 초깃값이 같다 하더라도 다른 결과를 줄 수 있다. 크리깅과 순차 가우스 시뮬레이션(SGS: sequential Gauss simulation)을 예로 들 수 있다. 초기에 표본값이 주어지고 관심 있는 위치에서 미지값을 평가한다면 크리깅은 여러 번 계산하더라도 항상 같은 결과값을 준다. 반면에 SGS는 임의 예측경로를 따라 정규분포의 누적확률분포로부터 값을 생성하기 때문에 매번 다른 결과값을 제시한다. 따라서 크리깅은 결정론적 기법, SGS는 추계학적 기법이라고 할 수 있다. 이 두 기법에 대한 자세한 설명은 지구통계학(최종근, 2007)을 참고하기 바란다.

몬테카를로 기법(Monte Carlo method)은 추계학적 기법의 시작이라고도 할 수 있어 추계학적 기법과도 자주 혼용되는 용어이다. 몬테카를로 기법의 명확한 정의는 '반복적인 무작위 추출을 이용하여 결과를 계산하는 기법' 이다.

예제 8.1 몬테카를로 기법을 이용하여 원주율 π를 계산하라.

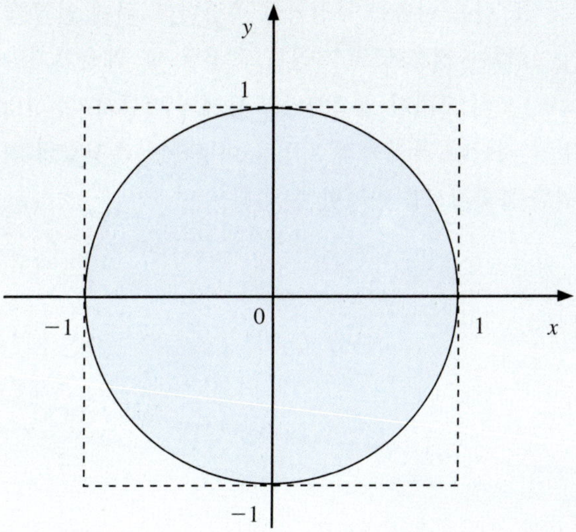

그림 8.1 반지름이 1인 원

원주율(π)은 반지름이 1인 원의 면적과 동일하다. 따라서 $-1 \le x \le 1$, $-1 \le y \le 1$ 내에서 (x, y) 값을 무작위로 100,000번 발생시켜 그 중 원의 영역 내에 속하는 횟수를 계산할 수 있다(그림 8.1). 선택된 (x, y) 좌표가 $x^2+y^2 \le 1$을 만족하는, 즉 원 내에 위치하는 경우를 세면 된다. 실제로 프로그래밍하여 계산했을 때 총 78,774번이 원의 영역 내에 속했다면 몬테카를로 기법을 이용하여 계산한 π는 3.15096이다.

$$\text{원의 넓이} = \text{정사각형의 넓이} \times \frac{\text{영역 내에 속한 횟수}}{\text{전체 실행횟수}} = 2\times2\times\frac{78774}{100000} = 3.15096$$

추계학적 기법의 필요성은 모델링의 한계와 부정확한 측정의 관점에서 설명할 수 있다. 모델링의 한계로 인한 예는 다음과 같다. 처음에 정지되어 있던 1 kg의 물체에 2뉴턴의 힘을 주었을 때 10초 후 물체가 이동한 거리를 예측해 보자. 뉴턴의 운동법칙으로부터 물체의 가속도는 $a=2\ \text{m/s}^2$이므로 이동거리 $L=0.5\times a\times t^2=0.5\times 2\times 10^2=100$ m이다.

그러나 이 물체의 직선운동을 방해하는 표면과 공기의 마찰력이 존재한다면 어떻게 예측할 것인가? 마찰력이 불규칙하다면 이동거리를 정확하게 예측할 수 없다. 마찰력의 영향에 따라 실제 이동거리는 단순화된 가정에 의해 계산된 100 m와는 다른 값이 된다. 이와 같이 자연계의 현상을 정확하게 모델링할 수 없을 때 추계학적 기법이 유용하게 사용될 수 있다.

또 다른 이유는 부정확한 측정이다. 위에 언급한 이동거리 실험에서(비록 마찰의 영향이 없는 경우에도) 거리를 측정할 때 계측기기의 한계로 인해 원래 의도한 값에서 ±0.1초의 오차가 발생한다면 물체의 이동거리는 100 m가 아닌 98.01~102.01 m로 측정될 것이다. 추계학적 기법을 이용하면 측정값에 영향을 미치는 무작위적인 요소를 고려한 불확실성을 반영할 수 있다.

연구문제

8.1 다음 용어를 자신의 말로 설명하라.
(1) 결정론적 기법
(2) 추계학적 기법
(3) 몬테카를로 기법

8.2 $-1 \leq x \leq 1$, $-1 \leq y \leq 1$ 내에서 (x, y) 값을 무작위로 1,000번, 10,000번, 100,000번 발생시켜 원주율 π를 몬테카를로 기법을 이용하여 구하고 각각의 값을 비교하라.

8.3 구간을 $0 \leq x \leq 1$, $0 \leq y \leq 1$로 하여 연구문제 8.2를 반복하라. 구간을 줄인 경우의 장점은 무엇인가?

8.4 $-1 \leq x \leq 1$, $-1 \leq y \leq 1$ 내에서 (x, y) 값을 무작위로 1,000번 발생시켜 원주율 π를 몬테카를로 기법을 이용하여 100번 구하라. 100개의 결과에 대한 히스토그램을 그리고 평균값과 원주율값을 비교하라.

8.5 John은 눈으로 보고 길이를 잴 때 ±5 cm 이내의 오차를 갖고 Jane은 ±3 cm 이내의 오차를 갖는다. 어떤 면적의 가로를 John이 100 cm, 세로를 Jane이 50 cm로 측정하였다. 이 면적은 완벽한 직사각형이 아니므로 직사각형으로 가정하고 면적을 계산했을 때 $\pm 10\ cm^2$의 오차를 갖는다. 이 면적의 참값이 가질 수 있는 범위를 계산하라.

8.2 ▶ 확률변수와 분포특성

이 절에서는 추계학적 기법 적용에 필요한 기초적인 확률과 통계 내용을 공부한다. 추계학적 기법의 특징 중 하나는 불확실성을 고려할 수 있다는 것인데, 이는 확률적 모델링을 이용하여 정량화된다. 따라서 추계학적 기법의 적용을 위해 자료의 분포를 파악하거나 특정 분포를 만족하는 자료를 생성하는 등의 통계적 지식은 매우 중요하다. 여기서는 구체적으로 다음과 같은 내용을 소개한다.

- 확률변수와 확률분포
- 모집단과 표본
- 확률과 기댓값
- 확률분포함수
- 중심극한정리
- 분포의 비교

8.2.1 확률변수와 확률분포

추계학적 기법에서 관심 변수는 무작위적인 요소로 인해 불확실성을 가진다. 이를 정량화하기 위해서는 주어진 정보를 이용하여 변수가 어떠한 분포를 가지는지 알아야 한다. 확률변수(random variable)는 어떤 실험이나 시행의 결과를 수치적으로 표현한 것으로 시행결과와 그에 대응하는 확률을 가지고 있다. 확률변수의 값에 따라 확률이 어떻게 흩어져 있는지를 합이 1인 양수로 나타낸 것을 확률분포(probability distribution)라 한다. 추계학적 기법에서 불확실성을 포함한 변수가 확률변수이고 확률분포를 이용하여 해당 변수의 불확실성을 정량화할 수 있다.

확률변수가 가질 수 있는 값이 유한한 n개로 한정되어 있는 경우를 이산확률변수(discrete random variable)라고 하며 이는 식 (8.1a)와 (8.1b)를 만족한다. 확률변수가 가질 수 있는 값이 무한할 경우는 연속확률변수(continuous random variable)로 식 (8.2a)와 (8.2b)를 만족한다.

$$0 \le p(z_i) \le 1, \quad \text{for } i=1, \quad n \tag{8.1a}$$

$$\sum_{i=1}^{n} p(z_i) = 1 \tag{8.1b}$$

$$f(z) \geq 0, \quad \text{for} \quad -\infty < z < \infty \tag{8.2a}$$

$$\int_{-\infty}^{\infty} f(z)\, dz = 1 \tag{8.2b}$$

여기서 z는 확률변수인데 일반 변수 x와 구별하기 위하여 z로 표기하였다. $p(z)$는 z에 대한 확률, $f(z)$는 확률밀도함수(probability density function)이다. $i=1, n$은 첨자 i가 1부터 n까지 자연수값을 가짐을 의미한다. 확률은 0과 1 사이의 값을 가지며 각 확률변수가 가지는 모든 확률값의 합은 1이 된다.

모집단에서 주어진 값보다 작거나 같을 확률을 누적확률이라고 하며 이를 함수로 나타낸 것을 누적확률분포함수(CDF: cumulative probability distribution function)라 한다. CDF는 이산확률분포와 연속확률분포인 경우 각각 식 (8.3a)와 (8.3b)로 표현된다.

$$F(z_i) = p(Z \leq z_i) = \sum_{j=1}^{i} p_i, \quad \text{for} \quad z_j \leq z_i \tag{8.3a}$$

$$F(z) = p(Z \leq z) = \int_{-\infty}^{z} f(x)\, dx \tag{8.3b}$$

p 분위수(quantile)는 누적확률값이 p가 되게 하는 확률변숫값으로 식 (8.4)와 같이 정의된다. 분위수는 누적확률분포함수의 역함수를 이용하여 구하는 것으로 그림 8.2a처럼 누적확률이 p라면 대응하는 분위수는 누적확률의 역함수에 의해 구해지는 z_p가 된다. 분위수 중에서 0.25, 0.5, 0.75에 해당하는 값을 사분위수(quartile)라고 하며 각각 첫째, 둘째, 셋째 사분위수라 한다(그림 8.2b). p 백분위수(percentile)는 누적확률값이 $p\%$가 되게 하는 확률변숫값이다. 백분위수는 분위수와 같은 개념으로 단지 그 값을 %로 나타낸 것으로 0.45 분위수와 45% 백분위수는 같은 확률변숫값을 생성한다.

$$z_p = F^{-1}(p), \quad 0 \leq p \leq 1 \tag{8.4}$$

분위수는 주어진 확률분포를 만족하는 값을 생성하는 데 활용된다. 구체적으로 0과 1 사이의 값을 가지는 난수를 하나 생성하고 이를 주어진 분포의 CDF 값으로 가정하고 그 값에 해당하는 분위수를 구한다(그림 8.2). 이와 같은 과정을 반복하면 원하는 개수만큼 자료를 얻을 수 있다.

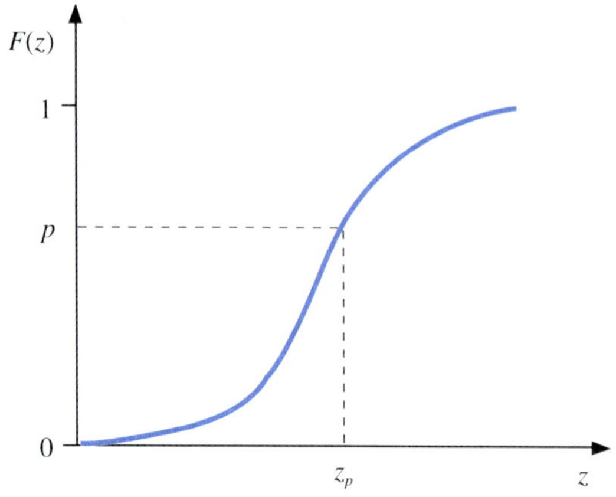

(a) 분위수

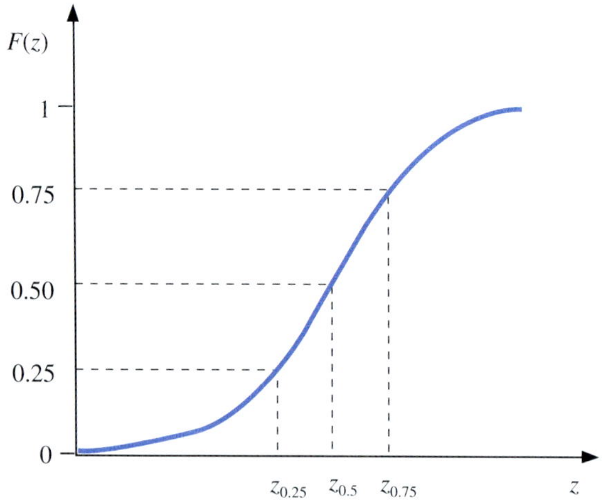

(b) 사분위수

그림 8.2 분위수와 사분위수

8.2.2 모집단과 표본

관심과 추측의 대상이 되는 구성원 전체를 모집단(population) 또는 표본공간(sample space)이라 하며, 모집단의 부분집합을 표본(sample)이라고 한다. 예를 들어 막대기의 길이를 측정했을 때 측정오차가 있다면 측정값이 될 수 있는 모든 값이 모집단이다. 측정값으로 10개를 얻었다면 이는 표본크기가 10인 표본이다. 추계학적 기법에서 무작위적인 요소로 인해 변수가 가질 수 있는 모든 값이 모집단이고 추출된 값들은 표본이 된다.

이러한 모집단 또는 표본에 속하는 자료들이 어떻게 분포하는지 파악하기 위해서 자료를 단순히 눈으로 보는 것만으로는 충분하지 않다. 자료들의 분포특성을 보여 줄 수 있는 지표가 필요하다. 대표적인 지표로는 중앙대푯값과 산도를 나타내는 인자가 있다. 중앙대푯값은 모집단 또는 표본의 자료들이 어떤 값을 중심으로 분포하는지 평가하는 인자이고 산도는 얼마나 흩어져 있는지를 나타내는 인자이다.

중앙대푯값을 나타내는 인자들은 다음과 같다.

- 산술평균(mean)
- 중앙값(median)
- 최빈값(mode)

산술평균은 널리 사용되는 인자로 전체 자료의 합을 자료개수로 나눈 평균값이다. 중앙값은 자료를 순서대로 정렬했을 때 중앙에 있는 값으로 0.5 분위수에 해당한다. 중앙값은 산술평균과는 달리 특이값에 민감하지 않은 장점이 있어 자료의 변화가 심할 때 적절한 대푯값이 될 수 있다. 최빈값은 자료 중에서 가장 많은 빈도수를 갖는 값으로 이산확률분포의 경우 도수(frequency)가 가장 큰 값이 이에 해당하고 연속확률분포의 경우 확률분포함수의 극댓값이 최빈값이 된다.

산도를 나타내는 인자로는 분산 또는 표준편차가 가장 널리 사용된다. 크기가 N인 모집단과 크기가 n인 표본의 표준편차는 각각 식 (8.5a), 식 (8.5b)로 정의된다. 표준편차를 제곱한 값을 분산이라고 하며 기호로는 단순히 표준편차의 제곱형태로 나타낸다.

$$\sigma = \sqrt{\frac{1}{N}\sum_{i=1}^{N}(z_i - \mu)^2} \tag{8.5a}$$

$$s = \sqrt{\frac{1}{n-1}\sum_{i=1}^{n}(z_i - \bar{z})^2}, \quad \text{where} \quad \bar{z} = \frac{1}{n}\sum_{i=1}^{n} z_i \tag{8.5b}$$

여기서 σ는 모집단의 표준편차, N은 모집단의 크기, μ는 모집단의 평균, s는 표본의 표준편차, n은 표본의 크기, $\bar{z}$는 표본평균, z는 확률변수이다. 모집단의 표준편차는 전체 자료개수 N으로 나누어 준 반면에 표본의 표준편차는 $(n-1)$로 나눈다는 점에 유의하라. 이것은 표본의 표준편차가 모집단의 표준편차를 편향 없이(unbiased) 예측하기 위함이다.

8.2.3 확률과 기댓값

(1) 확률의 정의

확률의 종류에는 실험적 확률과 수학적 확률이 있다. 동전을 N번 던져서 나오는 앞면의 수 n을 이용하여 얻은 확률을 실험적 확률($= n/N$)이라 한다. 정상적인 동전을 던질 경우 앞 또는 뒷면이 나올 수 있으므로 총 경우의 수는 2이고 앞면이 나오는 사건 A, 즉 $p(A)$

를 계산하면 1/2이 된다. 즉 해당 사건의 경우의 수를 전체 경우의 수에 대한 비로 나타낸 것이 수학적 확률이다. 이들 두 확률의 관계는 식 (8.6)과 같으며 사건 A에 대한 시행을 무한히 반복하면 실험적 확률은 수학적 확률과 같은 값을 가지게 된다. 따라서 수학적 확률을 계산할 수 있는 경우에는 이를 사건 A에 대한 확률값으로 사용하여야 한다.

$$\lim_{N \to \infty} \left| \frac{n}{N} - p \right| < \varepsilon, \text{ any } \varepsilon > 0 \tag{8.6}$$

여기서 N은 총 실행횟수, n은 사건이 일어난 횟수, p는 수학적 확률이다.

(2) 조건부확률

조건부확률은 사건 A가 일어났을 때 사건 B가 일어날 확률(conditional probability of B given that A has occurred)로 식 (8.7)과 같이 정의된다. 조건부확률을 이용하면 다양한 확률의 계산이 가능하며 식 (8.7)로부터 두 사건의 곱사건을 식 (8.8)과 같이 계산할 수 있다.

$$p(B \mid A) \equiv \frac{p(A \cap B)}{p(A)}, \quad p(A) > 0 \tag{8.7}$$

$$\begin{aligned} p(A \cap B) &= p(B \mid A)p(A) \\ &= p(A \mid B)p(B) \end{aligned} \tag{8.8}$$

조건부확률이 적용되는 대표적인 예는 주어진 사건이 독립사건인지 종속사건인지를 판단하는 것이다. 사건 B가 일어났을 때 사건 A가 일어날 확률이 단순히 사건 A가 일어날 확률과 같다면 A와 B를 독립사건이라고 한다. 동전이나 주사위를 던지는 시행의 경우가 독립사건의 예이고 비복원추출이 종속사건의 대표적인 예이다. 독립사건의 경우 식 (8.9a)의 관계식으로부터 식 (8.9b)가 성립한다. 즉 독립사건의 경우 두 사건이 동시에 일어날 확률은 각 사건이 일어날 확률의 곱과 같다.

$$p(A \mid B) = p(A) \tag{8.9a}$$

$$p(A \cap B) = p(A) \cdot p(B) \tag{8.9b}$$

전체집합 U가 각각 서로소인 $A_i (i=1, n)$로 이루어져 있을 때, 임의의 사건 B에 대하여 각 A_i에 대한 B의 조건부확률값에 A_i가 일어날 확률값을 곱하면 A_i에 포함된 사건 B의 값을 구할 수 있다. 이를 전확률공식(law of total probability)이라 하며 식 (8.10)과 같다.

$$\begin{aligned} p(B) &= p(B\cap A_1)+p(B\cap A_2)+\cdots+p(B\cap A_n) \\ &= p(B|A_1)p(A_1)+p(B|A_2)p(A_2)+\cdots+p(B|A_n)p(A_n) \\ &= \sum_{i=1}^{n} p(B|A_i)p(A_i) \end{aligned} \tag{8.10}$$

where, $A_i\cap A_j=\emptyset$, if $i\neq j$, $U=\mathrm{A}_1\cup\mathrm{A}_2\cup\mathrm{A}_3\cup\cdots\cup\mathrm{A}_n$, $p(A_i)\neq 0$

전확률공식을 이용하면, 사건 B가 일어났을 때 A_k가 일어날 조건부확률을 식 (8.11)로 나타낼 수 있으며 이를 베이즈 정리(Bayes' theorem)라고 한다. 대부분의 사건들은 다른 사건과의 관계(예: 합사건, 곱사건, 조건부사건 등) 속에서 주어진다. 따라서 관심 있는 사건에 대한 확률을 구하기 위해서는 관련된 여러 사건들을 모두 고려해 주어야 한다. 이때 조건부확률의 관계식과 베이즈 정리를 이용하여 해당 사건에 대한 확률을 구할 수 있다.

$$p(A_k|B)=\frac{p(A_k\cap B)}{p(B)}=\frac{p(B|A_k)\cdot p(A_k)}{\sum p(B|A_i)\cdot p(A_i)} \tag{8.11}$$

(3) 기댓값

이산 및 연속 확률변수 z에 대한 기댓값(expectation)은 식 (8.12)와 같이 정의된다.

$$E(z)=\begin{cases} \sum\limits_{\text{all } z} zp(z), & \text{for discrete } z \\ \int_{-\infty}^{+\infty} zf(z)\,dz, & \text{for continuous } z \end{cases} \tag{8.12}$$

여기서 $p(z)$는 이산확률, $f(z)$는 확률밀도함수이다.

상수 a와 b, 확률변수 z에 대하여, 기댓값은 식 (8.13)을 만족하며 그 정의를 이용하면 이를 쉽게 유도할 수 있다.

$$\begin{gathered} E(a)=a \\ E(a+bz)=a+bE(z) \\ E(az_1+bz_2)=aE(z_1)+bE(z_2) \end{gathered} \tag{8.13}$$

분산은 기댓값을 이용하여 식 (8.14)로 정의할 수 있으며 식 (8.13)의 성질을 이용하여 식 (8.14)의 관계식을 얻을 수 있다. 이 관계식은 이산 및 연속 확률변수에 대하여 유효하다.

$$\begin{gathered} Var(z)=E[(z-\mu)^2]=E[z^2]-\mu^2 \\ \mu=E(z) \end{gathered} \tag{8.14}$$

8.2.4 확률분포함수

추계학적 기법에서 불확실성을 내포한 변수의 불확실성을 정량화하기 위해서는 변수의 확률분포를 알아야 한다. 만약 주어진 변수에 대한 확률분포가 알려져 있다면 우리는 그 변수에 대하여 모든 것을 알게 된다. 추계학적 기법을 적용하는 과정에서 관심 있는 자료 값을 얻고 이들 자료의 분포를 바탕으로 확률분포함수를 찾아내어야 한다. 따라서 확률변수의 분포를 아는 것은 매우 중요하며 대표적으로 다음과 같은 분포가 있다. 독자들은 각 분포의 확률밀도함수 $f(z)$와 분포특성을 기억할 필요가 있다.

- 균일분포(uniform distribution)
- 삼각분포(triangular distribution)
- 정규분포(normal distribution)
- 로그정규분포(log-normal distribution)

(1) 균일분포

균일분포는 정의된 영역 내에서 동일한 확률을 가지고 그 외의 영역에서는 0의 값을 가지는 분포이다(그림 8.3). 확률밀도함수는 식 (8.15a)와 같고 이를 적분한 누적확률분포함수는 식 (8.15b)와 같다. 균일분포는 확률변수의 범위만 알 뿐 아무런 정보가 없는 경우에 확률변수의 분포를 근사화할 때 사용한다.

$$f(z;a,b)=\begin{cases}\dfrac{1}{b-a}, & \text{if } a<z<b \\ 0, & \text{otherwise}\end{cases} \tag{8.15a}$$

$$F(z;a,b)=\begin{cases}0, & \text{if } z<a \\ \dfrac{z-a}{b-a}, & \text{if } a\le z\le b \\ 1, & \text{if } z>b\end{cases} \tag{8.15b}$$

여기서 a와 b는 상수로 각각 확률변수가 가질 수 있는 최솟값과 최댓값을 나타낸다.

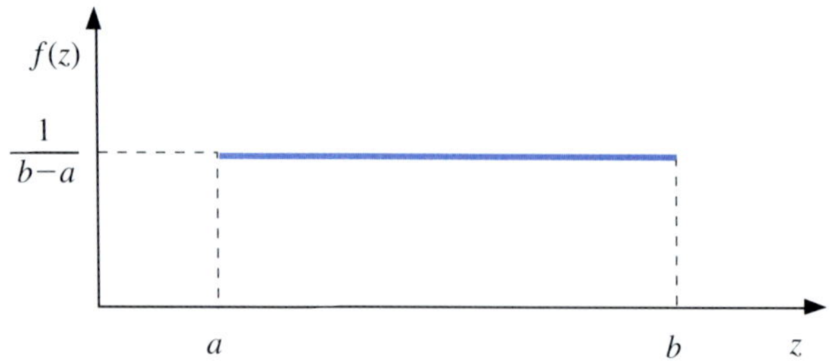

그림 8.3 균일분포의 확률밀도함수

(2) 삼각분포

삼각분포함수는 식 (8.16)과 같이 정의되며 자료의 최대 및 최소 범위와 최빈값을 알고 있을 때 사용할 수 있다(그림 8.4). 삼각분포는 자료가 일부 주어진 경우나 경험적으로 그 분포를 예상할 수 있는 경우에 확률분포를 근사화하는 데 매우 유리하다.

$$f(z; a, b, c)=\begin{cases} \dfrac{2}{b-a}\left(\dfrac{z-a}{c-a}\right), & \text{if } a \le z \le c \\ \dfrac{2}{b-a}\left(\dfrac{b-z}{b-c}\right), & \text{if } c < z \le b \\ 0, & \text{otherwise} \end{cases} \tag{8.16}$$

여기서 a와 b는 각각 확률변수 z의 최솟값, 최댓값이고 c는 최빈값이다.

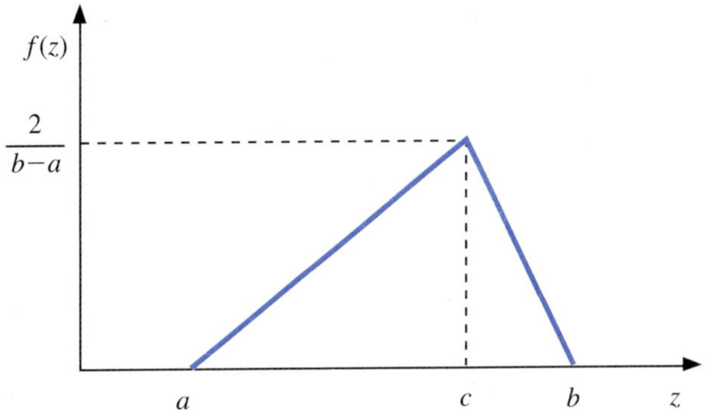

그림 8.4 삼각분포의 확률밀도함수

(3) 정규분포

정규분포는 가우스(Gauss, 1777~1855)가 물리학 실험에서 확률분포를 연구하는 과정에서 발견되었으며 가장 많이 사용되고 있는 분포 중 하나이다. 정규분포는 평균이 μ이고 분산이 σ^2인 확률변수 z가 식 (8.17a)의 확률밀도함수를 따르는 분포이며(그림 8.5) 식 (8.17b)와 같이 간단히 표시하기도 한다. 정규분포는 대칭인 분포로 평균값, 중앙값, 최빈값이 모두 일치한다. 로그정규분포를 포함하여 다양한 분포를 정규분포로 변환하거나 근사화할 수 있다.

$$f(z; \mu, \sigma)=\frac{1}{\sqrt{2\pi}\,\sigma}\exp\left[-\frac{1}{2}\left(\frac{z-\mu}{\sigma}\right)^2\right], \quad -\infty < z < \infty \tag{8.17a}$$

$$z \sim N(\mu, \sigma^2) \tag{8.17b}$$

여기서 μ는 평균이고 σ는 표준편차이다.

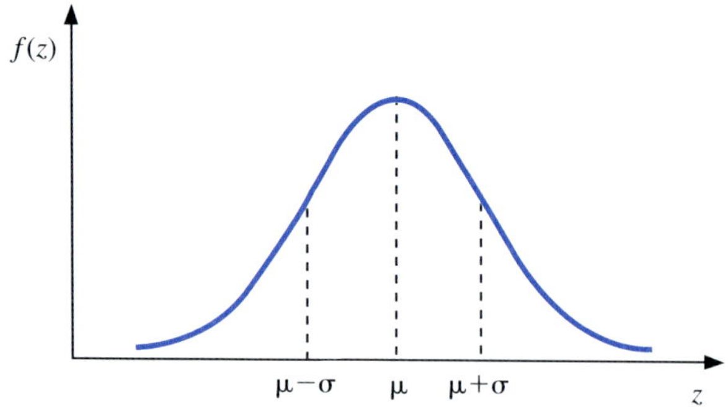

그림 8.5 정규분포의 확률밀도함수

평균이 0이고 표준편차가 1인 정규분포를 표준정규분포(standard normal distribution)라 하며 확률밀도함수는 식 (8.17c)와 같다.

$$f(z;0,1)=\frac{1}{\sqrt{2\pi}}\exp\left(-\frac{1}{2}z^2\right),\quad -\infty<z<\infty \tag{8.17c}$$

표준정규분포를 따르는 확률변수가 주어진 값보다 작거나 같은 누적확률은 식 (8.18)로 표시된다. 식 (8.18)은 이론적 적분이 불가능하여 수치적분을 이용하거나 미리 계산된 적분표(부록 I 참조)를 이용한다. 프로그램 과정 중에서 누적확률을 계산해야 하는 경우에는 근사식을 이용한다.

$$F(z)=\int_{-\infty}^{z} f(z;0,1)\,dz \tag{8.18}$$

정규분포의 확률계산을 위하여 식 (8.17a)를 직접 수치적분할 수 있으나 이는 매우 비효율적이다. 따라서 모든 확률계산은 정규분포를 표준정규분포로 변환한 후에 이루어진다. 확률변수 z^*가 평균이 μ이고 표준편차가 σ인 정규분포를 따른다면 식 (8.19)를 이용하여 표준정규분포로 항상 변환시킬 수 있다.

$$z=\frac{z^*-\mu}{\sigma} \tag{8.19}$$

(4) 로그정규분포

양의 변수 w에 로그를 취한 새로운 변수 z가 정규분포를 따르면 원래의 변수 w는 로그정규분포를 따른다고 하며 식 (8.20)으로 정의된다.

$$f(w;\mu_z,\sigma_z)=\frac{1}{\sqrt{2\pi}\,\sigma_z w}\exp\left[-\frac{1}{2}\left(\frac{\ln w-\mu_z}{\sigma_z}\right)^2\right],\quad w>0 \tag{8.20}$$

$$z=\ln w,\quad z\sim N(\mu_z,\sigma_z^2)$$

여기서 z는 평균이 μ_z이고 분산이 σ_z^2인 정규분포를 따른다. 로그정규분포 w와 그 정규분포 z에 대하여 평균과 분산의 관계는 식 (8.21a) 및 (8.21b)와 같으며 한 분포의 정보를 알면 다른 분포의 평균과 분산을 계산할 수 있다.

$$\mu_w=\exp(\mu_z+0.5\sigma_z^2) \tag{8.21a}$$
$$\sigma_w^2=\mu_w^2[\exp(\sigma_z^2)-1]$$

$$\sigma_z^2=\ln(\sigma_w^2/\mu_w^2+1) \tag{8.21b}$$
$$\mu_z=\ln(\mu_w)-0.5\sigma_z^2$$

8.2.5 중심극한정리

모집단에서 n개의 표본을 임의로 추출한 표본집단이 있다고 하자. 이 표본집단의 평균을 표본평균이라 하는데 이는 식 (8.22)와 같이 산술평균으로 정의된다.

$$\bar{z}=\frac{1}{n}\sum_{i=1}^{n}z_i \tag{8.22}$$

모집단이 정규분포를 따를 경우 평균이 μ이고 분산이 σ^2이라면 기댓값의 선형연산자 성질을 이용하여 표본평균 $\bar{z}$의 평균은 μ이고 분산은 σ^2/n인 정규분포를 따름을 알 수 있다. 그러나 모집단이 정규분포를 따르지 않는 경우에도 표본의 크기가 충분히 크다면 표본평균은 정규분포로 근사화된다. 이를 중심극한정리(central limit theorem)라 하며 보다 정확한 정의는 다음과 같다.

> 평균이 μ이고 분산이 σ^2인 무한모집단에서 n개의 표본을 임의로 추출하여 그 표본평균을 구하면, n이 충분히 클 경우 표본평균 $\bar{z}$는 평균이 μ이고 분산이 σ^2/n인 정규분포로 근사화된다.

중심극한정리에 따르면 주어진 분포가 정규분포를 따르지 않는 분포라 할지라도 충분한 크기를 가지는 표본을 추출하였을 때 이들 표본평균의 평균은 모집단의 평균값과 같아지고 또 분산은 표본수가 많을수록 작아진다. 그림 8.6은 중심극한정리의 기하학적 의미를 나타내며 표본평균은 모집단의 평균을 중심으로 정규분포의 형태로 분포한다. 표본평균의 분산은 σ^2/n 이므로 표본수가 많을수록 그림 8.6에서 평균 μ 주위로 더욱 밀집하여 분포하게 된다.

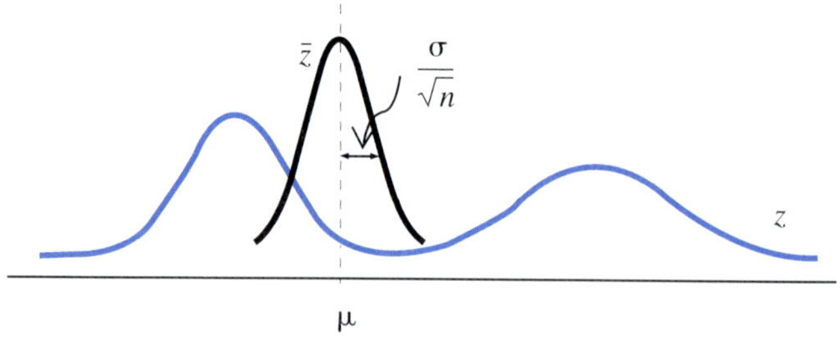

그림 8.6 중심극한정리의 기하학적 의미

8.2.6 분포의 비교

실험적 또는 통계적으로 얻은 자료가 기준이 되는 다른 자료와 동일한 분포를 갖는지, 동일하지는 않지만 같은 종류의 분포를 갖는지, 아니면 서로 다른 분포를 가지는지 파악하는 것은 매우 중요하다. 이를 위한 대표적인 방법으로 히스토그램(histogram)과 분위수대조도(*Q*-*Q* plot)가 있다. 히스토그램과 분위수대조도를 이용하여 추계학적 기법에서 얻은 변숫값의 분포특성을 파악할 수 있다.

(1) 히스토그램

히스토그램은 자료를 일정한 구간인 계급(class)으로 나누고 각 계급에 포함되는 자료수를 나타낸 그림이다. 히스토그램은 확률밀도함수에 대한 정보 없이 개별 자료만 주어진 경우 자료분포를 가장 쉽게 파악하는 방법 중 하나이다. 하지만 히스토그램은 계급을 어떻게 나누느냐에 따라 그 형태가 달라질 수 있다. 그림 8.7은 표 8.1 자료를 이용하여 작성한 히스토그램이다.

그림 8.7a와 같이 계급크기가 너무 크면 각 구간에 속한 자료수가 비슷해지거나 양분되어 구간별 분포특성을 파악하기 어렵다. 그림 8.7b와 같이 구간크기가 작으면 구간에 따라 자료수의 차이가 많아 변화가 매우 심한 분포로 인식될 수 있다. 그림 8.7c는 계급크기를 적당하게 사용한 예이다. 비록 동일한 자료를 사용하였지만 계급크기에 따라 그 모양이 매우 다를 수 있음에 유의하여야 한다.

표 8.1 히스토그램에 사용된 20개 자료

12, 23, 32, 40, 45, 51, 54,
58, 63, 66, 70, 74, 78, 82,
87, 91, 96, 101, 109, 122

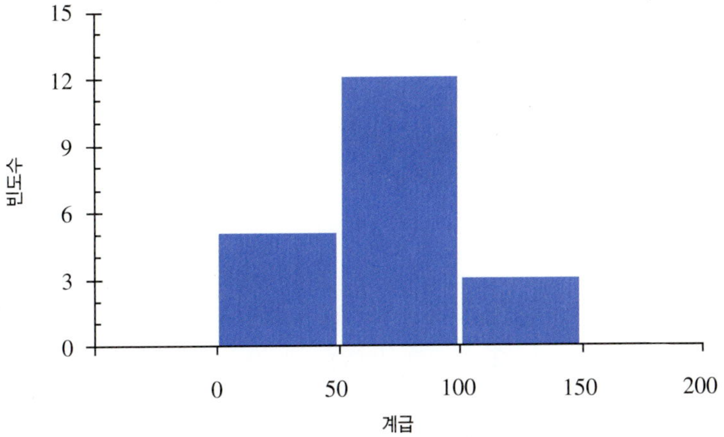

(a) 계급크기가 50인 히스토그램

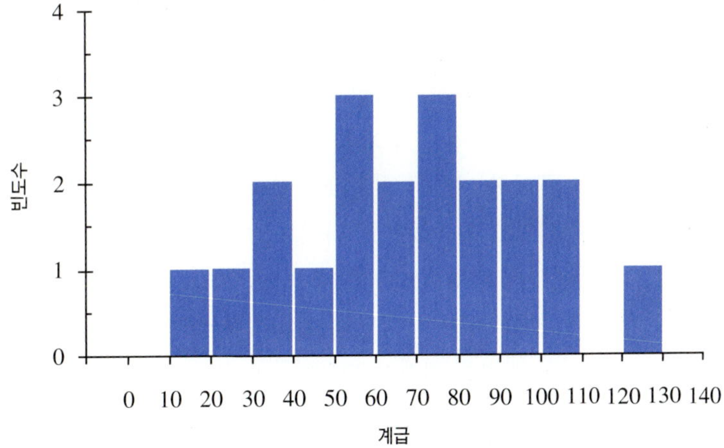

(b) 계급크기가 10인 히스토그램

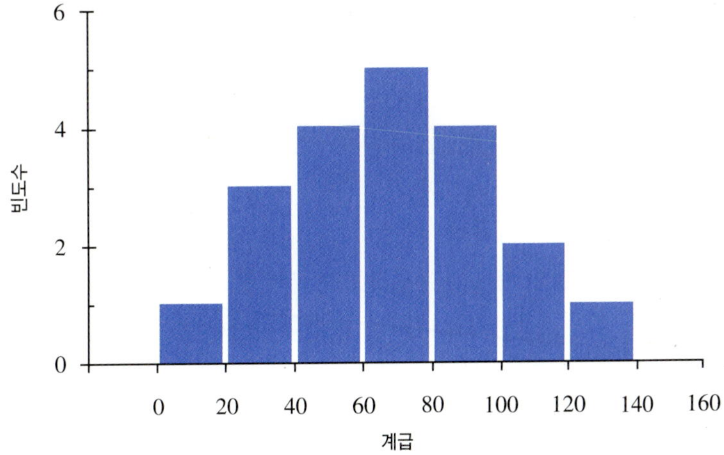

(c) 계급크기가 20인 히스토그램

그림 8.7 계급크기에 따른 히스토그램

히스토그램을 그리는 구체적인 과정은 다음과 같다(최종근, 2007).

> ① 최댓값과 최솟값을 찾아 자료의 구간을 정한다.
> ② 자료의 양에 따라 5~20개 정도의 계급개수를 정한다.
> ㉠ 계급크기=5×(최댓값−최솟값)/자료의 총 개수
> ㉡ 시작점=자료의 최솟값−0.5×자료의 측정단위, 또는
> =자료의 최솟값−0.5×계급크기
> ③ 각 계급에 속한 도수를 구한다.
> ④ 결과를 그래프로 그려 보고 필요하면 위의 과정을 반복한다.

위 과정에서 계급크기는 자료에 따라 다를 수 있다. 제안된 계급크기, "5×(최댓값−최솟값)/자료의 총 개수"는 각 계급에 평균적으로 5개 정도의 자료가 포함되도록 계급크기를 조절한다는 의미이다. 단정적으로 말하기 어려운 일면이 있지만 계급크기를 결정하는 기준은 각 계급에 적절한 수의 자료가 포함될 수 있도록 하는 것이다.

계급의 시작점도 주의 깊게 선정되어야 한다. 비슷한 크기의 자료가 많은 경우에 시작점은 주어진 자료의 최솟값과 측정단위를 이용한다. 구체적으로 77과 같이 단단위까지 측정되었고 최솟값이 65라면, 65−0.5×1=64.5가 시작점이 된다. 만일 77.0과 같이 0.1 단위까지 측정되었다면 65.0−0.5×0.1=64.95가 시작점이 된다. 자료수가 적거나 구간이 큰 경우에는 측정단위 대신에 계급크기를 이용한다. 계급크기와 시작점이 결정되면 나머지 과정은 기계적으로 이루어진다. 이러한 과정을 반복하여 계급에 적당한 자료수가 포함될 수 있도록 계급을 나누어야 한다.

(2) 분위수대조도

히스토그램으로부터 자료의 개략적인 분포특성을 알 수 있지만 어떤 분포를 따르는지 정량적으로 평가하기는 어렵다. 이러한 정량적인 평가를 가능하게 하는 것이 분위수대조도이다. 분위수대조도는 주어진 자료를 오름차순으로 정렬하고 그 순위에 따라 누적확률값을 할당한다. 그런 다음 할당된 누적확률에 대응하는 비교하고자 하는 분포의 분위수와 자료값을 비교한다.

분포의 종류가 동일하고 평균과 분산도 같다면 동일한 분위수를 갖게 되므로 기울기가 1인 직선형태로 나타날 것이다. 동일한 종류의 분포이나 평균과 분산이 다르다면 변수들이 나타나는 위치(~평균)가 다르고 퍼짐 정도(~분산)도 다를 것이다. 두 자료값이 같은 정규분포를 따른다면 식 (8.19)와 같은 간단한 선형변환을 통하여 동일한 평균과 분산을 갖는 자료값으로 변환될 수 있다. 이는 정규분포뿐만 아니라 기댓값의 선형연산자를

이용하면 다른 분포에도 적용된다. 이와 같은 사실을 다르게 표현하면, 동일한 분포를 따르는 두 자료값의 분위수를 직교좌표계에 그리면 선형관계가 나타난다고 할 수 있다.

구체적으로 n개의 자료가 정규분포를 따르는지를 평가하는 분위수대조도 작성과정은 다음과 같다.

① 먼저 주어진 자료를 오름차순으로 정렬한다.
② 정렬된 i번째 자료에 대하여 실험적 누적확률값 $(i-0.5)/n$을 할당한다.
③ 각 누적확률값에 해당하는 표준정규분포의 분위수를 찾는다.
④ 정렬된 자료와 ③번 과정에서 찾은 분위수를 직교좌표에 그린다.

표 8.2는 30개의 자료를 사용하여 분위수대조도를 구하는 과정을 잘 보여 준다. 먼저 자료를 오름차순으로 정렬한다. 정렬된 자료의 최솟값부터 순서대로 번호 i를 배정하고 $(i-0.5)/30$을 실험적 CDF 값으로 배정한다. 첫 번째 자료에 실험적 CDF 값 $(1-0.5)/30$을 배정하고 계산된 0.0167에 대응하는 표준정규분포의 분위수 -2.128을 구한다. 이와 같은 과정을 반복하면 주어진 자료와 비교하려는 확률분포의 분위수를 모두 구할 수 있다. 표준정규분포와 비교하는 경우 그 대칭성으로 인하여 중앙값보다 큰 값들의 분위수를 쉽게 얻을 수 있다.

그림 8.8은 표 8.2의 분위수대조도로 일부 자료를 제외하고는 처음과 마지막의 양끝 값을 포함하여 뛰어난 선형성을 보이므로 주어진 자료는 정규분포를 따른다고 할 수 있다. 표준정규분포와 분위수를 비교한 그림 8.8에서 주어진 선형수식을 참고하면 표본은 평균이 약 104.4이고 분산이 22.952^2임을 알 수 있다.

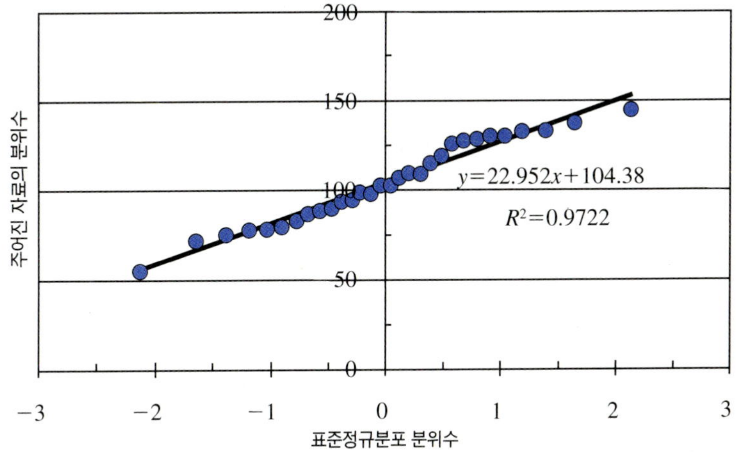

그림 8.8 표본과 표준정규분포의 분위수대조도

표 8.2 분위수대조도 계산예

정렬순서	자료정렬	실험적 CDF	표준정규분포 분위수
1	55.18	0.0167	−2.1280
2	71.83	0.0500	−1.6449
3	75.48	0.0833	−1.3830
4	77.74	0.1167	−1.1918
5	78.25	0.1500	−1.0364
6	79.12	0.1833	−0.9027
7	83.09	0.2167	−0.7835
8	86.90	0.2500	−0.6745
9	88.83	0.2833	−0.5730
10	89.62	0.3167	−0.4770
11	94.16	0.3500	−0.3853
12	94.41	0.3833	−0.2967
13	98.90	0.4167	−0.2104
14	99.27	0.4500	−0.1257
15	102.95	0.4833	−0.0418
16	103.14	0.5167	0.0418
17	107.56	0.5500	0.1257
18	109.50	0.5833	0.2104
19	109.57	0.6167	0.2967
20	114.97	0.6500	0.3853
21	118.80	0.6833	0.4770
22	126.06	0.7167	0.5730
23	127.45	0.7500	0.6745
24	128.44	0.7833	0.7835
25	130.33	0.8167	0.9027
26	130.39	0.8500	1.0364
27	133.01	0.8833	1.1918
28	133.85	0.9167	1.3830
29	137.93	0.9500	1.6449
30	144.73	0.9833	2.1280

연구문제

8.6 다음 용어를 자신의 말로 설명하라.

(1) 확률변수

(2) 모집단

(3) 편향(bias)

(4) 사건 A의 확률, $p(A)$

(5) 기댓값

(6) 정규분포

(7) 중심극한정리

8.7 식 (8.13)에 주어진 기댓값의 성질을 연속확률변수를 이용하여 증명하라.

8.8 기댓값의 선형성을 이용하여 식 (8.14)를 증명하라.

8.9 삼각분포함수 $f(z;\ 1, 6, 4)$에 대하여 $F(z)$와 $f(z)$를 동일한 그래프에 나타내라.

8.10 정규분포함수 $f(z;\ 0, 1)$, $f(z;\ 0, 2)$, $f(z;\ 12, 0.5)$, $f(z;\ 12, 2)$를 동일한 그래프에 나타내라.

8.11 평균이 10, 표준편차가 3.2인 정규분포를 따르는 z에 대하여 다음을 계산하라.

(1) $p(3 < z < 17)$

(2) $p(z < 3)$

(3) $p(z > 17)$

(4) $p(z < a) = 0.975$를 만족하는 a를 구하라.

(5) $p(z < a) = 0.025$를 만족하는 a를 구하라.

8.12 표준정규분포 확률밀도함수를 주어진 전체구간에 대하여 적분하면 1이 됨을 구체적으로 보이라.

8.13 다음에 주어진 20개 표본자료를 이용하여, 평균, 중앙값, 최빈값, 표준편차를 계산하라.

18,	19,	17,	25,	16,	29,	20,	13,	21,	16,
25,	23,	24,	19,	27,	20,	22,	15,	25,	20

8.14 다음 50개 표본자료를 이용하여 계급크기가 10, 20, 30일 때의 히스토그램을 도시하라.

47,	52,	40,	31,	53,	51,	60,	44,	54,	46,
33,	56,	44,	49,	60,	51,	65,	33,	59,	71,
42,	56,	51,	43,	52,	51,	50,	39,	42,	51,
46,	61,	33,	48,	55,	58,	65,	34,	66,	55,
59,	32,	48,	49,	32,	49,	51,	50,	61,	52

8.15 연구문제 8.13에 주어진 자료를 이용하여 표준정규분포와 분위수대조도를 도시하라.

8.16 평균이 50, 분산이 100인 정규분포로부터 표본의 크기가 30인 표본을 생성하고 평균과 표준편차를 계산하라. 이와 같은 과정을 40회 반복하여 얻은 표본평균값 자료를 이용하여 다음 물음에 답하라.

(1) 생성된 40개의 표본평균값을 구체적으로 제시하라.

(2) 평균과 표준편차를 계산하라.

(3) 히스토그램을 도시하라.

(4) 표본평균값 자료의 정규성을 평가하라.

8.3 ▶ 적용

추계학적 기법은 많은 학문분야에서 적용되고 있으며 그 응용영역이 확장되고 있다. 여기서는 반복계산을 통하여 타당한 결과를 얻는 다음과 같은 전형적인 예를 소개한다.

- 난수 생성
- 확률변숫값 생성
- 몬테카를로 적분
- 매장량 평가
- 최적화

8.3.1 난수 생성

추계학적 기법에 있어 무작위성을 반영해야 하는 경우가 많고 이는 난수를 이용하여 모델링된다. 따라서 난수를 추출하는 것이 매우 중요하며 추출되는 숫자 사이에는 서로 상관관계가 없어야 한다. 예를 들어 7을 추출하고 그 다음에 항상 1 또는 2라는 숫자가 추출된다면 이는 무작위성을 반영하는 것이 아니라 일관성 있는 자료추출이 된다.

대부분의 상용프로그램들은 신뢰할 수 있는 난수발생 함수를 제공한다. 따라서 난수를 추출하는 가장 좋은 방법은 이 내장함수들을 사용하는 것이다. 난수를 생성하는 방법은 여러 가지가 있으며 개념적으로 다음 세 가지 원리가 있다.

- 가산법
- 승산법
- 선형합동법(linear congruential generator)

(1) 가산법

가산법은 i번째 숫자와 $(i-1)$번째 숫자를 더하여 생긴 결과값에서 k자리만 취하여 $(i+1)$번째 값으로 결정하고 이를 10^k로 나누어 생긴 값을 $(i+1)$ 번째 난수로 한다. 점화식은 식 (8.23a)이고 식 (8.23b)의 Rn은 난수를 의미한다.

$$n_{i+1}=(n_i+n_{i-1}) \quad \text{MOD} \quad 10^k, \quad i \geq 1 \tag{8.23a}$$

$$\text{Rn}_i=n_{i+1}/10^k \tag{8.23b}$$

여기서 MOD는 앞에 주어진 값을 뒤의 값으로 나눈 나머지를 얻는 함수를 의미한다.

k가 4, n_0가 2427, n_1이 8012일 때의 계산과정은 표 8.3과 같다. 표 8.3의 첫 번째 예처럼 $n_0=2427$와 $n_1=8012$를 더하면 10439가 된다. 10439를 10^4으로 나눈 나머지

인 439가 n_2가 되고 439를 다시 10^4으로 나눈 값이 첫 번째 난수가 된다. n_1과 n_2를 합하면 8451이 되고 이를 난수로 변형하면 0.8451이 된다. 이와 같은 과정을 반복하면 표 8.3과 같은 난수를 얻는다.

표 8.3 가산법을 이용한 난수의 계산예(k=4)

i	n_{i-1}	n_i	n_i+n_{i-1}	n_{i+1}	Rn_i
0		2427			
1	2427	8012	10439	439	0.0439
2	8012	439	8451	8451	0.8451
3	439	8451	8890	8890	0.8890
4	8451	8890	17341	7341	0.7341
5	8890	7341	16231	6231	0.6231
6	7341	6231	13572	3572	0.3572
7	6231	3572	9803	9803	0.9803
8	3572	9803	13375	3375	0.3375
9	9803	3375	13178	3178	0.3178
10	3375	3178	6553	6553	0.6553

(2) 승산법

승산법은 n_i에 정수 m을 곱한 결과값에서 k자리만 취하여 $(i+1)$번째 값으로 하고 이를 10^k로 나누어 난수로 한다. 점화식은 식 (8.24a)와 같고 k가 4, m이 73, n_1이 1999일 때의 계산과정은 표 8.4와 같다. 표 8.4의 첫 번째 예처럼 $n_1=1999$에 $m=73$을 곱하면 145927이 된다. 145927을 10^4으로 나눈 나머지인 5927이 n_2가 되고 이를 다시 10^4으로 나눈 값이 첫 번째 난수가 된다.

$$n_{i+1}=(n_i \times m) \quad \mathrm{MOD} \quad 10^k, \quad i \geq 1 \tag{8.24a}$$

$$\mathrm{Rn}_i=n_{i+1}/10^k \tag{8.24b}$$

표 8.4 승산법을 이용한 난수의 계산예(k=4, m=73)

i	n_i	$n_i \times m$	n_{i+1}	Rn_i
1	1999	145927	5927	0.5927
2	5927	432671	2671	0.2671
3	2671	194983	4983	0.4983
4	4983	363759	3759	0.3759
5	3759	274407	4407	0.4407
6	4407	321711	1711	0.1711
7	1711	124903	4903	0.4903
8	4903	357919	7919	0.7919
9	7919	578087	8087	0.8087
10	8087	590351	351	0.0351

(3) 선형합동법

선형합동법은 i번째 값 n_i에 상수 a를 곱한 값에 또 다른 상수 c를 더하고 m으로 나눈 나머지를 $(i+1)$번째 값으로 한다. 이 값을 m으로 나누어 난수로 한다. 점화식은 식 (8.25a)와 같고 m이 906, a가 355, c가 20, n_1이 1999일 때의 계산과정은 표 8.5와 같다. 표 8.5의 첫 번째 예처럼 $n_1=1999$에 $a=355$을 곱하고 $c=20$을 더하면 709665가 된다. 709665를 $m=906$으로 나눈 나머지인 267이 n_1이 된다. 이를 m으로 나눈 값인 0.2947이 첫 번째 난수가 된다.

$$n_{i+1}=(n_i \times a+c) \quad \text{MOD m}, \quad i \geq 1 \tag{8.25a}$$

$$\text{Rn}_i=n_{i+1}/m \tag{8.25b}$$

표 8.5 선형합동법을 이용한 난수의 계산예(m=906, a=355, c=20)

i	n_i	$n_i \times a+c$	n_{i+1}	Rn_i
1	1999	709665	267	0.2947
2	267	94805	581	0.6413
3	581	206275	613	0.6766
4	613	217635	195	0.2152
5	195	69245	389	0.4294
6	389	138115	403	0.4448
7	403	143085	843	0.9305
8	843	299285	305	0.3366
9	305	108295	481	0.5309
10	481	170775	447	0.4934

무작위로 숫자를 추출할 때 내장함수를 이용할 경우 난수발생기를 초기화해야 함에 유의해야 한다. 예를 들어 엑셀 VBA에서는 내장함수 RND()를 이용할 경우 작성한 프로그램 맨 처음에 한 번만 RANDOMIZE()를 호출해 주면 된다. RANDOMIZE()를 호출하지 않으면 작성한 프로그램을 종료하고 다시 실행 시마다 항상 같은 난수를 발생시킨다. 프로그램을 종료시키지 않고 계속해서 RND()를 호출하면 다른 숫자가 나오지만 종료 후 다시 시작하면 이전 실행과 같은 순서로 같은 난수가 발생되어 무작위성이 손상된다. 따라서 RANDOMIZE()를 꼭 호출해야 한다. 마찬가지로 다른 프로그램언어에서도 함수이름은 다르지만 난수추출을 하기 전에 난수발생기를 초기화해야 한다.

8.3.2 확률변숫값 생성

획득한 자료들은 난수의 분포로 쉽게 표현할 수 있는 균일분포뿐만 아니라 다양한 분포를 가진다. 여러 번의 반복계산으로 대표되는 추계학적 기법으로 자료를 생성할 때 자료의 분포특성이 매번 반영되어야 한다. 자료의 누적확률분포를 안다면 CDF의 역함수, 즉 분위수를 이용하여 분포특성이 반영된 자료를 재생할 수 있다.

z라는 확률변수가 0과 100 사이의 값이고 최빈값이 70인 삼각분포를 따른다고 가정하자. 이러한 확률변수를 임의로 추출한다면 어떤 수가 추출될 확률이 높겠는가? 그림 8.9에 나와 있는 바와 같이 최빈값인 70 주변의 수들이 추출될 확률이 높고 상하부 경계인 100이나 0이 선택될 확률은 상대적으로 낮다. 이러한 분포특성을 반영하면서 가장 쉽게 추출할 수 있는 방법이 난수와 CDF를 이용하는 것이다.

구체적으로 0과 1 사이의 난수를 추출하고 이를 누적확률이라 가정한다. 이 누적확률에 대응하는 확률변수를 그림 8.10의 CDF에서 계산한다. 그림 8.10에 주어진 점은 $F(35)=0.175$로 z가 35와 같거나 작은 값을 가질 확률이 0.175라는 것이다. 역함수로 표현하면 $F^{-1}(0.175)=35$로 이는 누적확률이 0.175일 때의 확률변수가 35라는 것을 의미한다.

이와 같은 원리로 특정 분포를 따르는 자료를 생성할 수 있다. 난수를 추출하여 자료를 생성하고자 하는 분포의 CDF 값으로 가정한 후 분위수를 얻으면 해당 분포의 확률변숫값을 생성할 수 있다. 다른 확률분포함수에 대해서도 같은 방식으로 분포특성을 반영하면서 확률변수를 생성할 수 있다. 엑셀이나 응용프로그램을 사용할 경우 확률변수함수의 인자를 이용하여 값을 바로 얻을 수 있다.

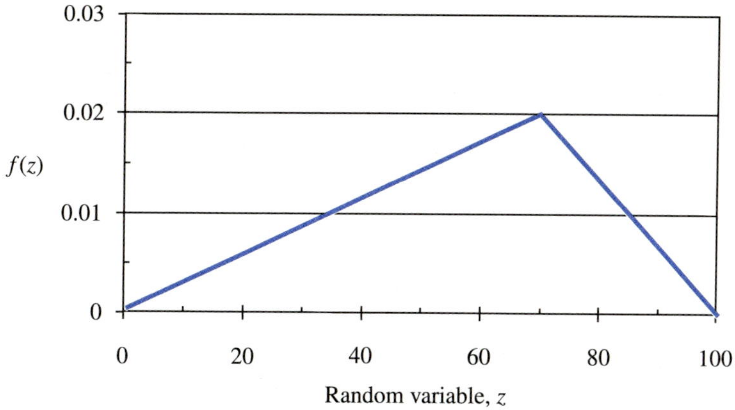

그림 8.9 $f(z;\ 0,\ 100,\ 70)$인 삼각분포의 확률밀도함수

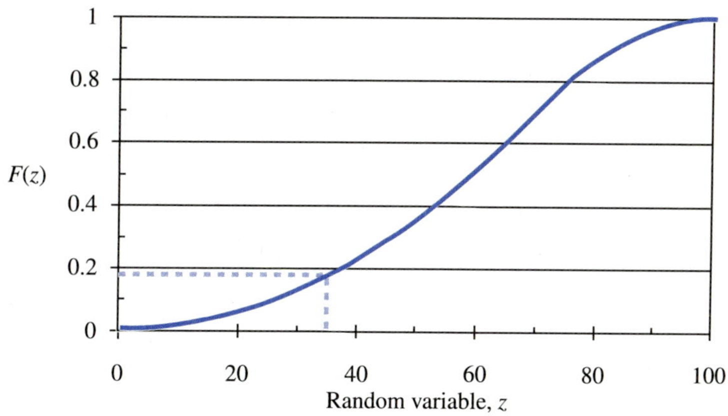

그림 8.10 $F(z;\ 0,\ 100,\ 70)$인 삼각분포의 누적확률분포함수

8.3.3 몬테카를로 적분

수치적분법은 6장에 자세히 소개되어 있고 대학교육과정에서 만나는 대부분의 문제에 적용할 수 있을 정도로 정확성도 뛰어나다. 지금까지는 함수가 $y=f(x)$ 형태로 주어졌을 때 각 소구간의 면적을 근사화하여 수치적분을 수행하였다. 함수가 $g(x, y)=0$의 형태로 주어졌을 때에는 이를 $y=f(x)$로 변형하여 수치적분을 수행하거나 몬테카를로 기법을 이용하여 적분할 수 있다.

몬테카를로 적분법을 적용하는 원리는 다음과 같다.

① 주어진 함수와 적분구간에 따라 적분영역을 정한다.
② 적분영역을 포함하는 난수발생영역을 정한다.
③ 난수를 발생시켜 선택된 좌표점이 해당 적분면적에 포함되는 경우의 수를 센다.
④ 위의 ③번 과정을 반복하고 식 (8.26)을 이용하여 적분값을 계산한다.

$$\text{해당 영역의 넓이} = \frac{\text{영역에 포함된 횟수}}{\text{전체 반복횟수}} \times \text{난수발생영역의 총 넓이} \qquad (8.26)$$

몬테카를로 적분법의 구체적인 예는 다음과 같다. 그림 8.11은 $x^2+4y^2=4$인 타원이며 그 내부면적을 구하고자 한다. 구하고자 하는 적분영역이 확정되었으므로 이 적분영역을 포함하는 난수발생영역을 정해야 한다. 난수발생영역은 반드시 주어진 적분영역을 포함해야 하며 직관적으로 그 영역을 계산할 수 있을 정도로 간단하여야 한다. 그림 8.11에서는 타원을 포함하는 직사각형으로 난수발생영역을 정하였다.

난수발생영역으로 정의된 구간, 즉 x축 구간 $[-2, 2]$와 y축 구간 $[-1, 1]$에서 각각 하나의 값을 균일분포로부터 발생시켜 이를 (x, y)라 한다. 타원 내부의 영역은 $x^2+4y^2 \le 4$이므로 난수를 통해 생성된 좌표점이 타원의 내부에 있는지 확인한다. 총 반복횟수 중에서 조건을 만족하는 경우의 수는 전체 난수발생영역 중 타원이 차지하는 면적과 비례한다. 구체적으로 N회 반복하여 n회 타원 내부에 있었다면, 타원의 면적은 $8n/N$과 같다.

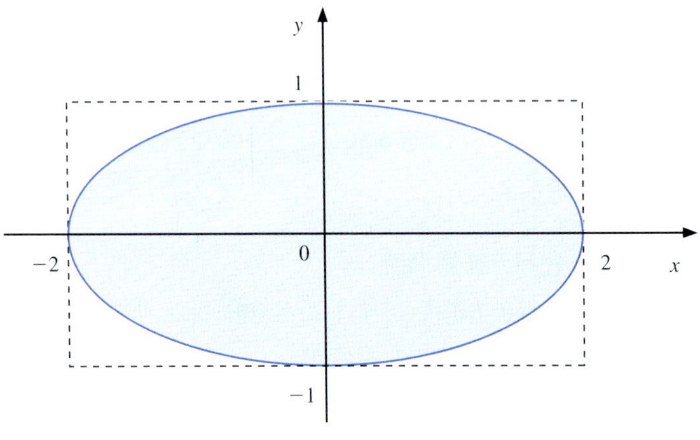

그림 8.11 몬테카를로 기법을 이용한 적분

몬테카를로 기법의 적분계산은 중심극한정리에 의해 전체 반복횟수를 크게 할수록 참값에 가까워진다. 그림 8.1에서 원주율을 계산할 때 전체 반복횟수를 늘려 계산한 결과는 표 8.6과 같다. 원주율의 참값은 3.141592 6535 8979 3238 4626 ...으로 반복횟수를 늘려

갈수록 대체로 참값에 가까워짐을 알 수 있다. 반복횟수를 늘려 가면 계산시간이 많이 걸린다는 단점이 있고 무작위성에 의해 결과값이 항상 참값에 가까워지는 것은 아니다.

표 8.6 반복횟수에 따른 원주율 계산결과

반복횟수	결과값	절대오차
100,000	3.150960	−0.009367
200,000	3.147620	−0.006027
500,000	3.147272	−0.005679
1,000,000	3.143548	−0.001955

식 (8.26)으로 표현되는 방법은 전체구간에 대하여 임의로 좌표점을 생성할 경우 계산시간이 오래 걸린다는 단점이 있다. 몬테카를로 기법을 이용한 또 다른 적분법으로 주어진 구간에서 무작위로 추출된 좌표점에서 계산된 함숫값의 평균을 이용한다. 구간 $[a, b]$에서 $f(x)$의 적분값을 구하는 구체적인 단계는 다음과 같다.

① 적분구간 $[a, b]$ 내에서 n개의 좌표점을 무작위로 추출한다.
② 추출된 점에서 함숫값을 계산한다.
③ 식 (8.27a)를 이용하여 적분값을 구한다.

$$\int_a^b f(x)\,dx = (b-a) \times \frac{1}{n} \sum_{i=1}^{n} f(x_i) \tag{8.27a}$$

여기서 x_i는 추출된 x축 좌표점, n은 추출된 총 자료수이다.

몬테카를로 적분법을 이용한 2차원 영역에서 정의된 $g(x, y)$의 적분은 동일한 원리로 식 (8.27b)를 사용하여 계산한다.

$$\int_a^b \left(\int_c^d g(x, y)\,dy \right) dx = (b-a)(d-c) \times \frac{1}{n} \sum_{i=1}^{n} g(x_i, y_i) \tag{8.27b}$$

여기서 x축 적분구간은 $[a, b]$, y축 적분구간은 $[c, d]$이다.

몬테카를로 적분은 무작위로 추출한 좌표에서 계산된 함숫값의 평균에 구간크기를 곱하기 때문에 구간 내에 특이값이 존재한다면 근삿값이 참값과 현저하게 다를 수 있다. 따라서 몬테카를로 적분은 정확한 계산보다는 복잡한 함수의 대략적인 적분값을 구하는 데 유용하다. 보다 정확한 결과를 위해서는 6장에서 소개한 수치적분기법을 이용할 수 있다.

예제 8.2

$f(x)=\sqrt{x}$일 때, 구간 [0, 5]에서 20개의 x 좌표를 무작위로 추출하고 몬테카를로 기법으로 적분값을 구하라.

함숫값을 평가하기 위한 x축 좌표값으로 0과 5 사이에서 난수를 20개 발생시킨다. 표 8.7은 오름차순으로 정리한 계산결과로 함숫값의 평균은 1.517이다. 따라서 적분의 근삿값은 7.586으로 참값 7.454와는 1.77%의 상대오차를 보인다.

표 8.7 몬테카를로 적분법의 예

i	x	$f(x)$
1	0.2256	0.4750
2	0.3319	0.5761
3	0.5275	0.7263
4	0.8866	0.9416
5	1.4546	1.2061
6	1.5308	1.2373
7	1.5410	1.2414
8	1.9217	1.3863
9	2.3810	1.5430
10	2.4960	1.5799
11	2.8828	1.6979
12	3.2448	1.8013
13	3.2518	1.8033
14	3.3330	1.8257
15	3.8309	1.9573
16	3.8876	1.9717
17	3.9005	1.9750
18	4.2039	2.0503
19	4.6492	2.1562
20	4.8029	2.1916
	합	30.3430
	평균	1.5171
	근삿값	7.5857

8.3.4 매장량 평가

석유공학에서 매장량(reserve)이란 부존이 확인된 저류층(reservoir)으로부터 현재의 기술과 정부 및 환경규제하에서 경제적으로 회수할 수 있는 원유의 양으로 정의된다. 이를 확정매장량(proved reserve)이라 하며 자료가 가진 불확실성의 정도에 따라 추정(probable), 가능(possible) 매장량으로 나눈다. 매장량은 현재 부존량, 추가 정보의 확보, 새로운 유전의 발견, 유가, 공학기술, 회수율, 정부정책, 환경규제에 따라 변화한다.

지하의 원유는 암석을 구성하는 입자와 입자 사이의 공간인 공극(pore)이나 균열(fracture)에 존재하며 그 총 부피를 식 (8.28)로 계산할 수 있다. 저류층의 모양이 일정하다고 가정하고 면적에 두께를 곱하여 전체 저류층부피(V_{bulk})를 계산한다. 식 (8.29a)에서 알 수 있듯이 전체 저류층부피에 공극률을 곱하면 공극부피(V_{pore})를 얻는다. 포화도는 공극을 채우고 있는 유체의 부피비로 원유의 경우 식 (8.29b)로 정의된다. 따라서 공극부피에 원유포화도를 곱하면 저류층에 부존하는 원유의 부피(rbbls)를 얻을 수 있다.

저류층에 존재하는 원유는 그 속에 용해된 가스를 포함하고 있고 또 온도와 압력 조건에 따라 부피가 달라진다. 따라서 비교를 위한 측정단위로 저류층 상태에서의 원유부피($V_{o,res}$)는 적절하지 않고 질량을 사용하여야 한다. 하지만 지상에서 원유와 가스가 분리되고 또 별도로 관리되므로 총 질량을 측정하는 것이 실용적이지 않다. 결국 현장실무에서는 표준상태(standard conditions; 대부분 60°F, 14.7 psi)에서 원유부피($V_{o,SC}$)를 측정하며 단위는 STB(stock tank barrel)이다.

지하 저류층 조건에서 1 배럴의 원유는 지상으로 생산되면 가스가 분리되므로 그 부피가 감소하여 대부분 1 배럴이 되지 못한다. 용적계수(formation volume factor)는 식 (8.29c)로 정의되며 지하와 지상의 조건 차이로 인한 부피비로 지상 표준상태에서 1 STB의 원유를 지하조건으로 가져갔을 때의 부피를 의미한다. 따라서 저류층상태의 원유부피를 용적계수로 나누어 주면 표준상태에서의 원유부피를 구할 수 있다. 식 (8.28)로 계산된 원유부피에 회수율을 곱하면 매장량이 된다.

$$V_{o,SC}(\text{STB}) = \frac{7758 \times A\,(\text{acre}) \times h\,(\text{ft}) \times \phi\,(\text{fraction}) \times S_o\,(\text{fraction})}{B_o\left(\dfrac{\text{rbbls}}{\text{STB}}\right)} \tag{8.28}$$

$$\phi = \frac{V_{pore}}{V_{bulk}} \tag{8.29a}$$

$$S_o = \frac{V_{oil}}{V_{pore}} \tag{8.29b}$$

$$B_o = \frac{V_{o,\,res}}{V_{o,\,SC}} \tag{8.29c}$$

여기서 $V_{o,SC}$는 표준상태에서의 원유부피, A는 저류층면적, h는 저류층두께, ϕ는 공극률, S_o는 원유포화도, B_o는 원유의 용적계수이다.

식 (8.28)을 이용하여 원유부피를 계산할 때 모든 인자들이 하나의 값으로 주어지면 원유부피를 쉽게 구할 수 있다. 비록 저류층모양이 불규칙하더라도 작은 구획단위로 계산하면 근삿값을 얻을 수 있다. 그러나 많은 경우에 저류층이 가진 불확실성이나 제한된 자료로 인하여 각 인자값을 정확히 알기 어렵다. 이런 경우에 각 인자의 분포특성을 이용하여 불확실성을 정량화하는 추계학적 기법을 사용할 수 있다. 예제 8.3은 구체적 예이다.

예제 8.3

저류층을 직육면체라 가정하고 주어진 자료와 조건을 이용하여 저류층에 존재하는 원유의 부피를 STB로 계산하라.

(1) 저류층 면적이 40 acre, 두께가 120 ft, 공극률이 0.3, 용적계수가 1.2, 포화도가 0.75일 때 저류층에 존재하는 원유부피를 계산하라.

(2) 표 8.8과 같이 자료가 주어졌을 때 100번 반복실행한 결과의 평균 및 표준편차를 구하고 히스토그램을 도시하라.

표 8.8 저류층인자의 자료분포

변수	분포종류	최솟값	최댓값	최빈값	평균	표준편차
면적	균일분포	25	50			
두께	삼각분포	100	150	120		
공극률	정규분포				0.3	0.05
용적계수	정규분포				1.2	0.1
포화도	정규분포				0.75	0.09

(3) 문제 (2)번을 30번 반복실행한 결과의 평균값을 30번 구하고 분위수대조도를 이용하여 정규분포성을 검사하라.

식 (8.28)에 필요한 모든 인자값이 주어졌으므로 다음과 같이 계산하면 6,982,200 배럴이다.

$$V_{o,SC}=\frac{7758\times40\times120\times0.3\times0.75}{1.2}=6{,}982{,}200\ \text{STB}$$

필요한 인자가 하나의 값으로 주어진 것이 아니라 표 8.8과 같이 확률분포나 범위로 주어진 경우, 각 변수를 하나의 대푯값으로 결정하기 어렵다. 이 경우 난수를 이용하여 해당 분포의 CDF로부터 인자값을 얻어야 한다. 한 번의 계산과정은 표 8.9와 같다. 이와 같은 과정을 100회 반복하여 히스토그램을 그리면 그림 8.12와 같다.

그림 8.12에서 평균은 6,263,893 STB, 표준편차는 1,920,381 STB이다. 계산된 원유부피가 400~650만 배럴 주위에 집중되어 나타나고 있으며 비교적 큰 값들도 존재하는 로그정규분포를 보인다. 추계학적 기법을 이용하여 예상되는 원유부피를 평가하면 원유생산사업을 시작하기 전에 사업의 경제성과 불확실성을 정량적으로 평가하고 의사결정에 활용할 수 있다.

표 8.9에 제시된 방법으로 30번 반복계산하여 하나의 평균값을 얻고 이 과정을 30번 시행하면 30개의 평균값 자료를 얻는다. 각 인자가 가진 불확실성으로 총 900번의 서로 다른 원유부피 계산이 이루어진다. 30개의 자료를 이용하여 표준정규분포와 분위수대조도를 그리면 그림 8.13과 같이 선형성을 잘 나타내므로 평균값 자료는 정규분포를 따른다고 할 수 있다. 이와 같은 현상은 중심극한정리의 한 예이기도 하다.

표 8.9 추계학적 기법을 이용한 원유부피 계산예

변수	분포종류	난수	분위수
면적	균일분포	0.9038	47.6
두께	삼각분포	0.7575	130.9
공극률	정규분포	0.2137	0.2603
용적계수	정규분포	0.2076	1.118
포화도	정규분포	0.3390	0.7126
원유부피			8020003

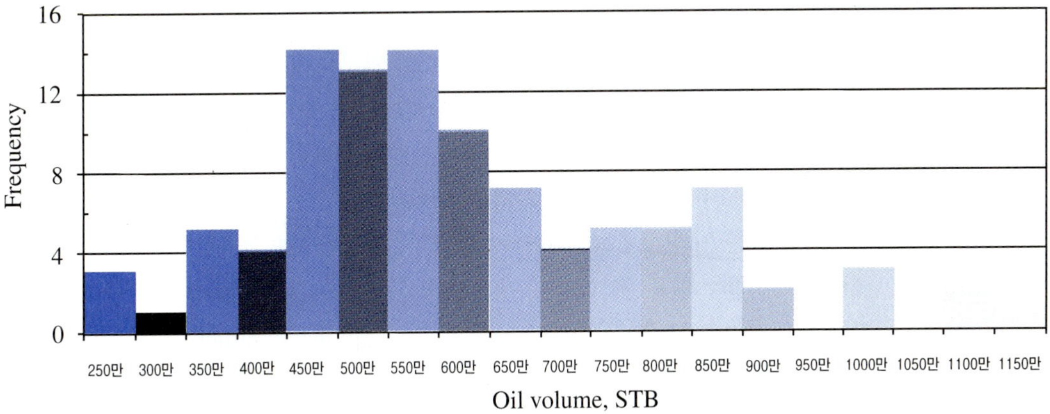

그림 8.12 원유부피(STB)의 히스토그램

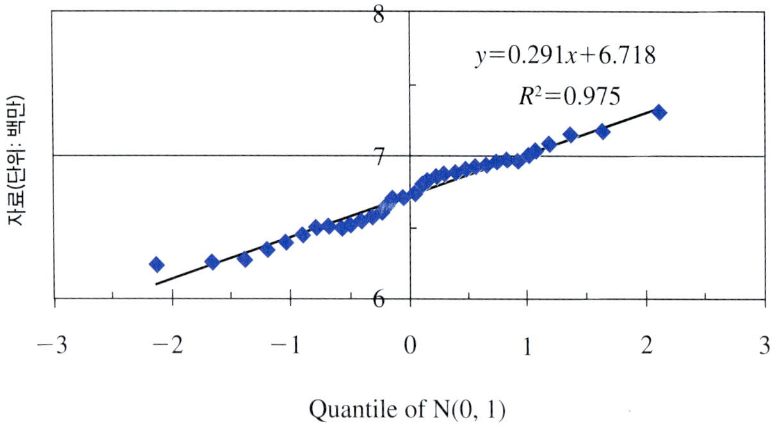

그림 8.13 표본크기가 30인 표본평균과 표준정규분포의 분위수대조도

8.3.5 추계학적 최적화 알고리즘

추계학적 기법은 최적화 알고리즘에도 응용될 수 있다. 최적화기법은 크게 변화율에 기반을 둔 기법과 비변화율에 근거한 기법으로 나눌 수 있다. 목적함수의 감소를 최대로 하는 방향으로 변수를 변화시키는 변화율에 근거한 기법에 비해 비변화율에 근거한 기법은 변수의 검색범위가 넓어 광역해를 이론적으로 보장한다. 추계학적 최적화 알고리즘은 변수의 검색범위를 추계학적으로 변화시켜 최적해를 찾아가므로 비변화율에 기반을 둔 기법에 속한다. 추계학적 최적화 알고리즘의 대표적인 예로는 담금질모사(SA: simulated annealing)기법과 유전알고리즘(GA: genetic algorithm)기법이 있다.

SA 기법은 관심 있는 변수에 임의의 교란(perturbation)을 주고 이 교란의 수용여부를 결정하는 과정을 반복하여 최적화를 수행한다. GA 기법은 해당 변수의 모집단을 생성하고 이를 이용하여 유전자와 유사한 2진수 형태로 변환한 다음 각 유전자를 변이 또는 교차시켜 새로운 집단을 만들고 우수한 집단을 선택하는 과정을 반복하여 최적화를 수행한다. SA 기법에서 임의의 교란과 교란의 수용여부를 결정하는 것과 GA 기법에서 임의의 변이와 교차를 적용해 대상 집단을 생성하는 것은 추계학적 특성이다.

비교적 간단하게 구현할 수 있는 SA 기법의 예제를 통해 그 구체적 과정을 살펴보자. SA 기법은 주로 광역최적화 기법에 사용되며 원하는 목적함수를 최소화하기 위하여 변수의 일부를 임의로 변화시키거나 교란하여 목적함수를 평가한다. 시뮬레이션 과정 중에서는 목적함수가 증가하더라도 일정한 확률을 가지고 그 변화를 수용함으로써 지역적 최솟값(local minimum)을 벗어나 광역적 최솟값(global minimum)에 수렴하게 한다.

이와 같이 최적화를 수행함으로써 광역최적화를 이룰 수 있지만 그만큼 많은 계산을 필요로 하는 단점이 있다. SA 기법은 특별히 다른 모델이나 추가적인 시뮬레이션이 없이 목적함수를 설정할 수 있고 적용이 용이하여 공학, 컴퓨터 시뮬레이션, 경제학, 사회학 등 많은 분야의 최적화과정에 사용된다. 최적경로탐색, 회로설계, 그리고 자료처리는 SA를 적용할 수 있는 대표적인 예이다. SA 기법의 최적화과정은 다음과 같다.

① 자료값이 없는 지점에서 알려진 분포특성을 이용하여 값을 생성한다.
② 생성된 초기 자료를 이용하여 목적함수의 초깃값을 계산한다.
③ 임의로 한 지점을 선택하고 그 값을 교란시킨다.
④ 변화된 값을 이용하여 목적함수를 다시 계산한다.
⑤ 목적함숫값의 변화에 따라 교란된 값의 수용여부를 결정한다.
⑥ 일정한 횟수의 과정을 반복한 후 온도를 감소시킨다.
⑦ 목적함수가 원하는 기준으로 수렴할 때까지 ③~⑥ 과정을 반복한다.

SA 기법의 가장 핵심적인 부분 중 하나가 주어진 변화를 수용할 것인지 거부할 것인지를 결정하는 기준이다. 메트로폴리스(Metropolis) 등(1953)은 목적함수의 변화를 계산하고 그 값이 양이면 그와 같은 변화가 일어날 수 있는 최대확률을 계산하고, 난수와 비교하여 난수값이 더 작으면 그 변화를 수용하여 새롭게 생성된 값을 자료값으로 사용하였다. 만약 난수값이 더 크면 변화를 받아들이지 않고 변화 이전에 사용하였던 자료를 그대로 유지한다. 이와 같은 과정을 일정한 횟수만큼 반복한 후에 다시 온도를 낮추고 그 계산을 반복한다. 이와 같은 기법을 이용하는 SA 기법을 '메트로폴리스 알고리즘' 이라고도 한다. SA 시뮬레이션을 할 때 교란된 새로운 해를 받아들일 확률은 식 (8.30)과 같이 요약할 수 있다.

$$p=\begin{cases}1 & \text{if } \Delta E<0\\ e^{-\Delta E/T} & \text{if } \Delta E>0\end{cases} \tag{8.30}$$

여기서 T는 온도, ΔE는 목적함수의 변화량이다.

교란된 값이 주어진 목적함수를 감소시키면($\Delta E < 0$) 그 변화를 항상 수용한다. 식 (8.30)에서도 교란을 수용할 확률이 1이 된다. 교란된 값이 목적함수를 증가시키면($\Delta E > 0$), 주어진 확률값 $\exp(-\Delta E/T)$를 교란된 값을 받아들일 수 있는 최대확률로 가정한다. 따라서 0과 1 사이의 균일분포로부터 난수를 생성하고 난수가 주어진 확률값보다 작으면 교란을 수용하고 그 반대이면 교란을 무시하고 교란 이전의 값을 유지한다.

메트로폴리스 기법의 개념을 기하학적으로 나타내면 그림 8.14와 같다. 그림에서 주어진 현위치에서 기울기를 사용하는 최적화 기법들은 항상 기울기가 감소하는 방향(a 방향), 즉 목적함숫값이 작아지는 방향으로 수렴한다. 따라서 수렴해는 초깃값에 민감하며 지역적 최솟값에 수렴할 가능성이 많다. 이와 반대로 메트로폴리스 기법을 사용한 SA 기법은 목적함수가 증가하는 방향(b 방향)으로의 변화도 일부 수용함으로써 지역최솟값을 지나 광역최솟값에 수렴하도록 한다. 이와 같이 목적함수가 증가하더라도 그 값을 일정한 확률을 바탕으로 수용하는 것을 확률적 언덕오르기(probabilistic hill climbing)라 한다.

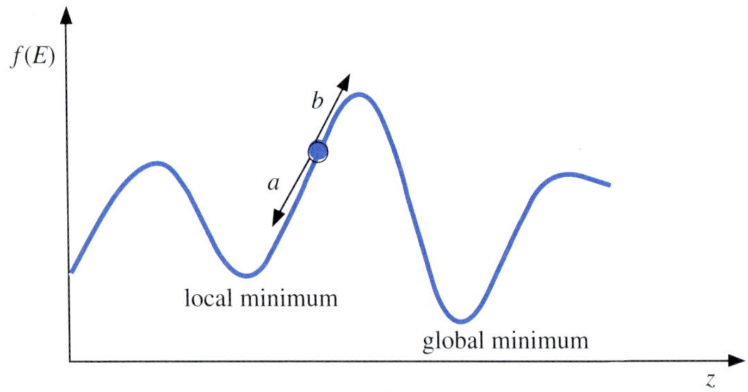

그림 8.14 메트로폴리스 기법의 기하학적 개념($f(E)$는 목적함수)

메트로폴리스 등이 제시한 기법을 사용하기 위해서는 먼저 초기온도를 구해 주어야 한다. SA 기법을 소개한 많은 문헌에서도 초기온도 설정에 대한 명확한 언급이 없는 경우가 많은데 이는 일반적인 식을 제시할 수 없고 각 문제의 특성에 따라 결정해야 하기 때문이다. SA 기법에 사용되는 초기온도는 특별한 물리적 의미가 있는 것이 아니기 때문에 목적함수의 초깃값과 범위가 비슷한 값을 사용하는 것이 일반적이다. 많은 경우에 목적함수의 초깃값을 초기온도로 사용한다.

여기서 중요한 점은 비교적 큰 값을 초기온도로 사용하여 $p(\Delta E)$를 1에 가까운 값이 되도록 하여 목적함수가 증가하는 교란을 비교적 많이 수용하는 것이다. 그 후 점차 온도를 낮추어 목적함수가 최적값에 접근할수록 목적함수가 증가하는 교란의 수용을 줄여 나간다. 즉 초기에는 많은 교란을 허용하여 다양한 해를 모색하고 시뮬레이션이 진행될수록 점차로 유리한 방향의 해만 수용하여 광역적 최솟값에 수렴하게 한다.

초기온도는 최적화를 위한 계산량에 민감하지 않고 오히려 온도를 줄여 나가는 냉각계획이 전체 계산량에 큰 영향을 미친다. 주어진 온도에서 SA 시뮬레이션을 일정 횟수 반복한 후에 온도를 낮추어 주는데 대부분은 현재 사용 중인 온도의 일정한 비율만큼 낮추게 된다. 이를 일반식으로 쓰면 식 (8.31)과 같다.

$$T = \beta^n T_0 \tag{8.31}$$

여기서 T_0는 초기온도, n은 온도를 낮추어 준 과정의 횟수, 그리고 β는 냉각속도 또는 온도감소율을 나타내는 상수이다.

온도를 낮추기 위해 식 (8.31)과 같이 현재의 온도에 β배 한 값을 새로운 온도로 사용한다(즉 $T_{new}=\beta T_{old}$). 상수 β의 값이 너무 1에 가까우면, 즉 온도를 줄이는 속도가 매우 느리면 계산의 수렴속도가 아주 느려지고 많은 양의 계산을 필요로 한다. 반대로 너무 작은 값을 사용하면 온도가 빨리 감소하여 충분한 해의 검색과정을 거치지 못하여 광역 최솟값이 아닌 지역적 최솟값에 수렴할 수 있다. 일반적으로 상수 β는 0.8~0.95의 값을 사용하나 모든 경우에 적용되는 것은 아니다. 따라서 초기온도와 냉각속도는 주어진 목적함수를 바탕으로 민감도분석을 수행하여 적절한 값을 결정해야 한다.

예제 8.4

4개 자료의 평균이 575이고, 표준편차가 311.25일 때, 이들의 값을 SA기법을 이용하여 재생하라. 자료분포는 이산균일분포를 따르고 값의 변화는 100에서 900까지 100씩 증가한다. 단, 그림 8.15에서 격자 안의 숫자는 4개 자료의 번호를 의미한다.

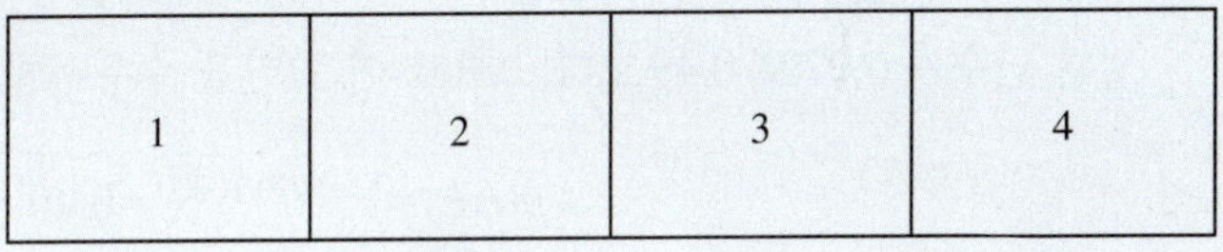

그림 8.15 예제 8.4의 격자

초기온도를 10000, 냉각속도를 0.85로 가정한다. 각 온도에서 최대교란수를 10번으로 한다. 이 값들은 경험적으로 선택된 값들이다. 이 문제의 목적은 평균이 575이고, 표준편차가 311.25가 되는 4개 숫자를 찾는 것이므로 다음의 목적함수가 0.2보다 작을 때까지 반복한다.

$$\text{목적함수} = (\text{평균} - 575)^2 + (\text{표준편차} - 311.25)^2$$

4개 자료에 임의로 500을 할당하였다. 오직 4개의 격자를 가지고 있으므로 균일분포를 이용하면 각 격자가 선택될 확률은 0.25이다. 값을 교란할 격자가 결정되면 100에서 900까지 이산변숫값이 선택될 확률을 1/9씩 균일하게 배당하여 새로운 값을 생성한다. 격자의 선택과 격자값 배정에 난수를 이용하므로 매 계산단계마다 난수를 2번 추출함에 유의하여야 한다.

표 8.10의 1번째 시도에서 각 격자에 모두 500이 할당되었으므로 평균이 500이고 표준편차는 0이다. 목적함수는 다음과 같이 102500이다. 표기의 편의를 위해 계산

결과를 근삿값으로 표기하였다.

$$(500-575)^2+(0-311.25)^2=102500$$

난수를 이용하여 선택된 격자번호가 1이고 새로운 난수에 의해 할당된 격자값이 300이므로 1번 격자의 임시값은 300이다. 네 격자의 값, 즉 300, 500, 500, 500의 평균은 450이고 표준편차는 87이므로 목적함수는 다음과 같이 66090이다. 이 교란에 의한 목적함수 변화량은 −36410으로 목적함수가 감소하였으므로 교란을 수용한다.

$$(450-575)^2+(87-311.25)^2=66090$$
$$\Delta E=66090-102500=-36410$$

2번째 시도에서는 1번 격자가 선택되고 값을 900으로 변화시켜 목적함수가 감소하였으므로 마찬가지로 교란을 수용한다. 3번째 시도에서는 4번 격자를 선택하고 새로운 값 700을 할당하였다. 이 교란은 목적함수를 19681에서 7090만큼 증가시키므로 수용여부를 결정해야 한다. 교란수용을 위한 최대확률은 식 (8.30)에 따라 0.49인데 발생된 난수가 0.97로 0.49보다 크므로 이 교란을 수용하지 않는다.

$$p(\Delta E)=e^{-7090/10000}=0.49$$

7번째 시도에서는 2번 격자를 선택하고 새로운 값 700을 할당한다. 식 (8.30)에 의한 교란수용확률이 0.28이고 발생한 난수는 0.24이므로 비록 목적함수는 증가하였지만 이 교란을 수용한다. 이러한 과정을 반복하면 42번째 시도에서는 목적함수가 0.2보다 작다. 즉 평균 575, 표준편차 311.25인 조건을 만족시키므로 SA 최적화과정을 중지한다. 최적화된 결과는 100, 500, 800, 900이다.

표 8.10 SA기법의 구체적 과정

횟수 i	온도	선택된 격자번호	할당된 격자값	격자번호 #1	#2	#3	#4	평균	표준편차	목적함수	목적함수 변화량	교란 수용확률	난수	결정
1	10000	1	300	500	500	500	500	500	0	102500	−36410			수용
2	10000	1	900	300	500	500	500	450	87	66090	−46410			수용
3	10000	4	700	900	500	500	500	600	173	19681	7090	0.49	0.97	거절
4	10000	2	400	900	500	500	500	600	173	19681	−5468			수용
5	10000	4	600	900	400	500	500	575	192	14213	1829	0.83	0.96	거절
6	10000	2	800	900	400	500	500	575	192	14213	13399	0.26	0.41	거절
7	10000	2	700	900	400	500	500	575	192	14213	12558	0.28	0.24	수용
8	10000	1	300	900	700	500	500	650	166	26771	7695	0.46	0.14	수용

표 8.10 계속

횟수 i	온도	선택된 격자번호	할당된 격자값	격자번호 #1	#2	#3	#4	평균	표준 편차	목적 함수	목적함수 변화량	교란 수용확률	난수	결정
9	10000	3	400	300	700	500	500	500	141	34466	2216	0.80	0.96	거절
10	10000	2	800	300	700	500	500	500	141	34466	−14353			수용
11	8500	1	200	300	800	500	500	525	179	20112	−4664			수용
12	8500	4	600	200	800	500	500	500	212	15449	−3973			수용
13	8500	4	400	200	800	500	600	525	217	11476	7500	0.41	0.85	거절
14	8500	4	700	200	800	500	600	525	217	11476	−4107			수용
15	8500	3	600	200	800	500	700	550	229	7368	−398			수용
16	8500	1	400	200	800	600	700	575	228	6970	22212	0.07	0.34	거절
17	8500	1	900	200	800	600	700	575	228	6970	63433	0.00	0.97	거절
18	8500	2	900	200	800	600	700	575	228	6970	−3176			수용
19	8500	1	100	200	900	600	700	600	255	3794	−3522			수용
20	8500	2	500	100	900	600	700	575	295	272	16698	0.14	0.89	거절
21	7225	1	400	100	900	600	700	575	295	272	22506	0.04	0.99	거절
22	7225	4	400	100	900	600	700	575	295	272	5741	0.45	0.11	수용
23	7225	3	200	100	900	600	400	500	292	6013	24621	0.03	0.06	거절
24	7225	2	800	100	900	600	400	500	292	6013	6758	0.39	0.21	수용
25	7225	1	700	100	800	600	400	475	259	12772	16410	0.10	0.95	거절
26	7225	3	200	100	800	600	400	475	259	12772	29091	0.02	0.62	거절
27	7225	1	500	100	800	600	400	475	259	12772	13910	0.15	0.04	수용
28	7225	1	300	500	800	600	400	575	148	26682	−9969			수용
29	7225	3	500	300	800	600	400	525	192	16713	4329	0.55	0.78	거절
30	7225	1	700	300	800	600	400	525	192	16713	12469	0.18	0.52	거절
31	6141	3	500	300	800	600	400	525	192	16713	4329	0.49	0.78	거절
32	6141	4	200	300	800	600	400	525	192	16713	−1419			수용
33	6141	4	400	300	800	600	200	475	238	15294	1419	0.79	0.28	수용
34	6141	4	700	300	800	600	400	525	192	16713	−671.3			수용
35	6141	2	200	300	800	600	700	600	187	16042	10628	0.18	0.17	수용
36	6141	3	800	300	200	600	700	450	206	26669	−17875			수용
37	6141	3	600	300	200	800	700	500	255	8794	17875	0.05	0.12	거절
38	6141	3	500	300	200	800	700	500	255	8794	27919	0.01	0.76	거절
39	6141	1	100	300	200	800	700	500	255	8794	6881	0.33	0.32	수용
40	6141	2	500	100	200	800	700	450	304	15676	−11313			수용
41	5220	4	900	100	500	800	700	525	268	4362	−4362			수용
42	5220	4	300	100	500	800	900	575	311	0				완료

연구문제

8.17 가산법, 승산법, 선형합동법으로 0과 1 사이의 난수 50개를 추출하라. 엑셀의 내장함수 RND()를 이용하여 동일한 개수의 난수를 발생시키고 히스토그램과 누적 분포함수를 도시하라.

8.18 다음의 각 경우에 0.25, 0.5, 0.75 분위수를 구하라.

(1) 균일분포 $f(z; 0, 1)$

(2) 삼각분포 $f(z; 0, 100, 60)$

(3) 정규분포 $f(z; 10, 10)$

(4) 로그정규분포 $f(w; 2, 0.2)$

8.19 그림 8.11에 주어진 타원에 대하여 다음 물음에 답하라.

(1) 타원면적의 이론값을 계산하라.

(2) 몬테카를로 기법을 적용하여 면적을 계산하라.

(3) 몬테카를로 적분법으로 절대오차 0.002 이하로 적분값을 얻기 위해 자신이 사용한 방법과 결과값을 제시하라.

8.20 $f(x)=\sqrt{x+\sqrt{x}}$ 일 때, 구간 [0, 10]에서 10, 20, 40개 좌표점을 이용하여 몬테카를로 기법으로 적분의 근삿값을 계산하라.

8.21 구간 [0, 1]에서 함수 $f(x)=\cos^2(10x^2)+\sin^4(5\sqrt{x})$의 그래프를 나타내라. 제시된 방법으로 적분값을 구하고 결과를 비교하라.

(1) 직사각형 공식

(2) 사다리꼴 공식

(3) 심프슨 1/3 공식

(4) 몬테카를로 적분법: 식 (8.26) 이용

(5) 몬테카를로 적분법: 식 (8.27a) 이용

8.22 저류층을 직육면체라 가정하고 주어진 자료와 조건을 이용하여 저류층에 존재하는 원유의 부피를 STB로 계산하라.

(1) 저류층 면적이 160 acre, 두께가 60 ft, 공극률이 0.23, 용적률이 1.2, 원유포화도가 0.75이다.

(2) 조건이 다음과 같이 변형되었을 때 원유의 부피를 평가하라.(힌트: 자료가 가지는 불확실성으로 인하여 여러 번의 반복계산 후 대푯값을 정해야 함)

변수	분포종류	최솟값	최댓값	최빈값	평균	표준편차
면적	균일분포	125	250			
두께	삼각분포	20	80	60		
공극률	정규분포				0.2	0.04
용적률	정규분포				1.15	0.1
포화도	균일분포	0.65	0.80			

(3) 모든 비용을 고려한 원유의 생산비용이 \$9.50/STB 일 때 (1)과 (2)의 경우에 저류층의 가치를 평가하라. 회수율은 55% 로 가정하라.

8.23 저류층에 존재하는 천연가스의 부피는 다음의 수식으로 계산할 수 있다.

$$V_g(\text{MMscf}) = \frac{0.043560 \times A\,(\text{acre}) \times h\,(\text{ft}) \times \phi\,(\text{fraction}) \times S_g\,(\text{fraction})}{B_g\left(\dfrac{\text{rcf}}{\text{scf}}\right)}$$

여기서 scf (standard cubic feet)는 표준상태에서의 부피, rcf (reservoir cubic feet)는 저류층상태에서의 부피, B_g 는 가스의 용적계수, 그리고 MMscf 는 10^6 ft^3 을 의미한다.

(1) 면적이 640 acre, 두께가 80 ft, 공극률이 0.18, 가스포화도가 85%, 가스의 용적계수가 0.0014 일 때 저류층에 존재하는 가스의 부피를 계산하라.

(2) 조건이 다음과 같이 변형되었을 때 가스의 부피를 평가하라.

변수	분포종류	최솟값	최댓값	최빈값	평균	표준편차
면적	균일분포	560	700			
두께	삼각분포	25	90	80		
공극률	정규분포				0.18	0.05
용적계수	정규분포				0.0075	0.0001
포화도	정규분포				0.85	0.03

(3) 모든 비용을 고려한 가스의 생산비용이 \$1.50/MMscf 일 때 (1)과 (2)의 경우에 저류층의 가치를 평가하라. 회수율은 85% 로 가정하라.

8.24 음식점을 운영하는 John은 지난 일주일 동안의 일일매출액의 추이를 보고 다음 주 운영계획을 세우려 한다. 그러나 일주일 동안의 매출 평균과 표준편차 자료만 있고 일주일 동안의 일일매출액 자료는 소실되었다. 일주일 매출의 평균은 757만 원이고, 표준편차는 407만 원이다. 매출의 최솟값은 100만 원, 최댓값은 1400만 원이다. 일일매출액이 매일 증가했을 때 일주일 동안의 일일매출액을 100만 원 단위로 구하라.

APPENDIX

부록

부록 I 표준정규분포표

$$F(z)=\int_{-\infty}^{z}\frac{1}{\sqrt{2\pi}}\exp\left(-\frac{1}{2}x^2\right)dx$$

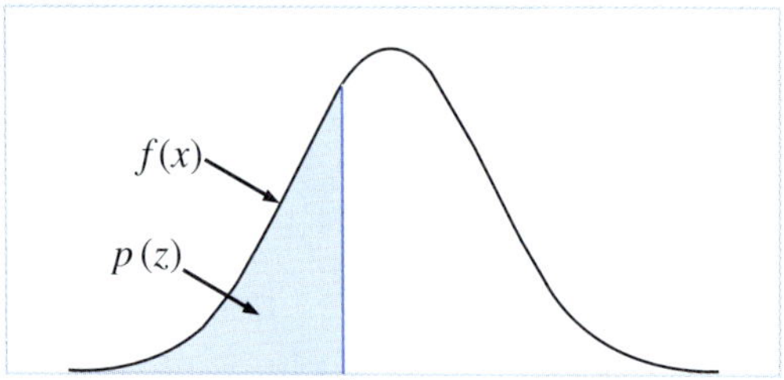

표의 숫자는 z보다 작거나 같은 누적확률 $F(z)$를 나타낸다.

z	.00	.01	.02	.03	.04	.05	.06	.07	.08	.09
−3.4	.0003	.0003	.0003	.0003	.0003	.0003	.0003	.0003	.0003	.0002
−3.3	.0005	.0005	.0005	.0004	.0004	.0004	.0004	.0004	.0004	.0003
−3.2	.0007	.0007	.0006	.0006	.0006	.0006	.0006	.0005	.0005	.0005
−3.1	.0010	.0009	.0009	.0009	.0008	.0008	.0008	.0008	.0007	.0007
−3.0	.0013	.0013	.0013	.0012	.0012	.0011	.0011	.0011	.0010	.0010
−2.9	.0019	.0018	.0018	.0017	.0016	.0016	.0015	.0015	.0014	.0014
−2.8	.0026	.0025	.0024	.0023	.0023	.0022	.0021	.0021	.0020	.0019
−2.7	.0035	.0034	.0033	.0032	.0031	.0030	.0029	.0028	.0027	.0026
−2.6	.0047	.0045	.0044	.0043	.0041	.0040	.0039	.0038	.0037	.0036
−2.5	.0062	.0060	.0059	.0057	.0055	.0054	.0052	.0051	.0049	.0048
−2.4	.0082	.0080	.0078	.0075	.0073	.0071	.0069	.0068	.0066	.0064
−2.3	.0107	.0104	.0102	.0099	.0096	.0094	.0091	.0089	.0087	.0084
−2.2	.0139	.0136	.0132	.0129	.0125	.0122	.0119	.0116	.0113	.0110
−2.1	.0179	.0174	.0170	.0166	.0162	.0158	.0154	.0150	.0146	.0143
−2.0	.0228	.0222	.0217	.0212	.0207	.0202	.0197	.0192	.0188	.0183
−1.9	.0287	.0281	.0274	.0268	.0262	.0256	.0250	.0244	.0239	.0233
−1.8	.0359	.0351	.0344	.0336	.0329	.0322	.0314	.0307	.0301	.0294
−1.7	.0446	.0436	.0427	.0418	.0409	.0401	.0392	.0384	.0375	.0367
−1.6	.0548	.0537	.0526	.0516	.0505	.0495	.0485	.0475	.0465	.0455
−1.5	.0668	.0655	.0643	.0630	.0618	.0606	.0594	.0582	.0571	.0559
−1.4	.0808	.0793	.0778	.0764	.0749	.0735	.0721	.0708	.0694	.0681
−1.3	.0968	.0951	.0934	.0918	.0901	.0885	.0869	.0853	.0838	.0823
−1.2	.1151	.1131	.1112	.1093	.1075	.1056	.1038	.1020	.1003	.0985
−1.1	.1357	.1335	.1314	.1292	.1271	.1251	.1230	.1210	.1190	.1170
−1.0	.1587	.1562	.1539	.1515	.1492	.1469	.1446	.1423	.1401	.1379
−0.9	.1841	.1814	.1788	.1762	.1736	.1711	.1685	.1660	.1635	.1611
−0.8	.2119	.2090	.2061	.2033	.2005	.1977	.1949	.1922	.1894	.1867
−0.7	.2420	.2389	.2358	.2327	.2296	.2266	.2236	.2206	.2177	.2148
−0.6	.2743	.2709	.2676	.2643	.2611	.2578	.2546	.2514	.2483	.2451
−0.5	.3085	.3050	.3015	.2981	.2946	.2912	.2877	.2843	.2810	.2776
−0.4	.3446	.3409	.3372	.3336	.3300	.3264	.3228	.3192	.3156	.3121
−0.3	.3821	.3783	.3745	.3707	.3669	.3632	.3594	.3557	.3520	.3483
−0.2	.4207	.4168	.4129	.4090	.4052	.4013	.3974	.3936	.3897	.3859
−0.1	.4602	.4562	.4522	.4483	.4443	.4404	.4364	.4325	.4286	.4247
−0.0	.5000	.4960	.4920	.4880	.4840	.4801	.4761	.4721	.4681	.4641

부록 II VBA 프로그래밍

만약에 '5명의 후보자 중 가장 현명한 사람을 선택하는 프로그램을 작성하라'는 과제가 주어진다면 독자들의 반응은 어떨까? 프로그램 작성에 경험이 있는 독자들은 비교적 쉽게 이 문제를 해결할 수 있으며 프로그램을 어떻게 구성할지 벌써 아이디어가 떠올랐을 것이다. 간단히 5명의 후보자를 입력자료로 읽고 그 중에 한 명을 가장 현명한 사람으로 선택하는 프로그램을 작성할 수도 있다. 하지만 많은 사람들은 주어진 과제를 어떻게 해결해야 할지 방법과 과정을 알지 못한다.

주어진 과제를 좀더 구체적으로 표현하여 그림 II.1과 같이 사용자 중심적인(user friendly) 윈도우기반(Windows-based) 프로그램 또는 객체지향형(object oriented) 프로그램을 작성하라고 하면 독자들의 반응은 아마도 양 극단적 모습을 비롯해 매우 다양할 것이다. 프로그램 작성 경험이 없는 독자는 두려운 마음과 함께 포기하고 싶은 마음이 들 수도 있다. 이 분야에 대한 프로그래밍 경험이 있고 Visual Basic 언어나 Microsoft Excel™ VBA를 아는 독자라면 30분이면 프로그램을 완성할 수 있다고 장담할 수도 있다.

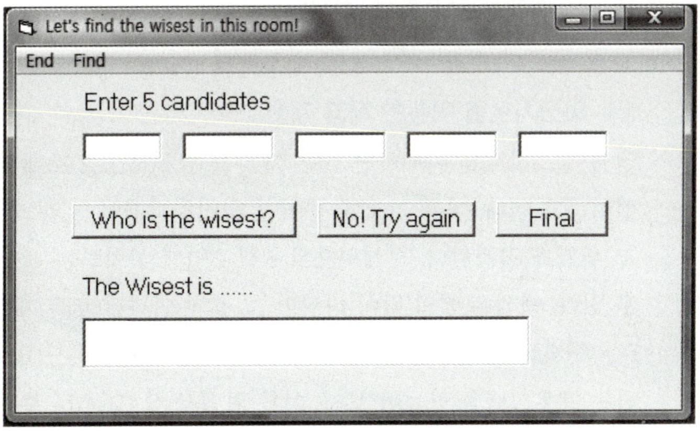

그림 II.1 윈도우기반 프로그램 예

부록 II에서는 엑셀과 VBA(Visual Basic for Applications), 즉 엑셀 워크시트(worksheet)와 엑셀에서 제공하는 Visual Basic을 이용한 프로그래밍에 대하여 설명한다. 2007년 버전을 기준으로 설명하고 있으며 엑셀과 VBA는 그 내용이 방대하므로 여기서 모든 내용을 다 설명할 수는 없다. 단지 간단한 프로그래밍 예를 들어 설명함으로써 독자들로 하여금 프로그래밍에 대한 거부감과 두려움을 없애고 본문에서 설명된 다양한 수치기법을 사용하여 문제를 해결하는 기초를 제공하고자 한다.

여기서는 엑셀과 워크시트가 무엇인지, 셀(cell)에 수식은 어떻게 사용하는지 등 초보적인 내용은 알고 있다고 전제한다. 또한 여러 개의 워크시트 중에서 현재 작업하고 있는 워크시트(이를 active worksheet라 함)를 기준으로 한다. 엑셀의 기초적인 이용법은 비교적 간단하기 때문에 엑셀을 사용해 본 적이 없는 독자는 이 기회에 한 번 배워 보기를 강력히 권한다. 보다 전문적인 내용은 엑셀에 내장된 도움말이나 참고서적을 활용하기 바란다.

엑셀을 이용한 프로그램에는 다음과 같은 장점이 있다. 여기에 언급된 장점들은 수치해석적 기법을 사용하여 값을 계산할 때의 장점들이며 프로그램에 대한 경험이 쌓일수록 그 진가가 더욱 발휘될 것이다. 또한 여기에 언급된 장점 외에도 수많은 장점들이 있다.

- 한 단계 한 단계씩 구체적 계산이 가능하다.
- 계산에 사용된 변수값이 변경되면 연관된 모든 계산값들이 즉시 갱신된다.
- 엑셀 워크시트, 표, 그림 등 미리 원하는 양식으로 변경하여 사용할 수 있다.
- 수학적 계산, 통계처리, 자료관리도 가능하다.
- 내장함수를 사용할 수 있다.
- 매크로(macro)를 사용할 수 있다.
- VBA를 사용할 수 있다.

II.1 워크시트를 이용한 직접 계산

엑셀 워크시트를 이용하면 많은 계산을 효율적으로 수행할 수 있다. 워크시트의 한 칸을 셀이라고 한다. 셀은 가로에 주어진 영어알파벳의 열과 세로에 숫자로 주어진 행에 의해 그 위치가 결정된다. 구체적으로 3행 2열에 위치하는 셀은 B3 또는 cells(3,2)로 나타낼 수 있다. 엑셀은 셀의 값이 바뀌면 그 셀과 연관된 모든 계산값이 갱신되는 특징이 있다.

구체적으로 섭씨온도(Celsius degree)와 화씨온도(Fahrenheit degree)를 상호 변환하는 프로그램을 만들어 보자. 이를 위해서 식 (II.1)로 주어진 온도변환 관계식을 이용하여 그림 II.2와 같이 간단하게 만들 수 있다.

$$F=\frac{9}{5}C+32 \tag{II.1a}$$

$$C=\frac{5}{9}(F-32) \tag{II.1b}$$

여기서 C는 섭씨온도이고 F는 화씨온도이다.

그림 II.2와 같은 프로그램은 매우 짧은 시간에 원하는 작업을 완수할 수 있는 장점이 있다. 구체적으로 셀 B4에 =B3*9/5+32 그리고 셀 B6에 =(B5−32)*5/9라고 입력하면(그림 II.2 참조) 엑셀은 B4와 B6에 주어진 관계식에 의해 계산된 결과값을 보여 준다. 프로그램언어를 이용하여 작성된 프로그램은 일반적으로 컴파일된 프로그램을 수행하여야 결과를 얻지만 엑셀의 경우 입력값을 각 셀에 대입하는 즉시 연관된 모든 계산이 갱신되므로 결과를 바로 알 수 있다.

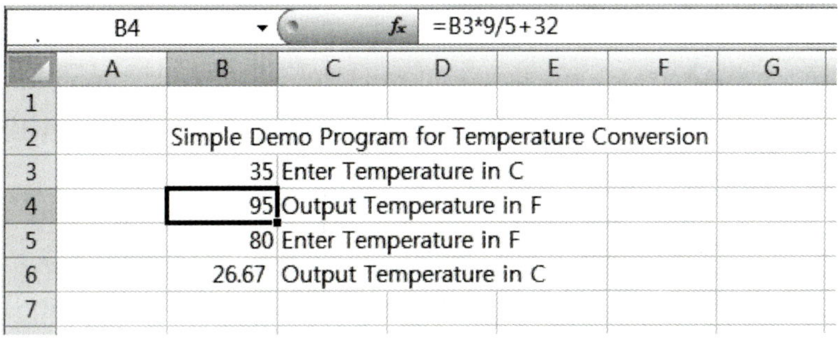

B4 =B3*9/5+32

	A	B	C	D	E	F	G
1							
2		Simple Demo Program for Temperature Conversion					
3		35	Enter Temperature in C				
4		95	Output Temperature in F				
5		80	Enter Temperature in F				
6		26.67	Output Temperature in C				
7							

그림 II.2 간단한 형태의 엑셀 프로그램 예

II.2 워크시트의 양식과 내장함수를 이용한 계산

그림 II.2와 같은 형태로 작성된 프로그램은 간단하지만 사용하기에 효율적이지 않다. 문제가 조금만 복잡해지거나 계산량이 많은 경우, 무엇을 또는 어느 셀에 값을 입력해야 하고 어느 셀이 결과를 보여 주는지 알기 어렵다. 또 적절한 설명이 언급되지 않아 프로그램을 작성하고 사용한 당시에는 알 수 있지만 일정 시간이 경과한 후나 다른 사람이 사용하고자 할 때 어려움이 있을 수 있다. 이런 경우에는 프로그램을 다시 작성해야 하는 경우도 있어 시간손실을 초래한다.

그림 II.2와 같이 워크시트에서 바로 계산을 수행할 수도 있지만 필요한 설명을 추가하고 각 셀의 양식을 변형함으로써 사용의 효율성을 높일 수 있다. 그림 II.3은 동일한 계산을 위해 그림 II.2를 변형한 것이다. 두 그림을 비교해 보면 여러 가지 차이가 있다. 독자들은 그 차이를 알 수 있는가? 색상이 추가되어 조금 더 보기가 좋다고 한다면 그것도 큰 차이 중 하나라고 할 수 있다. 그림 II.3의 엑셀 워크시트에서 계산과 관련된 부분은 큰 박스로 표시된 내부라는 것과 계산결과는 다른 색깔 배경을 가진 셀에 주어짐을 알 수 있다.

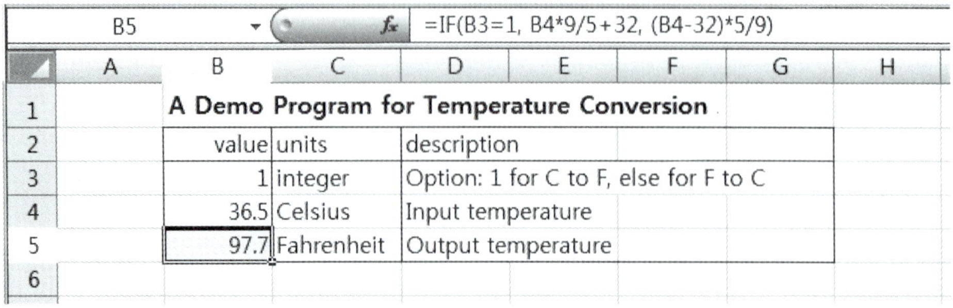

그림 II.3 셀의 양식을 변경한 엑셀 프로그램 예

입력해야 하는 값과 단위 그리고 그 설명이 명확히 주어져 누구나 쉽게 사용할 수 있다. 프로그래밍의 초보자들은 입력값에 대한 설명을 먼저 하고 그 다음에 단위를 표시하고자 하는 유혹을 느낀다. 이것은 자연적인 현상이지만 중요하면서도 짧은 단위를 먼저 명시하고 설명을 추가할 것을 권한다. 그림 II.3의 또 다른 특징은 조건을 사용하여 그림 II.2에서 두 개로 분리되어 있는 계산과정을 간단히 하나로 만들었다는 것이다. 일반적으로 셀을 지칭하는 B3은 B3에 입력된 값이나 문자를 의미하므로 그림 II.3에 사용된 수식을 조건문으로 나타내면 다음과 같다. 이 조건문은 Visual Basic이나 Fortran에 사용되는 언어이다.

```
IF B3 = 1 THEN
    B5 = B4*9/5 + 32
    C4 = "Celsius"
    C5 = "Fahrenheit"
ELSE
    B5 = (B4 − 32)*5/9
    C4 = "Fahrenheit"
    C5 = "Celsius"
END IF
```

셀 B3에 입력된 값이 1이면 섭씨온도를 화씨온도로 바꾼다는 의미이므로 B5에 화씨온도로 계산된 값만 배당한다. 일부 독자들은 셀 C4와 C5의 단위를 변경할 필요가 없다고 생각할 수도 있다. 하지만 화씨온도를 섭씨온도로 바꿀 수도 있고 또 그 역도 가능하기 때문에 각 경우에 따라 단위를 변경하여야 한다. 셀에 문자를 입력하는 경우, 워크시트에서 직접 입력하면 엑셀은 이를 문자로 인식한다. 그러나 함수나 프로그램 수행 중에 문자를 입력하기 위해서는 반드시 인용부호(" ")를 사용해야 한다.

엑셀 워크시트에서 직접 프로그램을 작성하는 경우 가장 강력한 기능 중 하나가 IF 함수이다. IF 함수의 구성은 IF (condition, equation 1, equation 2)이며 다음과 같이 실행된다.

```
IF  (condition is true)  THEN
    Execute  equation 1
ELSE
    Execute  equation 2
END IF
```

위의 내용을 바탕으로 그림 II.3에 사용된 간단한 프로그램을 요약하면 다음과 같다. 만약 독자들이 엑셀 워크시트를 열어 그림 II.3과 같은 양식으로 만들고 명시된 각 셀에 다음과 같이 입력하면(즉 " " 안에 내용을 그대로 입력하면) 섭씨온도와 화씨온도를 상호 변환하는 멋있어 보이는 프로그램을 만들 수 있다.

B5 셀에, "= IF(B3=1, B4*9/5+32, (B4−32)*5/9)"
C4 셀에, "= IF(B3=1, "Celsius", "Fahrenheit")"
C5 셀에, "= IF(B3=1, "Fahrenheit", "Celsius")"

그림 II.2와 II.3에 주어진 예는 프로그램 작성 과정이 비교적 간단하다. 이와 같은 방법을 이용하면 많은 경우에 복잡한 계산도 어렵지 않게 수행할 수 있는 장점이 있다. 하지만 큰 단점은 각 셀에 입력된 수식을 누구나 볼 수 있다는 것이고 또 수정이 가능하다는 것이다. 이는 장점같이 보이기도 하고 작성한 프로그램을 수정하기에 편리한 것 같지만 여러 사람이 사용하거나 전문적인 프로그램을 개발하고자 할 경우 매우 큰 단점이 된다. 일부 셀의 내용이 지워지거나 변경된 경우 결과값이 달라지게 된다. 구체적으로 그림 II.3에서 셀 C4에 입력된 IF 함수가 지워졌다면, 셀 B3의 값이 변하더라도 셀 C4의 값은 갱신되지 않아 입력되는 온도값에 해당하는 올바른 단위를 제공하지 못한다.

이와 같은 한계를 극복할 수 있는 방법이 엑셀이 제공하는 매크로나 Visual Basic 프로그램 기능을 활용하는 것이다. 후자를 보통 VBA라 하며 VBA로 매크로를 작성할 수 있다. 이로 인하여 엑셀의 기능이 획기적으로 향상되었다고 할 수 있다.

II.3 매크로를 이용한 프로그래밍

(1) 매크로 작성

매크로는 엑셀이 이해할 수 있는 언어를 연속적으로 나열한 '명령어 모음'이다. 그림 II.4

는 매크로 기능과 연관된 메뉴이며 가장 유익한 기능 중 하나가 '매크로기록' 이다. 매크로기록 아이콘을 클릭하고 필요한 연산을 수행하면 컴퓨터가 모든 것을 하나의 명령어 모음으로 기록한다. 필요한 연산을 마치면 매크로 기록중지를 선택한다. 매크로기록 아이콘은 토글(toggle) 명령어로 매크로기록이 선택되면 바로 매크로 기록중지로 바뀐다. 이로써 하나의 매크로(보통은 기록한 순서에 따라 Macro1 으로 이름지어진) 프로그램이 완성된다.

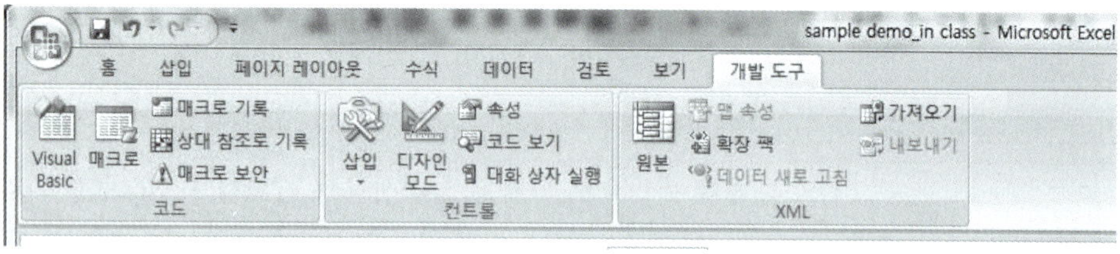

그림 II.4 매크로 기능 메뉴

그림 II.5 는 섭씨온도를 화씨온도로 변환하는 프로그램을 매크로를 이용하여 작성한 것이다. 먼저 그림 II.4 에서 매크로기록을 선택하고 셀 B4 에 셀 B3 값을 이용하여 화씨온도로 변환하는 수식을 입력하고 매크로 기록중지를 선택한다. 그 결과 다음과 같은 명령어 모음이 Macro1 으로 생성된다. 매크로기록 초기에 이름을 명시할 수 있으므로 그 목적을 알 수 있도록 구체적인 긴 이름(이를 long name convention 이라 함)으로 정하는 것이 좋다. Macro1 부프로그램에서 작은따옴표(')는 실행되지 않는 코멘트 라인을 의미하고 Range("B4").Select 는 해당 셀을 선택한다는 의미이다. 이 명령어를 이용하면 Range("B4", "C6", "D2:F2"). Select 와 같이 여러 개의 셀도 선택할 수 있다.

```
Sub Macro1( )
'
' Macro1 Macro
'
    Range("B4").Select
    ActiveCell.FormulaR1C1 = "=R[-1]C*9/5+32"
    Range("B5").Select
End Sub
```

(2) 매크로 실행

매크로기록으로 매크로 프로그램을 생성하였다면 이를 수행하여야 하며 그 과정은 다음과 같다. 그림 II.5 와 같이 프로그램의 목적에 부합하는 적절한 도형(shape)을 선택하여 워크시트 위에 그린다. 이 도형에 이미 작성되어 있는 매크로를 지정하여 명령버튼으로 사용할 것이므로 텍스트를 이용하여 명령내용을 기술하는 설명문을 입력한다. 컴퓨터 마우스의 오른쪽 버튼을 클릭하여 매크로지정을 선택하고 현재 작성되어 있는 모든 매크로 중에서 Macro1 을 지정한다. 매크로를 지정한 순간부터 해당 도형은 명령버튼이 되기 때문에 클릭하면 위에 주어진 Macro1() 부프로그램을 수행하여 섭씨온도로 주어진 값을 화씨온도로 변환한다. 그림 II.5 에서 볼 수 있듯이, 매크로의 수행결과로 셀 B4 에 해당 수식이 입력되고 계산값이 결과로 출력된다.

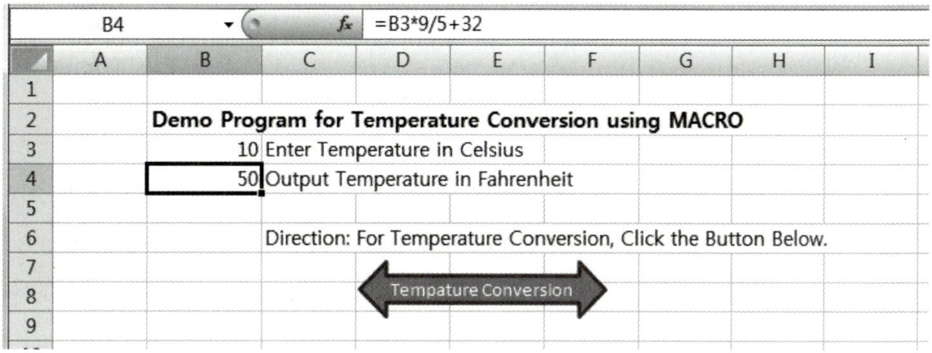

그림 II.5 매크로를 이용한 프로그램 예

(3) 매크로 응용

매크로기록의 가장 중요한 적용은 우리가 원하는 것을 엑셀이 이해하는 언어로 표현하는 것, 즉 구문(syntax)을 알아내는 것이다. 예를 들어 셀 B6 의 배경을 노란색으로 하고 글자크기를 16 으로 하는 경우를 생각해 보자. 가장 쉬운 방법은 마우스로 셀 B6 을 선택하고 배경색 변경 및 글자크기 메뉴를 선택하여 직접 변경하는 것이다. 사용자가 양식을 변경하면 엑셀은 그 양식을 그대로 보존하기 때문에 많은 경우에 먼저 양식을 변경해야 한다. 하지만 이와 같은 방법은 부프로그램 과정 중에 사용할 수 없다.

셀 B6 의 배경을 노란색으로 변경하는 구체적인 예를 생각해 보자. 컴퓨터 마우스로 매크로기록을 선택하고 그 이름을 Color_Yellow 라 하자. 셀 B6 을 선택하고 엑셀 워크시트 메뉴를 이용하여 셀배경을 노란색으로 변경한 후 매크로기록을 종료하면 다음과 같은 매크로기록이 생성된다. With~End With 구문은 With 다음에 주어진 정보(여기서는

Selection.Interior)가 End With로 끝나는 라인까지 공통적으로 적용됨을 나타낸다.

```
Sub Color_Yellow( )
'
' Color_Yellow Macro
'
    Range("B6").Select
    With Selection.Interior
        .Pattern = xlSolid
        .PatternColorIndex = xlAutomatic
        .Color = 65535
        .TintAndShade = 0
        .PatternTintAndShade = 0
    End With
End Sub
```

매크로로 기록된 프로그램은 각 항목별로 모든 속성값들을 가지면서 해당 속성값을 변경하는 특징으로 인하여 프로그램이 매우 길어진다. 다른 속성값을 그대로 유지할 것이기 때문에 실제적으로 반복할 필요가 없다. 따라서 다음에 예시된 대로 Color_Yellow_Short나 (오직 1줄의 구문만 있으므로) With~End With 없이 표현한 Color_Yellow_Short2를 수행해도 결과는 같다.

```
Sub Color_Yellow_Short( )
    Range("B6").Select
    With Selection.Interior
        .Color = 65535
    End With
End Sub

Sub Color_Yellow_Short2( )
    Range("B6").Select
    Selection.Interior.Color = 65535
End Sub
```

매크로기록을 이용하여 셀 B6의 글자형태(font)를 Times New Roman으로, 크기

(size)를 16으로 하는 Font_Romans16_Short 매크로는 다음과 같다. 해당 셀을 선택하는 언어와 글자형태를 바꾸는 언어를 다시 한 번 유의하여 보고 독자들도 시도해 보기 바란다.

```
Sub Font_Romans16_Short( )
    Range("B6").Select
    With Selection.Font
        .name = "Times New Roman"
        .Size = 16
    End With
End Sub
```

(4) 매크로 한계

매크로기록은 이미 설명한 특징이 있기 때문에 VBA 프로그래밍의 초기단계에 많은 도움을 얻을 수 있다. 하지만 매크로기록에만 의지하여 프로그램을 작성하면 프로그램이 길어지고 또 다음과 같은 한계가 있다. 따라서 매크로기록을 효과적으로 활용하는 것이 중요하다.

- 잘못된 조작이나 실수도 모두 기록한다.
- 명시하지 않은 값은 모두 기본값으로 기록한다.
- 조건판단이나 반복문을 기록할 수 없다.
- 사용자의 반응이나 선택에 따른 상호작용 행위를 기록하지 못한다.

이미 언급한 매크로기록에서 볼 수 있듯이 매크로기록은 기록이 시작된 이후 기록을 종료할 때까지 사용자가 한 모든 행위를 기록한다. 셀 B6을 선택하려고 하였지만 실수로 B5를 선택해도 컴퓨터는 그것이 실수인지 판단할 수 없기 때문에 순차적으로 기록한다. 모든 것을 기록하므로 셀 B5에 특정 값을 입력하고 나서 잘못 입력되어 다시 지울지라도 컴퓨터는 셀 B5를 선택하고 값을 입력하고 그 후에 입력값을 제거하는 것으로 기록한다.

Sub Color_Yellow에서 볼 수 있듯이 명시되지 않은 모든 속성값도 같이 기록하여 프로그램이 길어지는 특징이 있다. 또한 모든 것을 순차적으로 기록만 하기 때문에 조건에 따라 선택을 하거나 반복하는 과정을 인지하지 못하고 단순히 순차적 과정으로만 인식한다. 따라서 사용자의 선택이나 반응을 고려한 매크로를 기록하지 못한다. 이와 같은 한계를 극복할 수 있는 것이 VBA이다.

II.4 VBA를 이용한 프로그래밍

VBA는 엑셀 워크시트가 제공하는 '개발도구' 중에서 Visual Basic를 이용하는 것이다. Visual Basic은 컴퓨터언어 중 하나인 Basic을 사용하면서 윈도우를 제어할 수 있는 언어와 객체(object)와 객체를 제어할 수 있는 기능을 추가적으로 제공하므로 윈도우기반 프로그램을 작성하기에 적절하다. 모든 객체는 그 이름과 속성(property)에 의하여 제어되며 대부분 프로그램을 작성하는 디자인 과정이나 프로그램 수행 중에 변경할 수 있어 다양한 응용이 가능하다.

엑셀에서 VBA 프로그램을 이용하기 위해서는 먼저 프로그램을 작성하여야 하고 작성된 프로그램을 엑셀 워크시트에 있는 도형이나 명령버튼에 지정하여야 한다. 엑셀 워크시트의 메뉴인 "개발도구"를 선택하고 "Visual Basic"을 선택하면 엑셀과 연동되어 있는 Visual Basic 개발도구로 전환된다(그림 II.6). VBA를 잘 활용하기 위해서 Visual Basic에 대한 지식이 필요하지만 Visual Basic이 제공하는 객체를 이용하지 않고도 좋은 VBA 프로그램을 작성할 수 있다.

VBA를 이용한 프로그래밍을 위해서는 다음 항목에 대한 기본적인 이해가 필요하다. Visual Basic에 대한 심도 깊은 설명은 관련 참고서적을 활용하기 바란다.

- 프로젝트(project)
- 모듈(module)
- 폼(form)
- 도구상자
- 객체
- 속성

Visual Basic은 프로젝트 단위로 관리되고 프로젝트는 여러 개의 모듈과 폼으로 구성된다. 모듈은 각종 부프로그램을 포함하고 있는 파일이며 폼은 Visual Basic에서 제공하는 다양한 객체를 담을 수 있는 '그릇'과 같은 창화면(window screen)이다. 객체는 그림 II.6의 "도구상자"에서 볼 수 있듯이 label, text box, command button, option button, shapes, line, timer 등 윈도우기반 또는 객체지향적인 프로그램 개발에 필요한 기능들을 쉽게 수행할 수 있도록 제공되는 항목들이다. 구체적으로 창화면에서 값이나 문자를 입력할 수 있는 객체가 text box이며 그림 II.1과 II.6에 사용된 예가 있다. 오직 간단한 설명만 필요한 경우 label을 사용할 수 있다.

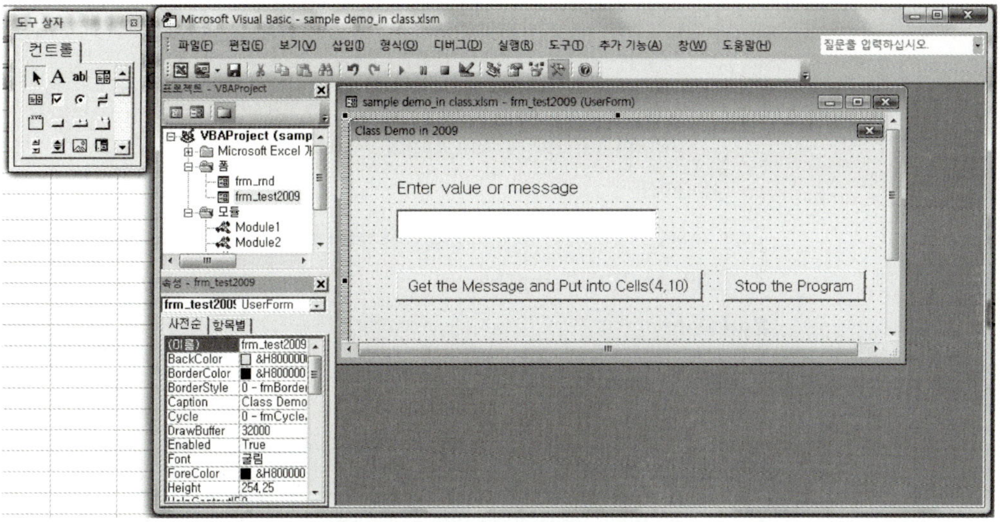

그림 II.6 Visual Basic 개발환경

그림 II.7은 VBA를 이용하여 그림 II.3에 주어진 계산을 완성하는 예를 보여 준다. 기본적으로 그림 II.3과 같은 양식과 설명을 사용하고 있다. VBA를 사용하는 경우에 온도변환옵션과 입력값을 입력하더라도 결과값은 변화되지 않는다. 결과를 얻기 위해서는 자료입력 후 명령버튼을 클릭하여야 한다. 명령버튼은 Visual Basic에서 제공하는 객체인 command button을 이용하거나 매크로와 같이 사용자가 원하는 도형을 선택한 후 부프로그램을 매크로로 지정할 수 있다.

명령버튼이 클릭되면 다음에 주어진 Temperature_Conversion 부프로그램이 수행되고 최종적으로 계산된 결과가 셀 B6에 수치로 출력된다. 매크로기록을 이용한 경우 매크로의 수행결과로 수식이 셀에 입력되고 그 수식에 의해 계산된 결과가 값으로 표현되지만(그림 II.5 참조), VBA를 이용한 프로그램의 경우 프로그램에서 계산된 결과가 셀로 출력된다(그림 II.7 참조). 언급한 두 경우 모두 셀 B6의 내용을 지울지라도, 그림 II.2와 II.3 경우와는 달리, 명령버튼을 클릭하면 계산결과를 제공한다. 필요한 경우 그림 II.2에 주어진 단위 및 설명부분도 부프로그램 안에서 관리할 수 있다.

```
Sub Temperature_Conversion( )
'.......... read the option and convert the given temperature
    TempOption = cells(4,2)
    TempInput = cells(5,2)
```

```
        IF TempOption = 1 THEN
           TempOutput = TempInput * 9/5 + 32
        ELSE
           TempOutput = (TempInput − 32) * 5/9
        END IF
    '......... show convert temperature as result
        Cells(6,2) = TempOutput
    End Sub
```

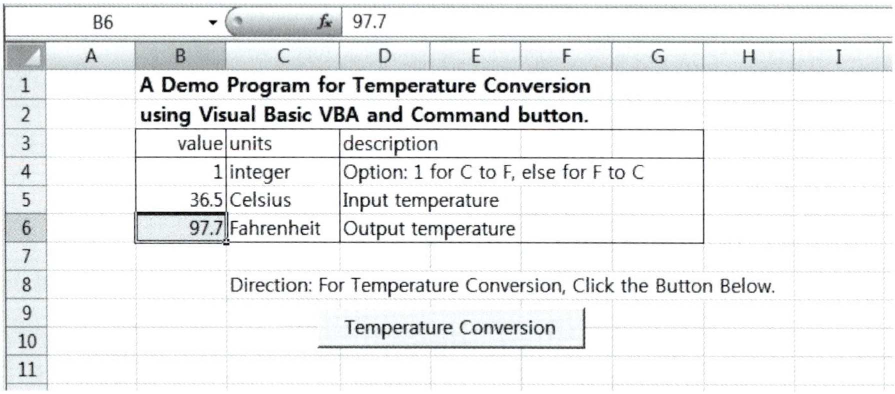

그림 II.7 VBA를 이용한 프로그램 예

II.5 윈도우기반 객체지향적 프로그래밍

부록 II 처음부분에 언급된 '5명의 후보자 중에서 가장 현명한 사람을 선발하는 프로그램' 을 작성하는 예를 통하여 객체지향적인 프로그램을 작성하는 방법에 대하여 설명하고자 한다. 객체지향적인 프로그램에는 다음 세 가지가 반드시 있어야 한다. 이들은 엑셀에서 제공하는 Visual Basic 개발도구를 이용하면 쉽게 만들 수 있다. 객체지향적인 프로그램은 객체와 객체에 연결된 프로그램으로 원하는 목적을 달성한다. 모든 객체는 이름과 속성을 가지고 있어 객체의 이용과 관리가 가능하다.

- 폼
- 객체
- 객체와 연관된 코드

객체지향적 프로그램을 작성하기 위해서 생각해야 할 여러 요소들이 있다. 궁극적으로 이루고자 하는 목적과 이를 위해 필요한 사용자의 행위를 먼저 예상하여야 한다. 주어진 문제에서 목적은 가장 현명한 한 사람을 선택하는 것이다. 이를 위한 사용자의 행위는 후보자 5명을 입력한 후에 1명을 선택하는 명령버튼을 클릭하는 것이다. 프로그램을 작성하는 독자들은 사용자에게 필요한 것과 사용자의 행위를 예측하고 일반 사용자가 이용하기 쉬운 프로그램을 작성해야 한다.

이와 같은 시나리오를 바탕으로 그림 II.1과 같이 5개의 입력박스(text box), 프로그램 수행을 위한 명령버튼(command button), 결과를 나타낼 출력박스(text box), 그리고 이들을 배치할 폼(form)이 최소한으로 필요하다. 사용의 편의를 위한 설명(label)이 필요하고 종료를 위한 명령버튼이 추가적으로 필요하다. 프로그램 수행의 재미를 위해 또 1차 결과에 동의하지 않을 후보자를 위해 다시 시도하는 명령버튼 그리고 논쟁의 마무리를 위한 최종시도 버튼 등도 추가할 수 있다.

Visual Basic 환경에서 “삽입” 메뉴를 선택하고 “사용자 정의 폼”을 선택하면 폼이 생성되며 그 이름을 frm_wisest라 하자. “도구상자”로부터 언급한 객체들을 그림 II.1과 같이 폼에 배치한다. 다음으로 ‘Who is the wisest?’ 라는 명령버튼에 연동되어 사용될 부프로그램을 작성해야 한다. 여기에는 여러 가지 방법이 가능하다. 명령버튼 객체의 특징상 소스코드를 가질 수 있으므로 명령버튼을 더블클릭하여 바로 프로그램을 작성할 수 있다. 폼은 여러 부프로그램을 담을 수 있으므로 폼에 부프로그램을 만들고 명령버튼이 클릭되면 해당 부프로그램을 실행하도록 할 수 있다.

또 다른 방법은 모듈에 부프로그램을 작성하는 것이다. 폼의 경우와 같이 “삽입” 메뉴에서 모듈을 선택하면 프로그램 소스코드를 작성할 수 있는 빈 파일이 생성되고 여기에 소스코드를 작성한다. 독자들 모두가 아래에 주어진 프로그램을 아직 다 이해할 수는 없겠지만, 프로그램에 익숙해진 후에 참고할 수 있도록 소스코드를 제공하였다.

그림 II.1에서 각 후보자의 이름을 입력하는 박스를 txtBox_candid(i)로 두자. 출력용 박스를 txtBox_wisest라 하자. ‘Who is the wisest?’ 라고 설명된 명령버튼 객체의 이름을 cmdFind라 가정하자. 이 명령버튼이 클릭되면 txtBox_candid에 주어진 후보자를 읽어(각 text box의 text라는 속성을 이용함) candid(i)라는 변수에 저장한다. 난수발생을 초기화(Randomize 내장함수 이용)한 후에 가장 현명한 후보를 선택하는 부프로그램을 호출한다.

호출된 부프로그램에서 난수를 추출하여 각 20%의 범위에서 한 명의 후보자를 선택한다. 엑셀 워크시트에서 Visual Basic 폼을 호출하기 위해서는 그림 II.7과 같이 명령버튼을 만들어 해당 객체를 포함하고 있는 폼을 보이게 하면 된다. 이를 위해 워크시트 내에 있는 명령버튼에 frm_wisest.Show라는 명령어를 주면 된다. 아래에 제공된 소스코드가 프로그램을 작성하는 데 도움이 되기를 바란다.

지금까지 설명한 내용을 이해한다면 그림 II.1과 같은 프로그램은 30분 이내에 작성할 수 있게 된다. 수치해석을 공부하는 여러분에게 행운이 있기를 빈다!

```
Sub cmdFind_Click( )
'.......... Define variables used
    DIM  candid(5)  AS STRING
    DIM  wisest_name  AS STRING
'.......... Read 5 candidates from text box in the form
    FOR  i = 1  TO  5
        candid(i) = txtBox_candid(i).text
    NEXT  i
'.......... Initialize random number generator and call sub program
    RANDOMIZE
    CALL  Wisest(candid(), wisest _name)
    txtBox_wisest.Text = wisest_name
End Sub

Sub Wisest(candid() AS STRING, wisest _name AS STRING)
'.......... Select one using random number from 0 to 100 by 20%, which is 1/5 chance.
    rndNumber = INT(100 * Rnd())
    IF  rndNumber > 80  THEN
        Wisest _name = candid(1)
    ELSEIF  rndNumber > 60  THEN
        Wisest _name = candid(2)
    ELSEIF  rndNumber > 40  THEN
        Wisest _name = candid(3)
    ELSEIF  rndNumber >  20 THEN
        Wisest _name = candid(4)
    ELSE
        Wisest _name = candid(5)
    ENDIF
End Sub
```

부록 III 미분방정식의 해법

운동 중인 물체나 다양한 물리적 현상들은 현재의 값과 그 변화율에 의해 기술되므로 미분방정식으로 표현된다. 열전달현상의 경우, 전도되는 열량은 두 지점의 온도구배, 즉 온도 변화율에 비례한다. 자유낙하하는 물체의 경우 마찰력을 무시하면 위치의 시간에 대한 2차 미분값이 상수로 일정하며 그 상수가 중력가속도이다. 전기회로에서 유도기(inductor)에 발생하는 전압은 시간에 따른 전류의 변화율에 비례한다. 따라서 미분방정식은 공학과 자연과학 분야뿐만 아니라 모든 학문분야에서 중요하다.

미분방정식은 독립변수가 하나인 상미분방정식(ordinary differential equation)과 두 개 이상인 편미분방정식(partial differential equation)으로 나뉜다. 미분방정식의 풀이법은 매우 다양하며 또 배워야 할 내용이 많아 공학수학을 배우는 대학교육과정의 경우 보통 두 학기 동안 강의가 이루어진다. 따라서 여기서는 상미분 및 편미분 방정식의 풀이의 중요한 개념을 소개하고 관련 수업에서 간과하기 쉬운 부분만을 언급하였다.

III.1 1계 선형상미분방정식

미분방정식에서 미분한 차수를 계(order)라 하며 오직 하나의 독립변수를 가진 미분방정식의 최고 미분차수가 1차인 것을 1계 상미분방정식이라 한다. 1계 상미분방정식이 종속변수 y와 그 미분값에 대하여 선형관계에 있으면 이를 선형상미분방정식이라 한다.

식 (III.1)과 같은 1계 선형상미분방정식의 해를 구해 보자.

$$\begin{aligned} y'(x) &= x+y+1 \\ y(0) &= 1 \end{aligned} \tag{III.1}$$

식 (III.1)은 식 (III.2)와 같이 나타낼 수 있으며 함수 $y(x)$와 $y'(x)$에 대하여 선형관계에 있어 선형미분방정식이다. 식 (III.2)의 우변항이 0인 경우를 제차(homogeneous), 그 외를 비제차(non-homogeneous)라 한다. 주어진 수식과 같이 미분방정식과 초기조건으로 정의된 문제를 초깃값문제(initial value problem)라 한다.

$$\begin{aligned} y'(x)-y &= x+1 \\ y(0) &= 1 \end{aligned} \tag{III.2}$$

비제차 선형미분방정식의 가장 기본적인 풀이법은 다음과 같다. 이와 같은 풀이법은 선형미분방정식에서만 성립함을 다시 한 번 유의하여야 한다.

① 제차 미분방정식을 만족하는 해를 구한다.

② 비제차 미분방정식을 만족하는 특수해를 구한다.

③ 제차해와 비제차해를 합하여 미분방정식을 만족하는 일반해를 구한다.

④ 주어진 초기조건을 만족하는 상수를 결정하여 특수해를 구한다.

위에 설명된 과정을 바탕으로 식 (III.2)의 해를 구하는 구체적인 과정은 다음과 같다. 식 (III.2)에서 제차 미분방정식은 식 (III.3a)로 표현되고 이는 식 (III.3b)와 같다. 따라서 1계 미분방정식을 푸는 대표적인 기법인 변수분리법(separation of variables)을 사용할 수 있다. 변수분리법은 선형 및 비선형 미분방정식에 적용할 수 있다.

$$y'(x)-y=0 \tag{III.3a}$$

$$\frac{dy(x)}{dx}=y \tag{III.3b}$$

식 (III.3a)를 풀기 위하여 선형미분방정식의 원리를 이용해도 된다. 식 (III.3a)를 보면 함수 $y(x)$의 미분에서 $y(x)$를 빼어 0이 되었으므로 함수 $y(x)$는 한 번 미분하여도 그 형태가 변하지 않는다. 따라서 $y(x)$는 식 (III.4a)와 같이 지수함수이어야 한다. 식 (III.4a)를 식 (III.3a)에 대입하면 $\lambda=1$을 얻는다. 식 (III.3a)는 제차 미분방정식으로 식 (III.4a)에 임의의 상수 C를 곱해도 미분방정식의 해가 된다[식 (III.4b)].

$$y(x)=e^{\lambda x} \tag{III.4a}$$

$$y_h(x)=Ce^x \tag{III.4b}$$

여기서 $y_h(x)$는 제차해이다.

제차 미분방정식의 일반해를 구하였으므로 다음 단계로 비제차 미분방정식의 특수해를 찾아야 한다. 식 (III.2) 좌변의 연산결과로 우변의 x를 갖기 위해서 함수 $y(x)$는 식 (III.4c)의 형태가 되어야 한다. 식 (III.4c)를 식 (III.2)에 대입하면 $a=-1$, $b=-2$를 얻는다[식 (III.4d)].

$$y_{\mathrm{nh}}(x)=ax+b \tag{III.4c}$$

$$y_{\mathrm{nh}}(x)=-x-2 \tag{III.4d}$$

여기서 $y_{\mathrm{nh}}(x)$는 비제차해이다.

식 (III.2)는 선형미분방정식이므로 제차해인 식 (III.4b)와 비제차해인 식 (III.4d)의 합인 식 (III.4e)도 해가 되며 이를 중첩의 원리(principle of superposition)라 한다. 중첩의 원리는 오직 선형관계식에서만 성립된다. 식 (III.4e)를 주어진 미분방정식의 일반해

(general solution)라 하며 여기에는 미지의 상수가 포함되어 있다. 초기조건으로부터 미지의 상수를 결정하면 주어진 초깃값문제를 만족하는 특수해(particular solution)가 된다. 식 (III.4e)에 $y(0)=1$의 초기조건을 적용하면 상수 $C=3$을 얻는다.

$$y_{\text{gen}}(x)=Ce^{x}-x-2 \tag{III.4e}$$

$$y_{\text{p}}(x)=3e^{x}-x-1 \tag{III.4f}$$

여기서 $y_{\text{gen}}(x)$는 일반해이고 $y_{\text{p}}(x)$는 특수해이다.

III.2 2계 선형상미분방정식

식 (III.5)의 미분방정식을 풀어 보자. 이 식은 2계 선형상미분방정식으로 비제차이며 두 개의 초기조건을 갖고 있다. 1계 선형상미분방정식 풀이법을 이용하면 2계 선형상미분방정식을 풀 수 있다. 식 (III.5)의 제차해는 식 (III.4a) 같은 지수함수의 형태가 되어야 하고 이를 제차 미분방정식에 대입하면 $\lambda=2$ 또는 -2를 얻는다. 따라서 제차해는 식 (III.6a)와 같다.

$$y''-4y=e^{-2x}-2x \tag{III.5}$$

$$y(0)=0, \quad y'(0)=0$$

$$y_{\text{h}}(x)=C_1e^{2x}+C_2e^{-2x} \tag{III.6a}$$

식 (III.5)의 비제차해를 구하기 위해 좌변에 있는 함수의 연산과정 후 우변의 항들이 나타나도록 가장 간단한 함수형태를 가정한다. 우변의 $(-2x)$는 $y(x)=ax+b$의 형태로 두면 바로 구할 수 있다. 하지만 $y(x)=ce^{-2x}$라 하면 이는 식 (III.6a)에 있는 제차해 중 하나이므로 식 (III.5)에 대입하면 항상 0이 된다. 따라서 비제차항에 나타난 e^{-2x}를 얻을 수 없다. 어떤 함수를 x에 대하여 미분한 후에도 e^{-2x}를 남게 하기 위한 가장 쉬운 함수형태는 xe^{-2x}이다.

결과적으로 식 (III.5)의 비제차해를 얻기 위한 함수의 형태는 식 (III.6b)와 같다. 식 (III.5)에 대입하여 미지수를 결정하면 $a=-1/4$, $b=1/2$, $c=0$을 얻어 비제차해는 식 (III.6c)가 된다.

$$y_{\text{nh}}(x)=axe^{-2x}+bx+c \tag{III.6b}$$

$$y_{\text{nh}}(x)=-\frac{1}{4}xe^{-2x}+\frac{1}{2}x \tag{III.6c}$$

제차해와 비제차해를 모두 얻었으므로 식 (III.5)의 일반해는 식 (III.6d)와 같다. 식

(III.6d)에 주어진 초기조건을 대입하여 두 상수를 결정하면 식 (III.5)를 만족하는 유일해인 식 (III.6e)를 얻는다.

$$y_{\text{gen}}(x)=C_1e^2x+C_2e^{-2x}-\frac{1}{4}xe^{-2x}+\frac{1}{2}x \qquad \text{(III.6d)}$$

$$y_{\text{p}}(x)=-\frac{1}{16}e^{2x}+\frac{1}{16}e^{-2x}-\frac{1}{4}xe^{-2x}+\frac{1}{2}x \qquad \text{(III.6e)}$$

III.3 편미분방정식

대학과정에서 공부하는 편미분방정식에는 타원형, 포물선형, 쌍곡선형이 있는데 여기서는 식 (III.7)로 주어진 포물선형 편미분방정식에 대하여 설명한다. 우리는 식 (III.7)로부터 변수 $u(x,t)$의 초깃값과 경계조건이 주어졌을 때 지배방정식을 따라 거동하는 변수 $u(x,t)$의 위치 x와 시간 t에 따른 값의 변화를 알고자 한다. 식 (III.7)과 같이 지배방정식과 초기조건 그리고 경계조건으로 정의된 문제를 경곗값문제(boundary value problem)라 한다.

$$\text{지배방정식: } \frac{\partial^2 u(x,t)}{\partial x^2}=\frac{\partial u(x,t)}{\partial t}, \quad 0<x<1, \quad t>0 \qquad \text{(III.7a)}$$

$$\text{초기조건: } u(x,0)=0 \qquad \text{(III.7b)}$$

$$\text{경계조건: } u(0,t)=0, \quad u(1,t)=1 \qquad \text{(III.7c)}$$

편미분방정식의 풀이법을 기억하고 있는 독자는 식 (III.7)을 풀기 위해 $u(x,t)=X(x)T(t)$라 두고 푸는 변수분리법을 생각할 것이다. 그러나 실제로 풀이를 시도해 보면 이론해를 얻을 수 없음을 알게 된다. 왜냐하면 식 (III.7)은 우리가 만나는 일반적인 경곗값문제이지만 이론해를 구할 수 있는 전형적인 모습이 아니기 때문이다. 따라서 식 (III.7c)와 같이 0이 아닌 상수값을 가진 경우 경계조건을 만족하는 해를 찾을 수 없다.

(1) 편미분방정식의 분리

포물선형 미분방정식의 해는 시간에 따른 변화가 있으며 그 변화는 한 방향으로만 이루어진다. 충분히 긴 시간이 지나면 더 이상의 변화가 없는 정상상태(steady state)가 된다. 이와 같은 현상에 근거하여 $u(x,t)$를 식 (III.8)과 같이 정상상태 해 $V(x)$와 비정상상태(unsteady state) 해 $W(x,t)$로 분리할 수 있다.

$$u(x,t)=V(x)+W(x,t) \qquad \text{(III.8)}$$

여기서 $V(x)$는 시간에 대해 독립적인 정상상태 해, $W(x,t)$는 시간에 따라 변하는 비정상상태 또는 천이상태(transient state) 해이다.

식 (III.8)로 주어진 해를 식 (III.7a)의 지배방정식에 대입하면 식 (III.9a)와 같은 관계식을 얻는다. 식 (III.9a)에 주어진 수식에서 $W(x,t)$는 독립변수 x와 t에 대한 함수이고 $V(x)$는 오직 x의 함수이다. 주어진 관계식이 모든 x와 t에 대하여 항상 성립하기 위해 식 (III.9b)의 관계식이 성립해야 한다.

$$V_{xx}+W_{xx}=W_t \tag{III.9a}$$

$$V_{xx}=0, \quad W_{xx}=W_t \tag{III.9b}$$

여기서 하첨자는 각 함수를 주어진 하첨자변수로 편미분한 것을 의미한다.

식 (III.8)을 경계조건 식 (III.7c)에 대입하면 식 (III.9c)를 얻는다.

$$u(0,t)=V(0)+W(0,t)=0 \tag{III.9c}$$

$$u(1,t)=V(1)+W(1,t)=1$$

식 (III.9c)의 경계조건을 보면, 임의의 t에 대하여 이들 관계식이 성립하여야 하므로 t를 포함한 함수는 반드시 0이 되어야 한다. 따라서 식 (III.9c)는 다음의 두 조건으로 나타낼 수 있다.

$$V(0)=0$$

$$V(1)=1$$

$$W(0,t)=0$$

$$W(1,t)=0$$

식 (III.7b) 초기조건을 식 (III.8)에 대입하면 식 (III.9d) 관계식을 얻지만 여기서 추가적인 계산을 수행하기는 어렵다.

$$u(x,0)=V(x)+W(x,0)=0 \tag{III.9d}$$

지금까지 다룬 관계식으로부터 $V(x)$에 대한 수식을 요약하면 식 (III.10)과 같다. $V(x)$는 오직 하나의 독립변수만 가지므로 편미분이 상미분으로 변화된다.

$$\frac{d^2}{dx^2}V(x)=0 \tag{III.10}$$

$$V(0)=0$$

$$V(1)=1$$

식 (III.10)을 x에 대하여 두 번 적분하고 주어진 경계조건을 대입하여 $V(x)$를 구하면 식 (III.11)과 같다.

$$V(x)=x \tag{III.11}$$

식 (III.11)과 식 (III.9d)로부터 $W(x,0)=-x$임을 알 수 있고 $W(x,t)$에 대한 위의 수식들을 요약하면 식 (III.12)와 같다. 식 (III.12)와 같이 지배방정식과 초기조건 그리고 양 경계에서 값이 모두 0으로 주어진 경곗값문제가 이론해를 얻을 수 있는 전형적인 모습이다. 만약 양 경곗값에서 값이 모두 0이 아니면 필요한 변환을 통하여 0이 되도록 하여야 한다.

$$\text{지배방정식: } \frac{\partial^2 W(x,t)}{\partial x^2}=\frac{\partial W(x,t)}{\partial t}, \quad 0<x<1, \quad t>0 \tag{III.12}$$

$$\text{초기조건: } W(x,0)=-x$$

$$\text{경계조건: } W(0,t)=0, \quad W(1,t)=0$$

(2) 경곗값문제의 이론해

식 (III.12)와 같은 전형적인 경곗값문제의 해를 얻는 과정은 다음과 같다. 이는 편미분방정식을 이론적으로 푸는 과정이며 그 수학적 의미와 배경을 아는 것이 중요하다.

① 지배방정식을 만족하는 함수를 구한다.
② 구한 함수가 경곗값을 만족하도록 한다.
③ 지배방정식과 경계조건을 만족하는 함수가 초기조건을 만족하도록 한다.

< 지배방정식 적용 >

$W(x,t)$는 독립변수 x와 t로 구성되어 있으므로 간단한 형태의 하나로 식 (III.13)과 같이 $X(x)$와 $T(t)$의 곱으로 가정할 수 있다. 만약 $W(x,t)$가 지배방정식과 초기조건 그리고 경계조건을 만족한다면 우리는 유일해를 찾은 것이다.

$$W(x,t)=X(x)\cdot T(t) \tag{III.13}$$

이와 같은 방법을 변수분리법이라 한다. 가정한 해를 지배방정식에 대입하면 식 (III.14a)를 얻는다. 식 (III.14a)를 $X(x)T(t)$로 나누어 주면 식 (III.14b)가 된다.

$$X_{xx}(x)T(t)=X(x)T_t(t) \tag{III.14a}$$

$$\frac{X_{xx}(x)}{X(x)}=\frac{T_t(t)}{T(t)} \tag{III.14b}$$

좌변은 x에 대한 함수이고, 우변은 t에 대한 함수이다. 양변의 두 값이 특정 x와 t에 대하여 같을 수도 있지만 모든 x와 t에 대하여 항상 성립하기 위해서 양변은 반드시 상수값으로 일정해야 한다. 상수값은 양, 음, 영의 값을 가질 수 있지만 주어진 양 경계에서의 값이 0이므로 의미 있는 $W(x,t)$를 얻기 위해서는 반드시 음이어야 한다. 이를 수식으로 나타낸 것이 식 (III.14c)이며 $-k^2$은 상수값이 음수임을 나타낸다.

$$\frac{X_{xx}}{X}=\frac{T_t}{T}=-k^2 \tag{III.14c}$$

식 (III.14c)로부터 얻는 두 미분방정식은 식 (III.14d)와 같다.

$$\begin{cases} X_{XX}+k^2X=0 \\ T_t+k^2T=0 \end{cases} \tag{III.14d}$$

식 (III.14d)를 풀면 식 (III.15)와 같다. 미분방정식에 대한 지식이 있는 독자는 식 (III.14d)를 풀어 구할 수도 있고 식 (III.15)를 식 (III.14d)에 대입함으로써 해임을 확인할 수도 있다.

$$\begin{cases} X(x)=A\cos kx+B\sin kx \\ T(t)=Ce^{-k^2t} \end{cases} \tag{III.15}$$

식 (III.15)의 $X(x)$와 $T(t)$를 곱하면 식 (III.16)과 같이 $W(x,t)$를 구할 수 있다. $T(t)$에 사용된 상수 C는 중복되므로 1로 가정할 수도 있고 $X(x)$에 사용된 두 상수와의 곱을 새로운 상수로 두어도 된다. 식 (III.16)으로 주어진 함수는 임의의 실수 k에 대하여 식 (III.12) 지배방정식을 만족한다. 이 식은 상수 k가 양의 정수일 때도 성립하지만 반드시 양의 정수일 필요는 없다.

$$W(x,t)=(A\cos kx+B\sin kx)e^{-k^2t} \tag{III.16}$$

< 경계조건 적용 >

지배방정식을 만족하는 $W(x,t)$를 식 (III.16)과 같이 얻었으므로 다음 단계는 얻은 함수가 경계조건을 만족하도록 하는 것이다. 식 (III.16)에 $W(0,t)=0$ 경계조건을 대입하면 식 (III.17a)를 얻고 지수함수는 0이 될 수 없으므로 상수 A가 반드시 0이어야 한다. 이는 식 (III.16)으로 주어진 함수가 비록 지배방정식은 만족하지만 경계조건을 만족하기 위해서 코사인함수가 나타나면 안 된다는 것을 의미한다.

식 (III.16)에 $W(1,t)=0$ 경계조건을 대입하면 식 (III.17b)를 얻고 지수함수는 역시 0이 될 수 없으므로 소거할 수 있다. 만약 상수 B가 0이면 $W(x,t)$가 0이 되어 지배방정식과 경계조건을 만족하지만 초기조건을 만족할 수는 없다. 따라서 B는 0이 아니어야 하므로 반드시 $\sin(k)=0$이어야 하며 이를 만족하는 k는 식 (III.17c)로 주어진다.

$$W(0,t)=Ae^{-k^2t}=0 \tag{III.17a}$$

$$W(1,t)=B\sin(k)\cdot e^{-k^2t}=0 \tag{III.17b}$$

$$k=n\pi,\quad n=1,2,3,\ldots \tag{III.17c}$$

식 (III.16)에 경계조건을 적용하여 얻는 결과를 다시 대입하면 식 (III.18a)가 된다. n이 임의의 자연수이기만 하면 식 (III.18a)는 지배방정식과 경계조건을 모두 만족한다. 초기조건을 만족하는 $W(x,t)$를 찾기 위하여 임의의 자연수 n을 대입한 한 경우를 식 (III.18b)와 같이 $w_n(x,t)$라 하자.

$$W(x,t)=X(x)T(t)=B\sin(n\pi x)\cdot e^{-(n\pi)^2t},\quad n=1,2,3,\ldots \tag{III.18a}$$

$$w_n(x,t)=b_n\sin(n\pi x)\cdot e^{-(n\pi)^2t} \tag{III.18b}$$

< 초기조건 적용 >

편미분방정식으로 주어진 경곗값문제를 푸는 마지막 단계로 식 (III.18b)로 주어진 $w_n(x,t)$가 초기조건을 만족해야 한다. 이를 수학적으로 표현하면 식 (III.19)와 같다. 식 (III.19)의 양변은 서로 다른 두 함수이므로 모든 x에 대하여 항등식이 절대 될 수 없다. 이는 $w_n(x,t)$ 한 항만 가지고는 초기조건을 만족하는 해를 구할 수 없다는 의미이다.

$$w_n(x,t=0)=b_n\sin(n\pi x)=-x \tag{III.19}$$

여기에서 독자들이 알아야 하는 중요한 지식 중 하나가 삼각함수급수의 완전성(completeness of sine and cosine series)이다. 삼각함수급수의 완전성은 식 (III.20)과 같이 표현할 수 있으며, 주기가 p인 해석적인 함수 $f(x)$는 사인과 코사인 급수로 표현할 수 있다는 것을 의미한다. y축 대칭인 우함수(even function)의 경우 사인항이 소거되고 원점 대칭인 기함수(odd function)인 경우 코사인항이 소거된다.

$$f(x)=a_0+\sum_{n=1}^{\infty}\left(a_n\cos\frac{2n\pi x}{p}+b_n\sin\frac{2n\pi x}{p}\right) \tag{III.20}$$

사인함수급수의 완전성으로 인하여 초기조건 $f(x)=-x$를 주기 $p=2$로 하여 식 (III.21) 급수로 나타낼 수 있다.

$$-x=\sum_{n=1}^{\infty}b_n\sin(n\pi x) \tag{III.21}$$

계속 강조하고 있지만 우리의 목적은 지배방정식과 경계조건 그리고 초기조건을 만족하는 편미분방정식의 해를 구하는 것이다. 초기조건을 수학적으로 동일한 수식으로 나타내기 위하여 식 (III.21)의 사인함수급수를 이용하였다. 하지만 이것이 의미가 있기 위해서는 사용된 각 사인함수급수들이 반드시 지배방정식과 경계조건을 만족하여야 한다. 식 (III.18b)로부터 식 (III.21)의 각 항에 $e^{-(n\pi)^2 t}$가 곱해진 항은 지배방정식과 경계조건을 모두 만족한다.

사인함수급수의 완전성을 이용하여 급수로 나타내면서 주기 $p=2$로 한 것은 바로 식 (III.18b)로 주어진 함수를 사용하여 초기조건까지 만족하는 해를 구하고자 한 것이다. 또 다른 설명으로, 식 (III.12)는 제차 미분방정식으로 식 (III.18b)로 주어진 $w_n(x,t)$의 선형조합도 지배방정식과 경계조건을 모두 만족한다. 따라서 두 조건을 만족하는 해의 가장 일반적인 형태는 식 (III.22)와 같다. 식 (III.22)에서 $W(x,0)$를 구하면 식 (III.21)과 같다.

$$W(x,t)=\sum_{n=1}^{\infty} b_n \sin(n\pi x)\, e^{-(n\pi)^2 t} \tag{III.22}$$

식 (III.21)을 다시 풀어서 쓰면 식 (III.23)이 되고 무한급수합이 $-x$가 되도록 각 계수를 결정해야 한다. 여기에서 각 계수를 어떻게 결정하는가? 구체적으로 b_1을 어떻게 계산할 수 있는가? 정답을 먼저 말하면, $\sin(\pi x)$를 양변에 곱하여 0에서 1까지 적분하면 좌변에 있는 항과 우변에 b_1을 포함한 항만 남게 되어 b_1을 얻을 수 있다. b_2를 얻기 위해서는 $\sin(2\pi x)$를 양변에 곱한 후 적분한다. 그렇다면 이와 같은 계산이 가능한 이유는 무엇인가? 그것은 바로 식 (III.24)로 표현된 삼각함수의 직교성(orthogonality) 때문이다.

$$-x=b_1 \sin(\pi x)+b_2 \sin(2\pi x)+b_3 \sin(3\pi x)+\cdots \tag{III.23}$$

$$\begin{aligned}
&\int_{-p/2}^{+p/2} \cos\frac{2n\pi x}{p} \cos\frac{2m\pi x}{p}\, dx=0, \quad \text{if } n\neq m\\
&\int_{-p/2}^{+p/2} \sin\frac{2n\pi x}{p} \sin\frac{2m\pi x}{p}\, dx=0, \quad \text{if } n\neq m\\
&\int_{-p/2}^{+p/2} \cos\frac{2n\pi x}{p} \sin\frac{2m\pi x}{p}\, dx=0
\end{aligned} \tag{III.24}$$

삼각함수의 직교성을 이용하여 일반항 b_n을 구하기 위한 수식은 다음과 같고 구체적으로 계산하면 식 (III.25)를 얻는다.

$$\begin{gathered}
b_n \int_0^1 \sin(n\pi x)\sin(n\pi x)\, dx=-\int_0^1 x\sin(n\pi x)\, dx\\
b_n=\frac{(-1)^n 2}{n\pi}
\end{gathered} \tag{III.25}$$

지금까지의 계산결과를 이용하면 식 (III.12)로 주어진 경곗값문제의 지배방정식과 경계조건 그리고 초기조건을 만족하는 $W(x,t)$의 이론해는 식 (III.26)으로 주어진다.

$$W(x,t)=\sum_{n=1}^{\infty}\frac{(-1)^2 2}{n\pi}\sin(n\pi x)\cdot e^{-(n\pi)^2 t} \tag{III.26}$$

(3) 경곗값문제의 해석

정상상태 해 $V(x)$와 천이상태 해 $W(x,t)$를 구하였으므로 이들을 더하면 식 (III.7)의 경곗값문제 해는 식 (III.27)과 같다. 그림 III.1a는 주어진 구간 [0, 1]에서 정상상태의 해를 나타내고 그림 III.1b는 천이상태의 해를 나타낸다. 천이상태의 경우 초깃값이 위치에 따라 $-x$로 주어졌지만 양 경계의 값이 모두 0이므로 충분한 시간이 지나면 모두 양쪽 경곗값과 같은 0이 된다. 따라서 두 결과를 합하면 그림 III.1c와 같이 천이상태와 정상상태의 해의 거동을 보이는 경곗값문제의 해를 구할 수 있다. 지금까지 소개한 것은 1차원 포물선형 미분방정식의 풀이방법으로 독자들이 그 개념을 잘 이해하기 바란다.

$$u(x,t)=V(x)+W(x,t)=x+2\sum_{n=1}^{\infty}\frac{(-1)^n}{n\pi}\sin(n\pi x)\, e^{-(n\pi)^2 t} \tag{III.27}$$

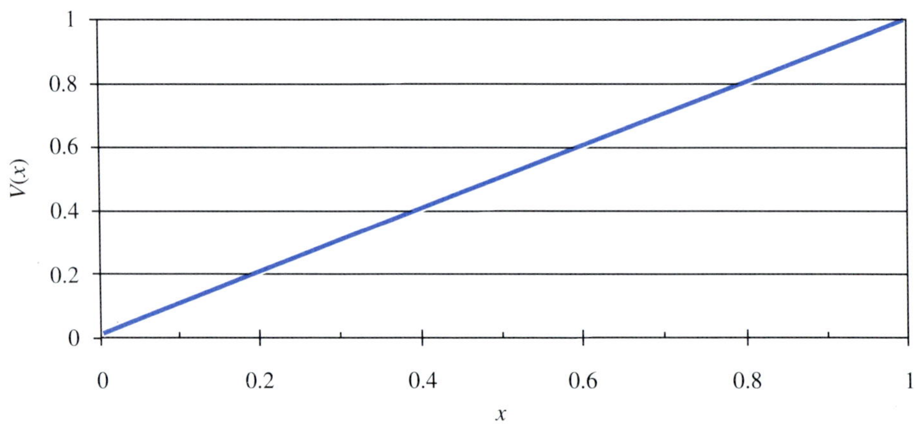

(a) 정상상태의 해

그림 III.1 편미분방정식의 해

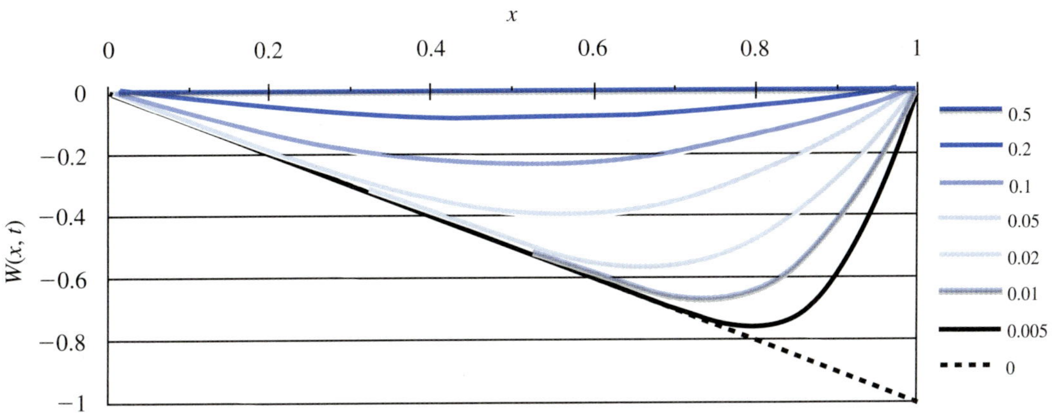

(b) 천이상태의 해

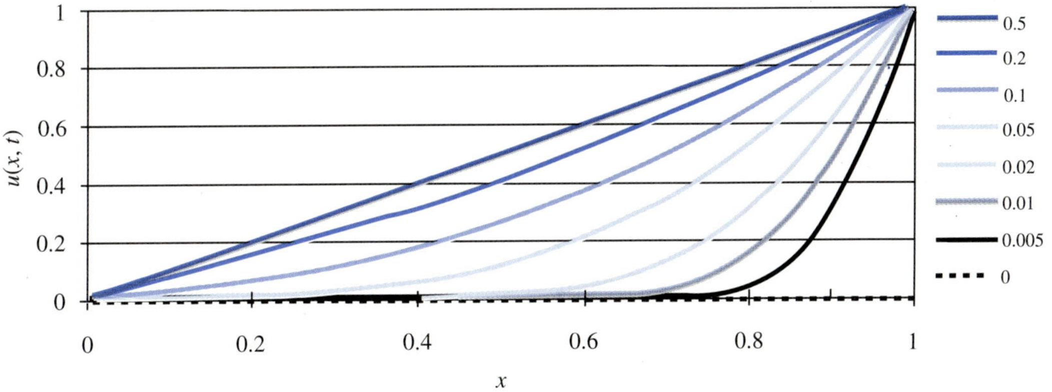

(c) 경곗값문제의 해

그림 III.1 계속

부록 IV 프로그램 목록

부록 IV에서는 엑셀 VBA에 바로 사용할 수 있는 다음과 같은 부프로그램을 제공한다. 프로그램을 읽기 쉽게 하기 위하여 설명을 추가하였으며 VBA에서 사용되는 키워드는 의도적으로 대문자를 사용하였다. 사용된 변수의 경우 행렬은 대문자로, 벡터는 소문자로 표시하였고 긴 변수명을 사용하였다. 여기에 제시된 기본 프로그램을 바탕으로 자신이 필요한 대로 수정하여 사용하기 바란다.

- Gauss_elimination: $n \times n$ 행렬의 해를 가우스 소거법으로 구하는 방법(직접법)
- TDMA: 삼대각행렬의 해를 직접법으로 구하는 방법
- Linear_interpolation: 오름차순으로 정리된 표에서 선형보간법으로 값 찾기
- Linear_slope: 오름차순으로 정리된 표에서 선형보간법으로 기울기 찾기
- PSOR2D: 축차완화법으로 2차원의 해 찾기(반복법)

```
Sub Gauss_elimination(A(), b(), n, x())
'..... 행렬방정식 Ax = b를 가우스 소거법으로 푸는 부프로그램
'..... 변수설명:
'.....   A( , ): n × n coefficients matrix
'        b( ): constant vector
'        n: no. of solution
'        x( ): solution vector
'.....                              기본행연산을 이용한 전진소거
   FOR i = 2 TO n
        FOR jm = 1 TO i-1
            m = A(i,jm) / A(jm,jm)
            FOR j = jm+1 To n
                A(i,j) = A(i,j) - m * A(jm,j)
            NEXT j
            b(i) = b(i) - m * b(jm)
        NEXT jm
   NEXT i
'.....                      후진대입
   x(n) = b(n) / A(n,n)
   FOR i = n-1 TO 1 STEP -1
        FOR j = i+1 TO n
            b(i) = b(i) - A(i,j) * x(j)
        NEXT j
        x(i) = b(i) / A(i,i)
   NEXT i
End Sub
```

```
Sub TDMA(a(), b(), c(), d(), n, x())
'..... 삼대각행렬(tridiagonal matrix) 방정식으로 나타나는
'  a(i)x(i−1) + b(i)x(i) + c(i)x(i+1)= d(i)를 가우스 소거법으로 푸는 부프로그램
'..... 변수설명:
'.....   a( ), b( ), c( ): coefficient of the equations
'        d( ): constant vector
'        n: no. of solution
'        x( ): solution vector
'.....                              삼대각행렬의 전진소거
  FOR i = 2 TO n
      m = a(i) / b(i−1)
      b(i) = b(i) − m * c(i−1)
      d(i) = d(i) − m * d(i−1)
  NEXT i
'.....                              삼대각행렬의 후진대입
  x(n) = d(n) / b(n)
  FOR i = n−1 TO 1 STEP −1
      x(i) = (d(i) − c(i) * x(i+1)) / b(i)
  NEXT i
End Sub
```

```
Function Linear_interpolation(xTable(), yTable(), n, x_given)
'..... 오름차순으로 정리되어 있는 n개 자료, i = 1, 2, ..., n인 표 x(i), y(i)를 이용하여
'  주어진 x_given에 대응하는 y 값을 찾는 함수 프로그램
'..... 변수설명:
'.....   xTable( ): 변수 x의 값(즉 Table로 주어진 x 값)
'      yTable( ): 변수 y의 값(즉 Table로 주어진 y 값)
'      n: no. of data point
'      x_given: given x value for interpolation
'.....                         x_given 값의 최대 및 최소 점검: 외삽을 방지함
IF (x_given < xTable(1)) THEN
   Linear_interpolation = yTable(1)
   EXIT FUNCTION
END IF
IF (x_given > xTable(n)) THEN
   Linear_interpolation = yTable(n)
   EXIT FUNCTION
END IF
'.....                         x_given 값이 속하는 구간을 찾아 선형내삽법 적용
FOR i = (n-1) TO 1 STEP -1
   IF (x_given >= xTable(i)) THEN
      x_slope = (yTable(i+1)- yTable(i)) / (xTable(i+1)- xTable(i))
      Linear_interpolation = yTable(i) + x_slope * (x_given - xTable(i))
      EXIT FUNCTION
   END IF
NEXT i
End Function
```

```
Function Linear_slope(xTable(), yTable(), n, x_given)
'..... 오름차순으로 정리되어 있는 n개 자료, i = 1, 2, ..., n인 표 x(i), y(i)를 이용하여
'  주어진 x_given에 대응하는 y의 기울기(slope)를 찾는 함수 프로그램
'..... 변수설명:
'.....   xTable( ): 변수 x의 값(즉 Table로 주어진 x 값)
'        yTable( ): 변수 y의 값(즉 Table로 주어진 y 값)
'        n: no. of data point
'        x_given: given x value for interpolation
'.....                          x_given 값의 최대 및 최소 점검: 외삽을 방지함
 IF (x_given < xTable(1)) THEN
    Linear_ slope = (yTable(2) − yTable(1)) / (xTable(2) − xTable(1))
    EXIT FUNCTION
 END IF
 IF (x_given > xTable(n)) THEN
    Linear_ slope = (yTable(n) − yTable(n−1)) / (xTable(n) − xTable(n−1))
    EXIT FUNCTION
 END IF
'.....                          x_given 값이 속하는 구간의 선형 기울기 계산
 FOR i = (n−1) TO 1 STEP −1
    IF (x_given >= xTable(i)) THEN
       Linear_ slope = (yTable(i+1)− yTable(i)) / (xTable(i+1)− xTable(i))
       EXIT FUNCTION
    END IF
 NEXT i
End Function
```

```
Sub PSOR2D(CN(), CW(), CC(), CE(), CS(), B(), X(), Nx_grid, Ny_grid, w, tolerance, iterMax)
'..... 축차완화법(SOR: successive over-relaxation)을 이용하여 다음의 수식으로 표현되는
'    2차원 문제의 해를 반복법으로 구하는 부프로그램
'    CN(i,j)X(i,j-1) + CW(i,j)X(i-1,j) + CC(i,j)X(i,j) + CE(i,j)X(i+1,j) + CS(i,j)X(i,j+1) = B(i,j)
'    여기서 격자를 나타내는 i는 x 방향으로, j는 -y 방향으로 증가함
'..... 변수설명:
'    격자 i, j를 중심으로 지배방정식을 표현하였을 때
'.....  CN( , ): 북쪽 방향 미지수 X(i,j-1) 계수
'.....  CW( , ): 서쪽 방향 미지수 X(i-1,j) 계수
'.....  CC( , ): 해당 격자 (i,j)에 해당하는 X(i,j) 계수
'.....  CE( , ): 동쪽 방향 미지수 X(i+1,j) 계수
'.....  CS( , ): 남쪽 방향 미지수 X(i,j+1) 계수
'.....  B( , ): 격자 i, j를 중심으로 지배방정식을 표현하였을 때 알려진 값(상수항 모음)
'.....  X( , ): 격자 i, j의 미지수 & 해벡터
'.....  Nx_grid: x 방향으로의 총 격자수
'.....  Ny_grid: y 방향으로의 총 격자수
'.....  w: 완화계수(relaxation factor)
'.....  tolerance: 수렴기준
'.....  iterMax: x 방향 및 y 방향으로 계산한 것을 1번으로 할 때 최대 반복계산횟수
'.....            변수선언 및 무한 반복계산(infinite loop) 방지를 위한 계산횟수 카운터
DIM iCheck AS INTEGER
DIM iteration AS LONG
DIM Xold AS DOUBLE
'
iteration = 0
222
iteration = iteration + 1
iCheck = 0
'.....                x, y 방향으로 모든 격자에 대하여 값을 계산하고 확인함
FOR i = 1 TO Nx_grid
   FOR j = 1 TO Ny_grid
      Xold = X(i,j)
      Xcalc = (B(i,j)-CN(i,j)*X(i,j-1)-CW(i,j)*X(i-1,j)-CE(i,j)*X(i+1,j)- CS(i,j)*X(i,j+1)) / CC(i,j)
```

```
            X(i,j) = X(i,j) + w * (Xcalc − X(i,j))
            IF (abs(Xold − X(i,j)) > tolerance) THEN iCheck = 2
        NEXT  j
    NEXT  i
    IF (iteration <= iterMax and iCheck < > 0) THEN GOTO 222
    IF iCheck < > 0 THEN
        MSGBOX  "PSOR does NOT converge at the maximum iteration",  vbOKonly
    END IF
End Sub
```

찾아보기

기호

차

카

타

파

하